Math

# 线性代数与概率统计

## (第二版)

主　编/伍超林
副主编/徐春平
参　编/潘丽华 赵旭芳 张新文
主　审/龚友运

中国人民大学出版社
·北京·

# 前　言

《线性代数与概率统计》自2014年出版以来，受到师生的喜爱和好评，为了进一步提高本教材的质量，适应经济数学教育改革的需要，在保持原教材叙述简明、通俗易懂、案例驱动等特色的基础上，编者对第一版进行了修订。本书以习近平新时代中国特色社会主义思想为指导，全面融入党的二十大精神，始终把提高学生的思想道德素质与专业素养融为一体，培养学生诚实守信、爱岗敬业等优秀品质，为中国式现代化建设提供高技能人才支撑。主要修订了以下内容：

1. 增加了“第三章　特征值与方阵对角化”，可供不同教学要求的专业选用；

2. 在一般线性方程组的讨论、投入产出方法简介、线性规划初步、随机事件与概率、随机变量及其数字特征、数理统计初步等相应章节补充了内容，使之条理性更强；

3. 重新编排了一般线性方程组的讨论、投入产出方法简介、线性规划初步、随机事件与概率、随机变量及其数字特征等章节的部分习题，使之更加符合循序渐进的原则；

4. 在例题与习题中增加了特色鲜明的线性代数与概率统计知识的应用实例，以增强学生应用数学的意识；

5. 订正了教材中存在的一些错误；

6. 丰富和调整了阅读材料，强调知识背景介绍。

本教材由伍超林担任主编，徐春平担任副主编，龚友运担任主审，潘丽华、赵旭芳、张新文等参加了编写工作。

修订后，本教材篇幅及内容略有增加，内容更丰富，使用者有更大的自主性，更能适应经济管理类各专业的教学要求。其中，带“*”的为选学内容。

在编写过程中，我们参考了一些线性代数、概率论与数理统计教材，并选用了其中某些例题、习题，在此一并表示感谢。对于书中存在的不足之处，欢迎读者提出宝贵的意见。

**编者**

# 目 录

## 第1篇 线性代数及其应用

## 第 2 篇 概率与统计初步

# 第1篇

# 线性代数及其应用

线性代数是高等代数的主体，它可以使线性方程组的研究得到简化，其理论的发展促进了行列式理论和矩阵论的创立与发展，行列式和矩阵代数是线性代数的主要内容之一．最初的线性方程组问题大多来源于生活实践，大量的实际问题推动了线性代数这一学科的诞生与发展．

线性代数在经济科学、管理科学等领域有着广泛的应用，如矩阵是经济研究和经济工作中处理线性经济模型的重要工具．著名的投入产出分析就是以线性代数理论为基础的，是线性代数卓有成效的应用．应用投入产出方法可以进行经济预测、研究某项经济政策的实施将对社会经济产生什么影响，以及研究一些专门的社会问题（如环境污染问题、人口问题、世界经济结构问题等）．线性代数知识也是线性规划问题研究的必备基础．

本篇介绍线性代数和线性规划的基本知识及其应用．

# 第一章　行列式与矩阵代数

在科学技术、生产生活中，经常会遇到解线性方程组的问题．当方程以及变量的个数较少的时候，可以运用初等数学中介绍的方法求解．但是，如果由实际问题列出的方程及变量的个数较多的时候，就需要使用新的数学工具——行列式和矩阵．

## 案例 1.1　成本问题

若一次投料生产，能获得产品及副产品共四种，每种产品的成本未单独核算．现在投料四次，得到四批产品的总成本如表 1－1 所示，试问每种产品的单位成本分别是多少？

**表 1－1**

| 批次 | 产品（千克） | | | | 总成本（元） |
|---|---|---|---|---|---|
| | D | A | B | C | |
| 第一批产品 | 40 | 20 | 20 | 10 | 580 |
| 第二批产品 | 100 | 50 | 40 | 20 | 1 410 |
| 第三批产品 | 20 | 8 | 8 | 4 | 272 |
| 第四批产品 | 80 | 36 | 32 | 12 | 1 100 |

## 案例 1.2　折旧率问题

企事业单位中，可供长期使用的劳动资料和消费资料，如房屋、机器设备等叫作固定资产．固定资产在使用过程中，逐渐损耗而转移到成本中的一部分价值叫作折旧．某企业有四台机器，其使用年限及折旧率如表 1－2 所示：

表 1-2

| 机器价值（元） | 使用年限 | 折旧率 | | | |
|---|---|---|---|---|---|
| | | 第一年 | 第二年 | 第三年 | 第四年 |
| A：60 000 | 4 | 1/4 | 1/4 | 1/4 | 1/4 |
| B：30 000 | 3 | 1/2 | 1/3 | 1/6 | 0 |
| C：40 000 | 3 | 1/2 | 1/3 | 1/6 | 0 |
| D：25 000 | 2 | 1/2 | 1/2 | 0 | 0 |

如何编制一张折旧明细表？

## 案例 1.3 现有资源的充分利用问题

某工厂计划生产 A，B，C 三种产品，每件产品所需资源及现有资源如表 1-3 所示（单位：吨）：

表 1-3

| 资源名称 | 产品 | | | 现有资源 |
|---|---|---|---|---|
| | A | B | C | |
| 钢　材 | 1 | 2 | 0 | 210 |
| 燃　料 | 2 | 1 | 3 | 390 |
| 电　力 | 1 | 2 | 2 | 350 |

为了充分利用现有资源，A，B，C 三种产品的产量各为多少？

## 案例 1.4 成本总额与销售总额问题

设有甲、乙、丙三种产品，其中两年的产量如表 1-4 所示（单位：件）：

表 1-4

| | 甲 | 乙 | 丙 |
|---|---|---|---|
| 第一年 | 200 | 300 | 400 |
| 第二年 | 600 | 700 | 800 |

产品的成本和单价如表 1-5 所示（单位：万元）：

表 1-5

| | 甲 | 乙 | 丙 |
|---|---|---|---|
| 成　本 | 2 | 3 | 5 |
| 单　价 | 3 | 4 | 6 |

三种产品两年的成本总额与销售总额分别是多少？

解决以上问题，需要运用行列式或矩阵代数的有关知识．

# 第一节　二阶及三阶行列式

行列式起源于解线性方程组．首先看下述引例．

**【引例 1.1.1】**　二元线性方程组求解公式问题

解二元线性方程组

$$\begin{cases} a_{11}x_1+a_{12}x_2=b_1 & (1) \\ a_{21}x_1+a_{22}x_2=b_2 & (2) \end{cases} \tag{1.1.1}$$

其中 $x_1$，$x_2$ 为未知量，$a_{11}$，$a_{12}$，$a_{21}$，$a_{22}$及 $b_1$，$b_2$ 为常数．

可以运用初等数学中的消元法解此线性方程组．由 $a_{22}\times$（1）式$-a_{12}\times$（2）式，得：

$$(a_{11}a_{22}-a_{12}a_{21})\ x_1=a_{22}b_1-a_{12}b_2,$$

$a_{11}\times$（2）式$-a_{21}\times$（1）式，得：

$$(a_{11}a_{22}-a_{12}a_{21})\ x_2=a_{11}b_2-a_{21}b_1.$$

当 $a_{11}a_{22}-a_{12}a_{21}\neq 0$ 时，得原方程组的解为

$$\begin{cases} x_1=\dfrac{a_{22}b_1-a_{12}b_2}{a_{11}a_{22}-a_{12}a_{21}} \\ x_2=\dfrac{a_{11}b_2-a_{21}b_1}{a_{11}a_{22}-a_{12}a_{21}} \end{cases} \tag{1.1.2}$$

经检验可知，式（1.1.2）中的 $x_1$，$x_2$满足方程组（1.1.1），因此，式（1.1.2）提供了方程组（1.1.1）的解的一般公式．但是，它难以记忆，应用时也不方便，因而有必要引进一个新的符号来表示它，这样就产生了行列式．

## 一、二阶行列式

在方程组（1.1.1）的解的表达式（1.1.2）中，分母都是 $a_{11}a_{22}-a_{12}a_{21}$，并且只含有未知量的系数．把未知量的系数按照它们在方程组中原来的位置排列成正方形，即

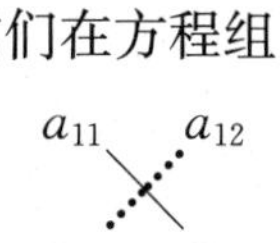


可以看出，$a_{11}a_{22}-a_{12}a_{21}$是这样两项的和：一项是正方形中实线表示的对角线（左上角到右下角的对角线称为**主对角线**）上两元素的积，再添上正号；另一项是虚线表示的对角线（由右上角到左下角的对角线叫作**次对角线**）上两元素的积，再添上负号．在这四个数的两旁各加一条竖线，于是有下列定义．

## 定义 1.1.1

**规定符号**

$$\begin{vmatrix} a_{11} & a_{12} \\ a_{21} & a_{22} \end{vmatrix} \tag{1.1.3}$$

**就是表示**

$$a_{11}a_{22}-a_{12}a_{21} \tag{1.1.4}$$

**式（1.1.3）叫作二阶行列式，式（1.1.4）叫作二阶行列式的展开式，$a_{11}$，$a_{12}$，$a_{21}$，$a_{22}$ 叫作行列式（1.1.3）的元素**．这四个元素排成两行两列（**横排叫行，竖排叫列**），如，$a_{21}$ 是位于第 2 行第 1 列上的元素．

利用对角线把二阶行列式（1.1.3）展开成式（1.1.4），这种方法叫作**二阶行列式展开的对角线法则**．

方程组（1.1.1）的解的表达式（1.1.2）中的两个分子也可分别写成二阶行列式 $\begin{vmatrix} b_1 & a_{12} \\ b_2 & a_{22} \end{vmatrix}$ 和 $\begin{vmatrix} a_{11} & b_1 \\ a_{21} & b_2 \end{vmatrix}$，这样当 $\begin{vmatrix} a_{11} & a_{12} \\ a_{21} & a_{22} \end{vmatrix}\neq 0$ 时，线性方程组（1.1.1）的解可以写成

$$\begin{cases} x_1=\begin{vmatrix} b_1 & a_{12} \\ b_2 & a_{22} \end{vmatrix} \Big/ \begin{vmatrix} a_{11} & a_{12} \\ a_{21} & a_{22} \end{vmatrix} \\ x_2=\begin{vmatrix} a_{11} & b_1 \\ a_{21} & b_2 \end{vmatrix} \Big/ \begin{vmatrix} a_{11} & a_{12} \\ a_{21} & a_{22} \end{vmatrix} \end{cases} \tag{1.1.5}$$

为简便起见，通常用 $D$，$D_1$，$D_2$ 分别表示式（1.1.5）中作为分母和分子的行列式，即

$$D=\begin{vmatrix} a_{11} & a_{12} \\ a_{21} & a_{22} \end{vmatrix},\quad D_1=\begin{vmatrix} b_1 & a_{12} \\ b_2 & a_{22} \end{vmatrix},\quad D_2=\begin{vmatrix} a_{11} & b_1 \\ a_{21} & b_2 \end{vmatrix}.$$

行列式 $D$ 是由方程组（1.1.1）中未知量 $x_1$，$x_2$ 的系数组成的，叫作这个方程组的**系数行列式**．$D$ 中第 1 列元素 $a_{11}$，$a_{21}$（即 $x_1$ 的系数）分别换成方程组（1.1.1）的常数项 $b_1$，$b_2$，就得到行列式 $D_1$；$D$ 中第 2 列的元素 $a_{12}$，$a_{22}$（即 $x_2$ 的系数）分别换成常数项 $b_1$，$b_2$，就得到行列式 $D_2$.

综上所述，引例 1.1.1 中“二元线性方程组求解公式问题”，利用行列式这一工具可以得到圆满的解决.

线性方程组（1.1.1）的求解的公式是

$$\begin{cases} x_1=\dfrac{D_1}{D} \\ x_2=\dfrac{D_2}{D} \end{cases}\quad（当 D\neq 0 时） \tag{1.1.5'}$$

其中 $D_1$，$D_2$ 是把系数行列式 $D$ 中第 1 列和第 2 列分别换成方程组（1.1.1）的常数项列而得到的两个二阶行列式．

二阶行列式有如下性质：

**性质 1.1.1** 行列式与它的转置行列式相等，即 $D=D^{\mathrm{T}}$.

$$\begin{vmatrix} a_{11} & a_{12} \\ a_{21} & a_{22} \end{vmatrix}=\begin{vmatrix} a_{11} & a_{21} \\ a_{12} & a_{22} \end{vmatrix};$$

**性质 1.1.2**　行列式的某一行（列）的元素为两数之和，则有

$$\begin{vmatrix} a_{11}+b_{11} & a_{12} \\ a_{21}+b_{21} & a_{22} \end{vmatrix} = \begin{vmatrix} a_{11} & a_{12} \\ a_{21} & a_{22} \end{vmatrix} + \begin{vmatrix} b_{11} & a_{12} \\ b_{21} & a_{22} \end{vmatrix}.$$

**性质 1.1.3**　行列式的某一行（列）中所有的元素的公因子可以提到行列式符号的外面.

$$\begin{vmatrix} a_{11} & ka_{12} \\ a_{21} & ka_{22} \end{vmatrix} = k\begin{vmatrix} a_{11} & a_{12} \\ a_{21} & a_{22} \end{vmatrix}.$$

即行列式的某一列（两行）的每个元素乘以 $k$，得到的行列式是原行列式的 $k$ 倍.

**性质 1.1.4**　变换行列式的两行（两列），行列式的值变号.

$$\begin{vmatrix} a_{11} & a_{12} \\ a_{21} & a_{22} \end{vmatrix} = -\begin{vmatrix} a_{21} & a_{22} \\ a_{11} & a_{12} \end{vmatrix}.$$

以上性质由二阶行列式的对角线法则容易证得.

**例 1**　计算下列行列式：

(1) $\begin{vmatrix} 1 & 4 \\ 2 & 3 \end{vmatrix}$；　(2) $\begin{vmatrix} \sin\alpha & \cos\alpha \\ -\cos\alpha & \sin\alpha \end{vmatrix}$.

解 (1) $\begin{vmatrix} 1 & 4 \\ 2 & 3 \end{vmatrix} = 1\times3-2\times4=-5$；

(2) $\begin{vmatrix} \sin\alpha & \cos\alpha \\ -\cos\alpha & \sin\alpha \end{vmatrix} = \sin^2\alpha-(-\cos^2\alpha)=\sin^2\alpha+\cos^2\alpha=1.$

**例 2**　解二元线性方程组

$$\begin{cases} 3x_1+4x_2=18 \\ x_1-3x_2=-7 \end{cases}.$$

**解**　计算系数行列式，有

$$D=\begin{vmatrix} 3 & 4 \\ 1 & -3 \end{vmatrix} = -13\neq0,$$

又由于

$$D_1=\begin{vmatrix} 18 & 4 \\ -7 & -3 \end{vmatrix} = -26,\ D_2=\begin{vmatrix} 3 & 18 \\ 1 & -7 \end{vmatrix} = -39,$$

故方程组的解是

$$\begin{cases} x_1=\dfrac{D_1}{D}=\dfrac{-26}{-13}=2 \\ x_2=\dfrac{D_2}{D}=\dfrac{-39}{-13}=3 \end{cases}.$$

接下来考虑三元线性方程组求解公式问题.

## 二、三阶行列式

解三元线性方程组

$$\begin{cases} a_{11}x_1+a_{12}x_2+a_{13}x_3=b_1 & (1) \\ a_{21}x_1+a_{22}x_2+a_{23}x_3=b_2 & (2) \\ a_{31}x_1+a_{32}x_2+a_{33}x_3=b_3 & (3) \end{cases} \tag{1.1.6}$$

其中 $x_1$，$x_2$，$x_3$ 为未知量，$a_{11}$，$a_{12}$，$a_{13}$，$a_{21}$，$a_{22}$，$a_{23}$，$a_{31}$，$a_{32}$，$a_{33}$ 及 $b_1$，$b_2$，$b_3$ 为常数.

仿照引例 1.1.1，运用消元法解此线性方程组，可以得到它的解为

$$\begin{cases} x_1=\dfrac{b_1a_{22}a_{33}+b_2a_{32}a_{13}+b_3a_{12}a_{23}-b_1a_{23}a_{32}-b_2a_{12}a_{33}-b_3a_{22}a_{13}}{a_{11}a_{22}a_{33}+a_{12}a_{23}a_{31}+a_{13}a_{21}a_{32}-a_{13}a_{22}a_{31}-a_{12}a_{21}a_{33}-a_{11}a_{23}a_{32}}, \\ x_2=\dfrac{b_1a_{31}a_{23}+b_2a_{11}a_{33}+b_3a_{21}a_{13}-b_1a_{21}a_{33}-b_2a_{13}a_{31}-b_3a_{23}a_{11}}{a_{11}a_{22}a_{33}+a_{12}a_{23}a_{31}+a_{13}a_{21}a_{32}-a_{13}a_{22}a_{31}-a_{12}a_{21}a_{33}-a_{11}a_{23}a_{32}}, \\ x_3=\dfrac{b_1a_{21}a_{32}+b_2a_{12}a_{31}+b_3a_{11}a_{22}-b_1a_{22}a_{31}-b_2a_{32}a_{11}-b_3a_{12}a_{21}}{a_{11}a_{22}a_{33}+a_{12}a_{23}a_{31}+a_{13}a_{21}a_{32}-a_{13}a_{22}a_{31}-a_{12}a_{21}a_{33}-a_{11}a_{23}a_{32}}. \end{cases} \tag{1.1.7}$$

式 (1.1.7) 中的分母是相同的，都是由方程组 (1.1.6) 中各变量的系数构成的. 可看作都是先由方程组 (1.1.6) 的未知量系数按照它们在方程组中原来的位置排列成三行三列的正方形，即

$$\begin{matrix} a_{11} & a_{12} & a_{13} \\ a_{21} & a_{22} & a_{23} \\ a_{31} & a_{32} & a_{33} \end{matrix}$$

再把主对角线上三个元素相乘，主对角线的平行线上两个元素与对角元素相乘，一共有三个乘积，都取正号；然后把次对角线上三个元素相乘，次对角线的平行线上两个元素与对角元素相乘，又有三个乘积，且都取负号，最后再取此六项的代数和所得到（见图 1-1）.

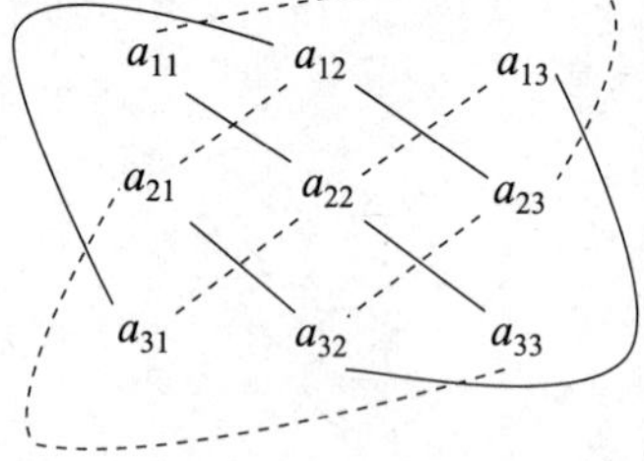


**图 1-1**

在由 $3^2$ 个数组成的正方形两旁各加上一条竖线，于是有下列定义.

## 定义 1.1.2

**规定符号**

$$\begin{vmatrix} \boldsymbol{a_{11}} & \boldsymbol{a_{12}} & \boldsymbol{a_{13}} \\ \boldsymbol{a_{21}} & \boldsymbol{a_{22}} & \boldsymbol{a_{23}} \\ \boldsymbol{a_{31}} & \boldsymbol{a_{32}} & \boldsymbol{a_{33}} \end{vmatrix} \tag{1.1.8}$$

**就是表示**

$$\boldsymbol{a_{11}a_{22}a_{33}+a_{12}a_{23}a_{31}+a_{13}a_{21}a_{32}-a_{13}a_{22}a_{31}-a_{12}a_{21}a_{33}-a_{11}a_{23}a_{32}} \tag{1.1.9}$$

**式 (1.1.8) 叫作三阶行列式，式 (1.1.9) 叫作三阶行列式的展开式，**把式 (1.1.8) 展开成式 (1.1.9) 的方法叫作**三阶行列式展开的对角线法则**.

方程组 (1.1.6) 的解的表达式 (1.1.7) 中的三个分子可以分别写成三个三阶行列式：

$$D_1=\begin{vmatrix} b_1 & a_{12} & a_{13} \\ b_2 & a_{22} & a_{23} \\ b_3 & a_{32} & a_{33} \end{vmatrix}, \quad D_2=\begin{vmatrix} a_{11} & b_1 & a_{13} \\ a_{21} & b_2 & a_{23} \\ a_{31} & b_3 & a_{33} \end{vmatrix}, \quad D_3=\begin{vmatrix} a_{11} & a_{12} & b_1 \\ a_{21} & a_{22} & b_2 \\ a_{31} & a_{32} & b_3 \end{vmatrix}.$$

则方程组（1.1.6）的解可简写为

$$\begin{cases} x_1=\dfrac{D_1}{D} \\ x_2=\dfrac{D_2}{D} \\ x_3=\dfrac{D_3}{D} \end{cases} \quad (\text{当 } D\neq 0 \text{ 时}) \tag{1.1.10}$$

该结果与二元一次方程组的结果是类似的．

方程组（1.1.6）的解也可以由如下方法得到：

为消去未知量 $x_2$，$x_3$，分别用 $\begin{vmatrix} a_{22} & a_{23} \\ a_{32} & a_{33} \end{vmatrix}$，$-\begin{vmatrix} a_{12} & a_{13} \\ a_{32} & a_{33} \end{vmatrix}$，$\begin{vmatrix} a_{12} & a_{13} \\ a_{22} & a_{23} \end{vmatrix}$ 乘以方程组（1.1.6）式的（1）（2）（3）式，然后将三个式子相加，可得

$$\left(a_{11}\begin{vmatrix} a_{22} & a_{23} \\ a_{32} & a_{33} \end{vmatrix}-a_{21}\begin{vmatrix} a_{12} & a_{13} \\ a_{32} & a_{33} \end{vmatrix}+a_{31}\begin{vmatrix} a_{12} & a_{13} \\ a_{22} & a_{23} \end{vmatrix}\right)x_1$$

$$=b_1\begin{vmatrix} a_{22} & a_{23} \\ a_{32} & a_{33} \end{vmatrix}-b_2\begin{vmatrix} a_{12} & a_{13} \\ a_{32} & a_{33} \end{vmatrix}+b_3\begin{vmatrix} a_{12} & a_{13} \\ a_{22} & a_{23} \end{vmatrix},$$

类似地，可以得到另外两个关于 $x_2$，$x_3$ 的式子．

利用定义 1.1.1 及定义 1.1.2，其中 $x_1$ 的系数

$$a_{11}\begin{vmatrix} a_{22} & a_{23} \\ a_{32} & a_{33} \end{vmatrix}-a_{21}\begin{vmatrix} a_{12} & a_{13} \\ a_{32} & a_{33} \end{vmatrix}+a_{31}\begin{vmatrix} a_{12} & a_{13} \\ a_{22} & a_{23} \end{vmatrix}$$

$$=a_{11}a_{22}a_{33}+a_{12}a_{23}a_{31}+a_{13}a_{21}a_{32}-a_{13}a_{22}a_{31}-a_{12}a_{21}a_{33}-a_{11}a_{23}a_{32}$$

$$=\begin{vmatrix} a_{11} & a_{12} & a_{13} \\ a_{21} & a_{22} & a_{23} \\ a_{31} & a_{32} & a_{33} \end{vmatrix}.$$

这与定义 1.1.2 完全一致，进一步可以得到式（1.1.10）．同时可以看出，三阶行列式的计算能转化为二阶行列式的计算．利用这一结论，可以给出三阶行列式的降阶法定义．

### 定义 1.1.2′

**称**

$$\begin{vmatrix} \boldsymbol{a_{11}} & \boldsymbol{a_{12}} & \boldsymbol{a_{13}} \\ \boldsymbol{a_{21}} & \boldsymbol{a_{22}} & \boldsymbol{a_{23}} \\ \boldsymbol{a_{31}} & \boldsymbol{a_{32}} & \boldsymbol{a_{33}} \end{vmatrix}$$

**为三阶行列式，其值为三个二阶行列式的和：**

$$\boldsymbol{a_{11}\begin{vmatrix} a_{22} & a_{23} \\ a_{32} & a_{33} \end{vmatrix}-a_{21}\begin{vmatrix} a_{12} & a_{13} \\ a_{32} & a_{33} \end{vmatrix}+a_{31}\begin{vmatrix} a_{12} & a_{13} \\ a_{22} & a_{23} \end{vmatrix}}.$$

这里行列式的降阶法定义是依三阶行列式的第一列展开的，事实上，它还可以依其他行（或列）展开．

类似地，三阶行列式有如下性质：

**性质 1.1.5** 行列式与它的转置行列式相等，即 $D=D^{\mathrm{T}}$.

$$\begin{vmatrix} a_{11} & a_{12} & a_{13} \\ a_{21} & a_{22} & a_{23} \\ a_{31} & a_{32} & a_{33} \end{vmatrix} = \begin{vmatrix} a_{11} & a_{21} & a_{31} \\ a_{12} & a_{22} & a_{32} \\ a_{13} & a_{23} & a_{33} \end{vmatrix}.$$

**性质 1.1.6** 行列式的某一行（列）的元素为两数之和，则有

$$\begin{vmatrix} a_{11}+b_{11} & a_{12} & a_{13} \\ a_{21}+b_{21} & a_{22} & a_{23} \\ a_{31}+b_{31} & a_{32} & a_{33} \end{vmatrix} = \begin{vmatrix} a_{11} & a_{12} & a_{13} \\ a_{21} & a_{22} & a_{23} \\ a_{31} & a_{32} & a_{33} \end{vmatrix} + \begin{vmatrix} b_{11} & a_{12} & a_{13} \\ b_{21} & a_{22} & a_{23} \\ b_{31} & a_{32} & a_{33} \end{vmatrix}.$$

**性质 1.1.7** 行列式的某一行（列）中所有的元素的公因子可以提到行列式符号的外面.

$$\begin{vmatrix} a_{11} & ka_{12} & a_{13} \\ a_{21} & ka_{22} & a_{23} \\ a_{31} & ka_{32} & a_{33} \end{vmatrix} = k\begin{vmatrix} a_{11} & a_{12} & a_{13} \\ a_{21} & a_{22} & a_{23} \\ a_{31} & a_{32} & a_{33} \end{vmatrix}.$$

即行列式的某一列（三行）的每个元素乘以 $k$，得到的行列式是原行列式的 $k$ 倍.

**性质 1.1.8** 变换行列式的两行（两列），行列式的值变号.

$$\begin{vmatrix} a_{11} & a_{12} & a_{13} \\ a_{31} & a_{32} & a_{33} \\ a_{21} & a_{22} & a_{23} \end{vmatrix} = -\begin{vmatrix} a_{11} & a_{12} & a_{13} \\ a_{21} & a_{22} & a_{23} \\ a_{31} & a_{32} & a_{33} \end{vmatrix}.$$

以上性质由三阶行列式的对角线法则不难证得.

**例 3** 计算下列行列式：

(1) $D_1=\begin{vmatrix} 1 & 0 & -1 \\ 2 & 1 & -2 \\ 0 & 1 & 2 \end{vmatrix}$；  (2) $D_2=\begin{vmatrix} 1 & 0 & -3 \\ 2 & 4 & 1 \\ -5 & 0 & 4 \end{vmatrix}$.

**解** (1) $D_1=1\times1\times2+0\times0\times(-2)+(-1)\times2\times1-1\times1\times(-2)-0\times2\times2-0\times1\times(-1)=2$；

(2) $D_2=1\times4\times4+2\times0\times(-3)+(-5)\times1\times0-(-3)\times4\times(-5)-2\times0\times4-1\times0\times1=-44$.

**例 4** 解三元线性方程组

$$\begin{cases} x_1+2x_2+x_3=0 \\ 2x_1-x_2+x_3=1. \\ x_1-x_2-2x_3=3 \end{cases}$$

**解** 计算系数行列式，有

$$D=\begin{vmatrix} 1 & 2 & 1 \\ 2 & -1 & 1 \\ 1 & -1 & -2 \end{vmatrix}=2-2+2+1+1+8=12\neq0.$$

又由于

$$D_1=\begin{vmatrix} 0 & 2 & 1 \\ 1 & -1 & 1 \\ 3 & -1 & -2 \end{vmatrix}=12，D_2=\begin{vmatrix} 1 & 0 & 1 \\ 2 & 1 & 1 \\ 1 & 3 & -2 \end{vmatrix}=0，D_3=\begin{vmatrix} 1 & 2 & 0 \\ 2 & -1 & 1 \\ 1 & -1 & 3 \end{vmatrix}=-12,$$

故方程组的解是

$$\begin{cases} x_1=\dfrac{D_1}{D}=\dfrac{12}{12}=1 \\ x_2=\dfrac{D_2}{D}=\dfrac{0}{12}=0 \\ x_3=\dfrac{D_3}{D}=\dfrac{-12}{12}=-1 \end{cases}.$$

行列式出现于线性方程组的求解，最早是一种速记的表达式，现在已经是数学中一种非常有用的工具．行列式是由德国数学家莱布尼茨（G. W. Leibniz，1646—1716）和日本数学家关孝和（Seki Takakazu，约 1642—1708）发明的．

## 练习 1－1

1. 计算下列二阶行列式：

(1) $\begin{vmatrix} 1 & 3 \\ 2 & -2 \end{vmatrix}$；(2) $\begin{vmatrix} b & -a \\ a & b \end{vmatrix}$；(3) $\begin{vmatrix} x+y & -y \\ y & x-y \end{vmatrix}$；(4) $\begin{vmatrix} \cos x & -\sin x \\ \sin x & \cos x \end{vmatrix}$.

2. 计算下列三阶行列式：

(1) $\begin{vmatrix} 1 & 0 & 0 \\ 0 & 0 & 1 \\ 1 & 2 & 1 \end{vmatrix}$；(2) $\begin{vmatrix} 2 & 1 & 2 \\ 0 & 3 & 1 \\ 1 & 2 & 1 \end{vmatrix}$；(3) $\begin{vmatrix} 0 & a & 0 \\ b & c & d \\ 0 & e & 0 \end{vmatrix}$；(4) $\begin{vmatrix} 4 & -2 & 3 \\ -3 & 1 & -7 \\ 2 & -5 & -4 \end{vmatrix}$.

3. 求出 $x$，使得 $\begin{vmatrix} 5 & 1 & x \\ 2 & x & 0 \\ 1 & 0 & x \end{vmatrix}=0$.

4. 某商场欲购进甲、乙两种商品共 50 件．甲种商品每件进价为 35 元，利润率是 20%，乙种商品每件进价为 20 元，利润率是 15%．若共获利 278 元，则甲、乙两种商品各购进多少件?

5. 某公司存入银行甲、乙两种不同性质的存款共 20 万元，甲、乙两种存款的年利率分别为 1.4%和 3.7%，该公司一年共得利息（不计利息税）6 250 元，问甲、乙两种存款各多少元?

# 第二节　n 阶行列式

## 一、n 阶行列式的定义

依照三阶行列式的降阶法定义 1.1.2′，下面给出 $n$ 阶行列式的定义．

**定义 1.2.1**

**设有 $n^2$ 个数，排成 $n$ 行 $n$ 列的数表**

$$\begin{matrix} a_{11} & a_{12} & \cdots & a_{1n} \\ a_{21} & a_{22} & \cdots & a_{2n} \\ \vdots & \vdots & & \vdots \\ a_{n1} & a_{n2} & \cdots & a_{nn} \end{matrix}$$

**在左、右两边各加一竖线，称为 $n$ 阶行列式，记为**

$$D=\begin{vmatrix} a_{11} & a_{12} & \cdots & a_{1n} \\ a_{21} & a_{22} & \cdots & a_{2n} \\ \vdots & \vdots & & \vdots \\ a_{n1} & a_{n2} & \cdots & a_{nn} \end{vmatrix} \tag{1.2.1}$$

当 $n=1$ 时，$D_1=a_{11}$；

当 $n\geqslant 2$ 时，$D_n=a_{i1}A_{i1}+a_{i2}A_{i2}+\cdots+a_{in}A_{in}=\sum\limits_{j=1}^{n}a_{ij}A_{ij}\quad (i=1,2,\cdots,n)$．

其中数 $a_{ij}$ 称为行列式的元素，其第一个下标 $i$ 表示此元素所在的是第 $i$ 行，第二个下标 $j$ 表示所在的列为第 $j$ 列，$A_{ij}$ 的意义见下面的定义．

**定义 1.2.2**

**在 $n$ 阶行列式中，划掉元素 $a_{ij}$ 所在的行和列，把剩下的元素按照原来的顺序组成一个新的 $n-1$ 阶行列式，称为 $a_{ij}$ 的余子式，记作 $M_{ij}$；即**

$$M_{ij}=\begin{vmatrix} a_{11} & \cdots & a_{1j-1} & a_{1j+1} & \cdots & a_{1n} \\ \vdots & & \vdots & \vdots & & \vdots \\ a_{i-11} & \cdots & a_{i-1j-1} & a_{i-1j+1} & \cdots & a_{i-1n} \\ a_{i+11} & \cdots & a_{i+1j-1} & a_{i+1j+1} & \cdots & a_{i+1n} \\ \vdots & & \vdots & \vdots & & \vdots \\ a_{n1} & \cdots & a_{nj-1} & a_{nj+1} & \cdots & a_{nn} \end{vmatrix} \tag{1.2.2}$$

**称 $A_{ij}=(-1)^{i+j}M_{ij}$ 为 $a_{ij}$ 的代数余子式．**

定义 1.2.1 是 $n$ 阶行列式的降阶法定义，并且是按第 $i$ 行展开的．事实上，它还可以依列展开．

由定义可知，当 $n>1$ 时，只有当 $n-1$ 阶行列式已知，才能计算出 $n$ 阶行列式的值，并且 $D$ 是可以按照任一行（列）展开的．

**定义 1.2.3**

**将行列式**

$$D=|a_{ij}|=\begin{vmatrix} a_{11} & a_{12} & \cdots & a_{1n} \\ a_{21} & a_{22} & \cdots & a_{2n} \\ \vdots & \vdots & & \vdots \\ a_{n1} & a_{n2} & \cdots & a_{nn} \end{vmatrix}$$

**互换行列后得到的行列式**

$$\begin{vmatrix} a_{11} & a_{21} & \cdots & a_{n1} \\ a_{12} & a_{22} & \cdots & a_{n2} \\ \vdots & \vdots & & \vdots \\ a_{1n} & a_{2n} & \cdots & a_{nn} \end{vmatrix} \tag{1.2.3}$$

**称为 $D$ 的转置行列式，记作 $D^{T}$，即**

$$D^{T}=\begin{vmatrix} a_{11} & a_{21} & \cdots & a_{n1} \\ a_{12} & a_{22} & \cdots & a_{n2} \\ \vdots & \vdots & & \vdots \\ a_{1n} & a_{2n} & \cdots & a_{nn} \end{vmatrix} \tag{1.2.4}$$

**例 1**　用定义计算下列行列式：

$$(1)\ \begin{vmatrix} 1 & 0 & 2 \\ -2 & 3 & 1 \\ 1 & 1 & -1 \end{vmatrix};\qquad (2)\ \begin{vmatrix} 1 & 0 & 0 & -1 \\ 2 & 1 & 3 & 0 \\ 3 & 0 & 2 & 1 \\ 4 & 0 & 0 & 3 \end{vmatrix}.$$

**解**　由定义，将行列式按第一行展开，即

$$(1)\ \begin{vmatrix} 1 & 0 & 2 \\ -2 & 3 & 1 \\ 1 & 1 & -1 \end{vmatrix}=1\times(-1)^{1+1}\begin{vmatrix} 3 & 1 \\ 1 & -1 \end{vmatrix}+2\times(-1)^{1+3}\begin{vmatrix} -2 & 3 \\ 1 & 1 \end{vmatrix}=-14;$$

$$(2)\ \begin{vmatrix} 1 & 0 & 0 & -1 \\ 2 & 1 & 3 & 0 \\ 3 & 0 & 2 & 1 \\ 4 & 0 & 0 & 3 \end{vmatrix}=1\times(-1)^{1+1}\begin{vmatrix} 1 & 3 & 0 \\ 0 & 2 & 1 \\ 0 & 0 & 3 \end{vmatrix}+(-1)\times(-1)^{1+4}\begin{vmatrix} 2 & 1 & 3 \\ 3 & 0 & 2 \\ 4 & 0 & 0 \end{vmatrix}=14.$$

**例 2**　已知行列式

$$D=\begin{vmatrix} 1 & 0 & 5 & -8 \\ 3 & 2 & 4 & -5 \\ -3 & 0 & 5 & 6 \\ 2 & 7 & 0 & 1 \end{vmatrix},$$

求元素 $a_{23}$ 的余子式和代数余子式．

**解**　元素 $a_{23}=4$ 的余子式即为划去第二行和第三列的所有元素后的三阶行列式

$$M_{23}=\begin{vmatrix} 1 & 0 & -8 \\ -3 & 0 & 6 \\ 2 & 7 & 1 \end{vmatrix},$$

而代数余子式为

$$A_{23}=(-1)^{2+3}M_{23}=-\begin{vmatrix} 1 & 0 & -8 \\ -3 & 0 & 6 \\ 2 & 7 & 1 \end{vmatrix}.$$

下面介绍几种常见的行列式．

**1. 上三角行列式**

形如

$$\begin{vmatrix} a_{11} & a_{12} & \cdots & a_{1n} \\ 0 & a_{22} & \cdots & a_{2n} \\ \vdots & \vdots & & \vdots \\ 0 & 0 & \cdots & a_{nn} \end{vmatrix} = a_{11}a_{22}\cdots a_{nn}$$

的行列式称为上三角形行列式，行列式的主对角线以下的元素全是零，它的值等于主对角线上元素的乘积．

**2. 下三角形行列式**

形如

$$\begin{vmatrix} a_{11} & 0 & \cdots & 0 \\ a_{21} & a_{22} & \cdots & 0 \\ \vdots & \vdots & & \vdots \\ a_{n1} & a_{n2} & \cdots & a_{nn} \end{vmatrix} = a_{11}a_{22}\cdots a_{nn}$$

的行列式称为下三角形行列式，行列式的主对角线以上的元素全是零，它的值等于主对角线上元素的乘积．

**3. 对角形行列式**

形如

$$\begin{vmatrix} a_{11} & 0 & \cdots & 0 \\ 0 & a_{22} & \cdots & 0 \\ \vdots & \vdots & & \vdots \\ 0 & 0 & \cdots & a_{nn} \end{vmatrix} = a_{11}a_{22}\cdots a_{nn}$$

的行列式称为对角形行列式，行列式除主对角线以外的元素全是零，它的值等于主对角线上元素的乘积．

## 二、*n* 阶行列式的性质

利用行列式的定义，可以将 $n$ 阶行列式表示成一些数与 $n-1$ 阶行列式的乘积的代数和，当 $n$ 很大时，计算量通常很大．为了简化计算，下面介绍行列式的一些基本性质．

以上分别给出了二、三阶行列式部分性质，一般地，对于 $n$ 阶行列式，有如下性质．

**性质 1.2.1** 行列式与它的转置行列式相等，即 $D=D^{\mathrm{T}}$．

亦即
$$\begin{vmatrix} a_{11} & a_{12} & \cdots & a_{1n} \\ a_{21} & a_{22} & \cdots & a_{2n} \\ \vdots & \vdots & \ddots & \vdots \\ a_{n1} & a_{n2} & \cdots & a_{nn} \end{vmatrix} = \begin{vmatrix} a_{11} & a_{21} & \cdots & a_{n1} \\ a_{12} & a_{22} & \cdots & a_{n2} \\ \vdots & \vdots & \ddots & \vdots \\ a_{1n} & a_{2n} & \cdots & a_{nn} \end{vmatrix}.$$

此性质表明，行列式中的行与列具有同等的地位，行列式的性质凡是对行成立的对列也同样成立．反之亦然．

**性质 1.2.2**　行列式的某一行（列）的元素为两数之和，则有

$$\begin{vmatrix} a_{11} & \cdots & a_{1j-1} & a_{1j}+b_{1j} & a_{1j+1} & \cdots & a_{1n} \\ a_{21} & \cdots & a_{2j-1} & a_{2j}+b_{2j} & a_{2j+1} & \cdots & a_{2n} \\ \vdots & \vdots & \vdots & \vdots & \vdots & \vdots & \vdots \\ a_{n1} & \cdots & a_{nj-1} & a_{nj}+b_{nj} & a_{nj+1} & \cdots & a_{nn} \end{vmatrix} = \begin{vmatrix} a_{11} & \cdots & a_{1j-1} & a_{1j} & a_{1j+1} & \cdots & a_{1n} \\ a_{21} & \cdots & a_{2j-1} & a_{2j} & a_{2j+1} & \cdots & a_{2n} \\ \vdots & \vdots & \vdots & \vdots & \vdots & \vdots & \vdots \\ a_{n1} & \cdots & a_{nj-1} & a_{nj} & a_{nj+1} & \cdots & a_{nn} \end{vmatrix} + \begin{vmatrix} a_{11} & \cdots & a_{1j-1} & b_{1j} & a_{1j+1} & \cdots & a_{1n} \\ a_{21} & \cdots & a_{2j-1} & b_{2j} & a_{2j+1} & \cdots & a_{2n} \\ \vdots & \vdots & \vdots & \vdots & \vdots & \vdots & \vdots \\ a_{n1} & \cdots & a_{nj-1} & b_{nj} & a_{nj+1} & \cdots & a_{nn} \end{vmatrix}.$$

**性质 1.2.3**　行列式的某一行（列）的每个元素乘以 $k$，得到的行列式是原行列式的 $k$ 倍．

$$\begin{vmatrix} a_{11} & ka_{12} & \cdots & a_{1n} \\ a_{21} & ka_{22} & \cdots & a_{2n} \\ \vdots & \vdots & \ddots & \vdots \\ a_{n1} & ka_{n2} & \cdots & a_{nn} \end{vmatrix} = k\begin{vmatrix} a_{11} & a_{12} & \cdots & a_{1n} \\ a_{21} & a_{22} & \cdots & a_{2n} \\ \vdots & \vdots & \ddots & \vdots \\ a_{n1} & a_{n2} & \cdots & a_{nn} \end{vmatrix}.$$

**推论**　行列式的某一行（列）中所有的元素的公因子可以提到行列式符号的外面．

**性质 1.2.4**　变换行列式的两行（两列），行列式的值变号．

$$\begin{vmatrix} a_{11} & a_{12} & \cdots & a_{1n} \\ \vdots & \vdots & \vdots & \vdots \\ a_{i1} & a_{i1} & \cdots & a_{in} \\ \vdots & \vdots & \vdots & \vdots \\ a_{j1} & a_{j2} & \cdots & a_{jn} \\ \vdots & \vdots & \vdots & \vdots \\ a_{n1} & a_{n2} & \cdots & a_{nn} \end{vmatrix} = -\begin{vmatrix} a_{11} & a_{12} & \cdots & a_{1n} \\ \vdots & \vdots & \vdots & \vdots \\ a_{j1} & a_{j1} & \cdots & a_{jn} \\ \vdots & \vdots & \vdots & \vdots \\ a_{i1} & a_{i2} & \cdots & a_{in} \\ \vdots & \vdots & \vdots & \vdots \\ a_{n1} & a_{n2} & \cdots & a_{nn} \end{vmatrix}.$$

**性质 1.2.5**　行列式的值为零的三个充分条件：

（1）若行列式中某行（列）的元素全为零，则此行列式的值为零．

（2）若行列式某两行（列）的元素对应相等，则此行列式为零．

（3）若行列式中某两行（列）的元素对应成比例，则此行列式的值为零．

**性质 1.2.6**　行列式的某一行（列）的每一个元素加到另一行（列）的对应元素上去，行列式的值不变．

$$\begin{vmatrix} a_{11} & \cdots & a_{1t} & \cdots & a_{1j} & \cdots & a_{1n} \\ a_{21} & \cdots & a_{2t} & \cdots & a_{2j} & \cdots & a_{2n} \\ \vdots & \vdots & \vdots & \vdots & \vdots & \vdots & \vdots \\ a_{n1} & \cdots & a_{nt} & \cdots & a_{nj} & \cdots & a_{nn} \end{vmatrix} = \begin{vmatrix} a_{11} & \cdots & a_{1t}+ka_{1j} & \cdots & a_{1j} & \cdots & a_{1n} \\ a_{21} & \cdots & a_{2t}+ka_{2j} & \cdots & a_{2j} & \cdots & a_{2n} \\ \vdots & \vdots & \vdots & \vdots & \vdots & \vdots & \vdots \\ a_{n1} & \cdots & a_{nt}+ka_{nj} & \cdots & a_{nj} & \cdots & a_{nn} \end{vmatrix}.$$

行列式的性质的证明略．

在行列式的计算中，通常利用这些性质将行列式变成上三角形行列式．为方便起见，引进如下记号：

（1）用 $r_i$ 来表示第 $i$ 行，$c_j$ 表示第 $j$ 列；

(2) 用 $kr_i$ 表示用非零常数 $k$ 乘以行列式的第 $i$ 行的每一个元素，用 $kc_j$ 表示用非零常数 $k$ 乘以行列式的第 $j$ 列的每一个元素；

(3) 用 $r_i+kr_j$ 表示把行列式的第 $j$ 行的 $k$ 倍加到第 $i$ 行的对应元素上去，用 $c_i+kc_j$ 表示把行列式的第 $j$ 列的 $k$ 倍加到第 $i$ 列的对应元素上去；

(4) 用 $r_i\leftrightarrow r_j$ 表示互换行列式的第 $i$ 行与第 $j$ 行，用 $c_i\leftrightarrow c_j$ 表示互换行列式的第 $i$ 列与第 $j$ 列 .

**例 3** 已知 $\begin{vmatrix} x_1 & x_2 & x_3 \\ y_1 & y_2 & y_3 \\ z_1 & z_2 & z_3 \end{vmatrix}=5$，求 $\begin{vmatrix} z_1 & z_2 & z_3 \\ x_1 & x_2 & x_3 \\ y_1 & y_2 & y_3 \end{vmatrix}$ 的值 .

**解** $$\begin{vmatrix} z_1 & z_2 & z_3 \\ x_1 & x_2 & x_3 \\ y_1 & y_2 & y_3 \end{vmatrix} \xlongequal{r_1\leftrightarrow r_2} (-1)\begin{vmatrix} x_1 & x_2 & x_3 \\ z_1 & z_2 & z_3 \\ y_1 & y_2 & y_3 \end{vmatrix} \xlongequal{r_2\leftrightarrow r_3} (-1)^2\begin{vmatrix} x_1 & x_2 & x_3 \\ y_1 & y_2 & y_3 \\ z_1 & z_2 & z_3 \end{vmatrix}=5.$$

**例 4** 计算 $\begin{vmatrix} 1 & 1 & 2 & 3 \\ 1 & 2 & 3 & 5 \\ 1 & 1 & 3 & 1 \\ 1 & 1 & 4 & 2 \end{vmatrix}$ 的值 .

**解** $$\begin{vmatrix} 1 & 1 & 2 & 3 \\ 1 & 2 & 3 & 5 \\ 1 & 1 & 3 & 1 \\ 1 & 1 & 4 & 2 \end{vmatrix} \xlongequal[r_4-r_1]{\substack{r_2-r_1\\ r_3-r_1}} \begin{vmatrix} 1 & 1 & 2 & 3 \\ 0 & 1 & 1 & 2 \\ 0 & 0 & 1 & -2 \\ 0 & 0 & 2 & -1 \end{vmatrix} \xlongequal{r_4-2r_3} \begin{vmatrix} 1 & 1 & 2 & 3 \\ 0 & 1 & 1 & 2 \\ 0 & 0 & 1 & -2 \\ 0 & 0 & 0 & 3 \end{vmatrix}=3.$$

**例 5** 计算 $\begin{vmatrix} 1 & 2 & 3 & 4 \\ 2 & 3 & 4 & 1 \\ 3 & 4 & 1 & 2 \\ 4 & 1 & 2 & 3 \end{vmatrix}$ 的值 .

**解** $$\begin{vmatrix} 1 & 2 & 3 & 4 \\ 2 & 3 & 4 & 1 \\ 3 & 4 & 1 & 2 \\ 4 & 1 & 2 & 3 \end{vmatrix} \xlongequal[r_4-4r_1]{\substack{r_2-2r_1\\ r_3-3r_1}} \begin{vmatrix} 1 & 2 & 3 & 4 \\ 0 & -1 & -2 & -7 \\ 0 & -2 & -8 & -10 \\ 0 & -7 & -10 & -13 \end{vmatrix}$$

$$\xlongequal[r_4-7r_2]{r_3-2r_2} \begin{vmatrix} 1 & 2 & 3 & 4 \\ 0 & -1 & -2 & -7 \\ 0 & 0 & -4 & 4 \\ 0 & 0 & 4 & 36 \end{vmatrix} \xlongequal{r_4+r_3} \begin{vmatrix} 1 & 2 & 3 & 4 \\ 0 & -1 & -2 & -7 \\ 0 & 0 & -4 & 4 \\ 0 & 0 & 0 & 40 \end{vmatrix}=160.$$

从以上计算可知，常常利用行列式的性质，通过行列式的行（列）变换，将行列式变为上三角形：先把第一列主对角线元素 $a_{11}$ 以下的元素变为零，再把第二列主对角线元素 $a_{22}$ 以下的元素变为零，以此类推，最后直到变成主对角线以下的元素全为零的上三角形行列式为止 . 这是计算行列式的一般思路，该思路可以通过计算机程序来实现，即行列式的计算可以由计算机完成 .

对于行列式的人工计算，利用展开式把行列式转化为较低阶的行列式是化难为易的常用方法 . 通常选择行列式中零元素比较多的行（列）展开 .

如果行列式的某行（列）的零元素比较多，直接按照这行（列）展开；如果某行（列）只有通过变换变化出很多零来，就先变换，再展开.

**例 6** 计算行列式 $\begin{vmatrix} 1 & -2 & 1 & 1 \\ 0 & 1 & 1 & 2 \\ 2 & 0 & 1 & 2 \\ 0 & 2 & 0 & 1 \end{vmatrix}$.

**解** 
$$\begin{vmatrix} 1 & -2 & 1 & 1 \\ 0 & 1 & 1 & 2 \\ 2 & 0 & 1 & 2 \\ 0 & 2 & 0 & 1 \end{vmatrix} \xlongequal{r_3-2r_1} \begin{vmatrix} 1 & -2 & 1 & 1 \\ 0 & 1 & 1 & 2 \\ 0 & 4 & -1 & 0 \\ 0 & 2 & 0 & 1 \end{vmatrix} \xlongequal{\text{按第一列展开}} (-1)^{1+1}\begin{vmatrix} 1 & 1 & 2 \\ 4 & -1 & 0 \\ 2 & 0 & 1 \end{vmatrix}$$

$$\xlongequal{r_1-2r_3} \begin{vmatrix} -3 & 1 & 0 \\ 4 & -1 & 0 \\ 2 & 0 & 1 \end{vmatrix} \xlongequal{\text{按第三列展开}} (-1)^{3+3}\begin{vmatrix} -3 & 1 \\ 4 & -1 \end{vmatrix} = -1.$$

**例 7** 计算 $\begin{vmatrix} 1+x & 1 & 1 & 1 \\ 1 & 1-x & 1 & 1 \\ 1 & 1 & 1+y & 1 \\ 1 & 1 & 1 & 1-y \end{vmatrix}$.

**解** 
$$\begin{vmatrix} 1+x & 1 & 1 & 1 \\ 1 & 1-x & 1 & 1 \\ 1 & 1 & 1+y & 1 \\ 1 & 1 & 1 & 1-y \end{vmatrix} \xlongequal{r_1-r_2} \begin{vmatrix} x & x & 0 & 0 \\ 1 & 1-x & 1 & 1 \\ 1 & 1 & 1+y & 1 \\ 1 & 1 & 1 & 1-y \end{vmatrix}$$

$$\xlongequal{c_1-c_2} \begin{vmatrix} 0 & x & 0 & 0 \\ x & 1-x & 1 & 1 \\ 0 & 1 & 1+y & 1 \\ 0 & 1 & 1 & 1-y \end{vmatrix}$$

$$\xlongequal{\text{按第一列展开}} x\times(-1)^{1+2}\begin{vmatrix} x & 0 & 0 \\ 1 & 1+y & 1 \\ 1 & 1 & 1-y \end{vmatrix}$$

$$\xlongequal{\text{按第一行展开}} -x^2\times\ (-1)^{1+1}\begin{vmatrix} 1+y & 1 \\ 1 & 1-y \end{vmatrix} = x^2y^2.$$

**例 8** 计算行列式 $\begin{vmatrix} x & y & y & y \\ y & x & y & y \\ y & y & x & y \\ y & y & y & x \end{vmatrix}$.

**解** 
$$\begin{vmatrix} x & y & y & y \\ y & x & y & y \\ y & y & x & y \\ y & y & y & x \end{vmatrix} \xlongequal[r_1+r_4]{r_1+r_2 \atop r_1+r_3} \begin{vmatrix} x+3y & x+3y & x+3y & x+3y \\ y & x & y & y \\ y & y & x & y \\ y & y & y & x \end{vmatrix}$$

$$= (x+3y)\begin{vmatrix} 1 & 1 & 1 & 1 \\ y & x & y & y \\ y & y & x & y \\ y & y & y & x \end{vmatrix}$$

$$\xlongequal[i=2,3,4]{r_i - yr_1} (x+3y)\begin{vmatrix} 1 & 1 & 1 & 1 \\ 0 & x-y & 0 & 0 \\ 0 & 0 & x-y & 0 \\ 0 & 0 & 0 & x-y \end{vmatrix} = (x+3y)(x-y)^3.$$

**例 9** 计算 $n$ 阶行列式 $\begin{vmatrix} 0 & 0 & 0 & \cdots & 0 & n \\ 1 & 0 & 0 & \cdots & 0 & 0 \\ 0 & 2 & 0 & \cdots & 0 & 0 \\ \vdots & \vdots & \vdots & & \vdots & \vdots \\ 0 & 0 & 0 & \cdots & n-1 & 0 \end{vmatrix}$.

**解** 观察行列式的元素分布的特点，可以按行列式的第一行展开，得

$$\begin{vmatrix} 0 & 0 & 0 & \cdots & 0 & n \\ 1 & 0 & 0 & \cdots & 0 & 0 \\ 0 & 2 & 0 & \cdots & 0 & 0 \\ \vdots & \vdots & \vdots & & \vdots & \vdots \\ 0 & 0 & 0 & \cdots & n-1 & 0 \end{vmatrix} = (-1)^{n+1}n\begin{vmatrix} 1 & 0 & 0 & \cdots & 0 \\ 0 & 2 & 0 & \cdots & 0 \\ \vdots & \vdots & \vdots & & \vdots \\ 0 & 0 & 0 & \cdots & n-1 \end{vmatrix} = (-1)^{n+1}n!$$

**例 10** 计算 $n$ 阶行列式 $\begin{vmatrix} 1 & 1 & 1 & \cdots & 1 & 1 \\ 1 & 0 & 1 & \cdots & 1 & 1 \\ 1 & 1 & 0 & \cdots & 1 & 1 \\ \vdots & \vdots & \vdots & & \vdots & \vdots \\ 1 & 1 & 1 & \cdots & 1 & 0 \end{vmatrix}$.

**解** 行列式的元素除了 $a_{ii} = 0(i = 2,3,\cdots,n)$ 以外，其余元素全为 1，于是将第一行的元素乘以（−1）分别加到第 $i$（$i$=2，3，…，$n$）行的对应元素上去，得

$$\begin{vmatrix} 1 & 1 & 1 & \cdots & 1 & 1 \\ 1 & 0 & 1 & \cdots & 1 & 1 \\ 1 & 1 & 0 & \cdots & 1 & 1 \\ \vdots & \vdots & \vdots & & \vdots & \vdots \\ 1 & 1 & 1 & \cdots & 1 & 0 \end{vmatrix} = \begin{vmatrix} 1 & 1 & 1 & \cdots & 1 & 1 \\ 0 & -1 & 0 & \cdots & 0 & 0 \\ 0 & 0 & -1 & \cdots & 0 & 0 \\ \vdots & \vdots & \vdots & & \vdots & \vdots \\ 0 & 0 & 0 & \cdots & 0 & -1 \end{vmatrix} = (-1)^{n-1}.$$

## 三、行列式的应用

在本章第一节中，对于二元线性方程组（1.1.1）及三元线性方程组（1.1.6），分别得到求解公式（1.1.5′）及（1.1.10），类似地，对于 $n$ 元线性方程组：

$$\begin{cases} a_{11}x_1+a_{12}x_2+\cdots+a_{1n}x_n=b_1 \\ a_{21}x_1+a_{22}x_2+\cdots+a_{2n}x_n=b_2 \\ \cdots \qquad \cdots \\ a_{n1}x_1+a_{n2}x_2+\cdots+a_{nn}x_n=b_n \end{cases} \tag{1.2.5}$$

有如下定理.

**定理 1.2.1 克莱姆法则**（Cramer，1704—1752，瑞士数学家）

若线性方程组（1.2.5）的系数行列式

$$D=\begin{vmatrix} a_{11} & a_{12} & \cdots & a_{1n} \\ a_{21} & a_{22} & \cdots & a_{2n} \\ \vdots & \vdots & & \vdots \\ a_{n1} & a_{n2} & \cdots & a_{nn} \end{vmatrix}\neq 0,$$

则线性方程组有且仅有唯一解：

$$x_j=\frac{D_j}{D}\ (j=1,\ 2,\ \cdots,\ n),$$

其中

$$D_j=\begin{vmatrix} a_{11} & a_{12} & \cdots & a_{1j-1} & b_1 & a_{1j+1} & \cdots & a_{1n} \\ a_{21} & a_{22} & \cdots & a_{2j-1} & b_2 & a_{2j+1} & \cdots & a_{2n} \\ \vdots & \vdots & & \vdots & \vdots & \vdots & & \vdots \\ a_{n1} & a_{n2} & \cdots & a_{nj-1} & b_n & a_{nj+1} & \cdots & a_{nn} \end{vmatrix}\quad (j=1,\ 2,\ \cdots,\ n).$$

证明略.

二元线性方程组（1.1.1）及三元线性方程组（1.1.6）的求解公式（1.1.5′）与（1.1.10）是克莱姆法则当 $n=2$ 及 $n=3$ 时的特例.

**例 11** 解线性方程组 $\begin{cases} x_1-2x_2+x_3=1 \\ 2x_1-x_3=3 \\ -x_1+2x_2+2x_3=2 \end{cases}$.

**解** 因为系数行列式

$$D=\begin{vmatrix} 1 & -2 & 1 \\ 2 & 0 & -1 \\ -1 & 2 & 2 \end{vmatrix}\overset{\substack{r_2-2r_1\\ r_3+r_1}}{=\!=\!=}\begin{vmatrix} 1 & -2 & 1 \\ 0 & 4 & -3 \\ 0 & 0 & 3 \end{vmatrix}=12\neq 0,$$

故方程组有唯一解. 又由于

$$D_1=\begin{vmatrix} 1 & -2 & 1 \\ 3 & 0 & -1 \\ 2 & 2 & 2 \end{vmatrix}\overset{\substack{r_2-3r_1\\ r_3-2r_1}}{=\!=\!=}\begin{vmatrix} 1 & -2 & 1 \\ 0 & 6 & -4 \\ 0 & 6 & 0 \end{vmatrix}\overset{r_3-r_2}{=\!=\!=}\begin{vmatrix} 1 & -2 & 1 \\ 0 & 6 & -4 \\ 0 & 0 & 4 \end{vmatrix}=24,$$

$$D_2=\begin{vmatrix} 1 & 1 & 1 \\ 2 & 3 & -1 \\ -1 & 2 & 2 \end{vmatrix}\overset{\substack{r_2-2r_1\\ r_3+r_1}}{=\!=\!=}\begin{vmatrix} 1 & 1 & 1 \\ 0 & 1 & -3 \\ 0 & 3 & 3 \end{vmatrix}\overset{r_3-3r_2}{=\!=\!=}\begin{vmatrix} 1 & 1 & 1 \\ 0 & 1 & -3 \\ 0 & 0 & 12 \end{vmatrix}=12,$$

$$D_3=\begin{vmatrix} 1 & -2 & 1 \\ 2 & 0 & 3 \\ -1 & 2 & 2 \end{vmatrix}\overset{\substack{r_2-2r_1\\ r_3+r_1}}{=\!=\!=}\begin{vmatrix} 1 & -2 & 1 \\ 0 & 4 & 1 \\ 0 & 0 & 3 \end{vmatrix}=12,$$

由克莱姆法则，原方程组的解为

$$\begin{cases} x_1=\dfrac{D_1}{D}=\dfrac{24}{12}=2 \\ x_2=\dfrac{D_2}{D}=\dfrac{12}{12}=1. \\ x_3=\dfrac{D_3}{D}=\dfrac{12}{12}=1 \end{cases}$$

**例 12** 求解案例 1.1.

**解** 设 A，B，C 和 D 四种产品的单位成本分别为 $x_1$，$x_2$，$x_3$，$x_4$，则依题意列方程组

$$\begin{cases} 40x_1+20x_2+20x_3+10x_4=580 \\ 100x_1+50x_2+40x_3+20x_4=1\ 410 \\ 20x_1+8x_2+8x_3+4x_4=272 \\ 80x_1+36x_2+32x_3+12x_4=1\ 100 \end{cases},$$

方程组可化为

$$\begin{cases} 4x_1+2x_2+2x_3+x_4=58 \\ 10x_1+5x_2+4x_3+2x_4=141 \\ 5x_1+2x_2+2x_3+x_4=68 \\ 20x_1+9x_2+8x_3+3x_4=275 \end{cases}.$$

由于方程组的系数行列式

$$D=\begin{vmatrix} 4 & 2 & 2 & 1 \\ 10 & 5 & 4 & 2 \\ 5 & 2 & 2 & 1 \\ 20 & 9 & 8 & 3 \end{vmatrix}=2\neq 0,$$

所以方程组有唯一解，并且求得

$$D_1=\begin{vmatrix} 58 & 2 & 2 & 1 \\ 141 & 5 & 4 & 2 \\ 68 & 2 & 2 & 1 \\ 275 & 9 & 8 & 3 \end{vmatrix}=20,\quad D_2=\begin{vmatrix} 4 & 58 & 2 & 1 \\ 10 & 141 & 4 & 2 \\ 5 & 68 & 2 & 1 \\ 20 & 275 & 8 & 3 \end{vmatrix}=10,$$

$$D_3=\begin{vmatrix} 4 & 2 & 58 & 1 \\ 10 & 5 & 141 & 2 \\ 5 & 2 & 68 & 1 \\ 20 & 9 & 275 & 3 \end{vmatrix}=6,\quad D_4=\begin{vmatrix} 4 & 2 & 2 & 58 \\ 10 & 5 & 4 & 141 \\ 5 & 2 & 2 & 68 \\ 20 & 9 & 8 & 275 \end{vmatrix}=4,$$

故由克莱姆法则，可得 $x_1=10$，$x_2=5$，$x_3=3$，$x_4=2$. 即四批产品的单位成本分别为 10 元、5 元、3 元、2 元.

类似地，对于利润问题、产量问题等，有时也需要列方程组求解.

## 练习 1－2

1. 设行列式

$$D_1=|a_{ij}|=\begin{vmatrix} a_{11} & a_{12} & a_{13} \\ a_{21} & a_{22} & a_{23} \\ a_{31} & a_{32} & a_{33} \end{vmatrix},\quad D_2=|b_{ij}|=\begin{vmatrix} -2 & 1 & 0 & -3 \\ 1 & 0 & -4 & 2 \\ 3 & 5 & 6 & 0 \\ 2 & -3 & 1 & 1 \end{vmatrix},$$

求 $D_1$ 的元素 $a_{12}$，$a_{22}$，$a_{32}$ 的余子式与代数余子式，$D_2$ 的元素 $b_{14}$，$b_{23}$，$b_{32}$ 的余子式与代数余子式．

2. 已知 $\begin{vmatrix} a_{11} & a_{12} & a_{13} \\ a_{21} & a_{22} & a_{23} \\ a_{31} & a_{32} & a_{33} \end{vmatrix}=5$，求 $\begin{vmatrix} 3a_{11} & a_{12} & 2a_{11}-4a_{13} \\ 3a_{21} & a_{22} & 2a_{21}-4a_{23} \\ 3a_{31} & a_{32} & 2a_{31}-4a_{33} \end{vmatrix}$．

3. 计算下列行列式：

(1) $\begin{vmatrix} 1 & 1 & 1 \\ 2 & 3 & 4 \\ 3 & 5 & 8 \end{vmatrix}$；(2) $\begin{vmatrix} 1 & 1 & 1 & 1 \\ 1 & -1 & 1 & 1 \\ 1 & 1 & -1 & 1 \\ 1 & 1 & 1 & -1 \end{vmatrix}$；(3) $\begin{vmatrix} 1 & 1 & 1 & 1 \\ 1 & 2 & 3 & 4 \\ 1 & 3 & 6 & 10 \\ 1 & 4 & 10 & 20 \end{vmatrix}$；

(4) $\begin{vmatrix} x & 0 & 0 & y \\ 0 & x & y & 0 \\ 0 & y & x & 0 \\ y & 0 & 0 & x \end{vmatrix}$；(5) $\begin{vmatrix} 1 & 1 & 1 & 1 \\ 2 & 2-x & 2 & 2 \\ 3 & 3 & 3-x & 3 \\ 4 & 4 & 4 & 4-x \end{vmatrix}$；

(6) $\begin{vmatrix} 1+a_1 & a_1 & a_1 & a_1 \\ a_2 & 1+a_2 & a_2 & a_2 \\ a_3 & a_3 & 1+a_3 & a_3 \\ a_4 & a_4 & a_4 & 1+a_4 \end{vmatrix}$；

(7) $\begin{vmatrix} 0 & 0 & 0 & x \\ 0 & 0 & x & y \\ 0 & x & y & z \\ x & y & z & a \end{vmatrix}$；(8) $\begin{vmatrix} 1 & 2 & -1 & 1 \\ 2 & 3 & -1 & 2 \\ 3 & 2 & 1 & 0 \\ 4 & 1 & 0 & 2 \end{vmatrix}$；(9) $\begin{vmatrix} 1 & 1 & 2 & 4 \\ 1 & 2 & 0 & 2 \\ 3 & 2 & 1 & 0 \\ 0 & 0 & 0 & 2 \end{vmatrix}$．

4. 计算下列 $n$ 阶行列式：

(1) $\begin{vmatrix} 1 & 2 & 3 & \cdots & n \\ -1 & 0 & 3 & \cdots & n \\ -1 & -2 & 0 & \cdots & n \\ \vdots & \vdots & \vdots & \ddots & \vdots \\ -1 & -2 & -3 & \cdots & 0 \end{vmatrix}$；　　(2) $\begin{vmatrix} 1 & a_2 & a_3 & \cdots & a_n \\ 1 & a_1 & a_3 & \cdots & a_n \\ 1 & a_2 & a_1 & \cdots & a_n \\ \vdots & \vdots & \vdots & \ddots & \vdots \\ 1 & a_2 & a_3 & \cdots & a_1 \end{vmatrix}$；

(3) $\begin{vmatrix} 0 & -1 & 1 & \cdots & 1 & 1 \\ 0 & 0 & -1 & \cdots & 1 & 1 \\ \vdots & \vdots & \vdots & & \vdots & \vdots \\ 0 & 0 & 0 & \cdots & 0 & -1 \\ -1 & 1 & 1 & \cdots & 1 & 1 \end{vmatrix}$； (4) $\begin{vmatrix} 1 & 1 & 0 & \cdots & 0 & 0 \\ 0 & 1 & 1 & \cdots & 0 & 0 \\ \vdots & \vdots & \vdots & & \vdots & \vdots \\ 0 & 0 & 0 & \cdots & 1 & 1 \\ 1 & 0 & 0 & \cdots & 0 & 1 \end{vmatrix}$.

5. 解下列线性方程组：

(1) $\begin{cases} x_1+x_2+x_3=1 \\ 2x_1-x_3=3 \\ 3x_1-x_2-x_3=1 \end{cases}$；(2) $\begin{cases} x_1+x_2+2x_3=3 \\ 2x_1+2x_2-x_3=1 \\ 3x_1-2x_2-x_3=2 \end{cases}$；(3) $\begin{cases} 2x_1+x_2-x_3=1 \\ 3x_1+x_2-x_3=2. \\ x_1+2x_2-x_3=1 \end{cases}$

# 第三节　矩阵的概念与运算

矩阵概念的产生源于科学研究、现实生产生活的需要．矩阵论是线性代数中的重要内容，矩阵是描述和求解线性方程组最基本和最有用的工具．矩阵在数学的其他分支以及自然科学、现代经济学、管理学和工程技术领域等方面具有广泛的应用．随着计算机的发展，矩阵显得更为重要．接下来几节将介绍矩阵的一些基本概念、相关运算及矩阵的简单应用．

## 一、矩阵的概念

**【引例 1.3.1】**　运输方案的表示问题

假设某运输公司需要将三种货物（单位：吨）由三个码头（设为 A 地、B 地、C 地）运往四个仓库（设为甲仓库、乙仓库、丙仓库、丁仓库）储存，运输的数量如表 1－6 所示：

**表 1－6**

| 码头 | 甲仓库 | 乙仓库 | 丙仓库 | 丁仓库 |
|---|---|---|---|---|
| A | 10 | 15 | 20 | 30 |
| B | 20 | 24 | 15 | 30 |
| C | 38 | 32 | 34 | 40 |

把此表格中的数字抽取出来并保持原来的相对位置，记为数表：

$$\boldsymbol{A}=\begin{pmatrix} 10 & 15 & 20 & 30 \\ 20 & 24 & 15 & 30 \\ 38 & 32 & 34 & 40 \end{pmatrix}.$$

数表 $\boldsymbol{A}$ 作为一个整体较好地刻画了运输公司的这次运输行动．表中的每两个数字换位，则表示另一种运输方案．一般地，称 $\boldsymbol{A}$ 为 3 行 4 列的矩阵．

**【引例 1.3.2】**　钢材用量、劳动时间和利润的关系

某汽车制造厂生产大、中、小三种类型的汽车，各种类型的汽车对钢材和劳动时间的

需求同利润的关系如表 1－7 所示：

**表 1－7**

| | 小型 | 中型 | 大型 |
|---|---|---|---|
| 钢材（吨） | 1.5 | 3 | 5 |
| 劳动时间（小时） | 280 | 250 | 400 |
| 利润（万元） | 2 | 3 | 4 |

把表 1－7 中的数字按原来的相对位置列成一个表，得一个 3 行 3 列的矩阵：

$$\boldsymbol{B}=\begin{pmatrix}1.5 & 3 & 5\\ 280 & 250 & 400\\ 2 & 3 & 4\end{pmatrix}.$$

于是，给出矩阵的一般概念．

## 定义 1.3.1

**把 $m\times n$ 个数 $a_{ij}$（$i=1, 2, \cdots, m$；$j=1, 2, \cdots, n$）排成一个 $m$ 行 $n$ 列的数表**

$$\begin{pmatrix}a_{11} & a_{12} & \cdots & a_{1n}\\ a_{21} & a_{22} & \cdots & a_{2n}\\ \vdots & \vdots & & \vdots\\ a_{m1} & a_{m2} & \cdots & a_{mn}\end{pmatrix},$$

**称此数表为一个 $m$ 行 $n$ 列矩阵，或者简称为 $m\times n$ 矩阵，简记为 $(a_{ij})_{m\times n}$ 或（$a_{ij}$）．**

一般地，用大写的英文字母 $\boldsymbol{A}$，$\boldsymbol{B}$，$\boldsymbol{C}$，…表示矩阵，例如 $\boldsymbol{A}=(a_{ij})_{m\times n}$ 或 $\boldsymbol{A}_{m\times n}$．称 $a_{ij}$ 为矩阵的元素，其中第一个下标表明该元素所在的行，第二个下标表明该元素所在的列．

若两个矩阵 $\boldsymbol{A}$，$\boldsymbol{B}$ 的行数和列数分别相等（称为同型矩阵），且对应位置上的元素也相等，则称此两矩阵相等，记为 $\boldsymbol{A}=\boldsymbol{B}$.

以下介绍几种特殊的矩阵．

（1）零矩阵：称所有元素都为 0 的矩阵

$$\boldsymbol{O}_{m\times n}=\begin{pmatrix}0 & 0 & \cdots & 0\\ 0 & 0 & \cdots & 0\\ \vdots & \vdots & & \vdots\\ 0 & 0 & \cdots & 0\end{pmatrix}_{m\times n}$$

为 $m$ 行 $n$ 列的零矩阵．或简称为**零矩阵**．

（2）只有一行（$m=1$）的矩阵称为**行矩阵**（或称为**行向量**），即

$$\boldsymbol{A}=(a_{11}, a_{12}, \cdots, a_{1n}),$$

只有一列（$n=1$）的矩阵称为**列矩阵**（或称为**列向量**），即

$$\boldsymbol{B}=\begin{pmatrix}a_{11}\\ a_{21}\\ \vdots\\ a_{m1}\end{pmatrix}.$$

行向量与列向量通常用希腊字母 $\boldsymbol{\alpha}$，$\boldsymbol{\beta}$，$\boldsymbol{\gamma}$，…表示．

（3）方阵：称行数与列数都等于 $n$ 的矩阵

$$A=\begin{pmatrix} a_{11} & a_{12} & \cdots & a_{1n} \\ a_{21} & a_{22} & \cdots & a_{2n} \\ \vdots & \vdots & & \vdots \\ a_{n1} & a_{n2} & \cdots & a_{nn} \end{pmatrix}$$

为 **$n$ 阶方阵**，从左上角到右下角的元素组成主对角线，从右上角到左下角的元素组成次对角线．

（4）上（下）三角矩阵：主对角线以下（上）的元素全为 0 的方阵叫作**上（下）三角矩阵**．例如，对于矩阵

$$A=\begin{pmatrix} a_{11} & a_{12} & \cdots & a_{1n} \\ 0 & a_{22} & \cdots & a_{2n} \\ \vdots & \vdots & & \vdots \\ 0 & 0 & \cdots & a_{nn} \end{pmatrix},\ B=\begin{pmatrix} a_{11} & 0 & \cdots & 0 \\ a_{21} & a_{22} & \cdots & 0 \\ \vdots & \vdots & & \vdots \\ a_{n1} & a_{n2} & \cdots & a_{nn} \end{pmatrix},$$

其中 $A$ 为**上三角矩阵**，$B$ 为**下三角矩阵**．

（5）对角矩阵：若主对角线上的元素不为零，而其他位置上的元素全为零，则称此方阵为**对角矩阵**，即

$$A=\begin{pmatrix} a_1 & 0 & \cdots & 0 \\ 0 & a_2 & \cdots & 0 \\ \vdots & \vdots & & \vdots \\ 0 & 0 & \cdots & a_n \end{pmatrix}.$$

其中主对角线上元素全相等的对角矩阵

$$B=\begin{pmatrix} a & 0 & \cdots & 0 \\ 0 & a & \cdots & 0 \\ \vdots & \vdots & & \vdots \\ 0 & 0 & \cdots & a \end{pmatrix}$$

称为**数量矩阵**．

（6）单位矩阵：若一个方阵的主对角线上的元素全为 1，其他位置上的元素为零，则称此方阵为**单位矩阵**，即

$$\begin{pmatrix} 1 & 0 & \cdots & 0 \\ 0 & 1 & \cdots & 0 \\ \vdots & \vdots & & \vdots \\ 0 & 0 & \cdots & 1 \end{pmatrix}.$$

记作 $I$（$I_n$ 或 $E$，$E_n$）．

在一个矩阵中，称元素全为零的行为**零行**，否则称为**非零行**．非零行中，从左到右第一个不是零的元素称为此行的**首非零元**．

（7）阶梯形矩阵：若一个 $m$ 行 $n$ 列矩阵 $A_{m\times n}$ 满足：

1）如果有零行，零行全位于矩阵的最下方；

2）各非零行的首非零元位于不同的列，

则称此矩阵 $A_{m\times n}$ 为**阶梯形矩阵**．

例如，

$$A=\begin{pmatrix}0&2&3&2&1\\0&0&0&1&2\\0&0&0&0&1\end{pmatrix},$$

$$B=\begin{pmatrix}1&2&2&1&2&3\\0&5&4&2&1&0\\0&0&0&-5&2&0\\0&0&0&0&0&0\end{pmatrix},$$

$$C=\begin{pmatrix}0&2&3&2&1\\0&0&1&1&2\\0&0&2&0&1\end{pmatrix},$$

其中 $\boldsymbol{A}$，$\boldsymbol{B}$ 为阶梯形矩阵，而 $\boldsymbol{C}$ 为非阶梯形矩阵．

若阶梯形矩阵还满足：

3）各行首非零元都是 1；

4）首非零元所在列其他元素全为零，

则称该矩阵为**最简阶梯形**．

例如，

$$D=\begin{pmatrix}1&0&2\\0&1&2\\0&0&0\end{pmatrix},\ E=\begin{pmatrix}1&2&0&0\\0&0&1&0\\0&0&0&1\end{pmatrix},\ F=\begin{pmatrix}1&2&0&0\\0&0&1&0\\0&0&0&2\end{pmatrix},$$

其中 $\boldsymbol{D}$，$\boldsymbol{E}$ 为最简阶梯形，而 $\boldsymbol{F}$ 不是最简阶梯形．

值得注意的是，方阵与行列式是两个完全不同的概念，方阵可以简单地理解成为一张由数构成的表格，而行列式表示的是一个数值．

## 二、矩阵的加法与减法

**【引例 1.3.3】**　进货量与销售量问题

某超市 10 月、11 月和 12 月三种品牌电视机的进货量与销售量分别如表 1－8 所示：

**表 1－8**　　单位：百台

| | 进货量 | | | 销售量 | | |
|---|---|---|---|---|---|---|
| | 10 月 | 11 月 | 12 月 | 10 月 | 11 月 | 12 月 |
| 品牌 1 | 2 | 2 | 3 | 1 | 3 | 2 |
| 品牌 2 | 3 | 4 | 4 | 2 | 3 | 2 |
| 品牌 3 | 2 | 3 | 2 | 2 | 2 | 2 |

求该超市第四季度电视机的进货量与销售量．

设该超市 10 月、11 月和 12 月三种品牌电视机的进销矩阵分别为 $\boldsymbol{A}_1$，$\boldsymbol{A}_2$，$\boldsymbol{A}_3$，则

$$A_1=\begin{pmatrix}2&3&2\\1&2&2\end{pmatrix},\ A_2=\begin{pmatrix}2&4&3\\3&3&2\end{pmatrix},\ A_3=\begin{pmatrix}3&4&2\\2&2&2\end{pmatrix}.$$

故第四季度电视机的进销矩阵为

$$A=\begin{pmatrix}2+2+3 & 3+4+4 & 2+3+2\\ 1+3+2 & 2+3+2 & 2+2+2\end{pmatrix}=\begin{pmatrix}7 & 11 & 7\\ 6 & 7 & 6\end{pmatrix}.$$

从矩阵 $\boldsymbol{A}$ 中可以看出第四季度电视机的进货量与销售量，而矩阵 $\boldsymbol{A}$ 是由 $\boldsymbol{A}_1$，$\boldsymbol{A}_2$，$\boldsymbol{A}_3$ 相加而得到．对于矩阵加法，一般地有如下定义．

### 定义 1.3.2

**设矩阵 $\boldsymbol{A}=(a_{ij})_{m\times n}$，$\boldsymbol{B}=(b_{ij})_{m\times n}$，则**

$$\boldsymbol{A}\pm\boldsymbol{B}=(a_{ij}\pm b_{ij})_{m\times n}.$$

**即矩阵 $\boldsymbol{A}$，$\boldsymbol{B}$ 的和（差）是把两个矩阵对应元素相加（减）所得到的矩阵．**

两个矩阵只有为同型矩阵时才能相加减；设 $\boldsymbol{A}$，$\boldsymbol{B}$，$\boldsymbol{C}$ 都是 $m\times n$ 矩阵，则矩阵的加法满足如下运算律：

（1）交换律　$\boldsymbol{A}+\boldsymbol{B}=\boldsymbol{B}+\boldsymbol{A}$；

（2）结合律 $(\boldsymbol{A}+\boldsymbol{B})+\boldsymbol{C}=\boldsymbol{A}+(\boldsymbol{B}+\boldsymbol{C})$．

**例 1**　已知 $\boldsymbol{A}=\begin{pmatrix}1&2&3\\4&5&6\\7&8&9\end{pmatrix}$，$\boldsymbol{B}=\begin{pmatrix}0&1&1\\3&1&2\\4&2&1\end{pmatrix}$，求 $\boldsymbol{A}\pm\boldsymbol{B}$.

**解**　$\boldsymbol{A}+\boldsymbol{B}=\begin{pmatrix}1+0&2+1&3+1\\4+3&5+1&6+2\\7+4&8+2&9+1\end{pmatrix}=\begin{pmatrix}1&3&4\\7&6&8\\11&10&10\end{pmatrix}$，

$\boldsymbol{A}-\boldsymbol{B}=\begin{pmatrix}1-0&2-1&3-1\\4-3&5-1&6-2\\7-4&8-2&9-1\end{pmatrix}=\begin{pmatrix}1&1&2\\1&4&4\\3&6&8\end{pmatrix}$.

**例 2**　某物资（单位：吨）从三个产地运往四个城市销售，某年第一、二两个季度的供应方案分别由矩阵 $\boldsymbol{A}$ 和矩阵 $\boldsymbol{B}$ 给出：

$$\boldsymbol{A}=\begin{pmatrix}200&150&220&100\\120&240&200&250\\210&230&200&220\end{pmatrix}，\boldsymbol{B}=\begin{pmatrix}100&150&160&80\\100&180&90&150\\120&100&95&110\end{pmatrix}，$$

问：这两个季度三个产地运往四个城市的供应量各是多少？

**解**　分别用 $a_{ij}$ 和 $b_{ij}$ 表示矩阵 $\boldsymbol{A}$ 与矩阵 $\boldsymbol{B}$ 中的元素，如 $a_{23}=200$ 和 $b_{23}=90$ 分别表示第一季度和第二季度由第二个产地运往第三个城市的供应量，则

$$a_{23}+b_{23}=200+90$$

就是两个季度由第二个产地运往第三个城市的供应量．

故两个季度三个产地运往四个城市的各供应量为矩阵 $\boldsymbol{A}$ 与矩阵 $\boldsymbol{B}$ 对应位置的元素相加，即

$$\boldsymbol{C}=\boldsymbol{A}+\boldsymbol{B}=\begin{pmatrix}200+100&150+150&220+160&100+80\\120+100&240+180&200+90&250+150\\210+120&230+100&200+95&220+110\end{pmatrix}$$

$$=\begin{pmatrix}300 & 300 & 380 & 180\\220 & 420 & 290 & 400\\330 & 330 & 295 & 330\end{pmatrix}.$$

## 三、数与矩阵相乘

**【引例 1.3.4】** 某超市半年冰箱的销售利润问题

某超市第一季度几家分店的冰箱的销售额如表 1-9 所示（单位：万元）：

**表 1-9**

| | 品牌 1 | 品牌 2 | 品牌 3 |
|---|---|---|---|
| 第一分店 | 100 | 60 | 70 |
| 第二分店 | 70 | 80 | 50 |
| 第三分店 | 60 | 50 | 40 |
| 第四分店 | 80 | 40 | 30 |

第二季度几家分店的冰箱的销售额如表 1-10 所示（单位：万元）：

**表 1-10**

| | 品牌 1 | 品牌 2 | 品牌 3 |
|---|---|---|---|
| 第一分店 | 50 | 100 | 60 |
| 第二分店 | 70 | 80 | 50 |
| 第三分店 | 60 | 90 | 70 |
| 第四分店 | 80 | 70 | 40 |

各季度分店的利润率相同，设第一季度的利润率均为 10%，第二季度的利润率均为 8%，求上半年各个分店的利润．

**解** 设 $\boldsymbol{A}_1$，$\boldsymbol{A}_2$，$\boldsymbol{A}$ 分别表示第一季度的销售量、第二季度的销售量、上半年的利润．即

$$\boldsymbol{A}_1=\begin{pmatrix}100 & 60 & 70\\70 & 80 & 50\\60 & 50 & 40\\80 & 40 & 30\end{pmatrix},\ \boldsymbol{A}_2=\begin{pmatrix}50 & 100 & 60\\70 & 80 & 50\\60 & 90 & 70\\80 & 70 & 40\end{pmatrix},$$

要求 $\boldsymbol{A}$，先把 $\boldsymbol{A}_1$ 的每个数乘以 10%，再把 $\boldsymbol{A}_2$ 的每个数乘以 8%，然后再将所得两个矩阵的对应元素相加，即得每种品牌电视的利润，即

$$\boldsymbol{A}=\begin{pmatrix}100\times10\% & 60\times10\% & 70\times10\%\\70\times10\% & 80\times10\% & 50\times10\%\\60\times10\% & 50\times10\% & 40\times10\%\\80\times10\% & 40\times10\% & 30\times10\%\end{pmatrix}+\begin{pmatrix}50\times8\% & 100\times8\% & 60\times8\%\\70\times8\% & 80\times8\% & 50\times8\%\\60\times8\% & 90\times8\% & 70\times8\%\\80\times8\% & 70\times8\% & 40\times8\%\end{pmatrix}$$

$$=\begin{pmatrix}14 & 14 & 11.8\\12.6 & 14.4 & 9\\10.8 & 12.2 & 9.6\\14.4 & 9.6 & 6.2\end{pmatrix}$$

以上一个数乘以矩阵的每个元素的运算，在矩阵的运算中很常见，一般有如下定义．

### 定义 1.3.3

已知 $A=(a_{ij})_{m\times n}$，$k$ 为一个常数，则定义数乘矩阵为

$$kA=(ka_{ij})_{m\times n}.$$

也就是说，数乘矩阵就是把该数与矩阵的每个元素相乘．设 $A$，$B$ 为 $m\times n$ 矩阵，$k$，$l$ 为任意常数，则数与矩阵的乘法运算满足下列运算律：

（1）分配律　$k(A+B)=kA+kB$，$(k+l)A=kA+lA$；

（2）结合律　$(kl)A=k(lA)=l(kA)$．

**例 3**　已知 $A=\begin{pmatrix}1&2&3\\-1&3&0\\2&0&1\end{pmatrix}$，$B=\begin{pmatrix}0&-1&2\\1&3&1\\-2&0&-1\end{pmatrix}$，求 $2A-3B$.

**解**　$2A=2\begin{pmatrix}1&2&3\\-1&3&0\\2&0&1\end{pmatrix}=\begin{pmatrix}2&4&6\\-2&6&0\\4&0&2\end{pmatrix}$，$3B=3\begin{pmatrix}0&-1&2\\1&3&1\\-2&0&-1\end{pmatrix}=\begin{pmatrix}0&-3&6\\3&9&3\\-6&0&-3\end{pmatrix}$，

故

$$2A-3B=\begin{pmatrix}2&4&6\\-2&6&0\\4&0&2\end{pmatrix}-\begin{pmatrix}0&-3&6\\3&9&3\\-6&0&-3\end{pmatrix}=\begin{pmatrix}2&7&0\\-5&-3&-3\\10&0&5\end{pmatrix}.$$

**例 4**　求满足方程 $3\begin{pmatrix}1&0&-2\\5&1&-3\\4&5&2\end{pmatrix}+X=\begin{pmatrix}0&2&3\\-1&0&5\\4&5&-6\end{pmatrix}$ 的矩阵 $X$.

**解**　$X=\begin{pmatrix}0&2&3\\-1&0&5\\4&5&-6\end{pmatrix}-3\begin{pmatrix}1&0&-2\\5&1&-3\\4&5&2\end{pmatrix}$

$$=\begin{pmatrix}0&2&3\\-1&0&5\\4&5&-6\end{pmatrix}-\begin{pmatrix}3&0&-6\\15&3&-9\\12&15&6\end{pmatrix}=\begin{pmatrix}-3&2&9\\-16&-3&14\\-8&-10&-12\end{pmatrix}.$$

## 四、矩阵与矩阵相乘

**【引例 1.3.5】**　某两种产品的总利润表

某厂生产两种产品，第一季度的销售额如表 1-11 所示（单位：千元），产品质量全为一等品或全为二等品时的利润率表如表 1-12 所示：

**表 1-11**

| 月份 | 甲 | 乙 |
|---|---|---|
| 一月 | 5 | 7 |
| 二月 | 6 | 10 |
| 三月 | 8 | 12 |

表 1-12

| 产品 | 一等品 | 二等品 |
|---|---|---|
| 甲 | 20% | 10% |
| 乙 | 30% | 15% |

因此，该厂产品若全为一等品或全为二等品时利润如表 1-13 所示：

表 1-13

| 月份 | 一等品 | 二等品 |
|---|---|---|
| 一月 | 5×0.2+7×0.3=3.1 | 5×0.1+7×0.15=1.55 |
| 二月 | 6×0.2+10×0.3=4.2 | 6×0.1+10×0.15=2.1 |
| 三月 | 8×0.2+12×0.3=5.2 | 8×0.1+12×0.15=2.6 |

上述三个数表，用矩阵依次表示为：

$$\boldsymbol{A}=\begin{pmatrix}5 & 7\\6 & 10\\8 & 12\end{pmatrix},\quad \boldsymbol{B}=\begin{pmatrix}0.2 & 0.1\\0.3 & 0.15\end{pmatrix},$$

$$\boldsymbol{C}=\begin{pmatrix}3.1 & 1.55\\4.2 & 2.1\\5.2 & 2.6\end{pmatrix}=\begin{pmatrix}5\times0.2+7\times0.3 & 5\times0.1+7\times0.15\\6\times0.2+10\times0.3 & 6\times0.1+10\times0.15\\8\times0.2+12\times0.3 & 8\times0.1+12\times0.15\end{pmatrix}.$$

不难发现：矩阵 $\boldsymbol{C}$ 中的元素 $c_{ij}$ 恰好是矩阵 $\boldsymbol{A}$ 的第 $i$ 行与矩阵 $\boldsymbol{B}$ 的第 $j$ 列相对应的元素乘积之和．

如

$$c_{32}=8\times0.1+12\times0.15,$$

即

$$c_{32}=a_{31}\times b_{12}+a_{32}\times b_{22}.$$

这就是矩阵乘法运算的规则．一般有如下定义．

### 定义 1.3.4

**已知矩阵 $\boldsymbol{A}=(a_{ij})_{m\times n}$，$\boldsymbol{B}=(b_{ij})_{n\times s}$，则矩阵 $\boldsymbol{A}$，$\boldsymbol{B}$ 的乘积为**

$$\boldsymbol{C}=\boldsymbol{AB}=(c_{ij})_{m\times s},$$

**其中**

$$c_{ij}=(a_{i1}\ a_{i2}\cdots a_{in})\begin{pmatrix}b_{1j}\\b_{2j}\\\vdots\\b_{nj}\end{pmatrix}=\sum_{k=1}^{n}a_{ik}b_{kj}.$$

**注意**　只有当第一个矩阵 $\boldsymbol{A}$（左矩阵）的列数等于第二个矩阵 $\boldsymbol{B}$（右矩阵）的行数时，两个矩阵才可以相乘，它们的乘积记为 $\boldsymbol{AB}$，而不能写成 $\boldsymbol{BA}$；且 $\boldsymbol{AB}$ 的行数等于 $\boldsymbol{A}$（左矩阵）的行数，它的列数等于 $\boldsymbol{B}$（右矩阵）的列数．

**例 5**　设矩阵 $\boldsymbol{A}=\begin{pmatrix}-1 & 0\\2 & 4\\3 & -3\end{pmatrix}$，$\boldsymbol{B}=\begin{pmatrix}5 & -2\\0 & 1\end{pmatrix}$，求 $\boldsymbol{AB}$，$\boldsymbol{BA}$．

**解** 因为 $\boldsymbol{A}$ 是 $3\times2$ 矩阵，$\boldsymbol{B}$ 是 $2\times2$ 矩阵，所以 $\boldsymbol{A}$ 与 $\boldsymbol{B}$ 可以相乘，且 $\boldsymbol{AB}$ 是 $3\times2$ 矩阵．由定义，得

$$\boldsymbol{AB}=\begin{pmatrix}-1&0\\2&4\\3&-3\end{pmatrix}\begin{pmatrix}5&-2\\0&1\end{pmatrix}=\begin{pmatrix}-1\times5+0\times0&-1\times(-2)+0\times1\\2\times5+4\times0&2\times(-2)+4\times1\\3\times5+(-3)\times0&3\times(-2)+(-3)\times1\end{pmatrix}$$

$$=\begin{pmatrix}-5&2\\10&0\\15&-9\end{pmatrix};$$

由于 $\boldsymbol{B}$ 是 $2\times2$ 矩阵而 $\boldsymbol{A}$ 是 $3\times2$ 矩阵，由矩阵乘法定义，要求左矩阵的列数等于右矩阵的行数，故 $\boldsymbol{B}$ 与 $\boldsymbol{A}$ 不能相乘，即 $\boldsymbol{BA}$ 无意义．

此例表明，当 $\boldsymbol{AB}$ 能相乘时，$\boldsymbol{BA}$ 未必有意义．

**例 6** 已知矩阵 $\boldsymbol{A}=(-1\ \ 1\ \ 2)$，$\boldsymbol{B}=\begin{pmatrix}2\\1\\1\end{pmatrix}$，求 $\boldsymbol{AB}$，$\boldsymbol{BA}$.

**解** $\boldsymbol{AB}=(-1\ \ 1\ \ 2)\begin{pmatrix}2\\1\\1\end{pmatrix}=(-1\times2+1\times1+2\times1)=(1)$，

$$\boldsymbol{BA}=\begin{pmatrix}2\\1\\1\end{pmatrix}(-1\ \ 1\ \ 2)=\begin{pmatrix}2\times(-1)&2\times1&2\times2\\1\times(-1)&1\times1&1\times2\\1\times(-1)&1\times1&1\times2\end{pmatrix}=\begin{pmatrix}-2&2&4\\-1&1&2\\-1&1&2\end{pmatrix}.$$

此例表明，虽然 $\boldsymbol{AB}$，$\boldsymbol{BA}$ 都能相乘，但 $\boldsymbol{AB}\neq\boldsymbol{BA}$.

由例 5 及例 6 可知，矩阵的乘法一般不满足交换律，因此我们要区分 $\boldsymbol{AB}$ 与 $\boldsymbol{BA}$．一般地，把 $\boldsymbol{AB}$ 读作 $\boldsymbol{A}$ 左乘 $\boldsymbol{B}$（或 $\boldsymbol{B}$ 右乘 $\boldsymbol{A}$）；而 $\boldsymbol{BA}$ 读作 $\boldsymbol{B}$ 左乘 $\boldsymbol{A}$（或 $\boldsymbol{A}$ 右乘 $\boldsymbol{B}$）．

有些矩阵的乘法满足交换律，如 $\boldsymbol{AI}=\boldsymbol{IA}=\boldsymbol{A}$，其中 $\boldsymbol{A}$ 为 $n$ 阶方阵，$\boldsymbol{I}$ 为 $n$ 阶单位阵．

**例 7** 已知矩阵 $\boldsymbol{A}=\begin{pmatrix}-4&-2\\2&1\end{pmatrix}$，$\boldsymbol{B}=\begin{pmatrix}3&6\\1&2\end{pmatrix}$，求 $\boldsymbol{AB}$，$\boldsymbol{BA}$.

**解** $\boldsymbol{AB}=\begin{pmatrix}-4&-2\\2&1\end{pmatrix}\begin{pmatrix}3&6\\1&2\end{pmatrix}=\begin{pmatrix}-14&-28\\7&14\end{pmatrix}$，　$\boldsymbol{BA}=\begin{pmatrix}3&6\\1&2\end{pmatrix}\begin{pmatrix}-4&-2\\2&1\end{pmatrix}=\begin{pmatrix}0&0\\0&0\end{pmatrix}$.

对于两个实数 $a\neq0$，$b\neq0$，一定有 $ab\neq0$．而例 7 表明，对于两个矩阵 $\boldsymbol{A}$，$\boldsymbol{B}$，虽然 $\boldsymbol{A}\neq\boldsymbol{O}$，$\boldsymbol{B}\neq\boldsymbol{O}$，但仍然可能有 $\boldsymbol{AB}=\boldsymbol{O}$，矩阵的这一性质叫作存在**零因子**．又数的乘法满足**消去律**（即对三个实数 $a$，$b$，$c$，若有 $ab=ac$，且 $a\neq0$，则 $b=c$），但消去律对于矩阵的乘法来说一般不成立（即虽然 $\boldsymbol{AB}=\boldsymbol{AC}$，$\boldsymbol{A}\neq\boldsymbol{O}$，但不一定能得到 $\boldsymbol{B}=\boldsymbol{C}$），例如下例．

**例 8** 已知矩阵 $\boldsymbol{A}=\begin{pmatrix}1&-1\\-1&1\end{pmatrix}$，$\boldsymbol{B}=\begin{pmatrix}2&4\\1&1\end{pmatrix}$，$\boldsymbol{C}=\begin{pmatrix}1&3\\0&0\end{pmatrix}$，求 $\boldsymbol{AB}$，$\boldsymbol{AC}$.

**解** $\boldsymbol{AB}=\begin{pmatrix}1&-1\\-1&1\end{pmatrix}\begin{pmatrix}2&4\\1&1\end{pmatrix}=\begin{pmatrix}1&3\\-1&-3\end{pmatrix}$，　$\boldsymbol{AC}=\begin{pmatrix}1&-1\\-1&1\end{pmatrix}\begin{pmatrix}1&3\\0&0\end{pmatrix}=\begin{pmatrix}1&3\\-1&-3\end{pmatrix}$.

矩阵的乘法满足如下运算律：

(1) 结合律　$(\boldsymbol{AB})\boldsymbol{C}=\boldsymbol{A}(\boldsymbol{BC})$；

(2) 分配律　$\boldsymbol{A}(\boldsymbol{B}+\boldsymbol{C})=\boldsymbol{AB}+\boldsymbol{AC}$，$(\boldsymbol{B}+\boldsymbol{C})\boldsymbol{A}=\boldsymbol{BA}+\boldsymbol{CA}$；

（3）数乘与矩阵相乘的结合律　$(a\boldsymbol{A})\boldsymbol{B}=a(\boldsymbol{AB})=\boldsymbol{A}(a\boldsymbol{B})$.

### 定义 1.3.5

设 $k$ 是一个正整数，$\boldsymbol{A}$ 是一个方阵，记 $\boldsymbol{A}^k$ 为 $k$ 个 $\boldsymbol{A}$ 的乘积，称为 $\boldsymbol{A}$ 的 $k$ 次幂．即

$$\boldsymbol{A}^k=\underbrace{\boldsymbol{A}\cdot\boldsymbol{A}\cdot\boldsymbol{A}\cdots\boldsymbol{A}\cdot\boldsymbol{A}}_{k\text{个}}$$

### 定义 1.3.6

已知 $m$ 行 $n$ 列矩阵

$$\boldsymbol{A}=(a_{ij})_{m\times n}=\begin{pmatrix} a_{11} & a_{12} & \cdots & a_{1n} \\ a_{21} & a_{22} & \cdots & a_{2n} \\ \vdots & \vdots & & \vdots \\ a_{m1} & a_{m2} & \cdots & a_{mn} \end{pmatrix},$$

将 $\boldsymbol{A}$ 的行依次换成列，列依次换成行后，得到一个新的 $n$ 行 $m$ 列的矩阵

$$\begin{pmatrix} a_{11} & a_{12} & \cdots & a_{m1} \\ a_{21} & a_{22} & \cdots & a_{m2} \\ \vdots & \vdots & & \vdots \\ a_{1n} & a_{2n} & \cdots & a_{mn} \end{pmatrix},$$

称为 $\boldsymbol{A}$ 的转置矩阵，记作 $\boldsymbol{A}^{\mathrm{T}}$，即

$$\boldsymbol{A}^{\mathrm{T}}=(a_{ij})_{n\times m}=\begin{pmatrix} a_{11} & a_{21} & \cdots & a_{m1} \\ a_{12} & a_{22} & \cdots & a_{m2} \\ \vdots & \vdots & & \vdots \\ a_{1n} & a_{2n} & \cdots & a_{mn} \end{pmatrix}.$$

关于矩阵的转置，有如下性质．

设矩阵 $\boldsymbol{A}=(a_{ij})_{m\times n}$，$\boldsymbol{B}=(b_{ij})_{m\times n}$，$\boldsymbol{C}=(c_{ij})_{n\times p}$，$k$ 为一个实数，则有如下结论：

（1）$(\boldsymbol{A}+\boldsymbol{B})^{\mathrm{T}}=\boldsymbol{A}^{\mathrm{T}}+\boldsymbol{B}^{\mathrm{T}}$；　（2）$(k\boldsymbol{A})^{\mathrm{T}}=k\boldsymbol{A}^{\mathrm{T}}$；

（3）$(\boldsymbol{A}^{\mathrm{T}})^{\mathrm{T}}=\boldsymbol{A}$；　（4）$(\boldsymbol{BC})^{\mathrm{T}}=\boldsymbol{C}^{\mathrm{T}}\boldsymbol{B}^{\mathrm{T}}$.

**例 9**　已知矩阵 $\boldsymbol{A}=\begin{pmatrix} 2 & 0 & 1 \\ -1 & 2 & 0 \end{pmatrix}$，$\boldsymbol{B}=\begin{pmatrix} 1 & 2 \\ -2 & 1 \\ 1 & 1 \end{pmatrix}$，求 $2\boldsymbol{A}+\boldsymbol{B}^{\mathrm{T}}$，$(\boldsymbol{AB})^{\mathrm{T}}$，$\boldsymbol{B}^{\mathrm{T}}\boldsymbol{A}^{\mathrm{T}}$.

**解**　因为

$$\boldsymbol{B}^{\mathrm{T}}=\begin{pmatrix} 1 & -2 & 1 \\ 2 & 1 & 1 \end{pmatrix},$$

所以

$$2\boldsymbol{A}+\boldsymbol{B}^{\mathrm{T}}=\begin{pmatrix} 4 & 0 & 2 \\ -2 & 4 & 0 \end{pmatrix}+\begin{pmatrix} 1 & -2 & 1 \\ 2 & 1 & 1 \end{pmatrix}=\begin{pmatrix} 5 & -2 & 3 \\ 0 & 5 & 1 \end{pmatrix};$$

又因为

$$\boldsymbol{AB}=\begin{pmatrix} 2 & 0 & 1 \\ -1 & 2 & 0 \end{pmatrix}\begin{pmatrix} 1 & 2 \\ -2 & 1 \\ 1 & 1 \end{pmatrix}=\begin{pmatrix} 3 & 5 \\ -5 & 0 \end{pmatrix},$$

所以

$$(\boldsymbol{AB})^{\mathrm{T}}=\begin{pmatrix}3 & -5\\ 5 & 0\end{pmatrix};$$

且有

$$\boldsymbol{B}^{\mathrm{T}}\boldsymbol{A}^{\mathrm{T}}=(\boldsymbol{AB})^{\mathrm{T}}=\begin{pmatrix}3 & -5\\ 5 & 0\end{pmatrix}.$$

**例 10** 某厂生产 A，B 两种产品，第一季度销售额如表 1 - 14 所示（单位：万元）：

**表 1 - 14**

| 月份 | A | B |
|---|---|---|
| 一月 | 5 | 7 |
| 二月 | 6 | 10 |
| 三月 | 8 | 12 |

当产品质量全部为一等品或二等品时，其利润率如表 1 - 15 所示：

**表 1 - 15**

| 产品 | 一等品 | 二等品 |
|---|---|---|
| A | 20% | 10% |
| B | 30% | 15% |

该厂产品若全为一等品或二等品时，其利润分别是多少？

**解** 设第一季度销售额矩阵为

$$\boldsymbol{A}=\begin{pmatrix}5 & 7\\ 6 & 10\\ 8 & 12\end{pmatrix},$$

当产品质量全部为一等品或二等品时，其利润率矩阵为

$$\boldsymbol{B}=\begin{pmatrix}0.2 & 0.1\\ 0.3 & 0.15\end{pmatrix},$$

则该厂产品若全为一等品或二等品时，其利润矩阵为

$$\boldsymbol{C}=\boldsymbol{AB}=\begin{pmatrix}5 & 7\\ 6 & 10\\ 8 & 12\end{pmatrix}\begin{pmatrix}0.2 & 0.1\\ 0.3 & 0.15\end{pmatrix}$$

$$=\begin{pmatrix}5\times0.2+7\times0.3 & 5\times0.1+7\times0.15\\ 6\times0.2+10\times0.3 & 6\times0.1+10\times0.15\\ 8\times0.2+12\times0.3 & 8\times0.1+12\times0.15\end{pmatrix}$$

$$=\begin{pmatrix}3.1 & 1.55\\ 4.2 & 2.1\\ 5.2 & 2.6\end{pmatrix}.$$

将利润列成表，如表 1 - 16 所示：

表 1-16

| 月份 | 一等品 | 二等品 |
|---|---|---|
| 一月 | 3.1 | 1.55 |
| 二月 | 4.2 | 2.1 |
| 三月 | 5.2 | 2.6 |

**例 11**　求解案例 1.2.

**解**　设机器价值矩阵为

$$\boldsymbol{P}=\begin{pmatrix}60\,000 & 0 & 0 & 0\\ 0 & 30\,000 & 0 & 0\\ 0 & 0 & 40\,000 & 0\\ 0 & 0 & 0 & 25\,000\end{pmatrix},$$

折旧率矩阵为

$$\boldsymbol{B}=\begin{pmatrix}1/4 & 1/4 & 1/4 & 1/4\\ 1/2 & 1/3 & 1/6 & 0\\ 1/2 & 1/3 & 1/6 & 0\\ 1/2 & 1/2 & 0 & 0\end{pmatrix},$$

设折旧矩阵为 $\boldsymbol{X}$，则

$$\boldsymbol{X}=\boldsymbol{PB}=\begin{pmatrix}60\,000 & 0 & 0 & 0\\ 0 & 30\,000 & 0 & 0\\ 0 & 0 & 40\,000 & 0\\ 0 & 0 & 0 & 25\,000\end{pmatrix}\begin{pmatrix}1/4 & 1/4 & 1/4 & 1/4\\ 1/2 & 1/3 & 1/6 & 0\\ 1/2 & 1/3 & 1/6 & 0\\ 1/2 & 1/2 & 0 & 0\end{pmatrix}$$

$$=\begin{pmatrix}15\,000 & 15\,000 & 15\,000 & 15\,000\\ 15\,000 & 10\,000 & 5\,000 & 0\\ 20\,000 & 13\,333 & 6\,667 & 0\\ 12\,500 & 12\,500 & 0 & 0\end{pmatrix}.$$

所以，折旧明细表如表 1-17 所示：

表 1-17　　单位：元

| 机器 | 第 1 年 | 第 2 年 | 第 3 年 | 第 4 年 | 合计 |
|---|---|---|---|---|---|
| A | 15 000 | 15 000 | 15 000 | 15 000 | 60 000 |
| B | 15 000 | 10 000 | 5 000 | 0 | 30 000 |
| C | 20 000 | 13 333 | 6 667 | 0 | 40 000 |
| D | 12 500 | 12 500 | 0 | 0 | 25 000 |
| 合计 | 62 500 | 50 833 | 26 667 | 15 000 | 155 000 |

**例 12**　求解案例 1.4.

**解**　设甲、乙、丙三种产品两年的产量矩阵为

$$\boldsymbol{A}=\begin{pmatrix}200 & 300 & 400\\ 600 & 700 & 800\end{pmatrix},$$

两年的成本和单价矩阵为

$$B=\begin{pmatrix}2&3\\3&4\\5&6\end{pmatrix},$$

则三种产品两年的成本总额与销售总额矩阵为

$$\begin{aligned}C=AB&=\begin{pmatrix}200&300&400\\600&700&800\end{pmatrix}\begin{pmatrix}2&3\\3&4\\5&6\end{pmatrix}\\&=\begin{pmatrix}200\times2+300\times3+400\times5&200\times3+300\times4+400\times6\\600\times2+700\times3+800\times5&600\times3+700\times4+800\times6\end{pmatrix}\\&=\begin{pmatrix}3\,300&4\,200\\7\,300&9\,400\end{pmatrix}.\end{aligned}$$

将成本总额与销售总额列成表，如表 1－18 所示：

**表 1－18** 单位：万元

| | 成本总额 | 销售总额 |
|---|---|---|
| 第一年 | 3 300 | 4 200 |
| 第二年 | 7 300 | 9 400 |

## 练习 1－3

1. 已知 $A=\begin{pmatrix}1&0&2\\2&1&3\end{pmatrix}$，$B=\begin{pmatrix}-1&2&1\\1&-1&0\end{pmatrix}$，求 $A+B$，$A-B$，$2A+3B$，$3A-2B$.

2. 求下列矩阵的乘积：

(1) $\begin{pmatrix}1&3\\2&4\end{pmatrix}\begin{pmatrix}0&1\\1&0\end{pmatrix}$；　(2) $\begin{pmatrix}0&1\\1&0\end{pmatrix}\begin{pmatrix}1&3\\2&4\end{pmatrix}$；　(3) $\begin{pmatrix}1&1\\1&0\end{pmatrix}\begin{pmatrix}0&3\\0&4\end{pmatrix}$；

(4) $\begin{pmatrix}0&3\\0&4\end{pmatrix}\begin{pmatrix}1&1\\1&0\end{pmatrix}$；　(5) $\begin{pmatrix}1&1\\1&-1\end{pmatrix}\begin{pmatrix}1&3&5\\2&4&6\end{pmatrix}$；

(6) $\begin{pmatrix}1&0&-1\\2&-1&0\end{pmatrix}\begin{pmatrix}1&2&3&2\\1&1&-1&0\\2&2&0&1\end{pmatrix}$；　(7) $\begin{pmatrix}1&2&3\\0&-1&0\\2&1&1\end{pmatrix}\begin{pmatrix}0\\1\\2\end{pmatrix}$；

(8) $\begin{pmatrix}1&2\\2&1\\1&0\end{pmatrix}\begin{pmatrix}1&2&0\\-2&3&2\end{pmatrix}$.

3. 已知 $A=\begin{pmatrix}1&0&1\\2&-1&1\end{pmatrix}$，$B=\begin{pmatrix}3&1\\1&0\\2&-1\end{pmatrix}$，求 $AB$，$BA$，$A-2B^{\mathrm{T}}$，$B+2A^{\mathrm{T}}$.

4. 设甲、乙、丙三地生产的玉米和高粱运往 A，B，C，D 四个地方储存，由产地运往仓库的明细表分别如表 1－19 和表 1－20 所示（单位：吨）：

**表 1－19**

| 玉米 | A | B | C | D |
|---|---|---|---|---|
| 甲 | 4 | 3 | 2 | 5 |
| 乙 | 2 | 0 | 7 | 3 |
| 丙 | 0 | 1 | 3 | 4 |

**表 1－20**

| 高粱 | A | B | C | D |
|---|---|---|---|---|
| 甲 | 1 | 3 | 2 | 0 |
| 乙 | 0 | 3 | 7 | 5 |
| 丙 | 2 | 1 | 5 | 7 |

表 1－19 和表 1－20 所示的明细表分别用矩阵表示为

$$\boldsymbol{P}=\begin{pmatrix}4&3&2&5\\2&0&7&3\\0&1&3&4\end{pmatrix},\quad \boldsymbol{Q}=\begin{pmatrix}1&3&2&0\\0&3&7&5\\2&1&5&7\end{pmatrix}.$$

（1）求一个矩阵，此矩阵表示玉米与高粱合计在一起的调运量的明细表；

（2）设玉米每吨 3 000 元，高粱每吨 2 000 元，$\boldsymbol{R}=3\,000\boldsymbol{P}+2\,000\boldsymbol{Q}$，求矩阵 $\boldsymbol{R}$，并说明 $\boldsymbol{R}$ 表示的是什么样的一个明细表．

5. 甲、乙两超市分别购进三种不同品牌的电视 A，B，C，其购入量（单位：件）见表 1－21，三种商品的购入单价与售出单价（单位：元）见表 1－22，设 $\boldsymbol{A}$，$\boldsymbol{B}$ 分别表示这两个表的矩阵，求 $\boldsymbol{AB}$，并说明 $\boldsymbol{AB}$ 的意义．

**表 1－21**

| 购入量 | A | B | C |
|---|---|---|---|
| 甲 | 10 | 20 | 30 |
| 乙 | 11 | 22 | 33 |

**表 1－22**

| 单价 | 购入 | 售出 |
|---|---|---|
| A | 500 | 700 |
| B | 1 000 | 1 300 |
| C | 2 000 | 2 250 |

6. 设某物流公司某月由仓库运往三个地区甲、乙、丙的两种货物 A，B 的数量以及单价、重量与体积如表 1－23 所示：

**表 1－23**

| | 甲 | 乙 | 丙 | 单价（万元） | 单位重量（吨） | 单位体积（立方米） |
|---|---|---|---|---|---|---|
| A | 1 000 | 2 000 | 1 500 | 0.1 | 0.05 | 0.1 |
| B | 500 | 1 000 | 2 000 | 0.2 | 0.01 | 0.5 |

利用矩阵的乘法，分别计算经该仓库到三个地区的货物总价值、总重量与总体积．

# 第四节　矩阵的初等变换与秩

行列式通过初等行变换转化为三角形行列式后易于求解．类似地，通过行列变换，可以把矩阵化为阶梯形矩阵．

## 一、矩阵的初等变换

首先介绍矩阵的行变换与列变换．

**定义 1.4.1**

**下列三种变换称为矩阵的初等行（列）变换：**

**（1）交换矩阵的两行（列）；**

**（2）用非零常数 $k$ 乘以矩阵的某一行（列）；**

**（3）矩阵某行（列）的 $k$ 倍（非零常数）加到另一行（列）的对应元素上去．**

与行列式变换类似，引进如下记号来表示矩阵的初等变换：

（1）用 $r_i$ 来表示第 $i$ 行，$c_j$ 表示第 $j$ 列；

（2）用 $kr_i$ 表示用非零常数 $k$ 乘矩阵第 $i$ 行的每一个元素，用 $kc_j$ 表示用非零常数 $k$ 乘矩阵第 $j$ 列的每一个元素；

（3）用 $r_i+kr_j$ 表示把矩阵的第 $j$ 行的 $k$ 倍加到第 $i$ 行的对应元素上去，用 $c_i+kc_j$ 表示把矩阵的第 $j$ 列的 $k$ 倍加到第 $i$ 列的对应元素上去；

（4）用 $r_i \leftrightarrow r_j$ 表示互换矩阵的第 $i$ 行与第 $j$ 行，用 $c_i \leftrightarrow c_j$ 表示互换矩阵的第 $i$ 列与第 $j$ 列.

矩阵的初等行、列变换统称为**初等变换**．

由单位矩阵经过初等行、列变换后所得的矩阵称为**初等矩阵**．互换 $n$ 阶单位矩阵的第 $i$ 行与第 $j$ 行记作 $\boldsymbol{I}_n((i),(j))$；把 $n$ 阶单位阵的第 $j$ 行的 $k$ 倍加到第 $i$ 行，记作 $\boldsymbol{I}_n((i)+k(j))$，用非零常数 $k$ 乘以 $n$ 阶单位矩阵的第 $j$ 行，记作 $\boldsymbol{I}_n(k(j))$.

如互换单位矩阵 $\boldsymbol{I}_4$ 的第 2 行与第 3 行，相应的初等矩阵为

$$\boldsymbol{I}_4((2),(3))=\begin{pmatrix}1&0&0&0\\0&0&1&0\\0&1&0&0\\0&0&0&1\end{pmatrix};$$

把 $\boldsymbol{I}_4$ 的第 2 行的 $k$ 倍加到第 3 行去，相应的初等矩阵为

$$\boldsymbol{I}_4((3)+k(2))=\begin{pmatrix}1&0&0&0\\0&1&0&0\\0&k&1&0\\0&0&0&1\end{pmatrix};$$

用非零的数 $k$ 乘以 $\boldsymbol{I}_4$ 的第 2 行，相应的初等矩阵为

$$\boldsymbol{I}_4(k(2))=\begin{pmatrix}1&0&0&0\\0&k&0&0\\0&0&1&0\\0&0&0&1\end{pmatrix}.$$

对于矩阵的初等变换，本教材只要求掌握初等行变换，且有如下的定理．

**定理 1.4.1**　任意一个矩阵都可以通过有限次的初等行变换化为阶梯形矩阵，并可进一步化为最简阶梯形．

事实上，可以先找出此矩阵的各行的首非零元，然后从第一列开始，看第一列有多少个首非零元；若此列的首非零元不超过一个，那么此列符合要求，转入看第二列；若多于一个首非零元，则用其中之一，一般保留最上面的那个，把该列的其他首非零元利用初等行变换变为零，直到剩下一个首非零元为止．以此类推，第二列，第三列，……，最后得到阶梯形矩阵．进一步，将各个首非零元变为 1，再把此列所在的其他非零元全部变为零，就可得到最简阶梯形．

**定理 1.4.2**　对矩阵 $\boldsymbol{A}_{m\times n}$ 施行一次初等行变换得到的矩阵，相当于用相应的初等矩阵左乘以 $\boldsymbol{A}_{m\times n}$；对矩阵 $\boldsymbol{A}_{m\times n}$ 施行一次初等列变换得到的矩阵，相当于用相应的初等矩阵右乘以 $\boldsymbol{A}_{m\times n}$.

## 二、矩阵的秩

先来介绍 $k$ 阶子式的概念．

### 定义 1.4.2

**在矩阵 $\boldsymbol{A}_{m\times n}$ 中，任取 $k$ 行与 $k$ 列（$k\leqslant m$，$k\leqslant n$），位于这些行和列交叉处的 $k^2$ 个元素，按原来的次序而得到的 $k$ 阶行列式，称为矩阵 $\boldsymbol{A}$ 的 $k$ 阶子式．**

例如，在矩阵

$$\boldsymbol{A}=\begin{pmatrix}-3&2&4&-1&6\\0&5&-5&1&1\\4&2&-4&-5&1\\0&1&-2&6&1\end{pmatrix}$$

中，取第 2 行、第 3 行和第 1 列、第 4 列交叉处的元素所组成的二阶行列式

$$\begin{vmatrix}0&1\\4&-5\end{vmatrix},$$

就是矩阵 $\boldsymbol{A}$ 的一个二阶子式．

又如，$A=\begin{pmatrix}1&2&3\\4&5&6\end{pmatrix}$的所有二阶子式为

$$\begin{vmatrix}1&2\\4&5\end{vmatrix},\quad \begin{vmatrix}1&3\\4&6\end{vmatrix},\quad \begin{vmatrix}2&3\\5&6\end{vmatrix}.$$

### 定义 1.4.3

**若矩阵 $A_{m\times n}$ 至少有一个 $r$ 阶子式不为零，而所有 $r+1$ 阶子式都为零，则称 $r$ 为矩阵 $A_{m\times n}$ 的秩，记作 $r(A)=r$，并规定零矩阵的秩为零.**

易见 $n$ 阶单位阵的秩为 $n$.

根据矩阵的秩的定义，容易得出如下性质.

**性质 1.4.1** $r(A_{m\times n})\leqslant\min\{m, n\}$，即矩阵的秩不超过其行数与列数.

**性质 1.4.2** $r(A)=r(A^{\mathrm{T}})$.

矩阵的秩是 $r$，意味着此矩阵的非零子式的最高阶为 $r$，所有的 $r+1$ 阶子式全为零，而比 $r+1$ 高阶的子式可以展开成 $r+1$ 阶子式的代数和，因此比 $r+1$ 高阶的子式也为零.

如果矩阵的行数 $m$ 及列数 $n$ 较大时，由矩阵的秩的定义计算它的秩常常是比较困难的. 如下定理，给出了计算矩阵的秩的较好方法.

**定理 1.4.3** 矩阵的初等行变换不改变矩阵的秩.

**定理 1.4.4** 矩阵的秩等于它经过初等行变换后所得的阶梯形矩阵的非零行的行数.

由于任何矩阵都可以通过初等行变换化为阶梯形矩阵，因此，求一个矩阵的秩的问题，就转化为求其对应的阶梯形矩阵的问题. 于是求一个矩阵的秩，只需首先把此矩阵化为阶梯形矩阵，然后数一下其非零行数即可.

**例 1** 已知矩阵

$$A=\begin{pmatrix}0&0&2&0\\0&0&0&3\\1&0&1&3\\0&2&1&-1\end{pmatrix},$$

求 $A$ 的秩.

**解** 由于 $A=\begin{pmatrix}0&0&2&0\\0&0&0&3\\1&0&1&3\\0&2&1&-1\end{pmatrix}\xrightarrow[r_1\leftrightarrow r_3]{r_2\leftrightarrow r_4}\begin{pmatrix}1&0&1&3\\0&2&1&-1\\0&0&2&0\\0&0&0&3\end{pmatrix}$

由于矩阵 $A$ 已变换为一个阶梯形矩阵，其非零行数为 4，因此 $r(A)=4$.

**例 2** 已知矩阵

$$A=\begin{pmatrix}1&-1&3&0&2\\-2&2&-5&1&0\\1&-1&4&1&6\\3&-3&10&1&10\end{pmatrix},$$

求 $r(A)$.

**解**　$$A=\begin{pmatrix}1&-1&3&0&2\\-2&2&-5&1&0\\1&-1&4&1&6\\3&-3&10&1&10\end{pmatrix}\xrightarrow[r_4-3r_1]{\substack{r_2+2r_1\\r_3-r_1}}\begin{pmatrix}1&-1&3&0&2\\0&0&1&1&4\\0&0&1&1&4\\0&0&1&1&4\end{pmatrix}\xrightarrow[r_4-r_2]{r_3-r_2}\begin{pmatrix}1&-1&3&0&2\\0&0&1&1&4\\0&0&0&0&0\\0&0&0&0&0\end{pmatrix},$$

故 $r(\boldsymbol{A})=2$.

**例 3**　已知矩阵

$$\boldsymbol{A}=\begin{pmatrix}1&0&1&-1&2&1\\2&1&1&0&3&2\\-1&-1&0&-1&-1&x\\3&1&2&-1&5&y\end{pmatrix},$$

若 $r(\boldsymbol{A})=2$，求 $x$，$y$ 的值.

**解**　因为

$$\boldsymbol{A}=\begin{pmatrix}1&0&1&-1&2&1\\2&1&1&0&3&2\\-1&-1&0&-1&-1&x\\3&1&2&-1&5&y\end{pmatrix}\xrightarrow[r_4-3r_1]{\substack{r_2-2r_1\\r_3+r_1}}\begin{pmatrix}1&0&1&-1&2&1\\0&1&-1&2&-1&0\\0&-1&1&-2&1&x+1\\0&1&-1&2&-1&y-3\end{pmatrix}$$

$$\xrightarrow[r_4-r_2]{r_3+r_2}\begin{pmatrix}1&0&1&-1&2&1\\0&1&-1&2&-1&0\\0&0&0&0&0&x+1\\0&0&0&0&0&y-3\end{pmatrix},$$

由于 $r(\boldsymbol{A})=2$，从而 $\boldsymbol{A}$ 的阶梯形中只能有两个非零行，因而所求阶梯形矩阵中的第三行和第四行必然为零行，故有 $\begin{cases}x+1=0\\y-3=0\end{cases}$，故 $\begin{cases}x=-1\\y=3\end{cases}$.

## 三、用初等行变换解线性方程组

一般地，对由 $m$ 个方程 $n$ 个变量构成的线性方程组

$$\begin{cases}a_{11}x_1+a_{12}x_2+\cdots+a_{1n}x_n=b_1\\a_{21}x_1+a_{22}x_2+\cdots+a_{2n}x_n=b_2\\\quad\cdots\qquad\qquad\cdots\\a_{m1}x_1+a_{m2}x_2+\cdots+a_{mn}x_n=b_m\end{cases},$$

称由未知量的系数构成的 $m\times n$ 矩阵 $\boldsymbol{A}$ 为系数矩阵，即

$$\boldsymbol{A}=\begin{pmatrix}a_{11}&a_{12}&\cdots&a_{1n}\\a_{21}&a_{22}&\cdots&a_{2n}\\\vdots&\vdots&&\vdots\\a_{m1}&a_{m2}&\cdots&a_{mn}\end{pmatrix},$$

称

$$\overline{A}=\left(\begin{array}{cccc|c} a_{11} & a_{12} & \cdots & a_{1n} & b_1 \\ a_{21} & a_{22} & \cdots & a_{2n} & b_2 \\ \vdots & \vdots & & \vdots & \vdots \\ a_{n1} & a_{n2} & \cdots & a_{m} & b_n \end{array}\right)$$为增广矩阵.

若记

$$X=\begin{pmatrix} x_1 \\ x_2 \\ \vdots \\ x_n \end{pmatrix},\ B=\begin{pmatrix} b_1 \\ b_2 \\ \vdots \\ b_m \end{pmatrix}.$$

则线性方程组可用矩阵简记为

$$AX=B.$$

克莱姆法则可以用于解方程个数和未知数个数相等的线性方程组，对于方程个数和未知数个数不同的线性方程组，通常用消元法来求解.

**例 4** 解方程组

$$\begin{cases} x_1+x_2-x_3=1 \\ -x_1+3x_2+2x_3=4. \\ 2x_1+4x_2=6 \end{cases}$$

**解** 第一个方程加到第二个方程，第一个方程的$-2$倍加到第三个方程，得

$$\begin{cases} x_1+x_2-x_3=1 \\ 4x_2+x_3=5 \\ 2x_2+2x_3=4 \end{cases},$$

第三个方程乘以$\frac{1}{2}$后与第二个方程交换，得

$$\begin{cases} x_1+x_2-x_3=1 \\ x_2+x_3=2 \\ 4x_2+x_3=5 \end{cases},$$

第二个方程的$-4$倍加到第三个方程，得

$$\begin{cases} x_1+x_2-x_3=1 \\ x_2+x_3=2 \\ -3x_3=-3 \end{cases},$$

第三个方程乘以$-\frac{1}{3}$，然后反代回第二个方程和第一个方程，即得原方程组的解为：

$$\begin{cases} x_1=1 \\ x_2=1. \\ x_3=1 \end{cases}$$

解上述线性方程组的过程就是利用消元法的过程，如果把上述过程中的变量的消失看作是其系数为零，那么立即可以发现：在解方程组的过程中，变量与等号的位置并没有发生改变，改变的是变量前面的系数及方程组右边的常数项．换句话来说，运算只是发生在系数及常数项中，消元法只在系数及常数项中实施，因此当用线性方程组的增广矩阵替代

整个方程组时，则解线性方程组的过程变得简洁明了．

用消元法解线性方程组时使用方程组的如下三类同解变形：

（1）一个方程的 $k$ 倍加到另一个方程上去；

（2）一个方程乘以非零常数 $k$；

（3）变换两个方程的位置．

事实上，解线性方程组的消元法的三类同解变形与矩阵的三种初等行变换一一对应，即

（1）一个方程的 $k$ 倍加到另一个方程上去，对应增广矩阵相应的行的 $k$ 倍加到另外一行的对应元素上去；

（2）一个方程乘以非零常数 $k$，对应其增广矩阵相应的行乘以非零常数 $k$；

（3）变换两个方程的位置，对应变换其增广矩阵的相应两行．

由于线性方程组是由其增广矩阵完全确定的，消元法解线性方程组的过程，对应于其增广矩阵相应的初等行变换的过程；方程组的解对应于增广矩阵化为最简阶梯形．所以对线性方程组进行上述变换，相当于对其增广矩阵实施相应的行初等变换，这种解法叫**高斯**（Gauss，1777—1855，德国数学家）**消元法**.

**例 5**　用高斯消元法解本节例 4.

**解**　因为线性方程组的增广矩阵

$$\overline{\boldsymbol{A}}=\left(\begin{array}{ccc:c}1&1&-1&1\\-1&3&2&4\\2&4&0&6\end{array}\right)\xrightarrow[r_3-2r_1]{r_2+r_1}\left(\begin{array}{ccc:c}1&1&-1&1\\0&4&1&5\\0&2&2&4\end{array}\right)\xrightarrow[r_2\leftrightarrow r_3]{\frac{1}{2}r_3}\left(\begin{array}{ccc:c}1&1&-1&1\\0&1&1&2\\0&4&1&5\end{array}\right)$$

$$\xrightarrow{r_3-4r_2}\left(\begin{array}{ccc:c}1&1&-1&1\\0&1&1&2\\0&0&-3&-3\end{array}\right)\xrightarrow{-\frac{1}{3}r_3}\left(\begin{array}{ccc:c}1&1&-1&1\\0&1&1&2\\0&0&1&1\end{array}\right)\xrightarrow[r_2-r_3]{r_1+r_3}\left(\begin{array}{ccc:c}1&1&0&2\\0&1&0&1\\0&0&1&1\end{array}\right)$$

$$\xrightarrow{r_1-r_2}\left(\begin{array}{ccc:c}1&0&0&1\\0&1&0&1\\0&0&1&1\end{array}\right),$$

故原方程组的解为

$$\begin{cases}x_1=1\\x_2=1.\\x_3=1\end{cases}$$

**例 6**　解线性方程组

$$\begin{cases}x_1-x_2+2x_3-3x_4=1\\x_1+x_2+x_4=3\\2x_1+2x_3-2x_4=4\end{cases}.$$

**解**　因为线性方程组的增广矩阵

$$\overline{\boldsymbol{A}}=\left(\begin{array}{cccc:c}1&-1&2&-3&1\\1&1&0&1&3\\2&0&2&-2&4\end{array}\right)\xrightarrow[r_3-2r_1]{r_2-r_1}\left(\begin{array}{cccc:c}1&-1&2&-3&1\\0&2&-2&4&2\\0&2&-2&4&2\end{array}\right)\xrightarrow{\substack{r_3-r_2\\ \frac{1}{2}r_2}}$$

$$\left(\begin{array}{cccc:c}1 & -1 & 2 & -3 & 1\\0 & 1 & -1 & 2 & 1\\0 & 0 & 0 & 0 & 0\end{array}\right)\xrightarrow{r_1+r_2}\left(\begin{array}{cccc:c}1 & 0 & 1 & -1 & 2\\0 & 1 & -1 & 2 & 1\\0 & 0 & 0 & 0 & 0\end{array}\right),$$

原方程组同解于方程组

$$\begin{cases}x_1=2-x_3+x_4\\x_2=1+x_3-2x_4\end{cases},$$

取 $x_3=c_1$，$x_4=c_2$，其中 $c_1$，$c_2$ 为任意的常数，得原方程组的解为

$$\begin{cases}x_1=2-c_1+c_2\\x_2=1+c_1-2c_2\\x_3=c_1\\x_4=c_2\end{cases}，其中 c_1，c_2 为任意常数．$$

本例增广矩阵化为阶梯形矩阵后，对应的方程组中变量的个数多于方程的个数，这种取成任意常数的变量 $x_3$，$x_4$ 称为自由未知量，对应的方程组有无穷多解．自由未知量的个数等于变量的个数减去方程的个数．

**例 7** 求解线性方程组

$$\begin{cases}x_1-x_2-2x_3+3x_4=1\\x_2-x_3-4x_4=2\\x_1-3x_3-x_4=4\\-x_2+2x_3+3x_4=-3\end{cases}.$$

**解** 因为线性方程组的增广矩阵

$$\overline{\boldsymbol{A}}=\left(\begin{array}{cccc:c}1 & -1 & -2 & 3 & 1\\0 & 1 & -1 & -4 & 2\\1 & 0 & -3 & -1 & 4\\0 & -1 & 2 & 3 & -3\end{array}\right)\xrightarrow{r_3-r_1}\left(\begin{array}{cccc:c}1 & -1 & -2 & 3 & 1\\0 & 1 & -1 & -4 & 2\\0 & 1 & -1 & -4 & 3\\0 & -1 & 2 & 3 & -3\end{array}\right)\xrightarrow[r_4+r_2]{r_3-r_2}$$

$$\left(\begin{array}{cccc:c}1 & -1 & -2 & 3 & 1\\0 & 1 & -1 & -4 & 2\\0 & 0 & 0 & 0 & 1\\0 & 0 & 1 & -1 & -1\end{array}\right)\xrightarrow{r_3\leftrightarrow r_4}\left(\begin{array}{cccc:c}1 & -1 & -2 & 3 & 1\\0 & 1 & -1 & -4 & 2\\0 & 0 & 1 & -1 & -1\\0 & 0 & 0 & 0 & 1\end{array}\right),$$

所以原方程组同解于方程组

$$\begin{cases}x_1-x_2-2x_3+3x_4=1\\x_2-x_3-4x_4=2\\x_3-x_4=-1\\0=1\end{cases},$$

由于第四个方程为矛盾方程，故原方程组为矛盾方程组，从而无解．一般地，若增广矩阵化为阶梯形矩阵后，有一行的元素除常数项对应的元素外，全部为零，则此方程组无解．

## 练习 1-4

1. 求下列矩阵的秩：

(1) $\begin{pmatrix} 0 & 1 & 2 \\ -1 & 2 & 0 \\ 0 & 0 & 2 \end{pmatrix}$；(2) $\begin{pmatrix} 1 & -2 & 3 \\ -1 & 1 & -3 \\ 1 & 4 & 3 \end{pmatrix}$；(3) $\begin{pmatrix} 1 & 1 & -1 & 0 & 2 \\ 2 & 0 & 1 & 2 & 0 \\ 3 & 1 & 0 & 2 & 2 \\ 4 & 2 & -1 & 2 & 4 \end{pmatrix}$；

(4) $\begin{pmatrix} 1 & 2 & 2 & -1 \\ 1 & 1 & -1 & 2 \\ 2 & 0 & 1 & 3 \\ 1 & 0 & -1 & 2 \end{pmatrix}$；(5) $\begin{pmatrix} 1 & -2 & 0 & 0 & 3 \\ 1 & 1 & 1 & -1 & 4 \\ 0 & 2 & 0 & 2 & 1 \\ 0 & 0 & 3 & 0 & 1 \end{pmatrix}$；(6) $\begin{pmatrix} 1 & 2 & 0 & 0 & 1 \\ 2 & 0 & 1 & 2 & 1 \\ 1 & 0 & -1 & 2 & 1 \\ 3 & 0 & 0 & 4 & 2 \end{pmatrix}$.

2. 解下列方程组：

(1) $\begin{cases} x_1-x_2+x_3=3 \\ 2x_1-x_2-2x_3=1 \\ 3x_1+2x_2+x_3=2 \end{cases}$；(2) $\begin{cases} x_1+x_2-x_3+x_4=1 \\ 2x_2+2x_3-x_4=1 \\ 3x_1-x_3+2x_4=4 \\ 2x_1+3x_2-x_3=1 \end{cases}$；(3) $\begin{cases} x_1-2x_2+x_3+3x_4=1 \\ x_1+2x_2-2x_3+x_4=2 \\ 2x_1-x_3+4x_4=3 \\ 3x_1+2x_2-3x_3+5x_4=5 \end{cases}$；

(4) $\begin{cases} x_1+x_2-x_3-2x_4=2 \\ 2x_1-x_3+x_4=3 \\ 3x_1+x_2-2x_3-x_4=5 \\ -x_1+x_2-3x_4=-1 \end{cases}$；(5) $\begin{cases} 2x_1+x_2-x_3=1 \\ x_1-2x_2+x_3=2 \\ -x_1-3x_2+2x_3=3 \end{cases}$；(6) $\begin{cases} 2x_1-x_2-x_3-2x_4=-1 \\ x_1-x_3+x_4=4 \\ 3x_1-x_2-2x_3-x_4=3 \\ x_1-x_2-3x_4=2 \end{cases}$.

3. 某车间有工人 30 人，生产甲、乙、丙三种零件，每人每小时能生产零件甲 30 个，或零件乙 25 个，或零件丙 20 个，现用零件甲 3 个、零件乙 5 个、零件丙 4 个装配成某种装机．如何安排劳动力才能使每小时生产的零件刚好配套？

4. 甲地到乙地全程 3.3 千米，一段上坡路，一段平路，一段下坡路．如果保持上坡每小时行 3 千米，平路每小时行 4 千米，下坡每小时行 5 千米，那么从甲地到乙地需行 51 分钟，从乙地到甲地需行 53.4 分钟．问：从甲地到乙地上坡、平路、下坡的路程各为多少？

# 第五节　逆矩阵

在前几节讨论了矩阵的加法、减法和乘法，那么矩阵是否有“除法”运算呢？

利用实数的乘法，对于一元一次方程 $ax=b$ $(a\neq0)$，可得 $x=a^{-1}b$. 类似地，当方程的个数与未知数的个数相等时，对于线性方程组 $\boldsymbol{AX}=\boldsymbol{B}$ $(|\boldsymbol{A}|\neq0)$，可以得到 $\boldsymbol{X}=\boldsymbol{A}^{-1}\boldsymbol{B}$. 为此，首先介绍逆矩阵的概念．

## 一、逆矩阵的概念

**定义 1.5.1**

**已知 $n$ 阶方阵**

$$A=\begin{pmatrix} a_{11} & a_{12} & \cdots & a_{1n} \\ a_{21} & a_{22} & \cdots & a_{2n} \\ \vdots & \vdots & & \vdots \\ a_{n1} & a_{n2} & \cdots & a_{nn} \end{pmatrix},$$

**称 $n$ 阶行列式**

$$|A|=\begin{vmatrix} a_{11} & a_{12} & \cdots & a_{1n} \\ a_{21} & a_{22} & \cdots & a_{2n} \\ \vdots & \vdots & & \vdots \\ a_{n1} & a_{n2} & \cdots & a_{nn} \end{vmatrix}$$

**为矩阵 $A$ 的行列式．**

一般地，$n$ 阶方阵 $A$ 的行列式有如下性质：

设 $A$，$B$ 为 $n$ 阶方阵，则

(1) $|A^T|=|A|$；

(2) $|kA|=k^n|A|$，其中 $k$ 为常数；

(3) $|AB|=|BA|=|A||B|$.

证明略．

**定义 1.5.2**

**对于已知 $n$ 阶方阵 $A$，若存在 $n$ 阶方阵 $B$，使得**

$$AB=BA=I$$

**则称 $n$ 阶方阵 $A$ 可逆，同时称 $B$ 为 $A$ 的逆矩阵．记作 $A^{-1}$，即 $A^{-1}=B$.**

与倒数的概念类似，逆矩阵的关系是相互的，若 $B$ 为 $A$ 的逆矩阵，则 $A$ 也为 $B$ 的逆矩阵；单位矩阵的逆矩阵就是它自己．

逆矩阵有如下一些简单的性质．

**性质 1.5.1** 若 $n$ 阶方阵 $A$ 有逆矩阵，则其逆矩阵是唯一的．

**证** 设 $B_1$，$B_2$ 都为 $A$ 的逆矩阵，则有 $B_1=B_1I=B_1(AB_2)=(B_1A)B_2=IB_2=B_2$.

**性质 1.5.2** 设 $A$，$B$ 为 $n$ 阶方阵，则

(1) 若 $A$ 可逆，则 $A^{-1}$ 也可逆，且 $(A^{-1})^{-1}=A$；

(2) 若 $A$，$B$ 都可逆，则 $AB$ 也可逆，且 $(AB)^{-1}=B^{-1}A^{-1}$；

(3) 若 $A$ 可逆，则 $A^T$ 也可逆，且 $(A^T)^{-1}=(A^{-1})^T$.

**证** (1) 因为 $A$ 可逆，故 $A^{-1}A=AA^{-1}=I$，由定义有 $(A^{-1})^{-1}=A$；

(2) 因为

$$AB(B^{-1}A^{-1})=A(BB^{-1})A^{-1}=AIA^{-1}=AA^{-1}=I,$$

同理，有

$$(\boldsymbol{B}^{-1}\boldsymbol{A}^{-1})\boldsymbol{AB}=\boldsymbol{I},$$

由逆矩阵的定义有 $(\boldsymbol{AB})^{-1}=\boldsymbol{B}^{-1}\boldsymbol{A}^{-1}$；

(3) 因为

$$\boldsymbol{A}^{\mathrm{T}}(\boldsymbol{A}^{-1})^{\mathrm{T}}=(\boldsymbol{A}^{-1}\boldsymbol{A})^{\mathrm{T}}=\boldsymbol{I}^{\mathrm{T}}=\boldsymbol{I},$$

同理，有

$$(\boldsymbol{A}^{-1})^{\mathrm{T}}\boldsymbol{A}^{\mathrm{T}}=\boldsymbol{I}.$$

由逆矩阵的定义有 $(\boldsymbol{A}^{\mathrm{T}})^{-1}=(\boldsymbol{A}^{-1})^{\mathrm{T}}$.

根据逆矩阵的定义及定理 1.4.2，有如下定理.

**定理 1.5.1** 方阵 $\boldsymbol{A}$ 可逆当且仅当存在有限个初等矩阵 $\boldsymbol{P}_1$，$\boldsymbol{P}_2$，…，$\boldsymbol{P}_m$，使得 $\boldsymbol{A}=\boldsymbol{P}_1\boldsymbol{P}_2\cdots\boldsymbol{P}_m$.

**推论** 方阵 $\boldsymbol{A}$ 可逆当且仅当 $\boldsymbol{A}$ 可以通过初等行变换变为单位阵.

证明略.

## 二、逆矩阵的求法

对于一个给定的 $n$ 阶方阵 $\boldsymbol{A}$，要求出其逆矩阵，必须解决两个问题：如何判断 $\boldsymbol{A}$ 是否可逆？如果 $\boldsymbol{A}$ 可逆，如何求出此逆矩阵？首先介绍伴随矩阵的概念.

### 定义 1.5.3

**已知 $n$ 阶方阵**

$$\boldsymbol{A}=\begin{pmatrix} a_{11} & a_{12} & \cdots & a_{1n} \\ a_{21} & a_{22} & \cdots & a_{2n} \\ \vdots & \vdots & & \vdots \\ a_{n1} & a_{n2} & \cdots & a_{nn} \end{pmatrix},$$

**其对应的行列式为**

$$|\boldsymbol{A}|=\begin{vmatrix} a_{11} & a_{12} & \cdots & a_{1n} \\ a_{21} & a_{22} & \cdots & a_{2n} \\ \vdots & \vdots & & \vdots \\ a_{n1} & a_{n2} & \cdots & a_{nn} \end{vmatrix}.$$

**经如下两步得到的矩阵 $\boldsymbol{A}^*$ 称为 $\boldsymbol{A}$ 的伴随矩阵：**

**(1) 用 $|\boldsymbol{A}|$ 中元素 $a_{ij}$ 的代数余子式 $\boldsymbol{A}_{ij}$ 取代方阵 $\boldsymbol{A}$ 的元素 $a_{ij}$，得到一个新的方阵**

$$\boldsymbol{A}'=\begin{pmatrix} \boldsymbol{A}_{11} & \boldsymbol{A}_{12} & \cdots & \boldsymbol{A}_{1n} \\ \boldsymbol{A}_{21} & \boldsymbol{A}_{22} & \cdots & \boldsymbol{A}_{2n} \\ \vdots & \vdots & & \vdots \\ \boldsymbol{A}_{n1} & \boldsymbol{A}_{n2} & \cdots & \boldsymbol{A}_{nn} \end{pmatrix};$$

**(2) 将 $\boldsymbol{A}'$ 转置，即**

$$\boldsymbol{A}^*=(\boldsymbol{A}')^{\mathrm{T}}=\begin{pmatrix} \boldsymbol{A}_{11} & \boldsymbol{A}_{21} & \cdots & \boldsymbol{A}_{n1} \\ \boldsymbol{A}_{12} & \boldsymbol{A}_{22} & \cdots & \boldsymbol{A}_{n2} \\ \vdots & \vdots & & \vdots \\ \boldsymbol{A}_{1n} & \boldsymbol{A}_{2n} & \cdots & \boldsymbol{A}_{nn} \end{pmatrix}.$$

**例 1** 求矩阵$\boldsymbol{A}=\begin{pmatrix} a & b \\ c & d \end{pmatrix}$的伴随矩阵．

**解** 因为

$$|\boldsymbol{A}|=\begin{vmatrix} a & b \\ c & d \end{vmatrix},$$

故

$$A_{11}=(-1)^{1+1}d=d,\ A_{21}=(-1)^{2+1}b=-b,\ A_{12}=(-1)^{1+2}c=-c,$$

$$A_{22}=(-1)^{2+2}a=a,$$

因此$\boldsymbol{A}^*=\begin{pmatrix} d & -b \\ -c & a \end{pmatrix}$.

**例 2** 已知三阶方阵

$$\boldsymbol{A}=\begin{pmatrix} 2 & 1 & 0 \\ 0 & -1 & 1 \\ 1 & 0 & 1 \end{pmatrix},$$

求其伴随矩阵$\boldsymbol{A}^*$．

**解** 因为

$$|\boldsymbol{A}|=\begin{vmatrix} 2 & 1 & 0 \\ 0 & -1 & 1 \\ 1 & 0 & 1 \end{vmatrix},$$

而

$$A_{11}=(-1)^{1+1}\begin{vmatrix} -1 & 1 \\ 0 & 1 \end{vmatrix}=-1,\ A_{12}=(-1)^{1+2}\begin{vmatrix} 0 & 1 \\ 1 & 1 \end{vmatrix}=1,$$

$$A_{13}=(-1)^{1+3}\begin{vmatrix} 0 & -1 \\ 1 & 0 \end{vmatrix}=1,$$

$$A_{21}=(-1)^{2+1}\begin{vmatrix} 1 & 0 \\ 0 & 1 \end{vmatrix}=-1,\ A_{22}=(-1)^{2+2}\begin{vmatrix} 2 & 0 \\ 1 & 1 \end{vmatrix}=2,$$

$$A_{23}=(-1)^{2+3}\begin{vmatrix} 2 & 1 \\ 1 & 0 \end{vmatrix}=1,$$

$$A_{31}=(-1)^{3+1}\begin{vmatrix} 1 & 0 \\ -1 & 1 \end{vmatrix}=1,\ A_{32}=(-1)^{3+2}\begin{vmatrix} 2 & 0 \\ 0 & 1 \end{vmatrix}=-2,$$

$$A_{33}=(-1)^{3+3}\begin{vmatrix} 2 & 1 \\ 0 & -1 \end{vmatrix}=-2,$$

因此

$$\boldsymbol{A}^*=\begin{pmatrix} A_{11} & A_{21} & A_{31} \\ A_{12} & A_{22} & A_{32} \\ A_{13} & A_{23} & A_{33} \end{pmatrix}=\begin{pmatrix} -1 & -1 & 1 \\ 1 & 2 & -2 \\ 1 & 1 & -2 \end{pmatrix}.$$

下面再给出求逆矩阵的方法．

**定理 1.5.2** 设$\boldsymbol{A}$为$n$阶方阵，则$\boldsymbol{A}$可逆当且仅当其行列式$|\boldsymbol{A}|\neq 0$；若$\boldsymbol{A}$可逆，则

$$A^{-1}=\frac{1}{|A|}A^*.$$

证明略.

定理 1.5.2 的第一部分给出了判断 $n$ 阶方阵 $A$ 是否可逆的方法：只要计算 $|A|$ 是否为 0，若为 0，则不可逆. 反之则可逆. 若一个方阵可逆，该定理的第二部分给出了一个计算逆矩阵的公式.

**例 3** 已知矩阵

$$A=\begin{pmatrix}2&1\\4&3\end{pmatrix},$$

(1) 判断 $A$ 是否可逆；(2) 若可逆，求 $A^{-1}$.

**解** (1) 因为 $|A|=\begin{vmatrix}2&1\\4&3\end{vmatrix}=2\neq0$，故 $A$ 可逆；

(2) 由于 $A^*=\begin{pmatrix}3&-1\\-4&2\end{pmatrix}$，所以

$$A^{-1}=\frac{1}{|A|}A^*=\begin{pmatrix}3/2&-1/2\\-2&1\end{pmatrix}.$$

**例 4** 已知矩阵

$$A=\begin{pmatrix}2&1&0\\0&-1&1\\1&0&1\end{pmatrix},$$

(1) 判断 $A$ 是否可逆；(2) 若可逆，求 $A^{-1}$.

**解** (1) 因为

$$|A|=\begin{vmatrix}2&1&0\\0&-1&1\\1&0&1\end{vmatrix}\xlongequal{\text{按照第一列展开}}2\times(-1)^{1+1}\begin{vmatrix}-1&1\\0&1\end{vmatrix}+1\times(-1)^{1+3}\begin{vmatrix}1&0\\-1&1\end{vmatrix}=-1\neq0,$$

故 $A$ 可逆.

(2) 由本节例 2 知

$$A^*=\begin{pmatrix}A_{11}&A_{21}&A_{31}\\A_{12}&A_{22}&A_{32}\\A_{13}&A_{23}&A_{33}\end{pmatrix}=\begin{pmatrix}-1&-1&1\\1&2&-2\\1&1&-2\end{pmatrix},$$

故

$$A^{-1}=\frac{1}{|A|}A^*=\begin{pmatrix}1&1&-1\\-1&-2&2\\-1&-1&2\end{pmatrix}.$$

由定义求逆矩阵时，要计算 $n^2$ 个 $n-1$ 阶的行列式，当方阵的阶较高时运算量通常很大（如求四阶方阵的逆矩阵时，为了得到伴随矩阵，要计算 $4^2=16$ 个三阶的行列式的值），给应用带来不便.

下面介绍利用矩阵的初等行变换来求逆矩阵的方法．

由定理 1.5.1 的推论知，若方阵 $\boldsymbol{A}$ 可逆，则 $\boldsymbol{A}$ 可以通过一系列的初等行变换化为单位阵，即存在初等矩阵 $\boldsymbol{P}_1$，$\boldsymbol{P}_2$，…，$\boldsymbol{P}_m$，使得 $\boldsymbol{P}_1\boldsymbol{P}_2\cdots\boldsymbol{P}_m\boldsymbol{A}=\boldsymbol{I}$.

另一方面，我们对单位阵 $\boldsymbol{I}$ 施以同样的初等行变换，则 $\boldsymbol{I}$ 变为

$$\boldsymbol{P}_1\boldsymbol{P}_2\cdots\boldsymbol{P}_m\boldsymbol{I}=\boldsymbol{P}_1\boldsymbol{P}_2\cdots\boldsymbol{P}_m=\boldsymbol{A}^{-1}.$$

因此，当方阵 $\boldsymbol{A}$ 经过一系列的初等行变换变为单位阵 $\boldsymbol{I}$ 的时候，相应地，对单位阵 $\boldsymbol{I}$ 做同样的初等行变换，就可以把 $\boldsymbol{I}$ 化为 $\boldsymbol{A}^{-1}$. 这种求 $\boldsymbol{A}$ 的逆矩阵方法叫作**初等变换法**．具体的做法是

$$(\boldsymbol{A}\mid\boldsymbol{I})\xrightarrow{\text{初等行变换}}(\boldsymbol{I}\mid\boldsymbol{A}^{-1}).$$

如上述例 4 的第（2）问可以按如下方法求出：

因为

$$(\boldsymbol{A}\mid\boldsymbol{I})=\left(\begin{array}{ccc|ccc}2&1&0&1&0&0\\0&-1&1&0&1&0\\1&0&1&0&0&1\end{array}\right)\xrightarrow{r_1\leftrightarrow r_3}\left(\begin{array}{ccc|ccc}1&0&1&0&0&1\\0&-1&1&0&1&0\\2&1&0&1&0&0\end{array}\right)$$

$$\xrightarrow{r_3-2r_1}\left(\begin{array}{ccc|ccc}1&0&1&0&0&1\\0&-1&1&0&1&0\\0&1&-2&1&0&-2\end{array}\right)\xrightarrow[(-1)\times r_2]{r_3+r_2}\left(\begin{array}{ccc|ccc}1&0&1&0&0&1\\0&1&-1&0&-1&0\\0&0&-1&1&1&-2\end{array}\right)$$

$$\xrightarrow[\substack{r_1+r_3\\(-1)\times r_3}]{r_2-r_3}\left(\begin{array}{ccc|ccc}1&0&0&1&1&-1\\0&1&0&-1&-2&2\\0&0&1&-1&-1&2\end{array}\right),$$

故

$$\boldsymbol{A}^{-1}=\begin{pmatrix}1&1&-1\\-1&-2&2\\-1&-1&2\end{pmatrix}.$$

**例 5** 已知矩阵

$$\boldsymbol{A}=\begin{pmatrix}1&0&1\\2&1&0\\1&1&2\end{pmatrix},$$

（1）判断矩阵 $\boldsymbol{A}$ 是否可逆；（2）若矩阵 $\boldsymbol{A}$ 可逆，求 $\boldsymbol{A}^{-1}$.

**解** （1）因为

$$|\boldsymbol{A}|=\begin{vmatrix}1&0&1\\2&1&0\\1&1&2\end{vmatrix}\overset{\substack{r_2-2r_1\\r_3-r_1}}{=\!=\!=}\begin{vmatrix}1&0&1\\0&1&-2\\0&1&1\end{vmatrix}\overset{r_3-r_2}{=\!=\!=}\begin{vmatrix}1&0&1\\0&1&-2\\0&0&3\end{vmatrix}=3\neq0,$$

故 $\boldsymbol{A}$ 可逆．

（2）因为

$$(\boldsymbol{A}\mid\boldsymbol{I})=\left(\begin{array}{ccc|ccc}1&0&1&1&0&0\\2&1&0&0&1&0\\1&1&2&0&0&1\end{array}\right)\xrightarrow[r_3-r_1]{r_2-2r_1}\left(\begin{array}{ccc|ccc}1&0&1&1&0&0\\0&1&-2&-2&1&0\\0&1&1&-1&0&1\end{array}\right)$$

$$\xrightarrow{r_3-r_2}\left(\begin{array}{ccc:ccc}1&0&1&-1&0&0\\0&1&-2&-2&1&0\\0&0&3&1&-1&1\end{array}\right)\xrightarrow{\frac{1}{3}r_3}\left(\begin{array}{ccc:ccc}1&0&1&1&0&0\\0&1&-2&-2&1&0\\0&0&1&1/3&-1/3&1/3\end{array}\right)$$

$$\xrightarrow[r_2+2r_3]{r_1-r_3}\left(\begin{array}{ccc:ccc}1&0&0&2/3&1/3&-1/3\\0&1&0&-4/3&1/3&2/3\\0&0&1&1/3&-1/3&1/3\end{array}\right),$$

所以

$$A^{-1}=\begin{pmatrix}\frac{2}{3}&\frac{1}{3}&-\frac{1}{3}\\-\frac{4}{3}&\frac{1}{3}&\frac{2}{3}\\\frac{1}{3}&-\frac{1}{3}&\frac{1}{3}\end{pmatrix}.$$

## 三、用逆矩阵解线性方程组

对于 $n$ 个方程 $n$ 个未知数的线性方程组 $\boldsymbol{AX}=\boldsymbol{B}$ 可利用逆矩阵求解．如果系数矩阵的行列式 $|\boldsymbol{A}|\neq 0$，方程两边同时左乘 $\boldsymbol{A}^{-1}$ 可得 $\boldsymbol{X}=\boldsymbol{A}^{-1}\boldsymbol{B}$.

**例 6**　用逆矩阵求解线性方程组

$$\begin{cases}x_1+2x_2-x_3=1\\x_2+x_3=1\\2x_1+3x_3=3\end{cases}.$$

**解**　线性方程组的系数矩阵为

$$A=\begin{pmatrix}1&2&-1\\0&1&1\\2&0&3\end{pmatrix},$$

因为

$$(A\ \vdots\ I)=\left(\begin{array}{ccc:ccc}1&2&-1&1&0&0\\0&1&1&0&1&0\\2&0&3&0&0&1\end{array}\right)\xrightarrow{r_3-2r_1}\left(\begin{array}{ccc:ccc}1&2&-1&1&0&0\\0&1&1&0&1&0\\0&-4&5&-2&0&1\end{array}\right)$$

$$\xrightarrow{r_3+4r_2}\left(\begin{array}{ccc:ccc}1&2&-1&1&0&0\\0&1&1&0&1&0\\0&0&9&-2&4&1\end{array}\right)\xrightarrow{\frac{1}{9}r_3}\left(\begin{array}{ccc:ccc}1&2&-1&1&0&0\\0&1&1&0&1&0\\0&0&1&-2/9&4/9&1/9\end{array}\right).$$

$$\xrightarrow[r_2-r_3]{r_1+r_3}\left(\begin{array}{ccc:ccc}1&2&0&7/9&4/9&1/9\\0&1&0&2/9&5/9&-1/9\\0&0&1&-2/9&4/9&1/9\end{array}\right)$$

$$\xrightarrow{r_1-2r_2}\left(\begin{array}{ccc:ccc}1&0&0&1/3&-2/3&1/3\\0&1&0&2/9&5/9&-1/9\\0&0&1&-2/9&4/9&1/9\end{array}\right),$$

故

$$A^{-1}=\begin{pmatrix}1/3 & -2/3 & 1/3\\ 2/9 & 5/9 & -1/9\\ -2/9 & 4/9 & 1/9\end{pmatrix};$$

于是

$$X=\begin{pmatrix}x_1\\ x_2\\ x_3\end{pmatrix}=A^{-1}B=\begin{pmatrix}1/3 & -2/3 & 1/3\\ 2/9 & 5/9 & -1/9\\ -2/9 & 4/9 & 1/9\end{pmatrix}\begin{pmatrix}1\\ 1\\ 3\end{pmatrix}=\begin{pmatrix}2/3\\ 4/9\\ 5/9\end{pmatrix}.$$

**例 7** 求解案例 1.3.

**解** 设产品 A，B，C 的产量分别为 $x_1$，$x_2$，$x_3$，则依题意有

$$\begin{pmatrix}1 & 2 & 0\\ 2 & 1 & 3\\ 1 & 2 & 2\end{pmatrix}\begin{pmatrix}x_1\\ x_2\\ x_3\end{pmatrix}=\begin{pmatrix}210\\ 390\\ 350\end{pmatrix},$$

所以

$$\begin{pmatrix}x_1\\ x_2\\ x_3\end{pmatrix}=\begin{pmatrix}1 & 2 & 0\\ 2 & 1 & 3\\ 1 & 2 & 2\end{pmatrix}^{-1}\begin{pmatrix}210\\ 390\\ 350\end{pmatrix}$$

$$=\begin{pmatrix}2/3 & 2/3 & -1\\ 1/6 & -1/3 & 1/2\\ -1/2 & 0 & 1/2\end{pmatrix}\begin{pmatrix}210\\ 390\\ 350\end{pmatrix}=\begin{pmatrix}50\\ 80\\ 70\end{pmatrix}.$$

故产品 A，B，C 的产量应该分别安排为 50 吨、80 吨、70 吨，才能充分利用现有资源.

## 练习 1-5

1. 判断下列矩阵是否可逆，若可逆，求其逆矩阵：

(1) $\begin{pmatrix}1 & 2\\ -2 & -3\end{pmatrix}$；(2) $\begin{pmatrix}1 & 0 & 0\\ -1 & 2 & 0\\ 1 & 4 & 3\end{pmatrix}$；(3) $\begin{pmatrix}1 & 1 & 1\\ 0 & 1 & 0\\ 0 & -2 & -1\end{pmatrix}$；

(4) $\begin{pmatrix}1 & 0 & 1\\ 1 & -2 & 2\\ -1 & 0 & -2\end{pmatrix}$；(5) $\begin{pmatrix}1 & -2 & 1\\ -2 & 3 & -1\\ -3 & -1 & 3\end{pmatrix}$；(6) $\begin{pmatrix}1 & 1 & 0 & 0\\ -1 & -2 & 0 & 0\\ 2 & 5 & 2 & 3\\ 1 & 4 & 1 & 2\end{pmatrix}$.

2. 已知三阶方阵 $A$ 的逆矩阵为

$$A^{-1}=\begin{pmatrix}1 & -1 & 1\\ 2 & 0 & 1\\ 1 & 2 & 0\end{pmatrix},$$

求 $A$.

3. 用逆矩阵求解下列方程组：

(1) $\begin{cases}x_1+x_2=2\\2x_1-x_2+x_3=1\\x_2-2x_1=1\end{cases}$；(2) $\begin{cases}-x_1+2x_2-x_3=1\\2x_2-x_3=1\\3x_1+2x_3=2\end{cases}$.

# 第六节　一般线性方程组的讨论

本节通过线性方程组的增广矩阵判断其是否有解以及解的结构.

## 一、线性方程组的解的判定

由本章第四节讨论可知，线性方程组的解只有三种可能：唯一解、无穷多解和无解.以下根据线性方程组的增广矩阵，判断其解的情况.

**定理 1.6.1（线性方程组有解的判定定理）**　已知 $n$ 元线性方程组 $\boldsymbol{AX}=\boldsymbol{B}$，则线性方程组有解当且仅当 $r(\boldsymbol{A})=r(\overline{\boldsymbol{A}})$；当 $r(\overline{\boldsymbol{A}})=n$ 时有唯一解；当 $r(\overline{\boldsymbol{A}})<n$ 时有无穷多解.

证明略.

例如，本章第四节例 5 中，

$$\overline{\boldsymbol{A}}\to\left(\begin{array}{ccc:c}1&0&0&1\\0&1&0&1\\0&0&1&1\end{array}\right),$$

其中 $r(\boldsymbol{A})=r(\overline{\boldsymbol{A}})=3=n$，线性方程组有唯一解；

在第四节例 6 中，

$$\overline{\boldsymbol{A}}\to\left(\begin{array}{cccc:c}1&0&1&-1&2\\0&1&-1&2&1\\0&0&0&0&0\end{array}\right),$$

其中 $r(\boldsymbol{A})=r(\overline{\boldsymbol{A}})=2<n=4$，线性方程组有无穷多解；

在第四节例 7 中，

$$\overline{\boldsymbol{A}}\to\left(\begin{array}{cccc:c}1&-1&-2&3&1\\0&1&-1&-4&2\\0&0&1&-1&-1\\0&0&0&0&1\end{array}\right),$$

其中 $r(\boldsymbol{A})=3<4=r(\overline{\boldsymbol{A}})$，线性方程组无解.

由定理 1.6.1 得到判断线性方程组的解的步骤为：首先写出线性方程组的增广矩阵 $\overline{\boldsymbol{A}}$，再对 $\overline{\boldsymbol{A}}$ 作初等行变换化为阶梯形矩阵，从而得到 $r(\boldsymbol{A})$ 和 $r(\overline{\boldsymbol{A}})$，由定理判断线性方程组解的情况.

**例 1** 判断下列线性方程组的解的情况；若有解，则求其解：

$$\begin{cases}x_1-2x_2+x_3=-1\\-x_1+3x_2=1\\x_2-x_3=2\end{cases}.$$

**解** 因为

$$\overline{\mathbf{A}}=\left(\begin{array}{ccc:c}1&-2&1&-1\\-1&3&0&1\\0&1&-1&2\end{array}\right)\xrightarrow{r_2+r_1}\left(\begin{array}{ccc:c}1&-2&1&-1\\0&1&1&0\\0&1&-1&2\end{array}\right)\xrightarrow{r_3-r_2}\left(\begin{array}{ccc:c}1&-2&1&-1\\0&1&1&0\\0&0&-2&2\end{array}\right),$$

故 $r(\mathbf{A})=r(\overline{\mathbf{A}})=3$，从而知方程组有唯一解．又由于

$$\overline{\mathbf{A}}\to\left(\begin{array}{ccc:c}1&-2&1&-1\\0&1&1&0\\0&0&-2&2\end{array}\right)\xrightarrow[r_2+\frac{1}{2}r_3]{r_1+\frac{1}{2}r_3}\left(\begin{array}{ccc:c}1&-2&0&0\\0&1&0&1\\0&0&-2&2\end{array}\right)$$

$$\xrightarrow[\left(-\frac{1}{2}\right)\times r_3]{r_1+2r_2}\left(\begin{array}{ccc:c}1&0&0&2\\0&1&0&1\\0&0&1&-1\end{array}\right),$$

故原方程组的解为

$$\begin{cases}x_1=2\\x_2=1\\x_3=-1\end{cases}.$$

**例 2** 判断下列线性方程组的解的情况，若有解，则求其解：

$$\begin{cases}x_1-2x_2-x_3+3x_4=2\\-x_1+3x_2+2x_3-4x_4=1\\2x_1-5x_2-3x_3+7x_4=1\\3x_1-8x_2-5x_3+11x_4=0\end{cases}.$$

**解** 因为

$$\overline{\mathbf{A}}=\left(\begin{array}{cccc:c}1&-2&-1&3&2\\-1&3&2&-4&1\\2&-5&-3&7&1\\3&-8&-5&11&0\end{array}\right)\xrightarrow[\substack{r_3-2r_1\\r_4-3r_1}]{r_2+r_1}\left(\begin{array}{cccc:c}1&-2&-1&3&2\\0&1&1&-1&3\\0&-1&-1&1&-3\\0&-2&-2&2&-6\end{array}\right)$$

$$\xrightarrow[r_4+2r_2]{r_3+r_2}\left(\begin{array}{cccc:c}1&-2&-1&3&2\\0&1&1&-1&3\\0&0&0&0&0\\0&0&0&0&0\end{array}\right)$$

由于 $r(\mathbf{A})=r(\overline{\mathbf{A}})=2<n=4$，故原方程组有无穷多解，又由于

$$\overline{\mathbf{A}}\to\left(\begin{array}{cccc:c}1&-2&-1&3&2\\0&1&1&-1&3\\0&0&0&0&0\\0&0&0&0&0\end{array}\right)\xrightarrow{r_1+2r_2}\left(\begin{array}{cccc:c}1&0&1&1&8\\0&1&1&-1&3\\0&0&0&0&0\\0&0&0&0&0\end{array}\right),$$

故原方程组同解于方程组

$$\begin{cases}x_1=8-x_3-x_4\\ x_2=3-x_3+x_4\end{cases},$$

取 $x_3$，$x_4$ 为自由未知量，令 $x_3=c_1$，$x_4=c_2$，则得原方程组的解为：

$$\begin{cases}x_1=8-c_1-c_2\\ x_2=3-c_1+c_2\\ x_3=c_1\\ x_4=c_2\end{cases}，其中 c_1，c_2 为任意常数．$$

**例 3** 判断下列线性方程组的解的情况，若有解，则求其解：

$$\begin{cases}x_1+2x_2-3x_3+x_4=1\\ -2x_1+2x_3-3x_4=2\\ x_2-2x_3+x_4=-1\\ x_1+x_2-x_3=3\end{cases}.$$

**解** 因为

$$\overline{\mathbf{A}}=\left(\begin{array}{cccc:c}1&2&-3&1&1\\-2&0&2&-3&2\\0&1&-2&1&-1\\1&1&-1&0&3\end{array}\right)\xrightarrow[r_4-r_1]{r_2+2r_1}\left(\begin{array}{cccc:c}1&2&-3&1&1\\0&4&-4&-1&4\\0&1&-2&1&-1\\0&-1&2&-1&2\end{array}\right)$$

$$\xrightarrow{r_2\leftrightarrow r_3}\left(\begin{array}{cccc:c}1&2&-3&1&1\\0&1&-2&1&-1\\0&4&-4&-1&4\\0&-1&2&-1&2\end{array}\right)\xrightarrow[r_4+r_2]{r_3-4r_2}\left(\begin{array}{cccc:c}1&2&-3&1&1\\0&1&-2&1&-1\\0&0&4&-5&8\\0&0&0&0&1\end{array}\right),$$

由于 $r(\mathbf{A})=3<4=r(\overline{\mathbf{A}})$，故原方程组无解．

**例 4** 已知线性方程组

$$\begin{cases}x_1-2x_2+3x_3=4\\ -x_1+3x_2-4x_3=-2,\\ (\lambda^2-\lambda-2)\ x_3=\lambda+1\end{cases}$$

讨论其解的情况．

**解** 因为

$$\overline{\mathbf{A}}=\left(\begin{array}{ccc:c}1&-2&3&4\\-1&3&-4&-2\\0&0&\lambda^2-\lambda-2&\lambda+1\end{array}\right)\xrightarrow{r_2+r_1}\left(\begin{array}{ccc:c}1&-2&3&4\\0&1&-1&2\\0&0&\lambda^2-\lambda-2&\lambda+1\end{array}\right)$$

$$\xrightarrow{r_1+2r_2}\left(\begin{array}{ccc:c}1&0&1&8\\0&1&-1&2\\0&0&(\lambda-2)\ (\lambda+1)&\lambda+1\end{array}\right)=\boldsymbol{B},$$

此时，无论 $\lambda$ 取何值，$\boldsymbol{B}$ 都已经是阶梯形矩阵．下面分类讨论方程组解的情况．

(1) 当 $\lambda\neq-1$ 且 $\lambda\neq2$ 时，有 $\lambda^2-\lambda-2\neq0$，$\lambda+1\neq0$，故 $r(\mathbf{A})=r(\overline{\mathbf{A}})=3=n$，从而方程组有唯一解；

(2) 当 $\lambda=-1$ 时，有 $\lambda^2-\lambda-2=0$，$\lambda+1=0$，故 $r(\mathbf{A})=r(\overline{\mathbf{A}})=2<n$，从而方程组有

无穷多解；

(3) 当$\lambda=2$时，有$\lambda^2-\lambda-2=0$，$\lambda+1\neq0$，故$r(\mathbf{A})=2<3=r(\overline{\mathbf{A}})$，从而方程组无解．

**例 5** 已知方程组

$$\begin{cases}x_1+x_2+x_3=a\\2x_1+2x_2+(a+1)x_3=a+1\\ax_1+x_2+x_3=1\end{cases}$$

有无穷多解，求$a$的值．

**解** 因为

$$\overline{\mathbf{A}}=\left(\begin{array}{ccc|c}1&1&1&a\\2&2&a+1&a+1\\a&1&1&1\end{array}\right)\xrightarrow[r_3-ar_1]{r_2-2r_1}\left(\begin{array}{ccc|c}1&1&1&a\\0&0&a-1&1-a\\0&1-a&1-a&1-a^2\end{array}\right)$$

$$\xrightarrow{r_2\leftrightarrow r_3}\left(\begin{array}{ccc|c}1&1&1&a\\0&1-a&1-a&1-a^2\\0&0&a-1&1-a\end{array}\right),$$

由于原方程组有无穷多解，故必有$r(\mathbf{A})=r(\overline{\mathbf{A}})<3$，从而$a=1$.

当$\boldsymbol{B}=\boldsymbol{O}$时，称$\boldsymbol{AX}=\boldsymbol{O}$为齐次线性方程组．把定理 1.6.1 用到齐次线性方程组上，有如下定理．

**定理 1.6.2** 已知齐次线性方程组$\mathbf{A}_{m\times n}\boldsymbol{X}=\boldsymbol{O}$，则该方程组有非零解当且仅当$r(\mathbf{A})<n$.

**推论** 设$\mathbf{A}_{n\times n}\boldsymbol{X}=\boldsymbol{O}$为$n$个方程$n$个未知数的齐次线性方程组，则$\mathbf{A}_{n\times n}\boldsymbol{X}=\boldsymbol{O}$有非零解当且仅当$|\mathbf{A}|=0$.

定理表明，对于齐次线性方程组，若$r(\mathbf{A})<n$，则有非零解，亦即有无穷多解；若$r(\mathbf{A})=n$，则仅有零解，即有唯一解．

**例 6** 已知齐次线性方程组

$$\begin{cases}x_1+x_2+3x_3-x_4=0\\2x_1+3x_2+x_3+2x_4=0\\3x_1+4x_2+4x_3+x_4=0\\x_1+2x_2-2x_3+3x_4=0\end{cases},$$

判断其解的情况并求解．

**解** 因为

$$\overline{\mathbf{A}}=\left(\begin{array}{cccc|c}1&1&3&-1&0\\2&3&1&2&0\\3&4&4&1&0\\1&2&-2&3&0\end{array}\right)\xrightarrow[r_4-r_1]{\substack{r_2-2r_1\\r_3-3r_1}}\left(\begin{array}{cccc|c}1&1&3&-1&0\\0&1&-5&4&0\\0&1&-5&4&0\\0&1&-5&4&0\end{array}\right)$$

$$\xrightarrow[r_4-r_2]{r_3-r_2}\left(\begin{array}{cccc|c}1&1&3&-1&0\\0&1&-5&4&0\\0&0&0&0&0\\0&0&0&0&0\end{array}\right)\xrightarrow{r_1-r_2}\left(\begin{array}{cccc|c}1&0&8&-5&0\\0&1&-5&4&0\\0&0&0&0&0\\0&0&0&0&0\end{array}\right),$$

有 $r(\boldsymbol{A})=2<n=4$，故原方程组有非零解，且同解于方程组：

$$\begin{cases} x_1=-8x_3+5x_4 \\ x_2=5x_3-4x_4 \end{cases},$$

取 $x_3$，$x_4$ 为自由未知量，即取 $x_3=c_1$，$x_4=c_2$，即得原方程组的解为

$$\begin{cases} x_1=-8c_1+5c_2 \\ x_2=5c_1-4c_2 \\ x_3=c_1 \\ x_4=c_2 \end{cases}，其中 c_1，c_2 为任意常数．$$

## 二、线性方程组解的结构

当线性方程组有无穷多解时，这无穷多解之间是否存在某种联系？或者说，能否找到有限个解用一个式子来统一表达这无穷多个解呢（类似于初等数学中数列的通项公式）？为此，先讨论齐次方程组，然后再对一般的线性方程组进行讨论．首先给出几个有关概念及结论．

### 定义 1.6.1

**设 $\boldsymbol{AX}=\boldsymbol{B}$ 是一个 $m$ 个方程 $n$ 个未知数的线性方程组，其中 $\boldsymbol{A}=(a_{ij})_{m\times n}$ 是线性方程组的系数矩阵，$\boldsymbol{X}=(x_1x_2\cdots x_n)^{\mathrm{T}}$ 为未知数列矩阵，$\boldsymbol{B}=(b_1b_2\cdots b_m)^{\mathrm{T}}$ 为常数项列矩阵．若**

$$\begin{cases} x_1=\lambda_1 \\ x_2=\lambda_2 \\ \quad\vdots \\ x_n=\lambda_n \end{cases}$$

**为线性方程组的解，则称**

$$\boldsymbol{X}=\begin{pmatrix} \lambda_1 \\ \lambda_2 \\ \vdots \\ \lambda_n \end{pmatrix}$$

**为线性方程组 $\boldsymbol{AX}=\boldsymbol{B}$ 的一个解向量．**

解向量是线性方程组 $\boldsymbol{AX}=\boldsymbol{B}$ 的一组解，用解向量表示线性方程组的解对于研究线性方程组解的结构显得十分简便．

### 定义 1.6.2

**设 $\boldsymbol{\alpha}_1$，$\boldsymbol{\alpha}_2$，…，$\boldsymbol{\alpha}_m$ 为 $n$ 维列向量，$k_1$，$k_2$，…，$k_m$ 为 $m$ 个实数，则称列向量 $\boldsymbol{\gamma}=k_1\boldsymbol{\alpha}_1+k_2\boldsymbol{\alpha}_2+\cdots+k_m\boldsymbol{\alpha}_m$ 为向量 $\boldsymbol{\alpha}_1$，$\boldsymbol{\alpha}_2$，…，$\boldsymbol{\alpha}_m$ 的一个线性组合．**

**定理 1.6.3**　设 $\boldsymbol{\alpha}$，$\boldsymbol{\beta}$ 为齐次线性方程组 $\boldsymbol{AX}=\boldsymbol{O}$ 的两个解，$k_1$，$k_2$ 是两个任意实数，则 $\boldsymbol{\gamma}=k_1\boldsymbol{\alpha}+k_2\boldsymbol{\beta}$ 也是方程组 $\boldsymbol{AX}=\boldsymbol{O}$ 的解．

**证**　因为 $\boldsymbol{\alpha}$，$\boldsymbol{\beta}$ 为齐次线性方程组 $\boldsymbol{AX}=\boldsymbol{O}$ 的两个解，故 $\boldsymbol{A\alpha}=\boldsymbol{O}$，$\boldsymbol{A\beta}=\boldsymbol{O}$. 故

$$A(k_1\boldsymbol{\alpha}+k_2\boldsymbol{\beta})=k_1A\boldsymbol{\alpha}+k_2A\boldsymbol{\beta}=\boldsymbol{O},$$

即 $\boldsymbol{\gamma}=k_1\boldsymbol{\alpha}+k_2\boldsymbol{\beta}$ 也是方程组 $AX=O$ 的解．

**定理 1.6.4** 已知 $AX=O$ 为 $n$ 元齐次线性方程组，$r(A)=r<n$，则存在 $AX=O$ 的 $n-r$ 解向量 $\boldsymbol{\alpha}_1$，$\boldsymbol{\alpha}_2$，…，$\boldsymbol{\alpha}_{n-r}$，使得 $AX=O$ 的任一个解可以表示为 $\boldsymbol{\alpha}_1$，$\boldsymbol{\alpha}_2$，…，$\boldsymbol{\alpha}_{n-r}$ 的线性组合．即对于 $AX=O$ 的任一解 $\boldsymbol{\gamma}$，存在 $n-r$ 个数 $k_1$，$k_2$，…，$k_{n-r}$ 使得

$$\boldsymbol{\gamma}=k_1\boldsymbol{\alpha}_1+k_2\boldsymbol{\alpha}_2+\cdots+k_{n-r}\boldsymbol{\alpha}_{n-r},$$

其中 $k_1$，$k_2$，…，$k_{n-r}$ 为任意实数．

证明略．

## 定义 1.6.3

**设 $AX=O$ 为 $n$ 元齐次线性方程组，$r(A)=r<n$，$\boldsymbol{\alpha}_1$，$\boldsymbol{\alpha}_2$，…，$\boldsymbol{\alpha}_{n-r}$ 为 $AX=O$ 的 $n-r$ 个解向量，若方程组的任意解可以表示成为 $\boldsymbol{\alpha}_1$，$\boldsymbol{\alpha}_2$，…，$\boldsymbol{\alpha}_{n-r}$ 的线性组合，则称 $\boldsymbol{\alpha}_1$，$\boldsymbol{\alpha}_2$，…，$\boldsymbol{\alpha}_{n-r}$ 为齐次线性方程组 $AX=O$ 的一个基础解系．**

由定理 1.6.4 可知，若 $n$ 元齐次线性方程组 $AX=O$ 有非零解，则一定存在基础解系．接下来通过实例介绍如何求出基础解系．

**例 7** 求下列齐次线性方程组的基础解系：

$$\begin{cases} x_1-2x_2-3x_3+x_4=0 \\ -x_1+x_2+4x_3-3x_4=0. \\ x_1-3x_2-2x_3-x_4=0 \end{cases}$$

**解** 因为

$$\overline{A}=\left(\begin{array}{cccc:c} 1 & -2 & -3 & 1 & 0 \\ -1 & 1 & 4 & -3 & 0 \\ 1 & -3 & -2 & -1 & 0 \end{array}\right) \xrightarrow[r_3-r_1]{r_2+r_1} \left(\begin{array}{cccc:c} 1 & -2 & -3 & 1 & 0 \\ 0 & -1 & 1 & -2 & 0 \\ 0 & -1 & 1 & -2 & 0 \end{array}\right)$$

$$\xrightarrow{r_3-r_2} \left(\begin{array}{cccc:c} 1 & -2 & -3 & 1 & 0 \\ 0 & -1 & 1 & -2 & 0 \\ 0 & 0 & 0 & 0 & 0 \end{array}\right) \xrightarrow[-r_2]{r_1-2r_2} \left(\begin{array}{cccc:c} 1 & 0 & -5 & 5 & 0 \\ 0 & 1 & -1 & 2 & 0 \\ 0 & 0 & 0 & 0 & 0 \end{array}\right),$$

故原齐次线性方程组同解于方程组：

$$\begin{cases} x_1=5x_3-5x_4 \\ x_2=x_3-2x_4 \end{cases},$$

取 $x_3=c_1$，$x_4=c_2$，即得原方程组的通解为

$$\begin{cases} x_1=5c_1-5c_2 \\ x_2=c_1-2c_2 \\ x_3=c_1 \\ x_4=c_2 \end{cases},$$

写成解向量形式，为：

$$X=\begin{pmatrix} 5c_1-5c_2 \\ c_1-2c_2 \\ c_1 \\ c_2 \end{pmatrix}=\begin{pmatrix} 5c_1 \\ c_1 \\ c_1 \\ 0 \end{pmatrix}+\begin{pmatrix} -5c_2 \\ -2c_2 \\ 0 \\ c_2 \end{pmatrix}=c_1\begin{pmatrix} 5 \\ 1 \\ 1 \\ 0 \end{pmatrix}+c_2\begin{pmatrix} -5 \\ -2 \\ 0 \\ 1 \end{pmatrix}，\text{其中 } c_1，c_2 \text{ 为任意常数．}$$

而原齐次线性方程组的一个基础解系为

$$\boldsymbol{\alpha}_1=\begin{pmatrix}5\\1\\1\\0\end{pmatrix},\ \boldsymbol{\alpha}_2=\begin{pmatrix}-5\\-2\\0\\1\end{pmatrix}.$$

在解出方程组后，分别令 $c_1=1$，$c_2=0$；$c_1=0$，$c_2=1$，同样也可得到基础解系 $\boldsymbol{\alpha}_1$，$\boldsymbol{\alpha}_2$，于是齐次线性方程组的无穷多解可以写成基础解系的线性组合，即通解．

综上所述，求齐次线性方程组的基础解系的一般思路是：

(1) 写出齐次线性方程组的增广矩阵 $\overline{\boldsymbol{A}}$；

(2) 将 $\overline{\boldsymbol{A}}$ 进行初等行变换变为最简阶梯形；

(3) 首非零元以外的未知量作为自由未知量，求出解向量；

(4) 以自由未知量为系数的解向量构成基础解系．

以下再讨论非齐次线性方程组的解的结构问题．

## 定义 1.6.4

**称 $\boldsymbol{AX}=\boldsymbol{B}$ ($\boldsymbol{B}\neq\boldsymbol{O}$) 为非齐次线性方程组，称相应的齐次线性方程组 $\boldsymbol{AX}=\boldsymbol{O}$ 为其导出方程组（简称为导出组）．**

非齐次线性方程组的解与其导出组的解有着密切的联系，首先给出下列定理．

**定理 1.6.5** 设非齐次线性方程组 $\boldsymbol{AX}=\boldsymbol{B}$ 有解，则

(1) 若 $\boldsymbol{\alpha}$ 为非齐次线性方程组 $\boldsymbol{AX}=\boldsymbol{B}$ 的解，而 $\boldsymbol{\beta}$ 为其导出组 $\boldsymbol{AX}=\boldsymbol{O}$ 的解，则 $\boldsymbol{\alpha}+\boldsymbol{\beta}$ 为 $\boldsymbol{AX}=\boldsymbol{B}$ 的解；

(2) 设 $\boldsymbol{\eta}$ 为非齐次线性方程组 $\boldsymbol{AX}=\boldsymbol{B}$ 的一个固定的解（称为特解），则对于 $\boldsymbol{AX}=\boldsymbol{B}$ 的任一解 $\boldsymbol{\gamma}$，存在其导出组 $\boldsymbol{AX}=\boldsymbol{O}$ 的解 $\boldsymbol{\beta}$，使得 $\boldsymbol{\gamma}=\boldsymbol{\beta}+\boldsymbol{\eta}$.

**证** (1) 设 $\boldsymbol{\alpha}$ 为 $\boldsymbol{AX}=\boldsymbol{B}$ 的解，而 $\boldsymbol{\beta}$ 为 $\boldsymbol{AX}=\boldsymbol{O}$ 的解，则有 $\boldsymbol{A\alpha}=\boldsymbol{B}$，$\boldsymbol{A\beta}=\boldsymbol{O}$，于是得 $\boldsymbol{A}(\boldsymbol{\alpha}+\boldsymbol{\beta})=\boldsymbol{A\alpha}+\boldsymbol{A\beta}=\boldsymbol{B}$，故 $\boldsymbol{\alpha}+\boldsymbol{\beta}$ 为 $\boldsymbol{AX}=\boldsymbol{B}$ 的解．

(2) 令 $\boldsymbol{\beta}=\boldsymbol{\gamma}-\boldsymbol{\eta}$，则 $\boldsymbol{A\beta}=\boldsymbol{A}(\boldsymbol{\gamma}-\boldsymbol{\eta})=\boldsymbol{A\gamma}-\boldsymbol{A\eta}=\boldsymbol{O}$，从而得证．

由定理 1.6.5，非齐次线性方程组 $\boldsymbol{AX}=\boldsymbol{B}$ 的全部解，等于它的一个特解，加上导出组基础解系的线性组合．

**例 8** 已知非齐次线性方程组

$$\begin{cases}x_1-2x_3+x_4=1\\2x_1+x_2-x_3-2x_4=4\\-x_1-x_2-x_3+3x_4=-3\end{cases},$$

用其导出组的基础解系来表示它的全部解．

**解** 因为

$$\overline{\boldsymbol{A}}=\left(\begin{array}{cccc:c}1&0&-2&1&1\\2&1&-1&-2&4\\-1&-1&-1&3&-3\end{array}\right)\xrightarrow[r_3+r_1]{r_2-2r_1}\left(\begin{array}{cccc:c}1&0&-2&1&1\\0&1&3&-4&2\\0&-1&-3&4&-2\end{array}\right)$$

$$\xrightarrow{r_3+r_2}\left(\begin{array}{cccc:c}1 & 0 & -2 & 1 & 1\\0 & 1 & 3 & -4 & 2\\0 & 0 & 0 & 0 & 0\end{array}\right)$$

故原齐次线性方程组同解于方程组：

$$\begin{cases}x_1=1+2x_3-x_4\\x_2=2-3x_3+4x_4\end{cases},$$

取自由未知量为 $x_3=c_1$，$x_4=c_2$，则得原方程组的解为：

$$\begin{cases}x_1=1+2c_1-c_2\\x_2=2-3c_1+4c_2\\x_3=c_1\\x_4=c_2\end{cases},$$

即

$$\boldsymbol{X}=\begin{pmatrix}1+2c_1-c_2\\2-3c_1+4c_2\\c_1\\c_2\end{pmatrix}=\begin{pmatrix}2c_1\\-3c_1\\c_1\\0\end{pmatrix}+\begin{pmatrix}-c_2\\4c_2\\0\\c_2\end{pmatrix}+\begin{pmatrix}1\\2\\0\\0\end{pmatrix}=c_1\begin{pmatrix}2\\-3\\1\\0\end{pmatrix}+c_2\begin{pmatrix}-1\\4\\0\\1\end{pmatrix}+\begin{pmatrix}1\\2\\0\\0\end{pmatrix},$$

其中

$$\boldsymbol{\alpha}_1=\begin{pmatrix}2\\-3\\1\\0\end{pmatrix},\ \boldsymbol{\alpha}_2=\begin{pmatrix}-1\\4\\0\\1\end{pmatrix}$$

为导出组的基础解系，

$$\boldsymbol{\eta}=\begin{pmatrix}1\\2\\0\\0\end{pmatrix}$$

为原方程组的一个特解，$c_1$，$c_2$ 为任意常数．

求非齐次线性方程组的全部解的一般步骤为：

（1）写出非齐次线性方程组的增广矩阵 $\overline{\mathbf{A}}$；

（2）将 $\overline{\mathbf{A}}$ 进行初等行变换变为最简阶梯形；

（3）由 $\overline{\mathbf{A}}$ 的最简阶梯形写出非齐次线性方程组的同解方程组；

（4）以首非零元以外的未知量作为自由未知量，求出解并写成向量形式．

由此可得非齐次线性方程组的一个特解 $\boldsymbol{\eta}$ 及导出组的基础解系 $\boldsymbol{\alpha}_1$，$\boldsymbol{\alpha}_2$，…，$\boldsymbol{\alpha}_{n-r}$，而非齐次线性方程组的通解为

$$\boldsymbol{\gamma}=k_1\boldsymbol{\alpha}_1+k_2\boldsymbol{\alpha}_2+\cdots+k_{n-r}\boldsymbol{\alpha}_{n-r}+\boldsymbol{\eta},$$

其中 $k_1$，$k_2$，…，$k_{n-r}$ 为任意实数．

## 练习 1-6

1. 判断下列方程组是否有解，若有解则求出其解：

(1) $\begin{cases} x_1-x_2+3x_3=1 \\ 2x_1-x_3=-3 \\ -x_1+2x_2+x_3=2 \end{cases}$；(2) $\begin{cases} x_1+2x_2-x_3=1 \\ 2x_1-x_2+3x_3=2 \\ 3x_1+x_2+2x_3=3 \end{cases}$；(3) $\begin{cases} 2x_1+x_2-x_3=-1 \\ 2x_2+3x_3=4 \\ 2x_1-x_2-4x_3=-3 \end{cases}$.

2. 求下列齐次线性方程组的基础解系：

(1) $\begin{cases} x_1+2x_2-x_3=0 \\ 2x_1+3x_2+2x_3=0 \\ 3x_1+5x_2+x_3=0 \end{cases}$；(2) $\begin{cases} 2x_1-x_2+2x_3=0 \\ 3x_1+2x_2-x_3=0 \\ x_1+3x_2-3x_3=0 \end{cases}$；(3) $\begin{cases} x_1-x_2+x_3-x_4=0 \\ 2x_1+x_2-2x_3+2x_4=0 \\ 3x_1-x_3+x_4=0 \\ x_1+2x_2-3x_3+3x_4=0 \end{cases}$.

3. 用导出组的解表示下列非齐次线性方程组的全部解：

(1) $\begin{cases} x_1+x_2+2x_3=1 \\ 2x_1+3x_2+3x_3=2 \\ x_1+2x_2+x_3=1 \end{cases}$；(2) $\begin{cases} x_1-2x_2-x_3+3x_4=3 \\ 2x_1-x_2+2x_3-x_4=1 \\ 3x_1-3x_2+x_3+2x_4=4 \end{cases}$；

(3) $\begin{cases} x_1-2x_2-3x_3+2x_4=2 \\ 2x_1+x_2+2x_3-x_4=1 \\ -x_1-3x_2-5x_3+3x_4=1 \\ 4x_1-3x_2-4x_3+3x_4=5 \end{cases}$.

# 第七节 投入产出方法简介

投入产出分析是 20 世纪 30 年代由俄罗斯籍美国经济学家列昂惕夫（Wassily Leontief，1906—1999）首先提出的，是经济分析的一种方法. 粗略地说，该方法研究的是产出某种产品，需要投入多少资源.

**【引例 1.7.1】** 铁路建设的钢材需求问题

建设 1 千米铁路约需要用钢材 100 吨，如果计划增建 1 000 千米铁路，需要钢铁部门增产多少钢材?

**分析** 需要增产的钢材是不是 $100\times1\,000=100\,000$（吨）呢? 事实上并非如此. 因为为了增建这 1 000 千米铁路，还需要增加采矿、炼铁、炼钢、轧钢、电力、运输等部门的生产能力，这些部门都需要增加对钢材的需求，甚至扩建工人住宅也需要钢材. 因此增建 1 000 千米铁路，远远不止需要 10 万吨钢材，必须统筹考虑各部门之间的关系，并进行综合平衡.

投入产出分析就是对引例 1.7.1 中这样错综复杂的关系进行定量分析，使各部门能有计划按比例地协调发展．它是研究某一经济系统中各部门之间的“投入”与“产出”关系的一种线性模型，一般称之为**投入产出模型**，它被广泛地应用在微观及宏观经济系统的平衡分析上，已成为进行现代化管理的重要工具．

“投入”是指从事一项经济活动的各种消耗，包括原材料、设备、动力、人力、资金等的消耗；“产出”是指从事一项经济活动的结果（若从事的是生产活动，产出就是生产的产品）．投入产出方法应用广泛，本节仅介绍其基本原理及计算方法．

## 一、价值型投入产出模型

经济系统内各部门之间是相互联系、相互依存的，每个部门都具有双重性：每个部门不仅向自身、其他部门及社会提供自己的产品或服务（即产出），同时在生产过程中都要消耗自身及其他部门提供的产品或服务（即投入）．而经济系统各部门之间的投入产出关系通常用投入产出表来描述．

1. 投入产出表

投入产出表分为实物型和价值型两种．实物型投入产出表采用实物计量单位编制，其特点是经济意义明确，适合于实际工作的需要；价值型投入产出表采用货币计量单位编制，其特点是单位统一，适合于对经济系统进行全面的分析研究．这里仅介绍价值型的投入产出表和投入产出数学模型．

**【引例 1.7.2】** 三个部门的生产与消费情况

设一个经济系统分为工业、农业、其他产业三个部门．某一年度三个部门的生产与消耗情况如表 1-24 所示．

**表 1-24　　价值型投入产出表**　　单位：亿元

| 投入 \ 产出 | | 消费部门 工业 | 农业 | 其他 | 最终产品 | 总产出 |
|---|---|---|---|---|---|---|
| 生产部门 | 工业 | 200 | 400 | 400 | 300 | 1 300 |
| | 农业 | 300 | 300 | 300 | 500 | 1 400 |
| | 其他 | 400 | 400 | 300 | 400 | 1 500 |
| 新创造价值 | | 400 | 300 | 500 | | |
| 总投入 | | 1 300 | 1 400 | 1 500 | | |

表 1-24 中前三列和前三行的数字分别表示生产部门的投入和产出．这些投入和产出的产品都转化为新产品，因此这些产品叫作**中间产品**，反映了各部门之间相互提供产品供生产过程消耗的情况．三个部门既是生产部门，又是消费部门，每个数字具有双重意义．如第一行与第二列交叉处的 400，既表示工业作为生产部门，把本部门的 400 个单位产品分配给农业部门，又表示农业部门作为消费部门消耗了工业部门 400 个单位的产品．

表中第四列的数字不转化为新产品，反映了各生产部门从总产品中扣除本部门和其他部门所需的中间产品外，最终提供社会消费、出口或储存用的产品．

一般地，设经济系统共有 $n$ 个经济部门，则其价值型投入产出表如表 1-25 所示．

**表 1-25**　　**价值型投入产出表**

| 投入＼产出 | | 消费部门 1 | 2 | … | n | 最终产品 | 总产出 |
|---|---|---|---|---|---|---|---|
| 生产部门 | 1 | $x_{11}$ | $x_{12}$ | … | $x_{1n}$ | $y_1$ | $x_1$ |
| | 2 | $x_{21}$ | $x_{22}$ | … | $x_{2n}$ | $y_2$ | $x_2$ |
| | ⋮ | ⋮ | ⋮ | | ⋮ | ⋮ | ⋮ |
| | $n$ | $x_{n1}$ | $x_{n2}$ | … | $x_{nn}$ | $y_n$ | $x_n$ |
| 新创造价值 | | $z_1$ | $z_2$ | … | $z_n$ | | |
| 总投入 | | $x_1$ | $x_2$ | … | $x_n$ | | |

其中 $x_i$ 表示第 $i$ 个生产部门的总产出，$x_{ij}$ 表示第 $j$ 个部门在生产过程中消耗第 $i$ 个部门的产品数量，$y_i$ 表示第 $i$ 个部门的最终产品，$z_j$ 表示第 $j$ 个部门的新创造价值（$i$，$j=1$，2，…，$n$）.

投入产出表常采用如表 1-26 所示的简易画法：

**表 1-26**

| 部门 | 1 | 2 | … | $n$ | 最终产品 | 总产出 |
|---|---|---|---|---|---|---|
| 1 | $x_{11}$ | $x_{12}$ | … | $x_{1n}$ | $y_1$ | $x_1$ |
| 2 | $x_{21}$ | $x_{22}$ | … | $x_{2n}$ | $y_2$ | $x_2$ |
| ⋮ | | ⋮ | ⋮ | ⋮ | ⋮ | ⋮ |
| $n$ | $x_{n1}$ | $x_{n2}$ | … | $x_{nn}$ | $y_n$ | $x_n$ |
| 新创造价值 | $z_1$ | $z_2$ | … | $z_n$ | | |
| 总投入 | $x_1$ | $x_2$ | … | $x_n$ | | |

2. 平衡方程

(1) 产品分配平衡方程.

为了保持一个经济系统的正常运转，必须保持投入与产出之间的平衡，从数量关系上看，就是要使 $x_i$，$x_{ij}$ 及 $y_i$ 满足方程组

$$\begin{cases} x_{11}+x_{12}+\cdots+x_{1n}+y_1=x_1 \\ x_{21}+x_{22}+\cdots+x_{2n}+y_2=x_2 \\ \cdots \qquad \cdots \\ x_{n1}+x_{n2}+\cdots+x_{nn}+y_n=x_n \end{cases}$$

或简写成

$$x_i=\sum_{j=1}^{n} x_{ij}+y_i \quad (i=1,\ 2,\ \cdots,\ n) \tag{1.7.1}$$

它表明，每一个部门的总产出 $x_i$ 应等于该部门留着本部门使用的产品及在生产过程中作为中间产品流向其他各部门消耗的产品 $\sum\limits_{j=1}^{n} x_{ij}$，和向社会提供的最终产品 $y_t$ 的总和.式 (1.7.1) 称为部门间**产品分配平衡方程**.例如，由表 1-24 有

$$\begin{cases} 200+400+400+300=1\ 300 \\ 300+300+300+500=1\ 400 \\ 400+400+300+400=1\ 500 \end{cases}$$

（2）生产消耗平衡方程．

从投入产出表的纵列看，要保持一个经济系统投入与产出之间的平衡，还要使 $x_j$，$x_{ij}$ 及 $z_j$ 满足方程组

$$\begin{cases}x_{11}+x_{21}+\cdots+x_{n1}+z_1=x_1\\x_{12}+x_{22}+\cdots+x_{n2}+z_2=x_2\\\cdots\qquad\qquad\cdots\\x_{1n}+x_{2n}+\cdots+x_{nn}+z_n=x_n\end{cases}$$

或简写成

$$x_j=\sum_{i=1}^{n}x_{ij}+z_j\quad(j=1,2,\cdots,n)\tag{1.7.2}$$

它表明，每一个部门的总投入 $x_j$ 应等于该部门所消耗的全部物资 $\sum_{i=1}^{n}x_{ij}$ 以及新创造的价值 $z_j$ 之和．式（1.7.2）称为部门间**生产消耗平衡方程（或产值方程）**．例如，由表 1-24 有

$$\begin{cases}200+300+400+400=1\ 300\\400+300+400+300=1\ 400.\\400+300+300+500=1\ 500\end{cases}$$

（3）投入产出均等方程．

对产品分配平衡方程（1.7.1）两边求和，得

$$\sum_{i=1}^{n}x_i=\sum_{i=1}^{n}(\sum_{j=1}^{n}x_{ij}+y_i)=\sum_{i=1}^{n}\sum_{j=1}^{n}x_{ij}+\sum_{i=1}^{n}y_i\tag{1.7.3}$$

对生产消耗平衡方程（1.7.2）两边求和，得

$$\sum_{j=1}^{n}x_j=\sum_{j=1}^{n}(\sum_{i=1}^{n}x_{ij}+z_j)=\sum_{j=1}^{n}\sum_{i=1}^{n}x_{ij}+\sum_{j=1}^{n}z_j\tag{1.7.4}$$

比较式(1.7.3)和式(1.7.4),有

$$\sum_{i=1}^{n}y_i=\sum_{j=1}^{n}z_j\tag{1.7.5}$$

它表明，各部门向社会提供的全部最终产品应等于各部门新创造的价值．

式（1.7.1）、式（1.7.2）和式（1.7.5）反映了一个经济系统达到平衡的条件，即投入与产出之间必须满足的数量关系．

**例 1** 已知某经济系统在一个生产周期内产品的生产与分配情况如表 1-27 所示，求：

（1）各部门最终产品 $y_1$，$y_2$，$y_3$；

（2）各部门新创造价值 $z_1$，$z_2$，$z_3$．

**表 1-27** 单位：万元

| 部门 | Ⅰ | Ⅱ | Ⅲ | 最终产品 | 总产出 |
|---|---|---|---|---|---|
| Ⅰ | 20 | 20 | 0 | $y_1$ | 100 |
| Ⅱ | 20 | 80 | 30 | $y_2$ | 200 |
| Ⅲ | 0 | 20 | 10 | $y_3$ | 100 |
| 新创造价值 | $z_1$ | $z_2$ | $z_3$ | | |
| 总投入 | 100 | 200 | 100 | | |

**解** (1) 由表 1-27 可得到产品分配平衡方程组

$$\begin{cases} x_{11}+x_{12}+x_{13}+y_1=x_1 \\ x_{21}+x_{22}+x_{23}+y_2=x_2 \\ x_{31}+x_{32}+x_{33}+y_3=x_3 \end{cases}$$

将已知量代入，解得 $y_1=60$，$y_2=70$，$y_3=70$.

(2) 由表 1-27 可得到生产消耗平衡方程组

$$\begin{cases} x_{11}+x_{21}+x_{31}+z_1=x_1 \\ x_{12}+x_{22}+x_{32}+z_2=x_2, \\ x_{13}+x_{23}+x_{33}+z_3=x_3 \end{cases}$$

将已知量代入，解得 $z_1=60$，$z_2=80$，$z_3=60$.

## 二、直接消耗系数

1. 直接消耗系数的概念

在表 1-24 中，农业部门的总产品价值为 1 400 亿元，即 $x_2=1\ 400$. 但农业部门在生产过程中消耗了工业部门 400 亿元的产品，即 $x_{12}=400$，这说明，农业部门每生产价值 1 元的产品，需要直接消耗工业部门 $\frac{400}{1\ 400}=\frac{2}{7}$元的产品. 此外，农业部门在生产过程中每生产价值 1 元的产品，还需要直接消耗本部门 $\frac{300}{1\ 400}=\frac{3}{14}$元的产品和其他部门 $\frac{400}{1\ 400}=\frac{2}{7}$元的产品.

为了充分反映各部门之间在生产技术上的数量依存关系，引入直接消耗系数的概念.

**定义 1.7.1**

**第 $j$ 部门每生产一个单位产品直接消耗第 $i$ 部门的产品量，称为第 $j$ 部门对第 $i$ 部门的直接消耗系数（或投入产出系数），记作 $a_{ij}$，即**

$$\boldsymbol{a_{ij}=\frac{x_{ij}}{x_j}\quad (i,\ j=1,\ 2,\ \cdots,\ n)}$$

换句话说，$a_{ij}$ 是第 $j$ 部门每生产一个单位产品需要第 $i$ 部门直接分配给它的产品数量.

各部门之间的直接消耗系数构成的 $n$ 阶方阵

$$\boldsymbol{A}=\begin{pmatrix} a_{11} & a_{12} & \cdots & a_{1n} \\ a_{21} & a_{22} & \cdots & a_{2n} \\ \vdots & \vdots & & \vdots \\ a_{n1} & a_{n2} & \cdots & a_{nn} \end{pmatrix}=\begin{pmatrix} x_{11}/x_1 & x_{12}/x_2 & \cdots & x_{1n}/x_n \\ x_{21}/x_1 & x_{22}/x_2 & \cdots & x_{2n}/x_n \\ \vdots & \vdots & & \vdots \\ x_{n1}/x_1 & x_{n2}/x_2 & \cdots & x_{nn}/x_n \end{pmatrix}$$

称为**直接消耗系数矩阵**.

各部门之间的直接消耗系数是以生产技术性联系为基础的，是相对稳定的，一般把它叫作**技术系数**. 它反映了各部门之间的直接联系的强度，若 $a_{ij}$ 的数值愈接近 1，则说明 $j$ 部门与 $i$ 部门的联系愈密切；若 $a_{ij}$ 的数值愈接近 0，则说明 $j$ 部门与 $i$ 部门之间的联系愈稀疏；

当 $a_{ij}$ 的值为零时，说明 $j$ 部门与 $i$ 部门之间没有直接的生产与分配联系．

由定义可得，直接消耗系数具有下列性质：

(1) 所有元素均非负，且 $0 \leqslant a_{ij} < 1$ $(i, j=1, 2, \cdots, n)$；

(2) 各列元素的绝对值之和均小于 1，即

$$\sum_{i=1}^{n} |a_{ij}| < 1 \quad (j=1, 2, \cdots, n).$$

2. 平衡方程组的矩阵表示

由 $a_{ij}=\dfrac{x_{ij}}{x_j}$，有

$$x_{ij}=a_{ij}x_j \quad (i, j=1, 2, \cdots, n) \tag{1.7.6}$$

将式（1.7.6）代入产品分配平衡方程组中，得

$$\begin{cases} a_{11}x_1+a_{12}x_2+\cdots+a_{1n}x_n+y_1=x_1 \\ a_{21}x_1+a_{22}x_2+\cdots+a_{2n}x_n+y_2=x_2 \\ \quad\cdots \qquad\qquad\qquad \cdots \\ a_{n1}x_1+a_{n2}x_2+\cdots+a_{nn}x_n+y_n=x_n \end{cases}$$

或简写成

$$x_i=\sum_{j=1}^{n} a_{ij}x_j+y_i \quad (i=1, 2, \cdots, n) \tag{1.7.7}$$

将式（1.7.6）代入生产消耗平衡方程组中，得

$$\begin{cases} a_{11}x_1+a_{21}x_1+\cdots+a_{n1}x_1+z_1=x_1 \\ a_{12}x_2+a_{22}x_2+\cdots+a_{n2}x_2+z_2=x_2 \\ \quad\cdots \qquad\qquad\qquad \cdots \\ a_{1n}x_n+a_{2n}x_n+\cdots+a_{nn}x_n+z_n=x_n \end{cases}$$

或简写成

$$x_j=\sum_{i=1}^{n} a_{ij}x_j+z_j \quad (j=1, 2, \cdots, n) \tag{1.7.8}$$

引进向量和矩阵，设

$$\boldsymbol{X}=\begin{pmatrix} x_1 \\ x_2 \\ \vdots \\ x_n \end{pmatrix}, \boldsymbol{Y}=\begin{pmatrix} y_1 \\ y_2 \\ \vdots \\ y_n \end{pmatrix}, \boldsymbol{Z}=\begin{pmatrix} z_1 \\ z_2 \\ \vdots \\ z_n \end{pmatrix}, \boldsymbol{C}=\begin{pmatrix} \sum\limits_{i=1}^{n} a_{i1} & & & \\ & \sum\limits_{i=1}^{n} a_{i2} & & \\ & & \ddots & \\ & & & \sum\limits_{i=1}^{n} a_{in} \end{pmatrix},$$

则方程组式（1.7.7）、式（1.7.8）可以分别写成矩阵方程

$$\boldsymbol{X}=\boldsymbol{AX}+\boldsymbol{Y},$$

$$\boldsymbol{X}=\boldsymbol{CX}+\boldsymbol{Z},$$

或

$$(\boldsymbol{I}-\boldsymbol{A})\boldsymbol{X}=\boldsymbol{Y} \tag{1.7.9}$$

$$(\boldsymbol{I}-\boldsymbol{C})\boldsymbol{X}=\boldsymbol{Z} \tag{1.7.10}$$

其中 $\boldsymbol{X}$ 称为**总产品列向量**，$\boldsymbol{Y}$ 称为**最终产品列向量**，$\boldsymbol{Z}$ 称为**新创造价值列向量**，$\boldsymbol{C}$ 称为**中间投入系数矩阵**，矩阵 $\boldsymbol{I}-\boldsymbol{A}$ 称为**技术结构矩阵**（**或列昂惕夫矩阵**）.

对角形矩阵 $\boldsymbol{C}$ 的主对角线上的元素 $\sum_{i=1}^{n} a_{ij}$（$j=1, 2, \cdots, n$）表示在第 $j$ 部门的产值中，消耗各部门（包括本部门）提供给本部门的产品所占的比重.

在一定的技术水平和生产组织的条件下，直接消耗系数是相对稳定的，因此利用关系式（1.7.9）和（1.7.10）可以对下期计划进行预测：

（1）如果已知总产品 $\boldsymbol{X}$，则由式（1.7.9）可求得最终产品 $\boldsymbol{Y}$；

（2）如果已知最终产品 $\boldsymbol{Y}$，则可证明矩阵 $\boldsymbol{I}-\boldsymbol{A}$ 可逆，于是由式（1.7.9）可求得总产品 $\boldsymbol{X}$，即

$$\boldsymbol{X}=(\boldsymbol{I}-\boldsymbol{A})^{-1}\boldsymbol{Y} \tag{1.7.11}$$

（3）如果已知总产品 $\boldsymbol{X}$，则由式（1.7.10）可求得新创造的价值 $\boldsymbol{Z}$；

（4）如果已知新创造的价值 $\boldsymbol{Z}$，则可证明矩阵 $\boldsymbol{I}-\boldsymbol{C}$ 可逆，于是由式（1.7.10）可求得总产品 $\boldsymbol{X}$，即

$$\boldsymbol{X}=(\boldsymbol{I}-\boldsymbol{C})^{-1}\boldsymbol{Z} \tag{1.7.12}$$

**例 2** 设某企业有三个生产部门，且该企业在某一生产周期内各部门的生产消耗量和社会需要的最终产品如表 1-28 所示，求直接消耗系数矩阵 $\boldsymbol{A}$.

**表 1-28** **价值型投入产出表** 单位：亿元

| 部门 | Ⅰ | Ⅱ | Ⅲ | 最终产品 | 总产出 |
|---|---|---|---|---|---|
| Ⅰ | 20 | 40 | 45 | $y_1$ | $x_1$ |
| Ⅱ | 50 | 100 | 30 | $y_2$ | $x_2$ |
| Ⅲ | 20 | 100 | 60 | $y_3$ | $x_3$ |
| 新创造价值 | 110 | 160 | 165 | | |
| 总投入 | $x_1$ | $x_2$ | $x_3$ | | |

**解** 为了求直接消耗系数矩阵 $\boldsymbol{A}$，必须先求出 $x_1$，$x_2$，$x_3$ 和 $y_1$，$y_2$，$y_3$. 根据生产消耗平衡方程组，得

$$\begin{cases} x_1=20+50+20+110=200 \\ x_2=40+100+100+160=400, \\ x_3=45+30+60+165=300 \end{cases}$$

根据产品分配平衡方程组，得

$$\begin{cases} y_1=200-(20+40+45)=95 \\ y_2=400-(50+100+30)=220, \\ y_3=300-(20+100+60)=120 \end{cases}$$

根据直接消耗系数的定义，得

$$a_{11}=\frac{20}{200}=0.1,\ a_{12}=\frac{40}{400}=0.1,\ a_{13}=\frac{45}{300}=0.15,$$

$$a_{21}=\frac{50}{200}=0.25,\ a_{22}=\frac{100}{400}=0.25,\ a_{23}=\frac{30}{300}=0.1,$$

$$a_{31}=\frac{20}{200}=0.1,\ a_{32}=\frac{100}{400}=0.25,\ a_{33}=\frac{60}{300}=0.2,$$

故所求直接消耗系数矩阵为

$$A=\begin{pmatrix}0.1 & 0.1 & 0.15\\ 0.25 & 0.25 & 0.1\\ 0.1 & 0.25 & 0.2\end{pmatrix}.$$

**例 3** 设某经济系统只由三个部门组成，其部门投入产出表如表 1-29 所示．

**表 1-29** 价值型投入产出表 单位：亿元

| 部门 | 1 | 2 | 3 | 最终产品 | 总产出 |
|---|---|---|---|---|---|
| 1 | 10 | 20 | 20 | 50 | 100 |
| 2 | 40 | 60 | 20 | 80 | 200 |
| 3 | 20 | 40 | 0 | 40 | 100 |
| 新创造价值 | 30 | 80 | 60 | | |
| 总投入 | 100 | 200 | 100 | | |

（1）如果计划期各部门的总产品为

$$X=\begin{pmatrix}x_1\\ x_2\\ x_3\end{pmatrix}=\begin{pmatrix}140\\ 300\\ 140\end{pmatrix},$$

则计划期各部门将提供多少最终产品？

（2）如果计划期各部门的最终产品为

$$Y=\begin{pmatrix}y_1\\ y_2\\ y_3\end{pmatrix}=\begin{pmatrix}100\\ 160\\ 80\end{pmatrix},$$

则计划期内各部门应完成的总产品分别为多少？

**解** 由题意可得直接消耗系数矩阵为

$$A=\begin{pmatrix}0.1 & 0.1 & 0.2\\ 0.4 & 0.3 & 0.2\\ 0.2 & 0.2 & 0\end{pmatrix}.$$

（1）由式（1.7.9），计算得计划期能提供的最终产品为

$$Y=(I-A)X=\begin{pmatrix}0.9 & -0.1 & -0.2\\ -0.4 & 0.7 & -0.2\\ -0.2 & -0.2 & 1\end{pmatrix}\begin{pmatrix}140\\ 300\\ 140\end{pmatrix}=\begin{pmatrix}68\\ 126\\ 52\end{pmatrix};$$

（2）通过计算得

$$(I-A)^{-1}=\frac{1}{0.506}\begin{pmatrix}0.66 & 0.14 & 0.16\\ 0.44 & 0.86 & 0.26\\ 0.22 & 0.20 & 0.59\end{pmatrix},$$

所以，由式（1.7.11），得计划期内各部门应完成的总产品约为

$$X=\frac{1}{0.506}\begin{pmatrix}0.66 & 0.14 & 0.16\\ 0.44 & 0.86 & 0.26\\ 0.22 & 0.20 & 0.59\end{pmatrix}\begin{pmatrix}100\\ 160\\ 80\end{pmatrix}\approx\begin{pmatrix}200\\ 400\\ 200\end{pmatrix}.$$

在应用投入产出方法研究经济问题时，具体计算通常借助电子计算机完成．

## *三、完全消耗系数

在实际生产过程中，经济系统各部门之间除了存在直接消耗关系以外，还存在错综复杂的间接消耗关系．

**【引例 1.7.3】** 炼钢电力的消耗问题

**分析** （1）炼钢需要消耗电力，这是炼钢对电的直接消耗；

（2）炼钢还需要消耗铁和焦炭，炼铁、炼焦也需要消耗电力，这可看作是炼钢对电的一次间接消耗；

（3）炼铁、炼焦需要消耗铁矿石和煤，采矿、采煤又需要消耗电力，这可看作是炼钢对电的二次间接消耗；

（4）制造以上各生产环节所需的设备都需要消耗电力，….

如此分析下去，显然可以找出炼钢对电的更多次的间接消耗．将炼钢对电的直接消耗与所有的间接消耗加在一起，就称为炼钢对电的完全消耗．

### 定义 1.7.2

**第 $j$ 部门生产产品时通过其他部门间接消耗第 $i$ 部门的产品称为第 $j$ 部门对第 $i$ 部门的间接消耗，直接消耗与全部间接消耗之和称为完全消耗．**

### 定义 1.7.3

**第 $j$ 部门生产单位产品时对第 $i$ 部门完全消耗的产品量称为第 $j$ 部门的完全消耗系数，记作 $b_{ij}$，即**

$$b_{ij}=a_{ij}+\sum_{k=1}^{n}b_{ik}a_{kj}\quad (i,\ j=1,\ 2,\ \cdots,\ n)\tag{1.7.13}$$

**其中 $\sum\limits_{k=1}^{n}b_{ik}a_{kj}$ 表示间接消耗的总和．**

如果记 $\boldsymbol{B}=(b_{ij})$，则称 $\boldsymbol{B}$ 为完全消耗系数矩阵．于是，式（1.7.13）的矩阵形式为 $\boldsymbol{B}=\boldsymbol{A}+\boldsymbol{BA}$（或 $\boldsymbol{B}(\boldsymbol{I}-\boldsymbol{A})=\boldsymbol{A}$），则有

$$\boldsymbol{B}=(\boldsymbol{I}-\boldsymbol{A})^{-1}-\boldsymbol{I}\tag{1.7.14}$$

事实上，由 $\boldsymbol{B}(\boldsymbol{I}-\boldsymbol{A})=\boldsymbol{A}$，得

$$\begin{aligned}\boldsymbol{B}&=\boldsymbol{A}(\boldsymbol{I}-\boldsymbol{A})^{-1}=[(\boldsymbol{I}-\boldsymbol{I})+\boldsymbol{A}](\boldsymbol{I}-\boldsymbol{A})^{-1}=[\boldsymbol{I}-(\boldsymbol{I}-\boldsymbol{A})](\boldsymbol{I}-\boldsymbol{A})^{-1}\\&=(\boldsymbol{I}-\boldsymbol{A})^{-1}-\boldsymbol{I}.\end{aligned}$$

式（1.7.14）表明，完全消耗系数矩阵 $\boldsymbol{B}$ 可由直接消耗系数矩阵 $\boldsymbol{A}$ 求出．

直接消耗系数反映的是各部门之间产品的直接消耗关系，而完全消耗系数则更全面地反映各部门之间相互依存、相互制约的关系．完全消耗系数从最终产品量和总产品量的关系上阐明了经济活动规律，准确、完整地反映了提供单位最终产品所引起的对各部门产品的需求量．这对于最终产品确定之后，预测各部门的总产量是非常有用的，对实现综合平衡具有重要的意义．

**例 4** 已知某一经济系统的直接消耗系数矩阵为

$$A=\begin{pmatrix}0.3 & 0.2 & 0.4\\0.1 & 0.1 & 0.1\\0.2 & 0.2 & 0.3\end{pmatrix},$$

求该经济系统的完全消耗系数矩阵 $B$.

**解** 因为

$$I-A=\begin{pmatrix}0.7 & -0.2 & -0.4\\-0.1 & 0.9 & -0.1\\-0.2 & -0.2 & 0.7\end{pmatrix},$$

利用初等行变换求出 $I-A$ 的逆矩阵，为

$$(I-A)^{-1}=\begin{pmatrix}1.854\,1 & 0.668\,7 & 1.155\,0\\0.273\,6 & 1.246\,2 & 0.334\,3\\0.607\,9 & 0.547\,1 & 1.854\,1\end{pmatrix},$$

所以，由式（1.7.14），该经济系统的完全消耗系数矩阵为

$$B=(I-A)^{-1}-I=\begin{pmatrix}0.854\,1 & 0.668\,7 & 1.155\,0\\0.273\,6 & 0.246\,2 & 0.334\,3\\0.607\,9 & 0.547\,1 & 0.854\,1\end{pmatrix}.$$

## *四、投入产出方法在计划工作中的应用

1. 检验现有生产计划方案的平衡性

在现有生产计划方案中，当各部门的计划总产品数值和计划最终产品数值已经确定的情况下，如何检验这些计划数值是否能使各部门保持正常的经济活动，使各部门的部门比例保持平衡呢？一个比较有效的方法就是利用投入产出模型中的平衡方程，从数量上精确地检验生产计划方案．

记 $x_i$，$y_i$（$i=1, 2, \cdots, n$）分别表示第 $i$ 部门计划期的计划总产值和计划最终产品数值．把 $x_i$（$i=1, 2, \cdots, n$）代入投入产出模型中的产品分配平衡方程组，得到各部门的平衡最终产品数值，记作 $\bar{y}_i$，即

$$x_i-\sum_{j=1}^{n}a_{ij}x_j=\bar{y}_i \quad (i=1, 2, \cdots, n)$$

然后再把各部门计划最终产品数值 $y_i$ 与平衡最终产品数值 $\bar{y}_i$ 用公式

$$\delta_i=\bar{y}_i-y_i=x_i-\sum_{j=1}^{n}a_{ij}x_j-y_i \tag{1.7.15}$$

进行比较，就能检查到各部门计划产值与计划需求值的平衡状况，并根据检查结果对计划方案进行适当的调整和修改．

(1) 当 $\delta_i>0$ 时，表示第 $i$ 部门的计划产量超过计划需求量，即供大于求，称之为余量；

(2) 当 $\delta_i<0$ 时，表示第 $i$ 部门的计划产量不能满足计划需求量，即供不应求，称之为有缺口；

(3) 当 $\delta_i\approx 0$ 时，表示第 $i$ 部门的计划产量与计划需求量基本平衡．

各部门的绝对不平衡数额 $\delta_i$ 是各部门计划产量与计划需求量平衡差额的确切数值，这些数值就是各部门的计划需要调整的数量．当某一部门的不平衡数额很小时，则可以认为该部门的计划量无须调整，该部门的计划产量基本上是合理的、可行的．

**例 5** 某一经济系统有 6 个部门，已知该系统的直接消耗系数矩阵为

$$A=\begin{pmatrix} 0.2 & 0.266\,7 & 0 & 0 & 0 & 0.033\,3 \\ 0.02 & 0.22 & 0.02 & 0.02 & 0.1 & 0.033\,3 \\ 0.04 & 0.043\,3 & 0.55 & 0.62 & 0.55 & 0.083\,3 \\ 0 & 0 & 0.1 & 0 & 0 & 0 \\ 0.006\,7 & 0.013\,3 & 0.035 & 0.06 & 0.025 & 0.083\,3 \\ 0.003\,3 & 0.003\,3 & 0.004 & 0.008 & 0.015 & 0.016\,7 \end{pmatrix}$$

计划最终产品数值 $\boldsymbol{Y}=(800,\ 1\,060,\ 350,\ 450,\ 50,\ 270)^{\mathrm{T}}$，计划总产品数值 $\boldsymbol{X}=(1\,500,\ 1\,500,\ 2\,000,\ 500,\ 200,\ 300)^{\mathrm{T}}$，试求不平衡数额，并检验这项计划是否合理．

**解** 根据式 (1.7.15)，计算可得

$$\delta_1=x_1-\sum_{j=1}^{n}a_{1j}x_j-y_1=-10,\ \delta_2=x_2-\sum_{j=1}^{n}a_{2j}x_j-y_2=0,$$

$$\delta_3=x_3-\sum_{j=1}^{n}a_{3j}x_j-y_3=-20,\ \delta_4=x_4-\sum_{j=1}^{n}a_{4j}x_j-y_4=30,$$

$$\delta_5=x_5-\sum_{j=1}^{n}a_{5j}x_j-y_5=-10,\ \delta_6=x_6-\sum_{j=1}^{n}a_{6j}x_j-y_6=0,$$

所以各部门不平衡额度为

$$\boldsymbol{\delta}=(-10,\ 0,\ -20,\ 30,\ -10,\ 0)^{\mathrm{T}},$$

故由不平衡数额可知，该生产计划需要调整．

2. 调整现有生产计划

**例 6** 已知某经济系统有三个生产部门，其完全消耗系数矩阵为

$$B=\begin{pmatrix} 0.384 & 0.367 & 0.31 \\ 1.299\,4 & 0.977\,4 & 0.904 \\ 1.158 & 1.328 & 0.893 \end{pmatrix},$$

下一计划期最终产品的计划是 $\boldsymbol{Y}=(90,\ 70,\ 160)^{\mathrm{T}}$，试求：

（1）下一计划期的计划总产量；

（2）在计划的执行过程中，如果发现第 1 部门产品有 5 个单位的余量，第 3 部门产品有 10 个单位的缺口，那么原计划应如何调整？

**解** （1）因为

$$B+I=\begin{pmatrix} 1.384 & 0.367 & 0.31 \\ 1.299\,4 & 1.977\,4 & 0.904 \\ 1.158 & 1.328 & 1.893 \end{pmatrix},$$

所以，由式 (1.7.14) 和式 (1.7.11) 得，下一计划期的计划总产量是

$$X=(B+I)Y=\begin{pmatrix} 1.384 & 0.367 & 0.31 \\ 1.299\,4 & 1.977\,4 & 0.904 \\ 1.158 & 1.328 & 1.893 \end{pmatrix}\begin{pmatrix} 90 \\ 70 \\ 160 \end{pmatrix}\approx\begin{pmatrix} 200 \\ 400 \\ 500 \end{pmatrix};$$

（2）当最终产品的数量发生改变量 $\Delta\boldsymbol{Y}=\boldsymbol{Y}_2-\boldsymbol{Y}_1$ 时，则各部门间的总产品相应发生的改变量是

$$\Delta\boldsymbol{X}=\boldsymbol{X}_2-\boldsymbol{X}_1=(\boldsymbol{B}+\boldsymbol{I})\boldsymbol{Y}_2-(\boldsymbol{B}+\boldsymbol{I})\boldsymbol{Y}_1=(\boldsymbol{B}+\boldsymbol{I})(\boldsymbol{Y}_2-\boldsymbol{Y}_1)=(\boldsymbol{B}+\boldsymbol{I})\Delta\boldsymbol{Y},$$

即

$$\Delta\boldsymbol{X}=(\boldsymbol{B}+\boldsymbol{I})\Delta\boldsymbol{Y},$$

将 $\Delta\boldsymbol{Y}=(-5,0,10)^{\mathrm{T}}$ 代入上式，得

$$\Delta\boldsymbol{X}=(\boldsymbol{B}+\boldsymbol{I})\Delta\boldsymbol{Y}=\begin{pmatrix}1.384 & 0.367 & 0.31\\ 1.2994 & 1.9774 & 0.904\\ 1.158 & 1.328 & 1.893\end{pmatrix}\begin{pmatrix}-5\\ 0\\ 10\end{pmatrix}=\begin{pmatrix}-3.82\\ 2.543\\ 13.14\end{pmatrix},$$

所以，原计划总产量应做如下调整

$$\boldsymbol{X}+\Delta\boldsymbol{X}=\begin{pmatrix}200\\ 400\\ 500\end{pmatrix}+\begin{pmatrix}-3.81\\ 2.543\\ 13.14\end{pmatrix}=\begin{pmatrix}196.18\\ 402.543\\ 513.14\end{pmatrix},$$

即调整后三个部门的总产量分别为 $x_1=196.18$，$x_2=402.543$，$x_3=513.14$.

## 练习 1-7

1. 已知某经济系统在一个生产周期内产品的分配与消耗情况如表 1-30 所示：

**表 1-30** 价值型投入产出表 单位：万元

| 部门 | Ⅰ | Ⅱ | Ⅲ | 最终产品 | 总产出 |
|---|---|---|---|---|---|
| Ⅰ | 100 | 25 | 30 | $y_1$ | 400 |
| Ⅱ | 80 | 50 | 30 | $y_2$ | 250 |
| Ⅲ | 40 | 25 | 60 | $y_3$ | 300 |
| 新创造价值 | $z_1$ | $z_2$ | $z_3$ | | |
| 总投入 | 400 | 250 | 300 | | |

试求：（1）各部门的最终产品；（2）各部门的新创造价值；（3）直接消耗系数矩阵 $\boldsymbol{A}$.

2. 某工厂在某一生产周期内三个生产车间的直接消耗系数矩阵 $\boldsymbol{A}$ 和总产品 $\boldsymbol{X}$ 分别为

$$\boldsymbol{A}=\begin{pmatrix}0.25 & 0.10 & 0.10\\ 0.20 & 0.20 & 0.10\\ 0.10 & 0.10 & 0.20\end{pmatrix},\ \boldsymbol{X}=\begin{pmatrix}400\\ 250\\ 300\end{pmatrix},$$

求：各车间之间的中间产品 $x_{ij}$ $(i,j=1,2,3)$.

3. 某一经济系统在某种生产周期内的直接消耗系数矩阵 $\boldsymbol{A}$ 和最终产品 $\boldsymbol{Y}$ 如下：

$$\boldsymbol{A}=\begin{pmatrix}0.25 & 0.10 & 0.10\\ 0.20 & 0.20 & 0.10\\ 0.10 & 0.10 & 0.20\end{pmatrix},\ \boldsymbol{Y}=\begin{pmatrix}235\\ 125\\ 210\end{pmatrix},$$

求该系统在这一生产周期内的总产品 $\boldsymbol{X}$.

4. 设国民经济由三个部门组成，其投入产出表如表 1-31 所示：

表 1-31　　价值型投入产出表　　单位：万元

| 部门 | 1 | 2 | 3 | 最终产品 | 总产出 |
|---|---|---|---|---|---|
| 1 | 250 | 240 | 100 | 410 | 1 000 |
| 2 | 200 | 80 | 50 | 470 | 800 |
| 3 | 100 | 160 | 50 | 190 | 500 |
| 新创造价值 | 450 | 320 | 300 | | |
| 总投入 | 1 000 | 800 | 500 | | |

试求：(1) 直接消耗系数矩阵；(2) 求技术结构矩阵 $\boldsymbol{I}-\boldsymbol{A}$；(3) 如果计划期各部门的总产品为 $\boldsymbol{X}=\begin{pmatrix}250\\450\\240\end{pmatrix}$，则计划期各部门能提供多少最终产品？

5. 已知某一经济系统的直接消耗系数矩阵

$$\boldsymbol{A}=\begin{pmatrix}0.2 & 0.1 & 0\\0.2 & 0.4 & 0.3\\0 & 0.1 & 0.1\end{pmatrix},$$

求这一经济系统的完全消耗系数矩阵 $\boldsymbol{B}$.

*6. 已知某一经济系统的直接消耗系数矩阵

$$\boldsymbol{A}=\begin{pmatrix}0.2 & 0.4 & 0\\0.2 & 0.1 & 0.42\\0 & 0.1 & 0.4\end{pmatrix},$$

(1) 求该经济系统的完全消耗系数矩阵 $\boldsymbol{B}$；

(2) 如果该系统某一时期的最终产品 $\boldsymbol{Y}=\begin{pmatrix}40\\90\\50\end{pmatrix}$，试求这一时期的总产品 $\boldsymbol{X}=\begin{pmatrix}x_1\\x_2\\x_3\end{pmatrix}$.

*7. 某一经济系统有三个部门，其完全消耗系数矩阵为

$$\boldsymbol{B}=\begin{pmatrix}0.039\,4 & 0.194\,5 & 0.021\,8\\0.183\,3 & 0.265\,2 & 0.115\,0\\0.072\,9 & 0.092\,5 & 0.077\,8\end{pmatrix},$$

下一生产周期的最终产品计划为 $\boldsymbol{Y}=\begin{pmatrix}115.335\\386.917\\238.562\end{pmatrix}$，试求：

(1) 各部门总产品要达到多少时，才能满足计划要求？

(2) 如果在计划的执行过程中，发现第 1 部门产品有 5 亿元的缺口，第 2 部门产品有 2 亿元的余量，那么各部门的总产品应如何调整，才能保持各部门的供求平衡？

# 习题一

## A 组（基本题）

### 一、填空题

1. 行列式$\begin{vmatrix}1&2&3\\0&2&3\\0&0&3\end{vmatrix}$是________阶行列式，其值为________.

2. 已知行列式$\begin{vmatrix}1&2&3&4\\-2&3&4&-1\\3&4&1&2\\4&3&2&1\end{vmatrix}$，则 $M_{21}=$________，$A_{21}=$________；$M_{32}=$________，$A_{32}=$________.

3. 行列式$\begin{vmatrix}1&2&3&4\\0&3&4&0\\0&4&1&0\\4&3&2&1\end{vmatrix}$的值为________.

4. 矩阵$\begin{pmatrix}1&2&3&0\\0&0&2&0\\0&1&8&9\\0&0&0&0\end{pmatrix}$的秩为________.

5. 已知$\boldsymbol{A}=\begin{pmatrix}3&1\\2&1\end{pmatrix}$，$\boldsymbol{B}=\begin{pmatrix}0&1\\1&2\end{pmatrix}$，$\boldsymbol{C}=\begin{pmatrix}0&1\\1&0\end{pmatrix}$，则 $2\boldsymbol{A}+\boldsymbol{BC}=$________.

6. $\begin{pmatrix}1&-2\\-1&3\end{pmatrix}$的逆矩阵为________.

7. 已知矩阵$\boldsymbol{A}=\begin{pmatrix}1&0&0&2\\0&3&2&0\\0&2&3&0\\2&0&0&1\end{pmatrix}$，则 $\mathrm{r}(\boldsymbol{A})=$________.

8. 已知$\begin{vmatrix}a_{11}&a_{12}&a_{13}\\a_{21}&a_{22}&a_{23}\\a_{31}&a_{32}&a_{33}\end{vmatrix}=3$，则$\begin{vmatrix}2a_{11}&2a_{12}&2a_{13}\\3a_{31}-4a_{21}&3a_{32}-4a_{22}&3a_{33}-4a_{23}\\a_{31}&a_{32}&a_{33}\end{vmatrix}=$________.

9. 若线性方程组 $\boldsymbol{AX}=\boldsymbol{B}$ 的增广矩阵 $\overline{\boldsymbol{A}}$ 经初等行变换后化为 $\overline{\boldsymbol{A}}=\begin{pmatrix}1&0&0&2\\0&2&0&3\\0&0&3&5\end{pmatrix}$，则此

线性方程组的唯一解为________．

10. 若线性方程组 $\boldsymbol{AX}=\boldsymbol{B}$ 的增广矩阵 $\overline{\boldsymbol{A}}$ 经初等行变换后化为 $\overline{\boldsymbol{A}}=\begin{pmatrix}1&2&2&3\\0&0&1&2\\0&0&\lambda&5\end{pmatrix}$，则当常数 $\lambda=$________时，此线性方程组有无穷多解．

**二、选择题**

1. 已知 $\begin{vmatrix}a_{11}&a_{12}&a_{13}\\a_{21}&a_{22}&a_{23}\\a_{31}&a_{32}&a_{33}\end{vmatrix}=2$，则 $\begin{vmatrix}2a_{11}&2a_{12}&2a_{13}\\-2a_{21}&-2a_{22}&-2a_{23}\\3a_{31}&3a_{32}&3a_{33}\end{vmatrix}=$（　　）．

(A) 24　　(B) $-24$　　(C) 12　　(D) $-12$

2. 已知 $\begin{vmatrix}a_{11}&a_{12}&a_{13}\\a_{21}&a_{22}&a_{23}\\a_{31}&a_{32}&a_{33}\end{vmatrix}=-1$，则 $\begin{vmatrix}3a_{11}&3a_{12}&3a_{13}\\3a_{31}-2a_{21}&3a_{32}-2a_{22}&3a_{33}-2a_{23}\\3a_{31}-2a_{11}&3a_{32}-2a_{12}&3a_{33}-2a_{13}\end{vmatrix}=$（　　）．

(A) $-18$　　(B) $-9$　　(C) 9　　(D) 18

3. 已知 $\begin{vmatrix}0&x&0&0\\0&0&1&2\\0&0&0&3\\1&2&3&4\end{vmatrix}=6$，则 $x=$（　　）．

(A) $-2$　　(B) 2　　(C) 1　　(D) 3

4. 已知 $\boldsymbol{A}=\begin{pmatrix}a_{11}&a_{12}&a_{13}\\a_{21}&a_{22}&a_{23}\end{pmatrix}$，则下列矩阵（　　）中能乘在矩阵 $\boldsymbol{A}$ 的左边．

(A) $\begin{pmatrix}b_{11}&b_{12}&b_{13}\\b_{21}&b_{22}&b_{23}\end{pmatrix}$　　(B) $(b_1\quad b_2\quad b_3)$

(C) $\begin{pmatrix}b_1\\b_2\\b_3\end{pmatrix}$　　(D) $\begin{pmatrix}b_{11}&b_{12}\\b_{21}&b_{22}\end{pmatrix}$

5. 若方阵 $\boldsymbol{A}$，$\boldsymbol{B}$ 皆为 $n$ 阶方阵，则关系式 $(\boldsymbol{A}+\boldsymbol{B})(\boldsymbol{A}+\boldsymbol{B})=$（　　）．

(A) $\boldsymbol{A}^2+\boldsymbol{B}^2$　　(B) $\boldsymbol{A}^2+2\boldsymbol{AB}+\boldsymbol{B}^2$

(C) $\boldsymbol{A}^2+\boldsymbol{AB}+\boldsymbol{BA}+\boldsymbol{B}^2$　　(D) $\boldsymbol{A}^2-2\boldsymbol{AB}+\boldsymbol{B}^2$

6. 若方阵 $\boldsymbol{A}$，$\boldsymbol{B}$ 皆为 $n$ 阶可逆方阵，则下列关系式中（　　）恒成立．

(A) $|\boldsymbol{A}+\boldsymbol{B}|=|\boldsymbol{A}|+|\boldsymbol{B}|$　　(B) $(\boldsymbol{A}-\boldsymbol{B})^2=\boldsymbol{A}^2-2\boldsymbol{AB}+\boldsymbol{B}^2$

(C) $(\boldsymbol{A}+\boldsymbol{B})^{-1}=\boldsymbol{A}^{-1}+\boldsymbol{B}^{-1}$　　(D) $(\boldsymbol{A}+\boldsymbol{B})^{\mathrm{T}}=\boldsymbol{A}^{\mathrm{T}}+\boldsymbol{B}^{\mathrm{T}}$

7. 若方阵 $\boldsymbol{A}$，$\boldsymbol{B}$ 皆为 $n$ 阶可逆方阵，则下列关系式中（　　）非恒成立．

(A) $(\mathrm{AB})^2=\boldsymbol{A}^2\boldsymbol{B}^2$　　(B) $(\boldsymbol{AB})^{\mathrm{T}}=\boldsymbol{B}^{\mathrm{T}}\boldsymbol{A}^{\mathrm{T}}$

(C) $(\mathrm{AB})^{-1}=\boldsymbol{B}^{-1}\boldsymbol{A}^{-1}$　　(D) $|\boldsymbol{AB}|=|\boldsymbol{A}||\boldsymbol{B}|$

8. 若线性方程组 $\boldsymbol{AX}=\boldsymbol{B}$ 的增广矩阵 $\overline{\boldsymbol{A}}$ 经初等行变换后化为

$$\overline{A}=\left(\begin{array}{ccc|c}1 & 2 & 3 & 4\\ 0 & \lambda & 0 & 1\\ 0 & 0 & 0 & \lambda\end{array}\right),$$

则此线性方程组（　　）.

(A) 可能有无穷多解　　(B) 可能无解

(C) 一定无解　　(D) 可能有唯一解

9. 若线性方程组 $\boldsymbol{AX}=\boldsymbol{B}$ 的增广矩阵 $\overline{\boldsymbol{A}}$ 经初等行变换后化为

$$\overline{A}=\begin{pmatrix}1 & 3 & 2 & 5\\ 0 & \lambda & \lambda & \lambda\\ 0 & 0 & \lambda^2-1 & \lambda+2\end{pmatrix},$$

则当常数 $\lambda=$（　　）时，该线性方程组有唯一解.

(A) $-1$　　(B) $-2$　　(C) 0　　(D) 1

10. 若 $\boldsymbol{X}_0$ 为齐次线性方程组 $\boldsymbol{AX}=\boldsymbol{O}$ 的解，$\boldsymbol{X}_1$ 为非齐次线性方程组 $\boldsymbol{AX}=\boldsymbol{B}$ 的解，则 $2\boldsymbol{X}_0+3\boldsymbol{X}_1$ 为线性方程组（　　）的解.

(A) $\boldsymbol{AX}=\boldsymbol{B}$　　(B) $\boldsymbol{AX}=2\boldsymbol{B}$　　(C) $\boldsymbol{AX}=3\boldsymbol{B}$　　(D) $\boldsymbol{AX}=4\boldsymbol{B}$

**三、计算题**

1. 计算下列行列式的值：

(1) $\begin{vmatrix}\sin\theta & 0 & -\cos\theta\\ 0 & 1 & 0\\ \cos\theta & 0 & \sin\theta\end{vmatrix}$；(2) $\begin{vmatrix}1 & 2 & 5 & 1\\ 2 & 0 & 2 & 1\\ 4 & 1 & 10 & 0\\ 4 & 2 & 0 & 7\end{vmatrix}$；(3) $\begin{vmatrix}3 & -2 & 0 & 0\\ 2 & 4 & 0 & 0\\ 0 & 0 & 1 & 3\\ 0 & 0 & 2 & 7\end{vmatrix}$.

2. 已知 $\boldsymbol{A}=\begin{pmatrix}1 & 0 & 2\\ 2 & 1 & 3\end{pmatrix}$，$\boldsymbol{B}=\begin{pmatrix}0 & 2 & 1\\ -2 & -1 & 2\end{pmatrix}$，求 $3\boldsymbol{A}$，$\boldsymbol{A}-\boldsymbol{B}$，$2\boldsymbol{A}+3\boldsymbol{B}$.

3. 已知 $\boldsymbol{A}=\begin{pmatrix}1 & 0 & -1\\ 1 & 3 & 0\end{pmatrix}$，$\boldsymbol{B}=\begin{pmatrix}-2 & 2 & 0\\ 0 & -1 & 1\end{pmatrix}$，求 $\boldsymbol{AB}^{\mathrm{T}}$，$\boldsymbol{BA}^{\mathrm{T}}$.

4. 已知 $\boldsymbol{A}=\begin{pmatrix}1 & 1\\ 0 & 2\end{pmatrix}$，$\boldsymbol{B}=\begin{pmatrix}1 & 1\\ 2 & 3\end{pmatrix}$，则

(1) $\boldsymbol{AB}=\boldsymbol{BA}$ 吗?

(2) $(\boldsymbol{A}+\boldsymbol{B})^2=\boldsymbol{A}^2+2\boldsymbol{AB}+\boldsymbol{B}^2$ 吗?

(3) $(\boldsymbol{A}+\boldsymbol{B})(\boldsymbol{A}-\boldsymbol{B})=\boldsymbol{A}^2-\boldsymbol{B}^2$ 吗?

5. 证明 $\begin{vmatrix}a-b & b-c & c-a\\ b-c & c-a & a-b\\ c-a & a-b & b-c\end{vmatrix}=0$.

6. 若 $\boldsymbol{A}=\begin{pmatrix}-2 & 0 & 3\\ 0 & -1 & 5\\ 3 & 0 & 1\end{pmatrix}$，求 $(\boldsymbol{A}-2\boldsymbol{I})^{-1}(\boldsymbol{A}^2-4\boldsymbol{I})$ 的值.

7. 若 $\boldsymbol{A}=\begin{pmatrix}0 & 0 & 2\\ 0 & -1 & 0\\ 7 & 0 & 3\end{pmatrix}$，求 $(\boldsymbol{A}-4\boldsymbol{I})^{-1}$.

8. 求下列矩阵的秩：

(1) $\boldsymbol{A}=\begin{pmatrix}1&1&0\\2&3&4\\3&4&4\end{pmatrix}$；(2) $\boldsymbol{A}=\begin{pmatrix}1&1&0&0&3\\2&0&3&5&-1\\3&1&3&5&3\end{pmatrix}$；(3) $\boldsymbol{A}=\begin{pmatrix}3&2&1&0\\0&-5&1&0\\0&0&4&0\\0&0&0&7\end{pmatrix}$；

(4) $\boldsymbol{A}=\begin{pmatrix}2&3&4&4\\1&-1&2&-3\\1&0&2&-1\\3&2&6&1\end{pmatrix}$.

9. 设矩阵 $\boldsymbol{A}=\begin{pmatrix}1&-1&k&2\\2&-2&3k-1&4\\1&-1&k&k^2+k\end{pmatrix}$，问 $k$ 为何值时，可使矩阵的秩为：(1) $\mathrm{r}(\boldsymbol{A})=1$；(2) $\mathrm{r}(\boldsymbol{A})=2$；(3) $\mathrm{r}(\boldsymbol{A})=3$.

10. 设非齐次线性方程组

$$\begin{cases}x_1+(1+\lambda)x_2+x_3=3\\(1+\lambda)x_1+x_2+x_3=0,\\x_1+x_2+(1+\lambda)x_3=\lambda\end{cases}$$

问 $\lambda$ 取何值时，该方程组有唯一解，无解，有无穷多解？并求出其无穷多解时的通解．

**B 组（提高题）**

1. 已知 $\boldsymbol{A}$ 为三阶方阵，且 $|\boldsymbol{A}|=2$，求 $\left|\left(\frac{1}{36}\boldsymbol{A}\right)^{-1}-12\boldsymbol{A}^*\right|$.

2. 计算行列式 $\begin{vmatrix}x-y-z&2x&2x\\2y&y-x-z&2y\\2z&2z&z-x-y\end{vmatrix}$ 的值．

3. 证明 $\begin{vmatrix}a^2&(a+1)^2&(a+2)^2&(a+3)^2\\b^2&(b+1)^2&(b+2)^2&(b+3)^2\\c^2&(c+1)^2&(c+2)^2&(c+3)^2\\d^2&(d+1)^2&(d+2)^2&(d+3)^2\end{vmatrix}=0$.

4. 已知 $\boldsymbol{A}=\begin{pmatrix}1&1&1\\2&2&2\\3&3&3\end{pmatrix}$，求 $\boldsymbol{A}^n$（$n$ 为正整数）．

5. 已知 $\boldsymbol{A}=\begin{pmatrix}1&0&1\\0&2&0\\1&0&1\end{pmatrix}$，求 $\boldsymbol{A}^k-2\boldsymbol{A}^{k-1}$ 的值，其中 $k\geqslant 2$ 为正整数．

6. 证明：线性方程组

$$\begin{cases}x_1-x_2=a_1\\x_2-x_3=a_2\\x_3-x_4=a_3\\x_4-x_5=a_4\\x_5-x_1=a_5\end{cases}$$

有解的充要条件是 $a_1+a_2+a_3+a_4+a_5=0$，并在有解的条件下，求出其通解．

7. 已知线性方程组

$$\begin{cases} x_1+(1-\lambda)x_2+x_3=0 \\ (\lambda-3)x_1+x_2-x_3=0 \\ 3x_1-3x_2+(1+\lambda)x_3=0 \end{cases},$$

问 $\lambda$ 为何值时，此方程组有非零解？在有非零解时，求出其非零解．

8. 已知线性方程组

$$\begin{cases} 2x_1+4x_2+(\lambda-5)x_3=\lambda+1 \\ 2x_1+(5-\lambda)x_2-4x_3=2, \\ (\lambda-2)x_1-2x_2+2x_3=-1 \end{cases}$$

问 $\lambda$ 为何值时，此方程组有唯一解、无解或者无穷多解？在有无穷多解时，求出其通解．

[阅读材料]

## 克莱姆

克莱姆（Cramer，1704—1752，瑞士数学家）于1704年7月31日在日内瓦出生，1752年1月4日在法国逝世．他早年在日内瓦读书，1724年起在日内瓦加尔文学院任教，1727年开始进行为期两年的旅行访学．在巴塞尔与约翰·伯努利、欧拉等人学习交流，结为挚友．后又到英国、荷兰、法国等地拜见了许多数学名家，回国后在与他们的长期通信中，加强了数学家之间的联系，为数学宝库留下了大量有价值的文献．他一生未婚，专心治学，平易近人且德高望重．1734年成为几何学教授，1750年任哲学教授．

他的主要著作是在1750年出版的《代数曲线的分析引论》，首先定义了正则、非正则、超越曲线和无理曲线等概念，第一次正式引入坐标系的纵轴（$y$轴），讨论曲线变换，并依据曲线方程的阶数将曲线进行分类．为了确定经过5个点的一般二次曲线的系数，应用了著名的“克莱姆法则”(Cramer's Rule)，即由线性方程组的系数确定方程组解的表达式．该法则于1729年由英国数学家马克劳林（Maclaurin）得到，于1748年发表，但克莱姆的优越符号使之流传．书中还讨论了马克劳林注意到的一个曲线相交的悖论，给出与欧拉在1748年的相同解释，后人称之为“克莱姆悖论”（Cramer's Paradox）．此外，他还留下若干数学史笔记，提出应用于数理经济和概率论的“数学效益”概念．

克莱姆法则，又译为克拉默法则，是线性代数中一个关于求解线性方程组的定理．它适用于变量和方程数目相等的线性方程组，是克莱姆于1750年在他的《线性代数分析导言》中发表的．

对于多于两个或三个方程的系统，克莱姆法则在计算上非常低效；与具有多项式时间复杂度的消除方法相比，其渐近的复杂度为0（$n \cdot n!$）．即使对于$2\times2$系统，克莱姆法则在数值上也是不稳定的．

一般来说，用克莱姆法则求线性方程组的解时，计算量是比较大的．使用克莱姆法则求线性方程组的解的算法时间复杂度依赖于矩阵行列式的算法复杂度0［$f$（$n$）］，一般没有计算价值，复杂度太高．对具体的数字线性方程组，当未知数较多时往往可用计算机来求解．用计算机求解线性方程组目前已经有了一整套成熟的方法．

当方程组没有解时，称为方程组不兼容或不一致；当存在多个解决方案时，称为不确定性．对于线性方程，不确定的系统将具有无穷多的解（如果它在无限域上），因为解可以用一个或多个可以取任意值的参数来表示．

克莱姆法则适用于系数行列式非零的情况．在$2\times2$的情况下，如果系数行列式为零，分子决定因子为非零，则系统不兼容；如果分子决定因素为零，则系统兼容．

对于$3\times3$或更高的系统，当系数行列式等于零时，唯一可以肯定的是，如果任何分子决定因素是非零的，那么系统必定是不兼容的．然而，将所有决定因素置零都不意味着系统是不确定的．$3\times3$系统$x+y+z=1$，$x+y+z=2$，$x+y+z=3$是一个简单的例子，其中所有决定因素消失（等于零）但系统仍然不兼容．

# 第二章　线性规划初步

线性规划是运筹学的一个重要分支，是20世纪30年代末以来发展起来的一门新兴学科．它主要应用定量分析的方法，从系统观念出发，研究如何合理利用有限资源（如人力、物力、财力等）以实现资源的最优配置，其目的是为管理者决策提供科学依据．线性规划在生产组织管理、工程技术、国防工业、国民经济以及社会科学中都有广泛而重要的应用．它有两个重要特点：一是全局的观点；二是通过建立线性数学模型并求解从而得到最合理的决策．

本章介绍线性规划的初步知识及其简单应用．

## 第一节　线性规划问题

### 一、线性规划问题的数学模型

在经济活动中，利润最大和成本最小是常见的两类问题，而对于一个企业来说，其各种资源（包括人力、物力、财力等）又都是有限的．因此，企业在追求高产值、高利润、低成本的同时，会受到各种客观条件的限制．换句话说，在各种条件的限制下，如何安排企业的生产才能使得总利润最大或者是总成本最低？这一问题的解决往往不能仅凭直观经验，而是要利用各种数据，通过建立该问题的线性数学模型，再求此线性数学模型的最优解来解决．这就是所谓的线性规划问题．这些限制条件常常可以表示为一些线性关系式（方程或不等式），于是所建立的数学模型就称为线性规划问题的数学模型．

以下建立一些典型的在经济工作中应用的线性规划数学模型．

**例 1（生产问题）**　某家具厂生产三种家具：沙发、饭桌和衣柜．生产一套沙发需要 2 小时装配与 5 小时的加工，售后可得利润 200 元；生产一张饭桌需要 3 小时装配与 2 小时加工，售后可得利润 300 元；生产一个衣柜需要 4 小时装配与 2 小时的加工，售后可得利润 150 元．该家具厂每月可供利用的加工时间为 1 800 小时，可供利用的装配时间为 1 500小时．若预测每月对衣柜的需求不超过 200 台，问该家具厂每月应怎么样安排生产，才能使得三种家具销售后获得的总利润最大?

**分析**　首先，设该家具厂每月生产 $x_1$张沙发，$x_2$张饭桌，$x_3$ 个衣柜；其次，由题设，加工时间不能超过 1 800 小时，因此有

$$5x_1+2x_2+2x_3\leqslant 1800,$$

由于装配时间不超过 1 500 小时，故有

$$2x_1+3x_2+4x_3\leqslant 1500,$$

又每月对衣柜需求不超过 200 台，即

$$x_3\leqslant 200;$$

根据实际问题，还应该有

$$x_i\geqslant 0，整数（i=1，2，3）.$$

再次，总利润表示为

$$S=200x_1+300x_2+150x_3.$$

于是，该生产中的最大总利润问题，可表达如下：

$$\max S=200x_1+300x_2+150x_3$$

$$\begin{cases}5x_1+2x_2+2x_3\leqslant 1\,800\\2x_1+3x_2+4x_3\leqslant 1\,500\\x_3\leqslant 200\\x_i\geqslant 0，整数（i=1，2，3）\end{cases}\tag{2.1.1}$$

上式称为**线性规划数学模型**，$S$ 称为**目标函数**．各种条件的限制不等式称为**约束条件**．

由例 1 可以看出，为了建立实际问题的线性规划数学模型，一般来说有如下三个步骤：

(1) 确定未知量，将它们依次设为 $x_1$，$x_2$，…，$x_n$；

(2) 找出所有的约束条件，用含有未知量的线性关系式（方程或不等式）表示这些约束条件；

(3) 用未知量表示所求的目标，写出形如式（2.1.1）的线性规划模型．

**例 2（投资问题）**　某人准备用 10 万元的资金进行投资，投资项目可以是购买基金、国债及股票．此三种投资的预期年利润率如表 2-1 所示：

**表 2-1**

| 投资项目 | 年利润率 |
|---|---|
| 基金 | 6% |
| 国债 | 5% |
| 股票 | 10% |

由于国债风险最小，基金次之，股票风险最大，因此此人决定：至少用资金的 40% 购买国债，至少用资金的 30% 购买基金，至多用资金的 20% 购买股票．问他应如何投资，才能使得所获年利润最大？

**解** 设此人用于购买国债、基金和股票的资金分别为 $x_1$，$x_2$，$x_3$（单位：万元），依题意可得约束条件如下：

$x_1+x_2+x_3\leqslant 10$，表示投资资金总额为 10 万元；

$x_1\geqslant 4$，表示至少用资金的 40% 购买国债；

$x_2\geqslant 3$，表示至少用资金的 30% 购买基金；

$x_3\leqslant 2$，表示至多用资金的 20% 购买股票；

此外，还应该有

$x_i\geqslant 0$ $(i=1,\ 2,\ 3)$．

目标函数为所得的投资利润，即

$$S=5\%x_1+6\%x_2+10\%x_3.$$

从而可得此问题的线性规划数学模型为：

$$\max S=5\%x_1+6\%x_2+10\%x_3$$

$$\begin{cases} x_1+x_2+x_3\leqslant 10 \\ x_1\geqslant 4 \\ x_2\geqslant 3 \\ x_3\leqslant 2 \\ x_i\geqslant 0\ (i=1,\ 2,\ 3) \end{cases}.$$

**例 3（配方问题）** 某饲料公司生产某种饲料，此饲料由甲、乙两种原料混合而成．已知甲原料每吨 4 000 元，乙原料每吨 5 000 元．要求在此饲料中甲原料所占比例不超过 45%，乙原料所占比例至少 30%，该公司准备生产此种饲料 10 吨．问如何确定两种原料的比例，才能使总成本最小？

**解** 设该饲料公司在这批饲料中，对两种原料的使用量分别为 $x_1$，$x_2$（单位：吨）．依题意可得其约束条件为：

$x_1+x_2=10$，表示产量为 10 吨；

$x_1\leqslant 4.5$，表示甲原料所占比例不超过 45%；

$x_2\geqslant 3$，表示乙原料所占比例至少 30%；

此外，还应该有

$x_i\geqslant 0$ $(i=1,\ 2)$；

目标函数为：

$S=4\,000x_1+5\,000x_2$.

故此问题的线性规划数学模型为：

$$\min S=4\,000x_1+5\,000x_2$$

$$\begin{cases} x_1+x_2=10 \\ x_1\leqslant 4.5 \\ x_2\geqslant 3 \\ x_i\geqslant 0\ (i=1,\ 2) \end{cases}.$$

**例 4（运输问题）** 某饲料公司有甲、乙两个仓库，存储饲料分别为 30 吨和 40 吨，要将甲、乙两个仓库存储的饲料运往 A，B，C 三个农场，三个农场需要饲料分别为 20 吨、25 吨、25 吨．甲仓库到农场 A，B，C 的运价分别为 45 元/吨、55 元/吨、60 元/吨；乙仓库运到农场 A，B，C 的运价分别为 65 元/吨、75 元/吨、100 元/吨．问如何组织运输，才能使得运费最省？

**解** 设由甲仓库运到农场 A，B，C 的饲料分别为 $x_{11}$，$x_{12}$，$x_{13}$，由乙仓库运到农场 A，B，C 的饲料分别为 $x_{21}$，$x_{22}$，$x_{23}$（单位：吨）；依题意，有

$$x_{11}+x_{12}+x_{13}=30,$$

$$x_{21}+x_{22}+x_{23}=40.$$

A 农场需要的饲料为 20 吨，故

$$x_{11}+x_{21}=20,$$

B 农场需要的饲料为 25 吨，故

$$x_{12}+x_{22}=25,$$

C 农场需要的饲料为 25 吨，故

$$x_{13}+x_{23}=25,$$

此外，还应有

$$x_{ij}\geqslant 0\ (i=1,\ 2;\ j=1,\ 2,\ 3).$$

目标函数为：

$$S=45x_{11}+55x_{12}+60x_{13}+65x_{21}+75x_{22}+100x_{23}.$$

综上所述，可得其数学模型为：

$$\min S=45x_{11}+55x_{12}+60x_{13}+65x_{21}+75x_{22}+100x_{23}$$

$$\begin{cases} x_{11}+x_{12}+x_{13}=30 \\ x_{21}+x_{22}+x_{23}=40 \\ x_{11}+x_{21}=20 \\ x_{12}+x_{22}=25 \\ x_{13}+x_{23}=25 \\ x_{ij}\geqslant 0\ (i=1,\ 2;\ j=1,\ 2,\ 3) \end{cases}.$$

线性规划常用于在现有资源利用方式下，在现有的人力、物力和财力的条件下，怎样更有效地发挥其作用，以达到最大的经济效果；或者是如何利用最少的人力、物力和财力去完成预定的任务．以上几个例子中的产品生产计划问题、投资问题、配方问题、运输问题，此外还有合理利用线材问题、劳动力安排问题等线性规划数学模型都是求目标函数在约束条件下的最大值（或最小值），这就是线性规划问题．

线性规划数学模型的一般形式为：

$$\max S\ (\min S)=c_1x_1+c_2x_2+\cdots+c_nx_n$$

$$\begin{cases} a_{11}x_1+a_{12}x_2+\cdots+a_{1n}x_n\leqslant (=,\ \geqslant)\ b_1 \\ a_{21}x_1+a_{22}x_2+\cdots+a_{2n}x_n\leqslant (=,\ \geqslant)\ b_2 \\ \cdots\qquad\qquad\cdots \\ a_{m1}x_1+a_{m2}x_2+\cdots+a_{mn}x_n\leqslant (=,\ \geqslant)\ b_m \\ x_k\geqslant 0\ (k=1,\ 2,\ \cdots,\ n) \end{cases} \qquad (2.1.2)$$

其中 $a_{ij}$，$b_i$，$c_i$ 皆为已知常数（$i=1, 2, \cdots, m$；$j=1, 2, \cdots, n$）.

在线性规划问题中，满足约束条件的解称为**可行解**，由所有可行解构成的集合称为**可行解集**（或**可行域**），一般用大写英文字母 $E$ 表示；使得目标函数取得最大（或最小）值的可行解称为**最优解**，对应的目标函数的值称为**最优值**；求最优解的过程叫作**解线性规划问题**.

## 二、线性规划问题的图解法

建立了线性规划问题的数学模型以后，还要求出变量的值，使它们既满足约束条件，又能使目标函数达到最大（或最小）值. 对于只有两个变量的线性规划问题，以下结合实例介绍用图解法求解.

**例 5** 解线性规划问题

$$\max S=2x_1+x_2$$

$$\begin{cases} x_1+2x_2\leqslant 6 \\ x_1\leqslant 4 \\ x_i\geqslant 0\ (i=1, 2) \end{cases}.$$

**解** 首先，以 $x_1$ 为横坐标轴，以 $x_2$ 为纵坐标轴，选取合适的单位长度，建立平面直角坐标系，如图 2-1 所示.

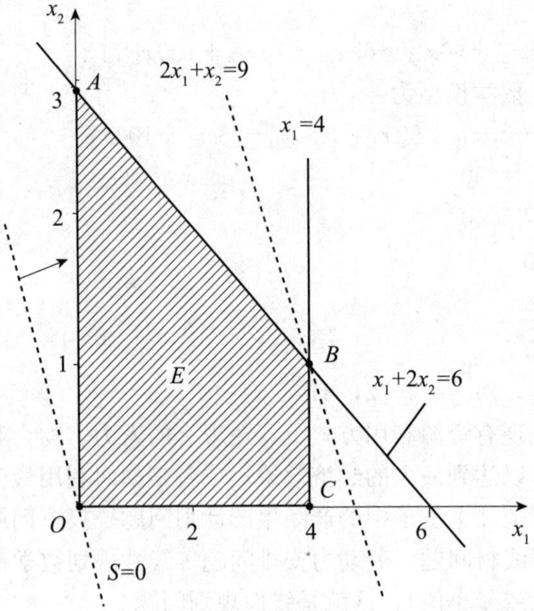


**图 2-1**

在直角坐标系 $Ox_1x_2$ 中，作直线 $x_1+2x_2=6$，由于点（0，0）的坐标满足 $x_1+2x_2<6$，所以约束条件 $x_1+2x_2\leqslant 6$ 表示的是直线 $x_1+2x_2=6$ 以及直线以下的半平面；再作直线 $x_1=0, x_2=0$，$x_1=4$，用同样的方法得到约束条件 $x_1\geqslant 0$，$x_2\geqslant 0$，$x_1\leqslant 4$ 所表示的半平面，从而得到可行域 $E$，如图 2-1 所示的阴影部分.

接下来，在直角坐标系 $Ox_1x_2$ 中，作直线 $S=2x_1+x_2=0$（此直线称为**目标直线**或**等值线**），用箭头表示 $S$ 增长的方向；从图 2-1 可知，所求最大值 $S$，就是从可行域 $OABC$

中，找出箭头方向离直线 $S=0$ 最远的点 $B$，该点的坐标就是最优解．又 $B$ 点是直线 $x_1+2x_2=6$ 与 $x_4=4$ 的交点，解得原线性规划问题的最优解为 $\begin{cases}x_1=4\\x_2=1\end{cases}$，从而得最优值为

$$\max S=2x_1+x_2=2\times4+1=9.$$

归纳例 5，得到线性规划问题的图解法的一般步骤为：

(1) 建立平面直角坐标系 $Ox_1x_2$；

(2) 画出约束条件表示的可行域 $E$；

(3) 画出目标直线 $S=0$，并用箭头表明 $S$ 增长的方向；

(4) 观察图形，从可行域中找出离等值线 $S=0$ 最远（或最近）的点，由此得线性规划问题的最优解，进而求得最优值．

**例 6** 解线性规划问题

$$\min S=-x_1+3x_2$$

$$\begin{cases}2x_1-x_2\leqslant0\\x_1+x_2=2\\x_i\geqslant0\ (i=1,\ 2)\end{cases}.$$

**解** 建立平面直角坐标系 $Ox_1x_2$，画出可行解集 $E$（射线 $AB$）及等值线 $S=-x_1+3x_2=0$，如图 2-2 所示．

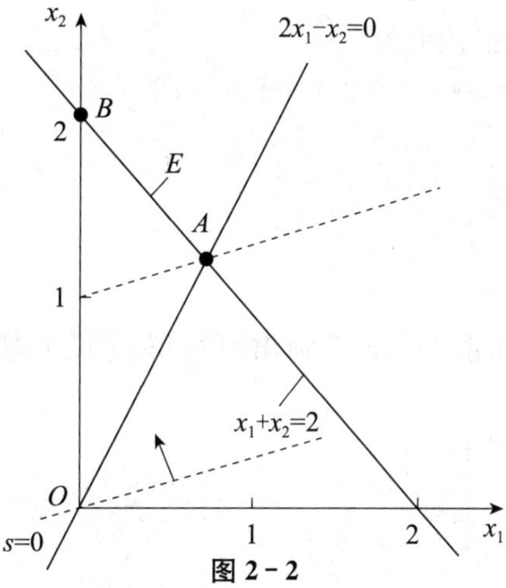


**图 2-2**

观察图 2-2 可知，点 $A$ 处为最优解，由 $\begin{cases}2x_1-x_2=0\\x_1+x_2=2\end{cases}$ 可得唯一最优解为 $\begin{cases}x_1=2/3\\x_2=4/3\end{cases}$，代入目标函数可得唯一最优值为 $\min S=10/3$.

**例 7** 解线性规划问题

$$\max S=2x_1+3x_2$$

$$\begin{cases}2x_1+3x_2\leqslant12\\x_1\leqslant5\\x_2\leqslant3\\x_i\geqslant0\ (i=1,\ 2)\end{cases}.$$

**解** 建立平面直角坐标系 $Ox_1x_2$，画出可行解集 $E$ 及等值线 $S=2x_1+3x_2=0$，如图 2-3 所示.

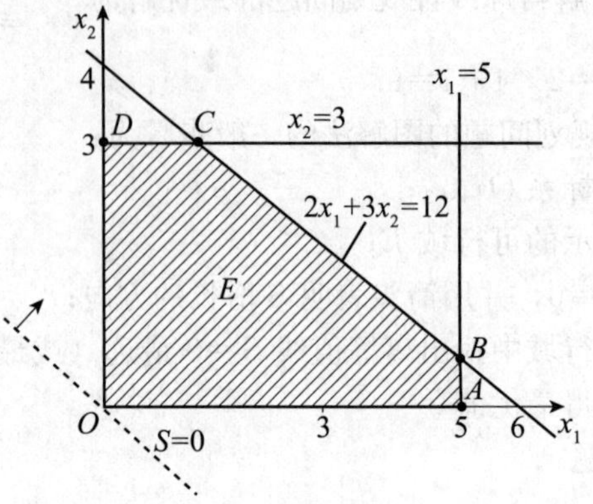


**图 2-3**

注意到可行解集 $E$ 中线段 $BC$ 与等值线 $S=0$ 平行，且与 $S=0$ 距离最远，从而线段 $BC$ 上的无穷多个点的坐标都是线性规划问题的最优解．取 $x_2$ 为自由未知量 $c$（$0\leqslant c\leqslant 2/3$），可得线性规划问题的无穷最优解为

$$\begin{cases} x_1=(12-3c)/2 \\ x_2=c \end{cases} \quad \left(\frac{2}{3}\leqslant c\leqslant 3\right);$$

代入目标函数可得唯一最优值为

$$\max S=2x_1+3x_2=2\cdot(12-3c)/2+3c=12.$$

**例 8** 解线性规划问题

$$\max S=x_1-3x_2$$

$$\begin{cases} x_1+2x_2\geqslant 6 \\ x_i\geqslant 0\ (i=1,\ 2) \end{cases}.$$

**解** 建立平面直角坐标系 $Ox_1x_2$，画出可行解集 $E$ 及等值线 $S=x_1-3x_2=0$，如图 2-4 所示.

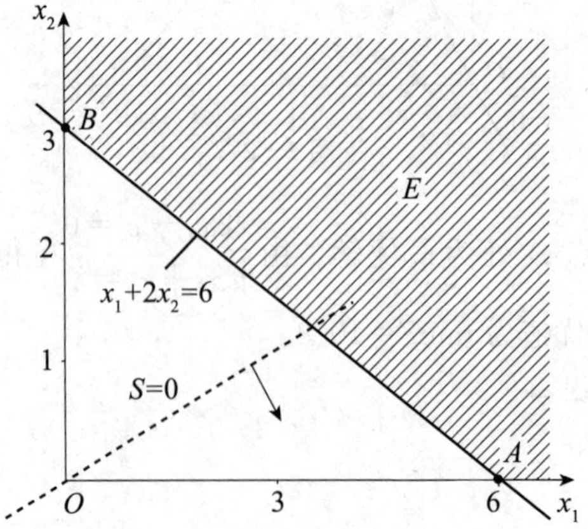


**图 2-4**

观察图 2-4 可知，可行解集 $E$ 在 $S$ 的增长方向上无界，于是此线性规划问题无最优解，从而无最优值.

**例 9**　解线性规划问题

$$\max S=2x_1-x_2$$

$$\begin{cases}-2x_1+x_2=2\\x_1+x_2=-1\\x_i\geqslant 0\ (i=1,\ 2)\end{cases}.$$

**解**　建立平面直角坐标系 $Ox_1x_2$，画出直线 $-2x_1+x_2=2$，$x_1+x_2=-1$，它们交于点 $(-1,\ 0)$，且与区域 $\{(x_1,\ x_2)\mid x_i\geqslant 0\ (i=1,\ 2),\ x_i\in\mathbf{R}\}$ 无公共点（如图 2-5 所示），即可行解集 $E$ 为空集，故线性规划问题无解．

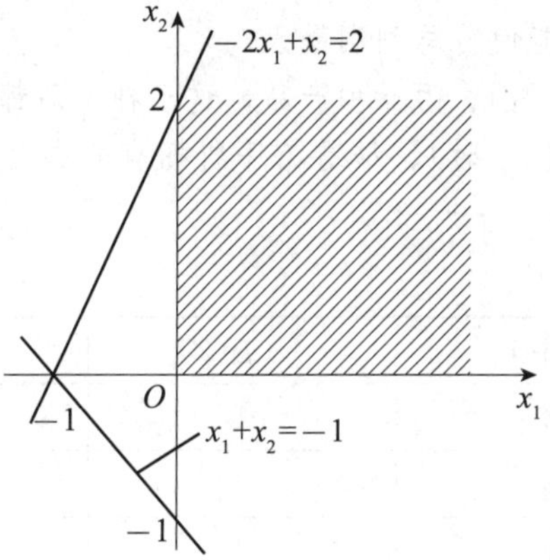


**图 2-5**

从以上几个例子可以看出：

（1）线性规划问题的可行域一般是凸多边形区域（特殊情况下可行域可能无界，也可能不存在；凸多边形区域是二维单纯形）．

（2）线性规划问题若存在最优解，一定在可行域 $E$ 的某个顶点取得（特殊情况也可能在一条直线上，此时最优解有无穷多个；如果可行域无界或不存在，也可能无最优解），可行域的顶点称为线性规划问题的**基本可行解**．

（3）线性规划问题的最优解可以到可行域的顶点中去找，从而缩小了寻找最优解的范围. 具体的做法是：由于可行域的顶点的个数是有限的，故可以先求出可行域中有限个顶点的值；然后代入目标函数，比较目标函数值的大小从而得到线性规划问题的最优解（这种方法称为**列举法**）．当变量较多时（$m$ 个变量 $n$ 个约束条件共需计算 $C_n^m$ 个线性方程组），列举法的计算就比较繁重．

线性规划问题的图解法直观简便，但应用范围很小，一般只能用来解两个变量的线性规划问题，而在实际问题中，只有两个变量的线性规划问题是很少见的．尽管图解法的实际意义具有局限性，但对于理解线性规划问题的几何意义和解的基本情况仍然是必不可少的．

## 练习 2-1

1. 写出下列线性规划问题的数学模型：

（1）某工厂生产甲、乙两种产品，这两种产品都要经过两道工序．每件产品在每道工序所需时间（单位：小时）、每道工序所拥有的总小时数以及每件产品的利润（单位：元/件）如表 2-2 所示：

**表 2-2**

| | 工序 1 | 工序 2 | 利润 |
|---|---|---|---|
| 甲产品 | 5 | 6 | 70 |
| 乙产品 | 7 | 3 | 50 |
| 总工时 | 45 | 30 | |

问该工厂如何安排生产，才能使得总利润最大？

(2) 某元件工厂生产甲、乙、丙三种产品，这三种产品都要经过三道工序．每件产品在每道工序所需时间（单位：小时）、每道工序所拥有的小时数以及每件产品的利润（单位：元/件）如表 2-3 所示：

**表 2-3**

| | 工序 1 | 工序 2 | 工序 3 | 利润 |
|---|---|---|---|---|
| 甲产品 | 2 | 1 | 3 | 30 |
| 乙产品 | 2 | 2 | 1 | 20 |
| 丙产品 | 1 | 4 | 1 | 40 |
| 总工时 | 1 500 | 2 000 | 1 800 | |

问该工厂应如何确定这三种产品的产量，才能使得总利润最大？

(3) 某股票投资者准备在甲、乙、丙、丁四只股票上共投资 100 万元，这四只股票的年回报率预期分别为 10%，12%，15%，20%．出于市场风险的考虑，要求对甲股票的投资不少于 20 万元，对乙股票的投资不多于 50 万元，对甲、乙、丙三只股票的投资不多于 80 万元．问此人如何安排投资，才能使得总利润最大？

(4) 某投资公司计划将 1 000 万元对甲、乙两个基金进行投资．甲基金必须至少持有一年，年回报率为 15%；乙基金必须至少持有两年，年回报率为 30%．每年年初进行投资，年底回收本利，再进行下一年的投资．现在该公司准备进行一个三年的投资，问应如何安排投资，才能使得第三年年底收入最高？

(5) 某饮料厂配置某种饮品，该饮品由甲、乙两种原料混合而成．每千克甲原料含有 1 克维生素 A、2 克维生素 B、2 克维生素 C，购入价格为 20 元/千克；每千克乙原料含有 2 克维生素 A、1 克维生素 B、1 克维生素 C，购入价格为 15 元/千克．现要求这批饮品中含维生素 A 不少于 200 克，维生素 B 不少于 250 克，维生素 C 不少于 300 克．问该饮料厂该如何在这批饮品中搭配甲、乙两种原料，才能使得成本最低？

(6) 甲、乙两个农场分别有 32 吨、38 吨的橘子，准备运往 A，B，C 三个商场出售．此三个商场对橘子的需求量分别是 20 吨、15 吨和 35 吨．由甲农场运到 A，B，C 三个商场的运费分别为 4 元/吨、6 元/吨和 5 元/吨；由乙农场运往 A，B，C 三个商场的运费分别为 7 元/吨、10 元/吨和 9 元/吨．问运输公司应如何组织运输，才使得总运费最低？

(7) 某汽车公司设计人员要设计最经济的汽车车身，所用的材料为钢板、玻璃和塑料板，相应的数据如表 2-4 所示：

**表 2-4**

| | 钢板 | 玻璃 | 塑料板 |
|---|---|---|---|
| 单价(元/平方米) | 300 | 250 | 350 |
| 重量（千克/平方米） | 20 | 15 | 5 |

已知车身的总面积（包括门和窗户）为 15 平方米，其中应使用玻璃的面积不低于 4 平方米且不超过 5 平方米，车身的重量不能超过 150 千克．为使成本最低，应使用多少钢板、玻璃和塑料板？

2. 用图解法解下列线性规划问题：

(1) $\max S=x_1+x_2$, $\begin{cases}2x_1+x_2\leqslant 8\\x_1+2x_2\leqslant 6\\x_i\geqslant 0\ (i=1,\ 2)\end{cases}$；(2) $\max S=2x_1+x_2$, $\begin{cases}x_1+x_2\leqslant 3\\x_1-2x_2\leqslant 4\\x_i\geqslant 0\ (i=1,\ 2)\end{cases}$；(3) $\min S=2x_1-3x_2$, $\begin{cases}x_1+x_2\leqslant 3\\x_1\leqslant 2\\x_i\geqslant 0\ (i=1,\ 2)\end{cases}$；

(4) $\min S=-x_1+2x_2$, $\begin{cases}x_1+2x_2\leqslant 6\\x_1\geqslant 2\\x_i\geqslant 0\ (i=1,\ 2)\end{cases}$；(5) $\min S=x_1-2x_2$, $\begin{cases}x_1-2x_2\geqslant 4\\x_1+2x_2\geqslant 6\\x_i\geqslant 0\ (i=1,\ 2)\end{cases}$；(6) $\max S=2x_1+3x_2$, $\begin{cases}-2x_1+x_2\leqslant 2\\x_i\geqslant 0\ (i=1,\ 2)\end{cases}$.

# 第二节　单纯形法

线性规划问题的最优解虽然可以用列举法从可行域的有限个顶点中去找出，但如果变量的个数很多，要将所有顶点的坐标都求出并且代到目标函数中去，然后再找出一个使目标函数取得极值的解常常是很困难的；而使用图解法最多也只能解两个变量的线性规划问题，因此，在单纯形法被使用之前，线性规划问题迟迟未能被广泛使用，在计算方法上存在困难就是一个很主要的原因．

**单纯形法**是线性规划问题的一般解法．它始于 20 世纪 40 年代末期，由美国数学家丹泽（G. B. Dantzig，1914—2005）首先提出．由于这种解法很有效，又适合于计算机计算，因此使线性规划问题在各个领域得到了广泛的应用．

单纯形法的基本思路是一种逐步逼近的办法：从线性规划问题的可行域 $E$ 的某个顶点出发，找到一种检验的方法，检验它是否最优，如果是最优，便达到要求；若不是最优，则换一个更优的顶点，再进行检验（这种转换叫作**迭代**），使一次比一次更接近最优解，直到取得最优解为止．

为了运用单纯形法解线性规划问题，首先要将线性规划问题的一般形式化为标准形式．

## 一、线性规划问题的标准形式

线性规划问题的一般形式（2.1.2）中的约束条件含有等式或不等式，而单纯形解法则要求只含有等式，即以下的标准形式：

$$\max S=c_1x_1+c_2x_2+\cdots+c_nx_n$$

$$\begin{cases}a_{11}x_1+a_{12}x_2+\cdots+a_{1n}x_n=b_1\\a_{21}x_1+a_{22}x_2+\cdots+a_{2n}x_n=b_2\\\quad\cdots\quad\cdots\\a_{m1}x_1+a_{m2}x_2+\cdots+a_{mn}x_n=b_m\\x_i\geqslant 0\ (i=1,\ 2,\ \cdots,\ n)\end{cases}\tag{2.2.1}$$

其中常数项 $b_i\geqslant 0$，（$i=1$，2，…，$m$）.

比较式（2.1.2）与式（2.2.1）可知，任何线性规划问题的一般形式都可以化为标准形式．线性规划问题的标准形式，包含以下几个方面：

（1）目标函数为求最大值．

若目标函数已经是求最大值，则满足标准形式的要求；若目标函数是求最小值，则引进新目标函数 $S'=-S=-c_1x_1-c_2x_2-\cdots-c_nx_n$，则 $\max S'=-c_1x_1-c_2x_2-\cdots-c_nx_n$ 与 $\min S=c_1x_1+c_2x_2+\cdots+c_nx_n$ 有相同的最优解．

（2）约束条件为等式．

若某约束条件为等式，则满足标准形式的要求；若某约束条件为不等式，则需将其变为等式：若某不等式是"$\geqslant$"，则左边减去一个非负变量（称为**松弛变量**），使两边相等；若某不等式为"$\leqslant$"，则左边加上一个非负变量，使两边相等．

（3）常数项为非负数．

若某常数项为非负数，则满足标准形式的要求；若某常数项为负数，则该等式两边同时乘以$-1$，常数项就变为正数．

**例 1** 将线性规划问题

$$\min S=x_1-2x_2-x_3$$

$$\begin{cases}x_1-3x_2-x_3=1\\2x_1+x_3=2\\x_i\geqslant 0\ (i=1,\ 2,\ 3)\end{cases}$$

化为标准形式．

**解** 令 $S'=-S$，则线性规划问题的标准形式为

$$\max S'=-x_1+2x_2+x_3$$

$$\begin{cases}x_1-3x_2-x_3=1\\2x_1+x_3=2\\x_i\geqslant 0\ (i=1,\ 2,\ 3)\end{cases},$$

其中 $\min S=-\max S'$.

**例 2** 将线性规划问题

$$\max S=x_1+3x_2$$

$$\begin{cases}x_1-2x_2\leqslant 2\\2x_1+3x_2\geqslant 3\\x_i\geqslant 0\ (i=1,\ 2)\end{cases}$$

化为标准形式.

**解** 引进松弛变量 $x_3\geqslant 0$，$x_4\geqslant 0$，则线性规划问题的标准形式为：

$$\max S=x_1+3x_2$$

$$\begin{cases}x_1-2x_2+x_3=2\\2x_1+3x_2-x_4=3\\x_i\geqslant 0\ (i=1,\ 2,\ 3,\ 4)\end{cases}.$$

从以上过程可知，当某约束条件为“$\geqslant$”时，则在不等式左边减去一个松弛变量，当某约束条件为“$\leqslant$”时，则在不等式左边加上一个松弛变量；约束条件 $x_i\geqslant 0$（$i=1$，2，3，4）包含松弛变量.

**例 3** 将线性规划问题

$$\min S=x_1-3x_2+x_3$$

$$\begin{cases}-x_1-2x_2+x_3=-2\\2x_1-x_3\geqslant 1\\2x_2+x_3\leqslant 5\\x_i\geqslant 0\ (i=1,\ 2,\ 3)\end{cases}$$

化为标准形式.

**解** 令 $S'=-S$，同时引进松弛变量 $x_4\geqslant 0$，$x_5\geqslant 0$，可得线性规划问题的标准形式为：

$$\max S'=-x_1+3x_2-x_3$$

$$\begin{cases}x_1+2x_2-x_3=2\\2x_1-x_3-x_4=1\\2x_2+x_3+x_5=5\\x_i\geqslant 0\ (i=1,\ 2,\ 3,\ 4,\ 5)\end{cases},$$

其中 $\min S=-\max S'$.

在以上过程中，第一个约束条件中的常数项为负数，方程两边同乘以 $-1$，将其变为正数.

**例 4** 将线性规划问题

$$\min S=x_1-3x_2$$

$$\begin{cases}x_1+2x_2\leqslant 7\\2x_1-3x_2\geqslant -1\\x_i\geqslant 0\ (i=1,\ 2)\end{cases}$$

化为标准形式.

**解** 令 $S'=-S$，同时引进松弛变量 $x_3\geqslant 0$，$x_4\geqslant 0$，可得线性规划问题的标准形式为：

$$\max S'=-x_1+3x_2$$

$$\begin{cases} x_1+2x_2+x_3=7 \\ -2x_1+3x_2+x_4=1 \\ x_i\geqslant 0\ (i=1,\ 2,\ 3,\ 4) \end{cases}.$$

其中 $\min S=-\max S'$.

在以上过程中，第二个约束条件化为等式后，其右边的常数项为负数，因此，两边同乘$-1$以后，常数项化为正数.

如果分别令

$$\boldsymbol{A}=\begin{pmatrix} a_{11} & a_{12} & \cdots & a_{1n} \\ a_{21} & a_{22} & \cdots & a_{2n} \\ \vdots & \vdots & & \vdots \\ a_{m1} & a_{m2} & \cdots & a_{mn} \end{pmatrix},\ \boldsymbol{X}=\begin{pmatrix} x_1 \\ x_2 \\ \vdots \\ x_n \end{pmatrix},\ \boldsymbol{B}=\begin{pmatrix} b_1 \\ b_2 \\ \vdots \\ b_m \end{pmatrix},\ \boldsymbol{C}=(c_1\quad c_2\quad \cdots\quad c_n),$$

则线性规划问题的标准形式可写成如下矩阵形式：

$$\max \boldsymbol{S}=\boldsymbol{CX}$$

$$\begin{cases} \boldsymbol{AX}=\boldsymbol{B} \\ \boldsymbol{X}\geqslant \boldsymbol{O} \end{cases}.$$

线性规划问题化为标准形式以后，以下讨论其单纯形解法.

## 二、有初始可行基的单纯形解法

如前所述，单纯形解法就是从可行域的某个顶点（称为**初始可行解**或**初始可行基**）出发，根据最优标准进行检验，逐步寻找相邻的下一个顶点（称为**可行基**），直到求到最优解（或说明无最优解）为止.

首先，讨论如下形式的线性规划问题（称为**基本线性规划问题**）的解法：

$$\max S=c_1x_1+c_2x_2+\cdots+c_nx_n$$

$$\begin{cases} a_{11}x_1+a_{12}x_2+\cdots+a_{1n}x_n\leqslant b_1 \\ a_{21}x_1+a_{22}x_2+\cdots+a_{2n}x_n\leqslant b_2 \\ \quad\cdots\qquad\qquad\cdots \\ a_{m1}x_1+a_{m2}x_2+\cdots+a_{mn}x_n\leqslant b_m \\ x_i\geqslant 0\ (i=1,\ 2,\ \cdots,\ n) \end{cases} \tag{2.2.2}$$

其中 $b_i\geqslant 0$ $(i=1,\ 2,\ \cdots,\ m)$.

基本线性规划问题具有三个特点：

(1) 目标函数是求最大值；

(2) 约束条件全部为“$\leqslant$”；

(3) 常数项全为非负数.

因此，将基本线性规划问题化为标准形式时，只需要引进 $m$ 个松弛变量 $x_i\geqslant 0$ $(i=n+1,\ n+2,\ \cdots,\ n+m)$，就可将它化为标准形式

$$\max S=c_1x_1+c_2x_2+\cdots+c_nx_n$$

$$\begin{cases}a_{11}x_1+a_{12}x_2+\cdots+a_{1n}x_n+x_{n+1}=b_1\\ a_{21}x_1+a_{22}x_2+\cdots+a_{2n}x_n+x_{n+2}=b_2\\ \cdots \qquad \cdots\\ a_{m1}x_1+a_{m2}x_2+\cdots+a_{mn}x_n+x_{n+m}=b_m\\ x_i\geqslant 0\ (i=1,\ 2,\ \cdots,\ n,\ n+1,\ \cdots,\ n+m)\end{cases} \tag{2.2.3}$$

其中约束条件的系数矩阵为

$$\boldsymbol{A}=\begin{pmatrix}a_{11} & a_{12} & \cdots & a_{1n} & 1 & 0 & \cdots & 0\\ a_{21} & a_{22} & \cdots & a_{2n} & 0 & 1 & \cdots & 0\\ \vdots & \vdots & & \vdots & \vdots & \vdots & & \vdots\\ a_{m1} & a_{m2} & \cdots & a_{mn} & 0 & 0 & \cdots & 1\end{pmatrix}.$$

注意到系数矩阵 $\boldsymbol{A}$ 中右边的 $m$ 行 $n$ 列构成的 $m$ 阶子式不为零，故 $r(\boldsymbol{A})\geqslant m$；又由于 $\boldsymbol{A}$ 的行数为 $m$，故又有 $r(\boldsymbol{A})\leqslant m$. 从而 $r(\boldsymbol{A})=m$. 于是约束条件构成的方程组（2.2.3）有 $n$ 个自由未知量，$m$ 个非自由未知量.

一般地，非自由未知量也称为基变量，自由未知量称为非基变量. 若所有的非基变量取零，这时得到的解称为方程组（2.2.3）的初始可行解，它对应于可行域的某个顶点.

对于基本线性规划问题，这 $m$ 个基变量是已知的，即有现成的初始可行基，此时令所有的非基变量为零，得到 $x_{n+1}=b_1$，$x_{n+2}=b_2$，…，$x_{n+m}=b_m$，它们构成了初始可行解，此时对应的目标函数值为 $S=0$.

对于标准形式（2.2.3），称如下矩阵为**单纯形矩阵**：

$$\boldsymbol{T}=\left(\begin{array}{cccccccc|c}a_{11} & a_{12} & \cdots & a_{1n} & 1 & 0 & \cdots & 0 & b_1\\ a_{21} & a_{22} & \cdots & a_{2n} & 0 & 1 & \cdots & 0 & b_2\\ \vdots & \vdots & & \vdots & \vdots & \vdots & & \vdots & \vdots\\ a_{m1} & a_{m2} & \cdots & a_{mn} & 0 & 0 & \cdots & 1 & b_m\\ \hline -c_1 & -c_2 & \cdots & -c_n & 0 & 0 & 0 & 0 & 0\end{array}\right) \tag{2.2.4}$$

矩阵 $\boldsymbol{T}$ 中横线的上方是约束条件方程组的增广矩阵，横线下方、竖线左边的部分是目标函数中变量的系数的相反数，由目标函数 $S=c_1x_1+c_2x_2+\cdots+c_nx_n$ 得

$$S-c_1x_1-c_2x_2-\cdots-c_nx_n+0x_{n+1}+\cdots+0x_{n+m}=0,$$

然后把各变量的系数填入，称此行为**检验行**，各未知量对应的系数称为**检验数**；而竖线右边的数值 0 为**目标函数值**.

基本线性规划问题有最优解的判断标准是：对于式（2.2.3），若其对应的单纯形矩阵（2.2.4）中检验数全为非负，则此时的可行基为最优解.

事实上，当所有的检验数为非负时，$S=c'_1x_1+c'_2x_2+\cdots+c'_nx_n+M$，其中 $c'_i\leqslant 0$（$i=1,\ 2,\ \cdots,\ n$）. 这时只有所有的 $x_i=0$（$i=1,\ 2,\ \cdots,\ n$）时，$S$ 才能取到最大值 $M$.

（1）当 $c'_i<0$（$i=1,\ 2,\ \cdots,\ n$）时，则线性规划问题只有唯一的最优解：$x_i=0$（$i=1,\ 2,\ \cdots,n$），最优值为 $S=M$；

（2）若有某个 $c'_i=0$ 而其余的系数 $c'_j$ 全是负数，则此线性规划问题有无穷多最优解：

$x_i=a$（$a\in\mathbf{R}$，$1\leqslant i\leqslant n$），$x_j=0$（$j=1, 2, \cdots, n$；且 $j\neq i$），且此时有唯一最优值 $S=M$.

运用单纯形法解基本线性规划问题的过程时，先把线性规划问题写成式（2.2.3）的标准形式，然后写出单纯形矩阵，观察其检验数是否都是非负：若是，此时令所有的基变量取零所得的解即为最优解；若不是，此时对应的基就不是最优解，需要更换基．如何换基呢？

所谓换基，就是从非基变量中找出一个变量让它变成基变量，这样的变量称为**入基变量**，而此过程称为**确定入基变量**．然后再在基变量中找出一个变量，让它变成非基变量，这样的变量称为**出基变量**，此过程称为**确定出基变量**．一般先确定入基变量，再确定出基变量，以下通过例子来说明．

**例 5** 解线性规划问题

$$\max S=4x_1+3x_2$$

$$\begin{cases}2x_1+x_2\leqslant 10\\ x_1+2x_2\leqslant 8\\ x_i\geqslant 0\ (i=1, 2)\end{cases}.$$

**解** 引进松弛变量 $x_3\geqslant 0$，$x_4\geqslant 0$，得标准形式为：

$$\max S=4x_1+3x_2$$

$$\begin{cases}2x_1+x_2+x_3=10\\ x_1+2x_2+x_4=8\\ x_i\geqslant 0\ (i=1, 2, 3, 4)\end{cases},$$

其对应的单纯形矩阵为

$$\boldsymbol{T}=\left(\begin{array}{cccc|c}2 & 1 & \textcircled{1} & 0 & 10\\ 1 & 2 & 0 & \textcircled{1} & 8\\ \hline -4 & -3 & 0 & 0 & 0\end{array}\right).$$

由于检验数都是负的，因此需要更换基变量．

(1) 确定入基变量：挑选最小的检验数对应的非基变量为入基变量（若有几个非基变量的检验数同时达到最小，则任选一个作为入基变量）．本问题的检验数有两个：$-3$ 与 $-4$，根据入基变量的选取标准，应该选取检验数为 $-4$ 对应的非基变量 $x_1$ 作为入基变量．最小的检验数所在的列称为**主列**．

(2) 确定出基变量：用主列中的正元素去除同行的常数项，选出比例最小者，其除数称为**主元**，主元所在的行称为**主行**．选取比例最小的作为主元称为**最小比值原则**，这样做可以保证在运算过程中常数项始终保持非负．

例如本例中选取单纯形矩阵 $\boldsymbol{T}$ 中的第一列为主列，然后用此列中的两个正元素 2，1 各自去除同行的常数项，得 $\frac{10}{2}=5$，$\frac{8}{1}=8$，则应该选取 2 为主元，2 所在的行为主行：

$$\boldsymbol{T}=\left(\begin{array}{cccc|c}\boxed{2} & 1 & \textcircled{1} & 0 & 10\\ 1 & 2 & 0 & \textcircled{1} & 8\\ \hline -4 & -3 & 0 & 0 & 0\end{array}\right).$$

(3) 换基：接下来，利用矩阵的初等行变换先把主元 2 变成 1，然后用此 1 把该列的其他元素全变为零，即

$$T=\left(\begin{array}{cccc|c}\boxed{2} & 1 & ① & 0 & 10 \\ 1 & 2 & 0 & ① & 8 \\ \hline -4 & -3 & 0 & 0 & 0\end{array}\right)$$

$$\xrightarrow{\frac{1}{2}r_1}\left(\begin{array}{cccc|c}\boxed{1} & \frac{1}{2} & \frac{1}{2} & 0 & 5 \\ 1 & 2 & 0 & ① & 8 \\ \hline -4 & -3 & 0 & 0 & 0\end{array}\right)$$

$$\xrightarrow[r_3+4r_1]{r_2-r_1}\left(\begin{array}{cccc|c}① & \frac{1}{2} & \frac{1}{2} & 0 & 5 \\ 0 & \frac{3}{2} & -\frac{1}{2} & ① & 3 \\ \hline 0 & -1 & 2 & 0 & 20\end{array}\right).$$

于是，基变量由原来的 $x_3$，$x_4$ 变成了现在的 $x_1$，$x_4$，这样就完成了本次换基工作．然后用最优标准衡量，再重复上面的流程即可．

由于检验数还有负的，把 $-1$ 所在的列作为主列，然后由最小比值原则应该选 3/2作为主元，所在的行为主行，继续变换如下：

$$T\longrightarrow\left(\begin{array}{cccc|c}① & \frac{1}{2} & \frac{1}{2} & 0 & 5 \\ 0 & \boxed{\frac{3}{2}} & -\frac{1}{2} & ① & 3 \\ \hline 0 & -1 & 2 & 0 & 20\end{array}\right)$$

$$\xrightarrow{\frac{2}{3}r_2}\left(\begin{array}{cccc|c}① & \frac{1}{2} & \frac{1}{2} & 0 & 5 \\ 0 & \boxed{1} & -\frac{1}{3} & \frac{2}{3} & 2 \\ \hline 0 & -1 & 2 & 0 & 20\end{array}\right)$$

$$\xrightarrow[r_3+r_2]{r_1-\frac{1}{2}r_2}\left(\begin{array}{cccc|c}① & 0 & \frac{2}{3} & -\frac{1}{3} & 4 \\ 0 & ① & -\frac{1}{3} & \frac{2}{3} & 2 \\ \hline 0 & 0 & \frac{5}{3} & \frac{2}{3} & 22\end{array}\right)$$

至此，检验数已经全部非负，故此时的可行基即为最优解，最优解为 $x_1=4$，$x_2=2$，$x_3=0$，$x_4=0$，去掉松弛变量，可得线性规划问题的最优解为

$$\begin{cases}x_1=4\\x_2=2\end{cases},$$

此时最优值为

$$\max S=4x_1+3x_2=4\times4+3\times2=22,$$

它就是单纯形矩阵检验行中竖线右边的数．

归纳起来，单纯形法解线性规划问题的步骤为：

(1) 将线性规划问题化为标准形式，写出其单纯形矩阵．

(2) 按最优标准检查其检验数，若全为非负，此时的可行基即为最优解，求出最优

值；若有负的，则需要换基．

（3）由负检验数中最小者（否则，目标函数值增加较少，达到最优值的速度将不是最快）先选出主列，再按照最小比值原则确定主元．

（4）换基：主元确定后，利用矩阵的初等行变换先将主元变成 1，再利用此 1 将该列所在的其他元素通过矩阵初等行变换变为 0.

（5）回到步骤（2），直到检验数全是非负为止，再由此单纯形矩阵得线性规划问题的最优解及最优值．

**例 6** 解线性规划问题

$$\max S=3x_1+2x_2$$
$$\begin{cases}x_1+x_2\leqslant 6\\x_1+2x_2\leqslant 8\\x_1\leqslant 4\\x_i\geqslant 0\ (i=1,2)\end{cases}.$$

**解** 引进松弛变量 $x_3\geqslant 0$，$x_4\geqslant 0$，$x_5\geqslant 0$，可得标准形式为：

$$\max S=3x_1+2x_2$$
$$\begin{cases}x_1+x_2+x_3=6\\x_1+2x_2+x_4=8\\x_1+x_5=4\\x_i\geqslant 0\ (i=1,2,3,4,5)\end{cases},$$

其对应的单纯形矩阵为

$$T=\left(\begin{array}{ccccc|c}1&1&①&0&0&6\\1&2&0&①&0&8\\1&0&0&0&①&4\\\hline -3&-2&0&0&0&0\end{array}\right).$$

注意到其检验数有负数，选择 $T$ 中的第一列为主列，$a_{31}=1$ 为主元，进行如下变换：

$$T=\left(\begin{array}{ccccc|c}1&1&①&0&0&6\\1&2&0&①&0&8\\\boxed{1}&0&0&0&①&4\\\hline -3&-2&0&0&0&0\end{array}\right)$$
$$\xrightarrow[r_4+3r_3]{\substack{r_1-r_3\\r_2-r_3}}\left(\begin{array}{ccccc|c}0&1&①&0&-1&2\\0&2&0&①&-1&4\\①&0&0&0&1&4\\\hline 0&-2&0&0&3&12\end{array}\right).$$

此时检验数还有负数，选择第二列为主列，此时根据最小比值原则，可以选取 $a_{12}=1$ 或 $a_{22}=2$ 为主元，为了计算的简便，选取 $a_{12}=1$ 为主元，进行如下变换：

$$T\longrightarrow\left(\begin{array}{ccccc|c}0&\boxed{1}&①&0&-1&2\\0&2&0&①&-1&4\\①&0&0&0&1&4\\\hline 0&-2&0&0&3&12\end{array}\right)$$

$$\xrightarrow[r_4+2r_1]{r_2-2r_1}\left(\begin{array}{ccccc|c}0 & ① & 1 & 0 & -1 & 2\\0 & 0 & -2 & ① & 1 & 0\\① & 0 & 0 & 0 & 1 & 4\\\hline 0 & 0 & 2 & 0 & 1 & 16\end{array}\right).$$

此时检验数已经全部非负，故该线性规划问题有唯一最优解：$x_1=4$，$x_2=2$，$x_3=0$，$x_4=0$，$x_5=0$；去掉松弛变量，得线性规划问题的最优解

$$\begin{cases}x_1=4\\x_2=2\end{cases},$$

最优值为 $\max S=16$.

**例 7** 解线性规划问题

$$\min S=-2x_1+x_2+2x_3$$

$$\begin{cases}2x_1-x_2+x_3\leqslant 12\\x_1+2x_2\leqslant 4\\x_i\geqslant 0\ (i=1,\ 2,\ 3)\end{cases}.$$

**解** 令 $S'=-S$，引进松弛变量 $x_4\geqslant 0$，$x_5\geqslant 0$，得其标准形式为

$$\max S'=2x_1-x_2-2x_3$$

$$\begin{cases}2x_1-x_2+x_3+x_4=12\\x_1+2x_2+x_5=4\\x_i\geqslant 0\ (i=1,\ 2,\ 3,\ 4,\ 5)\end{cases},$$

其中 $\min S=-\max S'$.

其对应的单纯形矩阵为

$$\boldsymbol{T}=\left(\begin{array}{ccccc|c}2 & -1 & 1 & ① & 0 & 12\\1 & 2 & 0 & 0 & ① & 4\\\hline -2 & 1 & 2 & 0 & 0 & 0\end{array}\right),$$

由于检验数有负数，选第一列为主列，$a_{21}=1$ 为主元，进行如下变换：

$$\boldsymbol{T}=\left(\begin{array}{ccccc|c}2 & -1 & 1 & ① & 0 & 12\\\boxed{1} & 2 & 0 & 0 & ① & 4\\\hline -2 & 1 & 2 & 0 & 0 & 0\end{array}\right)$$

$$\xrightarrow[r_3+2r_2]{r_1-2r_2}\left(\begin{array}{ccccc|c}0 & -5 & 1 & ① & -2 & 4\\① & 2 & 0 & 0 & 1 & 4\\\hline 0 & 5 & 2 & 0 & 2 & 8\end{array}\right).$$

此时检验数皆为正数，故可得其唯一最优解为：$x_1=4$，$x_2=0$，$x_3=0$，$x_4=4$，$x_5=0$；去掉松弛变量，得线性规划问题的最优解为：

$$\begin{cases}x_1=4\\x_2=0,\\x_3=0\end{cases}$$

此时最优值为 $\min S=-\max S'=-8$.

**例 8** 解线性规划问题

$$\max S=2x_1-4x_2+x_3$$

$$\begin{cases}x_1-2x_2+2x_3\leqslant 2\\ x_1+x_2-x_3\leqslant 6\\ x_i\geqslant 0\ (i=1,\ 2,\ 3)\end{cases}.$$

**解** 引进松弛变量 $x_4\geqslant 0$，$x_5\geqslant 0$，可得其标准形式为：

$$\max S=2x_1-4x_2+x_3$$

$$\begin{cases}x_1-2x_2+2x_3+x_4=2\\ x_1+x_2-x_3+x_5=6\\ x_i\geqslant 0\ (i=1,\ 2,\ 3,\ 4,\ 5)\end{cases},$$

其对应的单纯形矩阵为：

$$\boldsymbol{T}=\left(\begin{array}{ccccc|c}1&-2&2&①&0&2\\ 1&1&-1&0&①&6\\ \hline -2&4&-1&0&0&0\end{array}\right).$$

由于检验数有负，取第一列为主列，取 $a_{11}=1$ 为主元，进行如下变换：

$$\boldsymbol{T}=\left(\begin{array}{ccccc|c}\boxed{1}&-2&2&①&0&2\\ 1&1&-1&0&①&6\\ \hline -2&4&-1&0&0&0\end{array}\right)$$

$$\xrightarrow[r_3+2r_1]{r_2-r_1}\left(\begin{array}{ccccc|c}①&-2&2&1&0&2\\ 0&3&-3&-1&①&4\\ \hline 0&0&3&2&0&4\end{array}\right)$$

此时所有检验数都是非负，但注意到非基变量 $x_2$ 的检验数为零，故此时线性规划问题有无穷多最优解．令 $x_2=c$（$c\geqslant 0$），$x_3=0$，$x_4=0$，可得 $x_1=2+2c$，$x_5=4-3c$，由所有的变量非负可得

$$\begin{cases}c\geqslant 0\\ 2+2c\geqslant 0,\\ 4-3c\geqslant 0\end{cases}$$

即有 $0\leqslant c\leqslant \frac{4}{3}$，故线性规划问题有无穷多最优解：

$$\begin{cases}x_1=2+2c\\ x_2=c\\ x_3=0\end{cases}\quad\left(0\leqslant c\leqslant\frac{4}{3}\right),$$

而最优值为 $\max S=4$.

**例 9** 解线性规划问题

$$\max S=x_1+2x_2$$

$$\begin{cases}x_1-x_2\leqslant 3\\ -5x_1+2x_2\leqslant 6\\ x_i\geqslant 0\ (i=1,\ 2)\end{cases}.$$

**解** 引进松弛变量 $x_3\geqslant 0$，$x_4\geqslant 0$，可得其标准形式为：

$$\max S=x_1+2x_2$$

$$\begin{cases}x_1-x_2+x_3=3\\-5x_1+2x_2+x_4=6\\x_i\geqslant 0\ (i=1,2,3,4)\end{cases},$$

此时对应的单纯形矩阵为

$$\boldsymbol{T}=\left(\begin{array}{cccc|c}1&-1&①&0&3\\-5&2&0&①&6\\\hline-1&-2&0&0&0\end{array}\right).$$

由于检验数有负数，取第二列为主列，$a_{22}=2$ 为主元，进行如下变换：

$$\boldsymbol{T}=\left(\begin{array}{cccc|c}1&-1&①&0&3\\-5&\boxed{2}&0&①&6\\\hline-1&-2&0&0&0\end{array}\right)$$

$$\xrightarrow{\frac{1}{2}r_2}\left(\begin{array}{cccc|c}1&-1&①&0&3\\\frac{-5}{2}&\boxed{1}&0&\frac{1}{2}&3\\\hline-1&-2&0&0&0\end{array}\right)$$

$$\xrightarrow[r_3+2r_2]{r_1+r_2}\left(\begin{array}{cccc|c}-\frac{3}{2}&0&①&\frac{1}{2}&6\\\frac{-5}{2}&①&0&\frac{1}{2}&3\\\hline-6&0&0&1&6\end{array}\right).$$

此时第一列的检验数仍然为负数，另一方面，这一列的元素全小于 0，此时线性规划问题的标准形式的等价问题为：

$$\begin{cases}x_3=\frac{3}{2}x_1-\frac{1}{2}x_4+6\\x_2=\frac{5}{2}x_1-\frac{1}{2}x_4+3\\S=6x_1-x_4+6\end{cases},$$

若令非基变量 $x_4=0$，$x_1$ 无限增大，则 $x_2$，$x_3$ 仍满足非负约束，而满足约束条件的目标函数 $S$ 却无限增大，从而原线性规划问题有可行解而无最优解 .

## 三、无初始可行基的单纯形解法

以上介绍了有初始可行基的线性规划问题的解法，对于无初始可行基的线性规划问题，单纯形解法分两步完成：第一步，找出初始可行基；第二步，按有初始可行基的线性规划问题的解法求出最优解及最优值 .

对于线性规划问题的一般形式：

$$\max S=c_1x_1+c_2c_2+\cdots+c_nx_n$$

$$\begin{cases}a_{11}x_1+a_{12}x_2+\cdots+a_{1n}x_n=b_1\\a_{21}x_1+a_{22}x_2+\cdots+a_{2n}x_n=b_2\\\quad\cdots\qquad\cdots\\a_{m1}x_1+a_{m2}x_2+\cdots+a_{mn}x_n=b_m\\x_i\geqslant 0\ (i=1,2,\cdots,n)\end{cases},$$

其单纯形矩阵为

$$\boldsymbol{T}=\left(\begin{array}{cccc|c}a_{11}&a_{12}&\cdots&a_{1n}&b_1\\a_{21}&a_{22}&\cdots&a_{2n}&b_2\\\vdots&\vdots&&\vdots&\vdots\\a_{m1}&a_{m2}&\cdots&a_{mn}&b_m\\\hline -c_1&-c_2&\cdots&-c_n&0\end{array}\right).$$

于是，对无初始可行基的线性规划问题的单纯形矩阵 $\boldsymbol{T}$ 做初等行变换，使得 $m$ 个列中只有一个元素为 1，其余元素全为零，而且这些元素 1 位于不同行，这 $m$ 个列对应的变量就是初始可行基．具体步骤为：

（1）在单纯形矩阵 $\boldsymbol{T}$ 中，用原约束条件中的方程组所有变量的正系数（以保证常数项非负）去除同行的常数项，找出比值最小者，称为基元；

（2）将基元化为 1，然后用此 1 将该列的其他元素化为 0，这样便得到了第一个初始可行基；

（3）把步骤（2）所得初始可行基所在的行和列去掉后，继续步骤（1）的工作，找出第二个基元以及第二个初始可行基，然后去掉两个初始可行基所在的两行两列，重复步骤（1），（2），…，直到找够 $m$ 个初始可行基为止．

这里指出，基元个数 $k$ 应该和方程的个数 $m$ 一样多，若 $k<m$，则线性规划问题无解．

**例 10** 解线性规划问题

$$\max S=x_1+x_2+2x_3$$

$$\begin{cases}2x_1-x_2=2\\x_1+x_3=2\\x_i\geqslant 0\ (i=1,2,3)\end{cases}.$$

**解** 此问题已经是标准形式，其单纯形矩阵为：

$$\boldsymbol{T}=\left(\begin{array}{ccc|c}2&-1&0&2\\1&0&1&2\\\hline -1&-1&-2&0\end{array}\right).$$

先求初始可行基．约束条件中方程组变量的系数只有三个是正数 $a_{11}=2$，$a_{21}=1$，$a_{23}=1$，根据最小比值原则，可得基元为 $a_{11}=2$，进行如下变换：

$$T=\left(\begin{array}{ccc|c}\boxed{2} & -1 & 0 & 2\\ 1 & 0 & 1 & 2\\ \hline -1 & -1 & -2 & 0\end{array}\right)$$

$$\xrightarrow{\frac{1}{2}r_1}\left(\begin{array}{ccc|c}\boxed{1} & -\frac{1}{2} & 0 & 1\\ 1 & 0 & 1 & 2\\ \hline -1 & -1 & -2 & 0\end{array}\right)$$

$$\xrightarrow[r_3+r_1]{r_2-r_1}\left(\begin{array}{ccc|c}① & -\frac{1}{2} & 0 & 1\\ 0 & \frac{1}{2} & 1 & 1\\ \hline 0 & -\frac{3}{2} & -2 & 1\end{array}\right).$$

于是得到第一个基变量 $x_1$，接下来寻找第二个基变量．在余下的不同行不同列的系数中，正数的只有 $a_{22}=\frac{1}{2}$，$a_{23}=1$，根据最小比值原则，选取 $a_{23}=1$ 作为第二个基元，然后做变换如下：

$$T\to\left(\begin{array}{ccc|c}① & -\frac{1}{2} & 0 & 1\\ 0 & \frac{1}{2} & \boxed{1} & 1\\ \hline 0 & -\frac{3}{2} & -2 & 1\end{array}\right)$$

$$\xrightarrow{r_3+2r_2}\left(\begin{array}{ccc|c}① & -\frac{1}{2} & 0 & 1\\ 0 & \frac{1}{2} & ① & 1\\ \hline 0 & -\frac{1}{2} & 0 & 3\end{array}\right).$$

这样就得到了两个基变量 $x_1$、$x_3$，接下来进行第二步，按有初始可行基的线性规划问题的解法求出最优解及最优值．检验数有一个为负数，此检验数所在的第二列为主列，$a_{22}=\frac{1}{2}$ 为主元，然后进行如下变换：

$$T\to\left(\begin{array}{ccc|c}① & -\frac{1}{2} & 0 & 1\\ 0 & \boxed{\frac{1}{2}} & ① & 1\\ \hline 0 & -\frac{1}{2} & 0 & 3\end{array}\right)$$

$$\xrightarrow{2r_2}\left(\begin{array}{ccc|c} ① & -\frac{1}{2} & 0 & 1 \\ 0 & \boxed{1} & 2 & 2 \\ \hline 0 & -\frac{1}{2} & 0 & 3 \end{array}\right)$$

$$\xrightarrow[r_3+\frac{1}{2}r_2]{r_1+\frac{1}{2}r_2}\left(\begin{array}{ccc|c} ① & 0 & 1 & 2 \\ 0 & ① & 2 & 2 \\ \hline 0 & 0 & 1 & 4 \end{array}\right).$$

此时检验数都是正数，故该线性规划问题的最优解为：$x_1=2$，$x_2=2$，$x_3=0$，最优值为：$\max S=4$.

**例 11**　解线性规划问题

$$\max S=-3x_1-2x_2+2x_3+x_4$$

$$\begin{cases} x_1-x_2+2x_3-x_4=1 \\ 2x_1+x_2-3x_3+x_4=4 \\ x_1+x_2+x_3+x_4=5 \\ x_i\geqslant 0\ (i=1,2,3,4) \end{cases}.$$

**解**　线性规划问题的单纯形矩阵为：

$$\boldsymbol{T}=\left(\begin{array}{cccc|c} 1 & -1 & 2 & -1 & 1 \\ 2 & 1 & -3 & 1 & 4 \\ 1 & 1 & 1 & 1 & 5 \\ \hline 3 & 2 & -2 & -1 & 0 \end{array}\right).$$

通过初等行变换，逐步求出三个基变量，从而求得初始可行基．为此，进行如下变换：

$$\boldsymbol{T}\to\left(\begin{array}{cccc|c} 1 & -1 & \boxed{2} & -1 & 1 \\ 2 & 1 & -3 & 1 & 4 \\ 1 & 1 & 1 & 1 & 5 \\ \hline 3 & 2 & -2 & -1 & 0 \end{array}\right)$$

$$\xrightarrow{\frac{1}{2}r_1}\left(\begin{array}{cccc|c} \frac{1}{2} & -\frac{1}{2} & \boxed{1} & -\frac{1}{2} & \frac{1}{2} \\ 2 & 1 & -3 & 1 & 4 \\ 1 & 1 & 1 & 1 & 5 \\ \hline 3 & 2 & -2 & -1 & 0 \end{array}\right)$$

$$\xrightarrow[r_4+2r_1]{\substack{r_2+3r_1 \\ r_3-r_1}}\left(\begin{array}{cccc|c} \frac{1}{2} & -\frac{1}{2} & ① & -\frac{1}{2} & \frac{1}{2} \\ \frac{7}{2} & -\frac{1}{2} & 0 & -\frac{1}{2} & \frac{11}{2} \\ \frac{1}{2} & \frac{3}{2} & 0 & \boxed{\frac{3}{2}} & \frac{9}{2} \\ \hline 4 & 1 & 0 & -2 & 1 \end{array}\right).$$

由于第二个基元只能从第二列及第四列的正系数中选取，而 $a_{32}=a_{34}=\frac{3}{2}$，有两个都可以选（选基元时若有几个比值相同，则可任选其中一个，即初始可行基的选取不是唯一的），注意到 $a_{34}$ 对应的检验数为负，$a_{32}$ 对应的检验数为正数，为了下一步计算的简便，因此取 $a_{34}$ 作为第二个基元．故接下来有

$$\xrightarrow{\frac{2}{3}r_3}\left(\begin{array}{cccc|c} \frac{1}{2} & -\frac{1}{2} & ① & -\frac{1}{2} & \frac{1}{2} \\ \frac{7}{2} & -\frac{1}{2} & 0 & -\frac{1}{2} & \frac{11}{2} \\ \frac{1}{3} & 1 & 0 & \boxed{1} & 3 \\ \hline 4 & 1 & 0 & -2 & 1 \end{array}\right)$$

$$\xrightarrow[r_4+2r_3]{r_1+\frac{1}{2}r_3,\ r_2+\frac{1}{2}r_3}\left(\begin{array}{cccc|c} \frac{2}{3} & 0 & ① & 0 & 2 \\ \boxed{\frac{11}{3}} & 0 & 0 & 0 & 7 \\ \frac{1}{3} & 1 & 0 & ① & 3 \\ \hline \frac{14}{3} & 3 & 0 & 0 & 7 \end{array}\right)$$

$$\xrightarrow{\frac{3}{11}r_2}\left(\begin{array}{cccc|c} \frac{2}{3} & 0 & ① & 0 & 2 \\ \boxed{1} & 0 & 0 & 0 & \frac{21}{11} \\ \frac{1}{3} & 1 & 0 & ① & 3 \\ \hline \frac{14}{3} & 3 & 0 & 0 & 7 \end{array}\right)$$

$$\xrightarrow[r_4-\frac{14}{3}r_2]{r_1-\frac{2}{3}r_2,\ r_3-\frac{1}{3}r_2}\left(\begin{array}{cccc|c} 0 & 0 & ① & 0 & \frac{8}{11} \\ ① & 0 & 0 & 0 & \frac{21}{11} \\ 0 & 1 & 0 & ① & \frac{26}{11} \\ \hline 0 & 3 & 0 & 0 & -\frac{21}{11} \end{array}\right),$$

于是得到三个基变量 $x_1$，$x_3$，$x_4$，此时检验数都是非负，故有唯一最优解 $x_1=\frac{21}{11}$，$x_2=0$，$x_3=\frac{8}{11}$，$x_4=\frac{26}{11}$，最优值为 $\max S=-\frac{21}{11}$.

**例 12** 解线性规划问题

$$\max S=-3x_1+2x_2-2x_3$$

$$\begin{cases} x_1+2x_2-x_3\geqslant 1 \\ -x_1+x_2+x_3=3 \\ -x_1+2x_2-x_3\leqslant 5 \\ x_i\geqslant 0\ (i=1,\ 2,\ 3) \end{cases}.$$

**解** 引进松弛变量 $x_4\geqslant 0$，$x_5\geqslant 0$，化线性规划问题为标准形式：

$$\max S=-3x_1+2x_2-2x_3$$

$$\begin{cases} x_1+2x_2-x_3-x_4=1 \\ -x_1+x_2+x_3=3 \\ -x_1+2x_2-x_3+x_5=5 \\ x_i\geqslant 0\ (i=1,\ 2,\ 3,\ 4,\ 5) \end{cases},$$

其对应的单纯形矩阵为：

$$\boldsymbol{T}=\left(\begin{array}{ccccc|c} 1 & 2 & -1 & -1 & 0 & 1 \\ -1 & 1 & 1 & 0 & 0 & 3 \\ -1 & 2 & -1 & 0 & 1 & 5 \\ \hline 3 & -2 & 2 & 0 & 0 & 0 \end{array}\right).$$

由于存在一个基元 $a_{35}=1$，故存在一个基变量 $x_5$，以下通过初等行变换，找出第二及第三个基变量：

$$\boldsymbol{T}=\left(\begin{array}{ccccc|c} 1 & \boxed{2} & -1 & -1 & 0 & 1 \\ -1 & 1 & 1 & 0 & 0 & 3 \\ -1 & 2 & -1 & 0 & \textcircled{1} & 5 \\ \hline 3 & -2 & 2 & 0 & 0 & 0 \end{array}\right)$$

$$\xrightarrow{\frac{1}{2}r_1}\left(\begin{array}{ccccc|c} \frac{1}{2} & \boxed{1} & -\frac{1}{2} & -\frac{1}{2} & 0 & \frac{1}{2} \\ -1 & 1 & 1 & 0 & 0 & 3 \\ -1 & 2 & -1 & 0 & \textcircled{1} & 5 \\ \hline 3 & -2 & 2 & 0 & 0 & 0 \end{array}\right)$$

$$\xrightarrow[r_4+2r_1]{\substack{r_2-r_1 \\ r_3-2r_1}}\left(\begin{array}{ccccc|c} \frac{1}{2} & \textcircled{1} & -\frac{1}{2} & -\frac{1}{2} & 0 & \frac{1}{2} \\ -\frac{3}{2} & 0 & \boxed{\frac{3}{2}} & \frac{1}{2} & 0 & \frac{5}{2} \\ -2 & 0 & 0 & 1 & \textcircled{1} & 4 \\ \hline 4 & 0 & 1 & -1 & 0 & 1 \end{array}\right)$$

$$\xrightarrow{\frac{2}{3}r_2}\left(\begin{array}{ccccc|c} \frac{1}{2} & ① & -\frac{1}{2} & -\frac{1}{2} & 0 & \frac{1}{2} \\ -1 & 0 & \boxed{1} & \frac{1}{3} & 0 & \frac{5}{3} \\ -2 & 0 & 0 & 1 & ① & 4 \\ \hline 4 & 0 & 1 & -1 & 0 & 1 \end{array}\right)$$

$$\xrightarrow[r_4-r_2]{r_1+\frac{1}{2}r_2}\left(\begin{array}{ccccc|c} 0 & ① & 0 & -\frac{1}{3} & 0 & \frac{4}{3} \\ -1 & 0 & ① & \frac{1}{3} & 0 & \frac{5}{3} \\ -2 & 0 & 0 & 1 & ① & 4 \\ \hline 5 & 0 & 0 & -\frac{4}{3} & 0 & -\frac{2}{3} \end{array}\right)$$

$$\xrightarrow[\substack{r_2-\frac{1}{3}r_3 \\ r_4+\frac{4}{3}r_3}]{r_1+\frac{1}{3}r_3}\left(\begin{array}{ccccc|c} -\frac{2}{3} & ① & 0 & 0 & \frac{1}{3} & \frac{8}{3} \\ \frac{-1}{3} & 0 & ① & 0 & -\frac{1}{3} & \frac{1}{3} \\ -2 & 0 & 0 & ① & 1 & 4 \\ \hline \frac{7}{3} & 0 & 0 & 0 & \frac{4}{3} & \frac{14}{3} \end{array}\right)$$

此时有三个基变量，且其检验数为非负数，故有唯一最优解：$x_1=0$，$x_2=\frac{8}{3}$，$x_3=\frac{1}{3}$，$x_4=4$，$x_5=0$，去掉松弛变量，得线性规划问题的最优解为：$x_1=0$，$x_2=\frac{8}{3}$，$x_3=\frac{1}{3}$；最优值为 $\max S=\frac{14}{3}$.

**例 13**　解线性规划问题

$$\max S=3x_1+4x_2$$
$$\begin{cases} 2x_1+2x_2+x_3=8 \\ 3x_1+x_2-2x_4=40 \\ x_i\geqslant 0\ (i=1,2,3,4) \end{cases}.$$

**解**　该线性规划问题已经是标准形式，易得其单纯形矩阵为：

$$\boldsymbol{T}=\left(\begin{array}{cccc|c} 2 & 2 & ① & 0 & 8 \\ 3 & 1 & 0 & -2 & 40 \\ \hline -3 & -4 & 0 & 0 & 0 \end{array}\right).$$

单纯形矩阵有一个基变量 $a_{13}=1$，而第二个基变量在余下的不同行不同列的正系数中去找，只有 $a_{21}=3$，$a_{22}=1$，根据最小比值原则，选取 $a_{21}=3$ 作为第二个基元，进行如下变换：

$$\boldsymbol{T}=\left(\begin{array}{cccc|c} 2 & 2 & ① & 0 & 8 \\ \boxed{3} & 1 & 0 & -2 & 40 \\ \hline -3 & -4 & 0 & 0 & 0 \end{array}\right)$$

$$\xrightarrow{\frac{1}{3}r_2}\left(\begin{array}{cccc|c} 2 & 2 & ① & 0 & 8 \\ \boxed{1} & \frac{1}{3} & 0 & -\frac{2}{3} & \frac{40}{3} \\ \hline -3 & -4 & 0 & 0 & 0 \end{array}\right)$$

$$\xrightarrow[r_3+3r_2]{r_1-2r_2}\left(\begin{array}{cccc|c} 0 & \frac{4}{3} & ① & \frac{4}{3} & -\frac{56}{3} \\ ① & \frac{1}{3} & 0 & -\frac{2}{3} & \frac{40}{3} \\ \hline 0 & -3 & 0 & -2 & 40 \end{array}\right),$$

当找到第二个基变量 $a_{21}$ 时，常数 $b_1=-\frac{56}{3}<0$，不满足线性规划问题的标准形式中“常数项全为非负数”的要求，或者说第二个基变量是找不到的，因为它不存在，从而线性规划问题无解 .

单纯形法求解线性规划问题的过程可以由计算机来完成，其框图如图 2 - 6 所示：

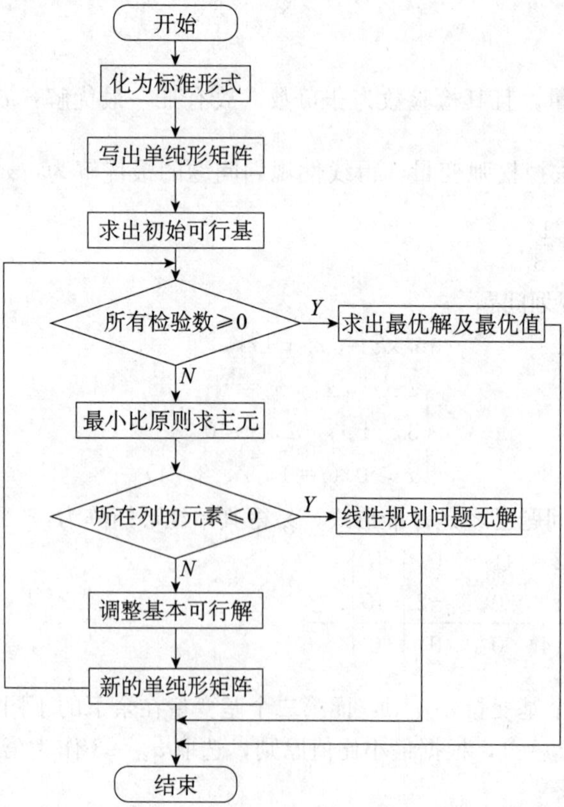


图 2 - 6

## 练习 2-2

1. 将下列线性规划问题化为标准形式：

(1) $\min S=2x_1+3x_2-x_3$
$$\begin{cases}x_1+2x_2\leqslant 6\\3x_1-x_2+2x_3=3\\x_i\geqslant 0\ (i=1,\ 2,\ 3)\end{cases}$$；

(2) $\max S=2x_1-3x_2$
$$\begin{cases}x_1+2x_2\leqslant 6\\3x_1-2x_2\leqslant 3\\x_i\geqslant 0\ (i=1,\ 2)\end{cases}$$；

(3) $\max S=x_1-2x_2$
$$\begin{cases}x_1+2x_2\geqslant 6\\4x_1-3x_2\geqslant 3\\x_i\geqslant 0\ (i=1,\ 2)\end{cases}$$；

(4) $\max S=2x_1+5x_2$
$$\begin{cases}3x_1+2x_2\geqslant 6\\5x_1-3x_2\leqslant 2\\x_i\geqslant 0\ (i=1,\ 2)\end{cases}$$；

(5) $\max S=-2x_1+3x_2+x_3$
$$\begin{cases}x_1+2x_2-x_3=-2\\4x_1+3x_2\geqslant 3\\4x_1-2x_2\leqslant 2\\x_i\geqslant 0\ (i=1,\ 2,\ 3)\end{cases}$$；

(6) $\min S=-2x_1+2x_2+3x_3$
$$\begin{cases}x_1+2x_2\leqslant 6\\4x_1+3x_3\geqslant 3\\3x_2-2x_3\leqslant -2\\x_i\geqslant 0\ (i=1,\ 2,\ 3)\end{cases}$$.

2. 用单纯形解法解下列基本线性规划问题：

(1) $\max S=3x_1+2x_2$
$$\begin{cases}2x_1+x_2\leqslant 6\\x_2\leqslant 4\\x_i\geqslant 0\ (i=1,\ 2)\end{cases}$$；

(2) $\max S=2x_1+3x_2$
$$\begin{cases}2x_1+3x_2\leqslant 6\\x_1+4x_2\leqslant 4\\x_i\geqslant 0\ (i=1,\ 2)\end{cases}$$；

(3) $\max S=3x_1+x_2$
$$\begin{cases}2x_1+x_2\leqslant 6\\x_1+2x_2\leqslant 5\\x_1\leqslant 2\\x_i\geqslant 0\ (i=1,\ 2)\end{cases}$$；

(4) $\max S=-x_1+3x_2-x_3$
$$\begin{cases}-2x_1+x_2+x_3\leqslant 6\\x_1+2x_2\leqslant 8\\x_i\geqslant 0\ (i=1,\ 2,\ 3)\end{cases}$$；

(5) $\max S=2x_1+3x_2$
$$\begin{cases}2x_1+x_2+x_3\leqslant 4\\-x_1+x_2-x_3\leqslant 2\\x_i\geqslant 0\ (i=1,\ 2,\ 3)\end{cases}$$；

(6) $\max S=2x_1+3x_3$
$$\begin{cases}x_1-x_2\leqslant 1\\2x_1+x_3\leqslant 6\\x_1+x_2+x_3\leqslant 4\\x_i\geqslant 0\ (i=1,\ 2,\ 3)\end{cases}$$.

3. 用单纯形解法解下列一般线性规划问题：

(1) $\max S=-2x_1+x_2$
$$\begin{cases}x_1-2x_2\geqslant 2\\x_1+x_2\geqslant 5\\x_i\geqslant 0\ (i=1,\ 2)\end{cases}$$；

(2) $\max S=3x_1-2x_2+x_3$
$$\begin{cases}x_1+x_2+x_3=9\\-2x_1+x_3=3\\x_i\geqslant 0\ (i=1,\ 2,\ 3)\end{cases}$$；

(3) $\max S=2x_1-2x_2-x_3$
$$\begin{cases}2x_1+x_2+x_3+x_4=12\\x_1+2x_2-x_3=4\\x_i\geqslant 0\ (i=1,\ 2,\ 3,\ 4)\end{cases}$$；

(4) $\max S=3x_1-2x_2$
$$\begin{cases}2x_1-x_2\geqslant 4\\x_1+2x_2\leqslant 6\\x_i\geqslant 0\ (i=1,\ 2)\end{cases}$$；

(5) $\max S=3x_1-2x_2-x_3$
$$\begin{cases}x_1-2x_2+x_3\leqslant 8\\-4x_1+x_2+2x_3\geqslant 2\\-2x_1+x_3=1\\x_i\geqslant 0\ (i=1,\ 2,\ 3)\end{cases}$$；

(6) $\min S=3x_1-x_2+2x_3$
$$\begin{cases}x_1+2x_2-x_3\geqslant 2\\-x_1+x_2+x_3=-4\\-x_1+2x_2-x_3\leqslant 6\\x_i\geqslant 0\ (i=1,\ 2,\ 3)\end{cases}$$.

4. 用单纯形解法解下列应用题：

(1) 某工厂生产甲、乙、丙三种商品，这三种商品都要经过同样的三种工序（单位：小时）的加工才能出品，每件产品需要各种工序的加工时及利润（单位：元/件）

如表 2-5 所示：

**表 2-5**

| | 工序1 | 工序2 | 工序3 | 利润 |
|---|---|---|---|---|
| 甲 | 1 | 2 | 2 | 100 |
| 乙 | 2 | 1 | 2 | 90 |
| 丙 | 2 | 1 | 1 | 60 |
| 一周内的总时间 | 42 | 60 | 36 | |

问该工厂在此星期内应该如何安排生产，才能使得三种产品销售后的利润最大？

(2) 某饮料厂配置某种饮品，该饮品由甲、乙两种原料混合而成．1 千克的甲种原料含有 2 克的微量元素 A 与 1 克的微量元素 B 以及 1 克的微量元素 C，购买价格为 6 元；1 千克乙种原料含有 1 克的微量元素 A 与 2 克的微量元素 B 以及 1 克的微量元素 C，购买价格为 5 元．现在要求这批饮品中含微量元素 A 最低为 240 克，含微量元素 B 最低为 300 克，含微量元素 C 最低为 200 克．问该饮料厂该如何在这批饮品中搭配甲、乙两种原料，才能使得这批饮品的成本最低？

# 习题二

## A组（基本题）

### 一、填空题

1. 线性规划问题中，满足约束条件的解称为________，所有可行解的集合称为________.

2. 使得目标函数取得最大（或最小）值的可行解称为________，对应的目标函数的值称为________.

3. ________称为线性规划问题的基本可行解.

4. 在基本线性规划问题的标准形的约束条件所构成的方程组中，________称为基变量，________称为非基变量.

5. 单纯形矩阵中，________称为检验行，________称为检验数.

6. 所谓换基，就是从________中找出一个变量让它变成________，这样的变量称为________，而此过程称为确定入基变量．然后再在________中找出一个变量，让它变成________，这样的变量称为出基变量，此过程称为确定出基变量.

7. 在有初始可行基的线性规划问题的单纯形矩阵中，________的列称为主列.

8. 用主列中的正元素去除同行的常数项，选出比例最小者，其除数称为________，主元所在的行称为________，选取比例最小的作为主元称为________________.

9. 在无初始可行基的单纯形矩阵中，用原约束条件中的方程组所有变量的正系数（以保证常数项非负）去除同行的常数项，找出比值最小者，称为________.

10. 基元个数应该和________的个数一样多.

### 二、选择题

1. 线性规划问题

$$\max S=-2x_1-x_2$$

$$\begin{cases} x_1+x_2\leqslant 2 \\ x_1-x_2\leqslant 1 \\ x_i\geqslant 0\ (i=1,\ 2) \end{cases}$$

有（　　）.

(A) 唯一最优解　(B) 无最优解　(C) 无穷多最优解　(D) 有可行解而无最优解

2. 线性规划问题

$$\max S=x_2+x_1$$

$$\begin{cases} x_1+x_2\leqslant 2 \\ x_1-x_2\leqslant 1 \\ x_i\geqslant 0\ (i=1,\ 2) \end{cases}$$

有（　　）.

(A) 唯一最优解　(B) 无最优解　(C) 无穷多最优解　(D) 有可行解而无最优解

3. 线性规划问题

$$\max S=2x_2+x_1$$

$$\begin{cases} x_1+x_2\geqslant 2 \\ x_1-x_2\geqslant 1 \\ x_i\geqslant 0\ (i=1,\ 2) \end{cases}$$

有（　　）.

(A) 唯一最优解　(B) 无最优解　(C) 无穷多最优解　(D) 有可行解而无最优解

4. 线性规划问题

$$\max S=2x_2+x_1$$

$$\begin{cases} x_1+x_2\leqslant 2 \\ x_1-x_2\geqslant 1 \\ x_i\geqslant 0\ (i=1,\ 2) \end{cases}$$

的标准形式是（　　）.

(A) $\max S=2x_2+x_1$

$$\begin{cases} x_1+x_2-x_3=2 \\ x_1-x_2+x_4=1 \\ x_i\geqslant 0\ (i=1,\ 2) \end{cases}$$

(B) $\max S=2x_2+x_1$

$$\begin{cases} x_1+x_2-x_3=2 \\ x_1-x_2-x_4=1 \\ x_i\geqslant 0\ (i=1,\ 2) \end{cases}$$

(C) $\max S=2x_2+x_1$

$$\begin{cases} x_1+x_2+x_3=2 \\ x_1-x_2-x_4=1 \\ x_i\geqslant 0\ (i=1,\ 2,\ 3,\ 4) \end{cases}$$

(D) $\max S=2x_2+x_1$

$$\begin{cases} x_1+x_2+x_3=2 \\ x_1-x_2+x_4=1 \\ x_i\geqslant 0\ (i=1,\ 2,\ 3,\ 4) \end{cases}$$

5. 线性规划问题

$$\min S=2x_1-3x_2$$

$$\begin{cases} x_1+2x_2\geqslant 2 \\ 2x_1-x_2\leqslant 1 \\ x_i\geqslant 0\ (i=1,\ 2) \end{cases}$$

的标准形式是（　　）.

(A) $\max S'=-2x_1+3x_2$

$$\begin{cases} x_1+2x_2-x_3=2 \\ 2x_1-x_2+x_4=1 \\ x_i\geqslant 0\ (i=1,\ 2,\ 3,\ 4) \end{cases}$$

(B) $\max S'=-2x_1+3x_2$

$$\begin{cases} x_1+2x_2+x_3=2 \\ 2x_1-x_2-x_4=1 \\ x_i\geqslant 0\ (i=1,\ 2,\ 3,\ 4) \end{cases}$$

(C) $\max S'=-2x_1+3x_2$
$\begin{cases}x_1+2x_2-x_3=2\\2x_1-x_2+x_4=1\\x_i\geqslant 0\ (i=1,\ 2)\end{cases}$

(D) $\max S=2x_1-3x_2$
$\begin{cases}x_1+2x_2-x_3=2\\2x_1-x_2+x_4=1\\x_i\geqslant 0\ (i=1,\ 2,\ 3,\ 4)\end{cases}$

6. 线性规划问题

$$\max S=4x_2-x_1$$
$$\begin{cases}x_1+2x_2\leqslant 2\\3x_1-x_2\geqslant -1\\x_i\geqslant 0\ (i=1,\ 2)\end{cases}$$

的标准形式是（　　）.

(A) $\max S=4x_2-x_1$
$\begin{cases}x_1+2x_2+x_3=2\\3x_1-x_2-x_4=-1\\x_i\geqslant 0\ (i=1,\ 2)\end{cases}$

(B) $\max S=4x_2-x_1$
$\begin{cases}x_1+2x_2+x_3=2\\3x_1-x_2+x_4=-1\\x_i\geqslant 0\ (i=1,\ 2,\ 3,\ 4)\end{cases}$

(C) $\max S=4x_2-x_1$
$\begin{cases}x_1+2x_2+x_3=2\\3x_1-x_2-x_4=-1\\x_i\geqslant 0\ (i=1,\ 2,\ 3,\ 4)\end{cases}$

(D) $\max S=4x_2-x_1$
$\begin{cases}x_1+2x_2+x_3=2\\-3x_1+x_2+x_4=1\\x_i\geqslant 0\ (i=1,\ 2,\ 3,\ 4)\end{cases}$

7. 线性规划问题

$$\max S=2x_1-3x_2$$
$$\begin{cases}x_1+2x_2\geqslant 2\\2x_1-x_2\leqslant 1\\x_i\geqslant 0\ (i=1,\ 2)\end{cases}$$

的最优解是（　　）.

(A) $\begin{cases}x_1=0\\x_2=1\end{cases}$　(B) $\begin{cases}x_1=\dfrac{4}{5}\\x_2=\dfrac{3}{5}\end{cases}$　(C) $\begin{cases}x_1=\dfrac{1}{2}\\x_2=\dfrac{3}{4}\end{cases}$　(D) $\begin{cases}x_1=2\\x_2=0\end{cases}$

8. 线性规划问题

$$\max S=-3x_1+2x_2$$
$$\begin{cases}x_1+2x_2\geqslant 2\\2x_1-x_2\leqslant 1\\x_i\geqslant 0\ (i=1,\ 2)\end{cases}$$

的最优解是（　　）.

(A) $\begin{cases}x_1=0\\x_2=1\end{cases}$　(B) $\begin{cases}x_1=\dfrac{4}{5}\\x_2=\dfrac{3}{5}\end{cases}$

(C) $\begin{cases}x_1=\dfrac{1}{2}\\x_2=\dfrac{3}{4}\end{cases}$　　(D) 无最优解

9. 下列选项是标准形式的有（　　）.

(A) $\min S=2x_1-3x_2$
$$\begin{cases}x_1-3x_2=2\\2x_1-5x_2=1\\x_i\geqslant 0\ (i=1,\ 2)\end{cases}$$

(B) $\max S=2x_1-3x_2$
$$\begin{cases}x_1-3x_2\leqslant 2\\2x_1-5x_2=1\\x_i\geqslant 0\ (i=1,\ 2)\end{cases}$$

(C) $\max S=2x_1-3x_2$
$$\begin{cases}x_1-3x_2=2\\2x_1-5x_2=1\\x_i\geqslant 0\ (i=1,\ 2)\end{cases}$$

(D) $\max S=2x_1-3x_2$
$$\begin{cases}x_1-3x_2=-2\\2x_1-5x_2-x_3=1\\x_i\geqslant 0\ (i=1,\ 2)\end{cases}$$

10. 下列线性规划问题可用图解法解决的是（　　）.

(A) $\max S=3x_1-4x_2$
$$\begin{cases}x_1-3x_2=-2\\2x_1-5x_2-x_3=1\\x_i\geqslant 0\ (i=1,\ 2,\ 3)\end{cases}$$

(B) $\max S=3x_1-4x_2$
$$\begin{cases}2x_1-3x_2=3\\2x_1-3x_2+x_3=1\\x_i\geqslant 0\ (i=1,\ 2,\ 3)\end{cases}$$

(C) $\min S=2x_1-3x_2$
$$\begin{cases}2x_1-3x_2=3\\2x_1-3x_2+x_3=1\\x_i\geqslant 0\ (i=1,\ 2,\ 3)\end{cases}$$

(D) $\min S=2x_1-3x_2$
$$\begin{cases}2x_1-3x_2=3\\2x_1-3x_2=1\\x_i\geqslant 0\ (i=1,\ 2)\end{cases}$$

## 三、计算题

1. 解线性规划问题

$$\max S=x_2-2x_1$$
$$\begin{cases}x_1+x_2\leqslant 2\\x_2-x_1\leqslant 1\\x_i\geqslant 0\ (i=1,\ 2)\end{cases}.$$

2. 解线性规划问题

$$\max S=x_2+2x_1$$
$$\begin{cases}x_1+x_2\leqslant 2\\x_2-x_1\leqslant 1\\x_i\geqslant 0\ (i=1,\ 2)\end{cases}.$$

3. 解线性规划问题

$$\max S=x_1+x_2$$
$$\begin{cases}x_1+x_2\leqslant 2\\x_2-x_1\leqslant 1\\x_i\geqslant 0\ (i=1,\ 2)\end{cases}.$$

4. 解线性规划问题

$$\max S=x_1+2x_2$$

$$\begin{cases}x_1+x_2\geqslant 2\\x_2-x_1\leqslant 1\\x_i\geqslant 0\ (i=1,\ 2)\end{cases}.$$

5. 解线性规划问题

$$\min S=x_1+2x_2$$

$$\begin{cases}x_1+x_2\geqslant 2\\x_2-x_1\leqslant 1\\x_i\geqslant 0\ (i=1,\ 2)\end{cases}.$$

6. 把

$$\max S=x_1+2x_2$$

$$\begin{cases}x_1+x_2\geqslant 2\\-x_1+x_2\leqslant 1\\x_i\geqslant 0\ (i=1,\ 2)\end{cases}$$

化为标准形式.

7. 把

$$\min S=x_1-2x_2$$

$$\begin{cases}x_1+x_2\leqslant 2\\-x_1+x_2\geqslant 1\\x_i\geqslant 0\ (i=1,\ 2)\end{cases}$$

化为标准形式.

8. 把

$$\max S=-x_1+2x_2$$

$$\begin{cases}x_1+2x_2+3x_3=-2\\x_1-x_2\leqslant 1\\3x_1+x_3\geqslant 2\\x_i\geqslant 0\ (i=1,\ 2,\ 3)\end{cases}$$

化为标准形式.

9. 用单纯形解法解线性规划问题

$$\max S=2x_2-x_1$$

$$\begin{cases}x_1+x_2\leqslant 3\\-x_1+x_2\leqslant 1\\x_i\geqslant 0\ (i=1,\ 2)\end{cases}.$$

10. 用单纯形解法解线性规划问题

$$\max S=x_2-2x_1$$

$$\begin{cases}x_1+x_2\leqslant 3\\-x_1+x_2\geqslant 1\\x_i\geqslant 0\ (i=1,\ 2)\end{cases}.$$

## B组（提高题）

1. 广州某公交公司昼夜服务的某条线路每天各时间区段内所需的司机和乘务人员数名如表 2-6 所示：

**表 2-6**

| 班次 | 时间区段 | 所需人数 |
|---|---|---|
| 1 | 5:00—9:00 | 40 |
| 2 | 9:00—13:00 | 70 |
| 3 | 13:00—17:00 | 65 |
| 4 | 17:00—21:00 | 75 |
| 5 | 21:00—1:00 | 50 |
| 6 | 1:00—5:00 | 20 |

设司机和乘务人员分别在每时段准时上班，并连续工作 8 小时．问该公交公司应如何安排这条公交线路的司乘人员，才能既满足工作的需要，又使配备的人员最少？试建立其数学模型．

2. 某超市对一周内顾客流量进行统计分析后，按照服务定额得知一周中每天售货人员需求量如表 2-7 所示：

**表 2-7**

| 时间 | 星期一 | 星期二 | 星期三 | 星期四 | 星期五 | 星期六 | 星期日 |
|---|---|---|---|---|---|---|---|
| 售货人数 | 20 | 25 | 30 | 15 | 25 | 35 | 40 |

这个超市的售货员每工作 5 天，休息 2 天，而且要求休息时间是连续的．问该超市该如何安排售货人员的作息，才能既满足工作需要，又使得配备的售货人员最少？试建立其数学模型．

3. 某工厂计划做 150 套钢架，需要用长分别为 2.9m，2.1m 和 1.5m 的角钢各一根．已知可做原料的角钢每根长 7.4m，问应如何下料才能使所用材料最省？试建立其数学模型．

4. 解线性规划问题

$$\max S=4x_1+2x_2$$

$$\begin{cases}3x_1+5x_2\leqslant 15\\6x_1+2x_2\leqslant 24\\x_i\geqslant 0\ (i=1,\ 2)\end{cases}.$$

5. 解线性规划问题

$$\max S=5x_1+2x_2$$

$$\begin{cases} x_1\leqslant 6 \\ x_2\leqslant 4 \\ 2x_1+3x_2\leqslant 18 \\ x_i\geqslant 0\ (i=1,\ 2) \end{cases}.$$

6. 解线性规划问题

$$\min S=2x_1+3x_2$$

$$\begin{cases} 2x_1+3x_2\leqslant 30 \\ x_1+2x_2\geqslant 10 \\ x_1-x_2\geqslant 0 \\ x_1\geqslant 0 \\ x_2\geqslant 0 \end{cases}.$$

7. 将下列线性规划问题化为标准形式

$$\max S=2x_1-3x_2$$

$$\begin{cases} x_1-2x_2\leqslant 6 \\ x_1+x_2\geqslant 3 \\ 3x_1-2x_2=-2 \\ x_i\geqslant 0\ (i=1,\ 2) \end{cases}.$$

8. 用单纯形解法解下列线性规划问题

$$\max S=2x_1+x_2$$

$$\begin{cases} x_2\leqslant 3 \\ 3x_1+x_2\leqslant 12 \\ x_1+x_2\leqslant 5 \\ x_i\geqslant 0\ (i=1,\ 2) \end{cases}.$$

9. 解线性规划问题

$$\max S=3x_1-x_2-x_3$$

$$\begin{cases} x_1-2x_2+x_3\leqslant 11 \\ -4x_1+x_2+2x_3\geqslant 3 \\ -2x_1+x_3=1 \\ x_i\geqslant 0\ (i=1,\ 2,\ 3) \end{cases}.$$

10. 考虑线性规划问题

$$\min S=x_1+\alpha x_2$$

$$\begin{cases} -x_1+x_2\leqslant 1 \\ -x_1+2x_2\leqslant 4 \\ x_1,\ x_2\geqslant 0 \end{cases},$$

试讨论 $\alpha$ 在取什么值的时候，该线性规划问题：

(1) 有唯一最优解；

(2) 有无穷最优解；

(3) 无最优解．

[阅读材料]

## 投入产出分析法的创始人——列昂惕夫

华西里·列昂惕夫（Wassily Leontief）于1906年夏天生于彼得堡.1921年，考入了彼得堡大学，专修社会学，1925年取得了社会学硕士学位，这时，他才19岁.毕业后被校方留任为助教.当苏维埃政权建立起来的时候，急需恢复和发展经济.列昂惕夫的父亲参加了编制1923—1924年苏联国民经济平衡表的工作，社会与家庭各方面的影响和时代的需要，使这位还在攻读硕士学位的年轻人，对经济学问题产生了浓厚的兴趣，并开始这方面的探索.他一边担负繁重的教学工作，一边阅读有关经济学理论的书籍.他于1927年来到马克思的故乡德国，进入柏林大学博士研究生班继续深造.1928年，取得了柏林大学的博士学位.

列昂惕夫在青年时期的研究工作就开始涉及投入产出分析法的内容.早在1925年，当他还在柏林大学读书时，曾在德国出版的《世界经济》杂志上发表了《俄国经济平衡——一个方法论的研究》的短文，第一次阐述了他的投入产出思想.1930年，他移居美国后，正式从事投入产出分析法的研究.

半个世纪以来，列昂惕夫的工作大体经过了三个阶段.第一阶段，是20世纪三四十年代.这期间，他的工作重点是编制美国的投入产出表，并建立投入产出分析法的理论体系.

第二阶段，是20世纪五六十年代，列昂惕夫把投入产出分析看作是经济分析的一个全能工具.所以，他在解决了一国国民经济投入产出表的编制问题后，便进一步探索运用这一方法深入研究不同局部或个别环节的途径.1966年，列昂惕夫将自己的理论系统整理后，出版了《投入-产出经济学论文集》一书.这部书是一个重要的总结.同年，他又出版了《经济学论文集：理论和理论的形成》一书.1967年，列昂惕夫被纽约大学授予终身教授职衔.1968年，法国全国退伍军人协会授予他名誉会员的称号.同年，他又被聘为法国工业委员会通信员.

第三阶段，20世纪70年代以后，列昂惕夫的学说有了更大的发展.据1979年联合国统计，世界上已有89个国家和地区广泛采用这一理论.

1987年，列昂惕夫随美国总统尼克松来华访问.他很欣赏中国的以计划经济为主、市场调节为辅的经济体制，回国后发表了《社会主义在中国行得通》的评论文章，高度评价了中华人民共和国成立以来的经济恢复和发展.这篇评论轰动了西方世界，对西方国家了解中国起到了积极作用.

列昂惕夫因发展了投入产出分析方法及这种方法在经济领域产生的重大作用而备受西方经济学家推崇.列昂惕夫的投入产出分析法，已被世界广泛采用.据西方报刊报道，1979年运用投入产出理论编制和发表投入产出表的国家已有80多个，联合国社会经济部门建议成员国，把投入产出分析法作为国民经济核算体系的一个组成部分.

20世纪五六十年代，列昂惕夫将投入产出分析法娴熟地运用于经济学的许多学科，取得了一个又一个成就．投入产出分析法得到了社会的承认，许多学术机构、政府部门、学者开始使用投入产出分析法，编制投入产出表．1974 年，联合国委托列昂惕夫建立全球性投入模型，以研究 20 世纪最后 20 多年中世界经济可能发生的变化与国际社会能够采取的方案．《世界经济的未来》一书便是列昂惕夫进行此项研究的一个成果．

列昂惕夫力图利用投入产出分析来帮助实现联合国的国际发展战略和建立国际经济新秩序，调整不平等和不公正的国际经济关系，缩小发达国家和发展中国家之间的差距，保证稳定地促进现代和未来的社会经济发展，并帮助联合国的会员国制定减轻贫困和失业的措施；同时，保持甚至改善全球环境免受污染，达到既定经济目标．

由于列昂惕夫发展了投入产出分析法在经济领域产生的重大作用，1973 年被授予诺贝尔经济学奖．

除了诺贝尔经济学奖外，列昂惕夫获得的奖励及荣誉还有：1953 年，比萨大学授予他查理-包姆勋章；1967 年，美国纽约大学授予他终身教授称号；1968 年，法国全国退伍军人协会授予他名誉会员称号；他还曾任日本经济研究中心、英国皇家统计学会的名誉会员．

投入产出分析法的特点和优点是能够用来研究实际经济问题．它是从数量上系统地研究一个复杂经济实体的各不同部门之间相互关系的方法．这个经济实体可以大到一个国家，甚至整个世界，小到一个省、市或企业部门．

进行经济预测，是投入产出分析法最广泛的应用．研究某项经济政策的实施将对社会经济产生什么影响，也是投入产出分析法的重要应用．投入产出分析法还可用于一些专门的社会问题研究，如环境污染问题、人口问题、世界经济结构问题等．

随着经济的发展，对外贸易及资本流动的国际扩展，不但隐含着各国进出口结构的不断变动，而且推动了各国产业结构的变化．就国际贸易理论的发展来看，大体经历了三个阶段：亚当·斯密的绝对成本理论、李嘉图的比较利益理论、赫克歇尔-俄林理论（资源禀赋理论）．其中最具有代表性的是李嘉图的比较利益理论和赫克歇尔-俄林理论（资源禀赋理论）．但问题在于，不少国家在很多时候并不符合比较优势理论．列昂惕夫在 1953 年和 1956 年的两次研究中发现了一个难以解释的现象：按照传统理论，美国这个世界上具有最昂贵劳动力和最密集资本的国家，应主要出口资本密集型产品，进口劳动密集型产品．但事实恰好相反，美国出口量最大的却是农产品等劳动密集型产品，进口量最大的却是汽车、钢铁等资本密集型产品．这被称为"列昂惕夫之谜"．

直到弗农 1966 年提出"产品周期理论"，才解开了"列昂惕夫之谜"．在弗农看来，科技创新在对外贸易中具有相当重要的作用，即创新产品初始垄断优势以及其后技术转移与扩散形成的垄断优势的丧失，决定着国际贸易的格局变化，从而推动一国产业结构的演进．关于这一点，我们可以从美国产业结构变化中看得更清楚．从 20 世纪 80 年代起，美国政府就加大了对 R&D（研究与开发）的支持力度．1994 年美国 R&D 开发投资达 1 730.2亿美元，超过日本和德国两国 R&D 投资的总和（1 707.4亿美元），占美国 GDP 的 2.61%．这样，高技术产业对美国经济增长的贡献率已从 1986—1990 年的 14%左右提高到 1991—1995 年的 28%以上，1996 年已接近 35%，而作为传统支柱产业的建筑业和汽车业的贡献率分别为 14%和 4%．经过技术改造，美国的汽车等传统产业的竞争力也普遍提高．1986—1995 年，美国出口知识类产品占其出口总额的比重已从 12%上升到 42%．

列昂惕夫等国外经济学家充分肯定了《资本论》有关资本主义社会经济矛盾和运动规律理论的实证性和科学性．列昂惕夫指出："在试图做出任何解释以前，如果一个人想要了解资本主义企业的利润和工资实际上是什么，那么，他从三卷《资本论》可以得到的信息，会比他在十期《美国统计普查》、一打有关当代经济制度的教科书，甚至我还敢说，再加上托斯丹·凡勃伦的所有论文集当中，可以找到的信息都更真实，也更有用．"

事实表明，投入产出分析法不只在各种长期及短期预测和计划中得到了广泛的应用，而且适用于不同经济制度下的预测和计划，无论是自由竞争的市场经济还是中央计划经济．

# *第三章　特征值与方阵对角化

特征值与特征向量是线性代数的基本内容，在很多线性问题中有着广泛的应用．如运筹学的层次分析法、图论的有关矩阵的谱、微分方程的求解、图像压缩、模式识别等．

## 案例 3.1　人口变化问题

设某国家的总人口在若干年内保持相对稳定，每年该国城市人口的 10%流动到乡镇，而乡镇人口的 20%流动到城市．如果目前该国人口的 30%是城市人口，70%为乡镇人口．试说明若干年后城市与乡镇人口的比例将如何变化．

## 案例 3.2　工业增长与污染

设 $x_0=1$，$y_0=2$ 分别为某地区目前的环境污染程度与经济发展水平，令 $x_t$，$y_t$ 分别为该地区 $t$ 年后的经济发展水平和环境污染程度．若环境污染程度与经济发展水平的增长模型为 $\begin{cases} x_{t+1}=3x_t+y_t \\ y_{t+1}=2x_t+2y_t \end{cases}$，试说明若干年后该地区的环境污染程度与经济发展水平．

## 案例 3.3　斐波那契数列

如果一对兔子出生一个月后开始繁殖，每个月生出一对后代．现在有一对新生兔子，假定兔子只繁殖，没有死亡，问第 $k$ 月月初会有多少对兔子？

解决以上问题，需要运用特征值和特征向量的有关知识．

# 第一节　特征值和特征向量

**定义 3.1.1**

**设 $A$ 是一个 $n$ 阶方阵，若存在数 $\lambda$ 与 $n$ 维非零向量 $X$ 使得**

$$AX=\lambda X \tag{3.1.1}$$

**则称 $\lambda$ 为方阵 $A$ 的特征值，$X$ 为方阵 $A$ 的属于特征值 $\lambda$ 的特征向量．**

将式（3.1.1）的左边移到右边，可得方程

$$\lambda X - AX = (\lambda I - A)X = O \tag{3.1.2}$$

故方阵 $A$ 有特征值当且仅当齐次线性方程组（3.1.2）有非零解，而该方程组有非零解的充要条件为 $|\lambda I - A| = 0$.

**定义 3.1.2**

**称 $|\lambda I - A| = 0$ 是方阵 $A$ 的特征方程；称 $f(\lambda) = |\lambda I - A|$ 为方阵 $A$ 的特征多项式．**

显然，特征多项式是一个 $\lambda$ 的 $n$ 次多项式，特征方程的根就是方阵 $A$ 的全部特征值．求出特征值 $\lambda_0$ 后，代入方程 $(\lambda_0 I - A)X = O$，求得非零解 $X = X_0$，则 $X_0$ 为 $A$ 的对应于特征值 $\lambda_0$ 的特征向量．

求方阵的特征值和特征向量的方法：

(1) 根据所给方阵，写出其特征方程 $|\lambda I - A| = 0$ 并求解，得到所有的特征值：$\lambda_1$，$\lambda_2,\cdots,\lambda_n$．

(2) 对于任一特征值 $\lambda_i(i = 1,2,\cdots,n)$，代入方程 $(\lambda_i I - A)X = O$，求出该方程的解，并用基础解系表示，基础解系的线性组合即为特征值 $\lambda_i$ 对应的特征向量．

**例 1**　求下列方阵的特征值与特征向量．

(1) $A = \begin{pmatrix} 1 & 2 \\ 2 & 1 \end{pmatrix}$；　(2) $A = \begin{pmatrix} 1 & 0 & 0 \\ -2 & 2 & 0 \\ 2 & -4 & 3 \end{pmatrix}$；　(3) $A = \begin{pmatrix} 1 & 2 & 2 \\ 2 & 2 & 1 \\ 2 & 1 & 2 \end{pmatrix}$．

**解**　(1) $A$ 的特征多项式为 $f(\lambda) = |\lambda I - A| = \begin{vmatrix} \lambda-1 & -2 \\ -2 & \lambda-1 \end{vmatrix} = (\lambda-3)(\lambda+1)$，令 $f(\lambda) = 0$ 可得 $A$ 的特征值为 $\lambda_1 = 3$，$\lambda_2 = -1$．

对于 $\lambda_1 = 3$，解方程组 $(\lambda_1 I - A)X = O$，即 $\begin{cases} 2x_1 - 2x_2 = 0 \\ -2x_1 + 2x_2 = 0 \end{cases}$ 可得其基础解系为 $\boldsymbol{\alpha} = (1,1)^{\mathrm{T}}$，故 $A$ 的属于 $\lambda_1 = 3$ 的特征向量为 $k_1\boldsymbol{\alpha}$，其中 $k_1 \in \mathbf{R}$，且 $k_1 \neq 0$．

对于 $\lambda_2 = -1$，解方程组 $(\lambda_2 I - A)X = O$，即 $\begin{cases} -2x_1 - 2x_2 = 0 \\ -2x_1 - 2x_2 = 0 \end{cases}$，可得其基础解系为 $\boldsymbol{\beta} = (1,-1)^{\mathrm{T}}$，故 $A$ 的属于 $\lambda_2 = -1$ 的特征向量为 $k_2\boldsymbol{\beta}$，其中 $k_2 \in \mathbf{R}$，且 $k_2 \neq 0$.

(2) $\boldsymbol{A}$ 的特征多项式为

$$f(\lambda)=|\lambda \boldsymbol{I}-\boldsymbol{A}|=\begin{vmatrix}\lambda-1 & 0 & 0\\ 2 & \lambda-2 & 0\\ -2 & 4 & \lambda-3\end{vmatrix}=(\lambda-1)(\lambda-2)(\lambda-3)$$，令 $f(\lambda)=0$ 可得 $\boldsymbol{A}$ 的特征值为 $\lambda_1=1,\lambda_2=2,\lambda_3=3$.

对于 $\lambda_1=1$，解方程组 $(\lambda_1\boldsymbol{I}-\boldsymbol{A})\boldsymbol{X}=0$，即 $\begin{cases}2x_1-x_2=0\\ -2x_1+4x_2-2x_3=0\end{cases}$，可得其基础解系为 $\boldsymbol{\alpha}=(1,2,3)^{\mathrm{T}}$，故 $\boldsymbol{A}$ 的属于 $\lambda_1=1$ 的特征向量为 $k_1\boldsymbol{\alpha}$，其中 $k_1\in\mathbf{R}$，且 $k_1\neq 0$.

对于 $\lambda_2=2$，解方程组 $(\lambda_2\boldsymbol{I}-\boldsymbol{A})\boldsymbol{X}=0$，即 $\begin{cases}x_1=0\\ 2x_1=0\\ -2x_1+4x_2-x_3=0\end{cases}$，可得其基础解系为 $\boldsymbol{\beta}=(0,-1,2)^{\mathrm{T}}$，故 $\boldsymbol{A}$ 的属于 $\lambda_2=2$ 的特征向量为 $k_2\boldsymbol{\beta}$，其中 $k_2\in\mathbf{R}$，$k_2\neq 0$.

对于 $\lambda_2=3$，解方程组 $(\lambda_3\boldsymbol{I}-\boldsymbol{A})\boldsymbol{X}=0$，即 $\begin{cases}2x_1=0\\ 2x_1+x_2=0\\ -2x_1+4x_2=0\end{cases}$，可得其基础解系为 $\boldsymbol{\gamma}=(0,0,1)^{\mathrm{T}}$，故 $\boldsymbol{A}$ 的属于 $\lambda_3=2$ 的特征向量为 $k_3\boldsymbol{\gamma}$，其中 $k_3\in\mathbf{R}$，且 $k_3\neq 0$.

(3) $\boldsymbol{A}$ 的特征多项式为

$$f(\lambda)=|\lambda \boldsymbol{I}-\boldsymbol{A}|=\begin{vmatrix}\lambda-1 & -2 & -2\\ -2 & \lambda-2 & -1\\ -2 & -1 & \lambda-2\end{vmatrix}\xlongequal{r_1+r_2+r_3}\begin{vmatrix}\lambda-5 & \lambda-5 & \lambda-5\\ -2 & \lambda-2 & -1\\ -2 & -1 & \lambda-2\end{vmatrix}$$

$$=(\lambda-5)\begin{vmatrix}1 & 1 & 1\\ -2 & \lambda-2 & -1\\ -2 & -1 & \lambda-2\end{vmatrix}\xlongequal[r_3+2r_1]{r_2+2r_1}(\lambda-5)\begin{vmatrix}1 & 1 & 1\\ 0 & \lambda & 1\\ 0 & 1 & \lambda\end{vmatrix}$$

$$=(\lambda-5)(\lambda-1)(\lambda+1)$$

令 $f(\lambda)=0$ 可得 $\boldsymbol{A}$ 的特征值为 $\lambda_1=-1$，$\lambda_2=1$，$\lambda_3=5$.

对于 $\lambda_1=-1$，解方程组 $(\lambda_1\boldsymbol{I}-\boldsymbol{A})\boldsymbol{X}=0$，即 $\begin{cases}-2x_1-2x_2-3x_3=0\\ -2x_1-3x_2-x_3=0\\ -2x_1-x_2-3x_3=0\end{cases}$，可得其基础解系为 $\boldsymbol{\alpha}=(-2,1,1)^{\mathrm{T}}$，故 $\boldsymbol{A}$ 的属于 $\lambda_1=-1$ 的特征向量为 $k_1\boldsymbol{\alpha}$，其中 $k_1\in\mathbf{R}$，且 $k_1\neq 0$.

对于 $\lambda_2=1$，解方程组 $(\lambda_2\boldsymbol{I}-\boldsymbol{A})\boldsymbol{X}=0$，即 $\begin{cases}-2x_2-2x_3=0\\ -2x_1-x_2-x_3=0\\ -2x_1-x_2-x_3=0\end{cases}$，可得其基础解系为 $\boldsymbol{\beta}=(0,-1,1)^{\mathrm{T}}$，故 $\boldsymbol{A}$ 的属于 $\lambda_2=1$ 的特征向量为 $k_2\boldsymbol{\beta}$，其中 $k_2\in\mathbf{R}$，且 $k_2\neq 0$.

对于 $\lambda_2=5$，解方程组 $(\lambda_3\boldsymbol{I}-\boldsymbol{A})\boldsymbol{X}=0$，即 $\begin{cases}4x_1-2x_2-2x_3=0\\ -2x_1+3x_2-x_3=0\\ -2x_1-x_2+3x_3=0\end{cases}$，可得其基础解系为 $\boldsymbol{\gamma}=(1,1,1)^{\mathrm{T}}$，故 $\boldsymbol{A}$ 的属于 $\lambda_3=5$ 的特征向量为 $k_3\boldsymbol{\gamma}$，其中 $k_3\in\mathbf{R}$，且 $k_3\neq 0$.

**例 2** 求解案例 3.1.

**解** 记 $\boldsymbol{A}=\begin{pmatrix}0.9 & 0.2\\0.1 & 0.8\end{pmatrix}$，$\boldsymbol{\alpha}=(0.3\quad 0.7)^{\mathrm{T}}$，则 $n$ 年后人口为 $\boldsymbol{\alpha}^n=\boldsymbol{A}^n\boldsymbol{\alpha}$．计算 $\boldsymbol{A}$ 的特征值为 $\lambda_1=1,\lambda_2=\frac{7}{10}$，其对应的特征向量分别为 $\boldsymbol{\beta}_1=(2\quad 1)^{\mathrm{T}}$ 及 $\boldsymbol{\beta}_2=(1\quad -1)^{\mathrm{T}}$，将 $\boldsymbol{\alpha}$ 用 $\boldsymbol{\beta}_1$，$\boldsymbol{\beta}_2$ 线性表得出 $\boldsymbol{\alpha}=\frac{1}{3}\boldsymbol{\beta}_1-\frac{11}{30}\boldsymbol{\beta}_2$，从而有：

$$\boldsymbol{A}^n\boldsymbol{\alpha}=\boldsymbol{A}^n(\frac{1}{3}\boldsymbol{\beta}_1-\frac{11}{30}\boldsymbol{\beta}_2)=\frac{1}{3}\boldsymbol{A}^n\boldsymbol{\beta}_1-\frac{11}{30}\boldsymbol{A}^n\boldsymbol{\beta}_2$$

又 $\boldsymbol{A}\boldsymbol{\beta}_1=\boldsymbol{\beta}_1,\boldsymbol{A}^2\boldsymbol{\beta}_1=\boldsymbol{A}(\boldsymbol{A}\boldsymbol{\beta}_1)=\boldsymbol{A}\boldsymbol{\beta}_1=\boldsymbol{\beta}_1,\cdots,\boldsymbol{A}^n\boldsymbol{\beta}_1=\boldsymbol{\beta}_1$；

$$\boldsymbol{A}\boldsymbol{\beta}_2=\frac{7}{10}\boldsymbol{\beta}_2,\boldsymbol{A}^2\boldsymbol{\beta}_2=\boldsymbol{A}(\boldsymbol{A}\boldsymbol{\beta}_2)=\frac{7}{10}\boldsymbol{A}\boldsymbol{\beta}_2=(\frac{7}{10})^2\boldsymbol{\beta}_2,\cdots,\boldsymbol{A}^n\boldsymbol{\beta}_2=(\frac{7}{10})^n\boldsymbol{\beta}_2;$$

故 $\boldsymbol{A}^n\boldsymbol{\alpha}=\frac{1}{3}\boldsymbol{A}^n\boldsymbol{\beta}_1-\frac{11}{30}\boldsymbol{A}^n\boldsymbol{\beta}_2=\frac{1}{3}\boldsymbol{\beta}_1-(\frac{7}{10})^n\boldsymbol{\beta}_2$；当 $n\to\infty$时，$(\frac{7}{10})^n\to 0,\boldsymbol{A}^n\boldsymbol{\alpha}\to\frac{1}{3}\boldsymbol{\beta}_1$．

这意味着随着时间的推移，城市人口占比将接近于 $\frac{2}{3}$，乡镇人口占比将接近于 $\frac{1}{3}$．

**例 3** 求解案例 3.2.

**解** 记 $\boldsymbol{A}=\begin{pmatrix}3 & 1\\2 & 2\end{pmatrix}$，$\boldsymbol{\alpha}=(1\quad 2)^{\mathrm{T}}$，则 $n$ 年后环境污染与经济发展水平为 $\boldsymbol{\alpha}^n=\boldsymbol{A}^n\boldsymbol{\alpha}$．计算 $\boldsymbol{A}$ 的特征值为 $\lambda_1=1,\lambda_2=4$，其对应的特征向量分别为 $\boldsymbol{\beta}_1=(1\quad -2)^{\mathrm{T}}$ 及 $\boldsymbol{\beta}_2=(1\quad 1)^{\mathrm{T}}$，将 $\boldsymbol{\alpha}$ 用 $\boldsymbol{\beta}_1$，$\boldsymbol{\beta}_2$ 线性表得出 $\boldsymbol{\alpha}=-\frac{1}{3}\boldsymbol{\beta}_1+\frac{4}{3}\boldsymbol{\beta}_2$，从而有：

$$\boldsymbol{A}^n\boldsymbol{\alpha}=\boldsymbol{A}^n(-\frac{1}{3}\boldsymbol{\beta}_1+\frac{4}{3}\boldsymbol{\beta}_2)=-\frac{1}{3}\boldsymbol{A}^n\boldsymbol{\beta}_1+\frac{4}{3}\boldsymbol{A}^n\boldsymbol{\beta}_2$$

又 $\boldsymbol{A}\boldsymbol{\beta}_1=\boldsymbol{\beta}_1,\boldsymbol{A}^2\boldsymbol{\beta}_1=\boldsymbol{A}(\boldsymbol{A}\boldsymbol{\beta}_1)=\boldsymbol{A}\boldsymbol{\beta}_1=\boldsymbol{\beta}_1,\cdots,\boldsymbol{A}^n\boldsymbol{\beta}_1=\boldsymbol{\beta}_1$；

$$\boldsymbol{A}\boldsymbol{\beta}_2=4\boldsymbol{\beta}_2,\boldsymbol{A}^2\boldsymbol{\beta}_2=\boldsymbol{A}(\boldsymbol{A}\boldsymbol{\beta}_2)=4^2\boldsymbol{A}\boldsymbol{\beta}_2=(\frac{7}{10})^2\boldsymbol{\beta}_2,\cdots,\boldsymbol{A}^n\boldsymbol{\beta}_2=4^n\boldsymbol{\beta}_2;$$

故 $\boldsymbol{A}^n\boldsymbol{\alpha}=-\frac{1}{3}\boldsymbol{\beta}_1+\frac{4^{n+1}}{3}\boldsymbol{\beta}_2$．当 $n\to\infty$时，$(\frac{4}{3})^{n+1}\to\infty,\boldsymbol{A}^n\boldsymbol{\alpha}\to\infty$.

这意味着随着时间的推移，经济发展水平越高，污染程度也越高．

## 练习 3-1

1. 求下列方阵的特征值与特征向量．

(1) $\boldsymbol{A}=\begin{pmatrix}0 & 1\\1 & 0\end{pmatrix}$；(2) $\boldsymbol{A}=\begin{pmatrix}2 & 2\\3 & 1\end{pmatrix}$；(3) $\boldsymbol{A}=\begin{pmatrix}1 & 0 & 0\\1 & 2 & 0\\0 & 1 & 3\end{pmatrix}$；

(4) $\boldsymbol{A}=\begin{pmatrix}1 & 2 & 0\\2 & -2 & 0\\0 & 1 & 3\end{pmatrix}$；(5) $\boldsymbol{A}=\begin{pmatrix}-1 & 4 & 2\\-2 & 5 & 2\\2 & -4 & -2\end{pmatrix}$；(6) $\boldsymbol{A}=\begin{pmatrix}2 & -1 & -2\\1 & 0 & -2\\0 & -3 & 2\end{pmatrix}$.

2. 设 $\lambda_0$ 为方阵 $\boldsymbol{A}$ 的一个特征值，试证 $\lambda_0^2$ 为 $\boldsymbol{A}^2$ 的一个特征值．

3. 若 $\boldsymbol{A}^2=\boldsymbol{I}$，试证 $\boldsymbol{A}$ 的特征值只能为 1 或 −1.

4. 设 $x_0=1, y_0=1$ 分别为某地区目前的环境污染程度与经济发展水平，令 $x_t$、$y_t$ 分别为该地区 $t$ 年后的经济发展水平和环境污染程度，若环境污染程度与经济发展水平的增长模型为 $\begin{cases} x_{t+1}=x_t-y_t \\ y_{t+1}=2x_t+4y_t \end{cases}$，试说明若干年后该地区的环境污染程度与经济发展水平．

# 第二节　方阵对角化

特征值、特征向量与矩阵的对角化有着非常重要的联系．矩阵对角化在矩阵分类和矩阵计算中都有着非常重要的作用．

### 定义 3.2.1

**设 $\boldsymbol{A}$，$\boldsymbol{B}$ 为两个 $n$ 阶方阵，若存在可逆矩阵 $\boldsymbol{T}$ 使得**

$$\boldsymbol{B}=\boldsymbol{T}^{-1}\boldsymbol{A}\boldsymbol{T} \tag{3.2.1}$$

**则称方阵 $\boldsymbol{A}$ 与 $\boldsymbol{B}$ 相似，记做 $\boldsymbol{A}\sim\boldsymbol{B}$.**

为什么要学习矩阵对角化？它同特征值和特征向量有什么关系？

**定理 3.2.1**　若 $\boldsymbol{A}\sim\boldsymbol{B}$，则矩阵 $\boldsymbol{A}$，$\boldsymbol{B}$ 有相同的特征值与特征向量．

**证明**　因为 $\boldsymbol{A}\sim\boldsymbol{B}$，故存在可逆矩阵 $\boldsymbol{T}$ 使得 $\boldsymbol{B}=\boldsymbol{T}^{-1}\boldsymbol{A}\boldsymbol{T}$. 故

$$|\lambda\boldsymbol{I}-\boldsymbol{B}|=|\lambda\boldsymbol{T}^{-1}\boldsymbol{T}-\boldsymbol{T}^{-1}\boldsymbol{A}\boldsymbol{T}|=|\boldsymbol{T}^{-1}||\lambda\boldsymbol{I}-\boldsymbol{A}||\boldsymbol{T}|=|\lambda\boldsymbol{I}-\boldsymbol{A}|,$$

故 $\boldsymbol{A}$，$\boldsymbol{B}$ 有相同的特征值与特征向量．

### 定义 3.2.2

**设 $\boldsymbol{A}$ 为 $n$ 阶方阵，若存在对角阵 $\boldsymbol{B}$ 使得 $\boldsymbol{A}\sim\boldsymbol{B}$，则称方阵 $\boldsymbol{A}$ 可对角化．**

对向量组 $\boldsymbol{\alpha}_1,\boldsymbol{\alpha}_2,\cdots,\boldsymbol{\alpha}_n$，若存在不全为零的 $k_1,k_2,\cdots,k_n$，使得 $k_1\boldsymbol{\alpha}_1+k_2\boldsymbol{\alpha}_2+\cdots+k_n\boldsymbol{\alpha}_n=0$，则称向量组 $\boldsymbol{\alpha}_1,\boldsymbol{\alpha}_2,\cdots,\boldsymbol{\alpha}_n$ 为线性无关的，否则称为线性相关的．

例如向量组 $\boldsymbol{\alpha}_1=(1,2)^{\mathrm{T}},\boldsymbol{\beta}=(0,1)^{\mathrm{T}}$ 是线性无关的，向量组 $\boldsymbol{\alpha}_1=(1,2)^{\mathrm{T}},\boldsymbol{\beta}=(2,4)^{\mathrm{T}}$ 是线性相关的．

若 $n$ 阶方阵 $\boldsymbol{A}$ 正好有 $n$ 个线性无关的特征向量 $\boldsymbol{\alpha}_1,\boldsymbol{\alpha}_2,\cdots,\boldsymbol{\alpha}_n$，其中 $\boldsymbol{\alpha}_i$ 对应的特征值为 $\lambda_i$，$i=1,2,\cdots n$. 则可取 $\boldsymbol{T}=(\alpha_1,\alpha_2,\cdots,\alpha_n)$，此时

$$T^{-1}AT = T^{-1}(AT) = T^{-1}(A(\alpha_1,\alpha_2,\cdots,\alpha_n)) = T^{-1}(A\alpha_1,A\alpha_2,\cdots,A\alpha_n)$$

$$= T^{-1}(\lambda_1\alpha_1,\lambda_2\alpha_2,\cdots,\lambda_n\alpha_n) = T^{-1}(\alpha_1,\alpha_2,\cdots,\alpha_n)\begin{pmatrix}\lambda_1 & 0 & \cdots & 0\\ 0 & \lambda_2 & \cdots & 0\\ \vdots & \vdots & & \vdots\\ 0 & 0 & \cdots & \lambda_n\end{pmatrix}$$

$$= (T^{-1}T)\begin{pmatrix}\lambda_1 & 0 & \cdots & 0\\ 0 & \lambda_2 & \cdots & 0\\ \vdots & \vdots & \vdots & \vdots\\ 0 & 0 & \cdots & \lambda_n\end{pmatrix} = \begin{pmatrix}\lambda_1 & 0 & \cdots & 0\\ 0 & \lambda_2 & \cdots & 0\\ \vdots & \vdots & \vdots & \vdots\\ 0 & 0 & \cdots & \lambda_n\end{pmatrix}.$$

**定理 3.2.2** 若 $A \sim B$，则 $A^n \sim B^n$（其中 $n$ 为正整数），并且它们有相同的变换矩阵.

**证** 因为 $A \sim B$，故存在可逆矩阵 $T$ 使得 $B = T^{-1}AT$，

故 $B^2 = (T^{-1}AT)(T^{-1}AT) = T^{-1}A^2T$，以此类推，

$$B^n = (T^{-1}AT)(T^{-1}AT)\cdots(T^{-1}AT) = T^{-1}A(TT^{-1})A(TT^{-1})\cdots AT = T^{-1}A^nT.$$

对于第一节中的例 1 的三个方阵，都是可对角化的：

(1) $A = \begin{pmatrix}1 & 2\\ 2 & 1\end{pmatrix}$；(2) $A = \begin{pmatrix}1 & 0 & 0\\ -2 & 2 & 0\\ 2 & -4 & 3\end{pmatrix}$；(3) $A = \begin{pmatrix}1 & 2 & 2\\ 2 & 2 & 1\\ 2 & 1 & 2\end{pmatrix}$.

对于 (1)，特征值为 $\lambda_1 = 3, \lambda_2 = -1$，其对应的特征向量分别为 $\alpha = (1,1)^{T}$，$\beta = (1,-1)^{T}$，故取 $T = \begin{pmatrix}1 & 1\\ 1 & -1\end{pmatrix}$，则 $T^{-1} = \frac{1}{-2}\begin{pmatrix}-1 & -1\\ -1 & 1\end{pmatrix}$，故

$$T^{-1}AT = \frac{1}{-2}\begin{pmatrix}-1 & -1\\ -1 & 1\end{pmatrix}\begin{pmatrix}1 & 2\\ 2 & 1\end{pmatrix}\begin{pmatrix}1 & 1\\ 1 & -1\end{pmatrix} = \begin{pmatrix}3 & 0\\ 0 & -1\end{pmatrix}.$$

对于 (2)，特征值为 $\lambda_1 = 1, \lambda_2 = 2, \lambda_3 = 3$，其对应的特征向量分别为 $\alpha = (1,2,3)^{T}$，$\beta = (0,-1,2)^{T}$，$\gamma = (0,0,1)^{T}$；取 $T = \begin{pmatrix}1 & 0 & 0\\ 2 & -1 & 0\\ 3 & 2 & 1\end{pmatrix}$，则 $T^{-1} = \begin{pmatrix}1 & 0 & 0\\ 2 & -1 & 0\\ -7 & 2 & 1\end{pmatrix}$，故

$$T^{-1}AT = \begin{pmatrix}1 & 0 & 0\\ 2 & -1 & 0\\ -7 & 2 & 1\end{pmatrix}\begin{pmatrix}1 & 0 & 0\\ -2 & 2 & 0\\ 2 & -4 & 3\end{pmatrix}\begin{pmatrix}1 & 0 & 0\\ 2 & -1 & 0\\ 3 & 2 & 1\end{pmatrix} = \begin{pmatrix}1 & 0 & 0\\ 0 & 2 & 0\\ 0 & 0 & 3\end{pmatrix}.$$

对于 (3)，特征值为 $\lambda_1 = -1$，$\lambda_2 = 1$，$\lambda_3 = 5$，其对应的特征向量分别为 $\alpha = (-2,1,1)^{T}$，$\beta = (0,-1,1)^{T}$，$\gamma = (1,1,1)^{T}$；取 $T = \begin{pmatrix}-2 & 0 & 1\\ 1 & -1 & 1\\ 1 & 1 & 1\end{pmatrix}$，

则 $T^{-1} = \begin{pmatrix}-\frac{1}{3} & \frac{1}{6} & \frac{1}{6}\\ 0 & -\frac{1}{2} & \frac{1}{2}\\ \frac{1}{3} & \frac{1}{3} & \frac{1}{3}\end{pmatrix}$，

$$\text{故 } \boldsymbol{T}^{-1}\boldsymbol{A}\boldsymbol{T}=\begin{pmatrix}-2&0&1\\1&-1&1\\1&1&1\end{pmatrix}\begin{pmatrix}1&2&2\\2&2&1\\2&1&2\end{pmatrix}\begin{pmatrix}-\frac{1}{3}&\frac{1}{6}&\frac{1}{6}\\0&-\frac{1}{2}&\frac{1}{2}\\\frac{1}{3}&\frac{1}{3}&\frac{1}{3}\end{pmatrix}=\begin{pmatrix}-1&0&0\\0&1&0\\0&0&5\end{pmatrix}.$$

**例 4**　求解案例 3.3.

**解**　每月的兔子的数量便是著名的斐波那契数列 $\{a_k\}$：0,1,2,3,5,8,…，满足递推公式 $a_{k+2}=a_{k+1}+a_k, k=1,2,3,\cdots$.

记 $\boldsymbol{A}=\begin{pmatrix}1&1\\1&0\end{pmatrix}, \boldsymbol{\alpha}_n=(a_{k+1},a_k)^{\mathrm{T}}, \boldsymbol{\alpha}_0=(1\quad 0)^{\mathrm{T}}$，则 $\boldsymbol{\alpha}_{n+1}=\boldsymbol{A}\boldsymbol{\alpha}_n, n=1,2,3,\cdots$.

从而 $\boldsymbol{\alpha}_{k+1}=\boldsymbol{A}^k\boldsymbol{\alpha}_1$. 计算 $\boldsymbol{A}$ 的特征值为 $\lambda_1=\frac{1+\sqrt{5}}{2}, \lambda_2=\frac{1-\sqrt{5}}{2}$，其对应的特征向量为 $\boldsymbol{\beta}_1=(\lambda_1\quad 1)^{\mathrm{T}}$ 及 $\boldsymbol{\beta}_2=(\lambda_2\quad 1)^{\mathrm{T}}$，记 $\boldsymbol{P}=\begin{pmatrix}\lambda_1&\lambda_2\\1&1\end{pmatrix}$，则 $\boldsymbol{P}^{-1}=\frac{1}{\lambda_1-\lambda_2}\begin{pmatrix}1&-\lambda_2\\-1&\lambda_1\end{pmatrix}$.

$$\text{从而 } \boldsymbol{A}^k=\boldsymbol{P}\begin{pmatrix}\lambda_1^k&0\\0&\lambda_2^k\end{pmatrix}\boldsymbol{P}^{-1}=\frac{1}{\lambda_1-\lambda_2}\begin{pmatrix}\lambda_1^{k+1}-\lambda_2^{k+1}&\lambda_1\lambda_2^{k+1}-\lambda_2\lambda_1^{k+1}\\\lambda_1^k-\lambda_2^k&\lambda_1\lambda_2^k-\lambda_2\lambda_1^k\end{pmatrix},$$

故

$$\boldsymbol{\alpha}_k=(a_{k+1},a_k)^{\mathrm{T}}=\boldsymbol{A}^k\begin{pmatrix}1\\0\end{pmatrix}=\frac{1}{\lambda_1-\lambda_2}\begin{pmatrix}\lambda_1^{k+1}-\lambda_2^{k+1}\\\lambda_1^k-\lambda_2^k\end{pmatrix},$$

从而有

$$a_k=\frac{1}{\sqrt{5}}\left[\left(\frac{1+\sqrt{5}}{2}\right)^k-\left(\frac{1-\sqrt{5}}{2}\right)^k\right].$$

## 练习 3-2

1. 将下列方阵对角化.

(1) $\boldsymbol{A}=\begin{pmatrix}3&1\\1&3\end{pmatrix}$；(2) $\boldsymbol{A}=\begin{pmatrix}2&4\\3&1\end{pmatrix}$；(3) $\boldsymbol{A}=\begin{pmatrix}3&0&1\\0&2&2\\0&1&3\end{pmatrix}$；

(4) $\boldsymbol{A}=\begin{pmatrix}-1&1&0\\5&3&0\\1&0&2\end{pmatrix}$；(5) $\boldsymbol{A}=\begin{pmatrix}2&1&3\\0&2&0\\4&3&3\end{pmatrix}$；(6) $\boldsymbol{A}=\begin{pmatrix}0&-1&1\\-1&0&1\\1&1&0\end{pmatrix}$.

2. 设 $\boldsymbol{A}=\begin{pmatrix}1&4&2\\0&-3&4\\0&0&3\end{pmatrix}$，求 $\boldsymbol{A}^{50}$.

3. 设 $\boldsymbol{A}$ 的特征值分别为 $\lambda_1=-1, \lambda_2=1, \lambda_3=2$，相应的特征向量分别为 $\boldsymbol{\alpha}=(2,0,1)^{\mathrm{T}}$，$\boldsymbol{\beta}=(0,-1,1)^{\mathrm{T}}$，$\boldsymbol{\gamma}=(1,1,0)^{\mathrm{T}}$，求 $\boldsymbol{A}$.

# 习题三

## A组（基本题）

### 一、填空题

1. $\boldsymbol{A}=\begin{pmatrix}1&5\\0&3\end{pmatrix}$ 的特征值是________.

2. $\boldsymbol{A}=\begin{pmatrix}2&4&6\\0&3&7\\0&0&6\end{pmatrix}$ 的特征值是________.

3. $\boldsymbol{A}=\begin{pmatrix}2&0&0\\5&3&0\\1&7&4\end{pmatrix}$ 的特征值是________.

4. 已知二阶方阵 $\boldsymbol{A}$ 的两个特征值分别为 1，2，其对应的特征向量分别为 $\boldsymbol{\alpha}=(1,1)^{\mathrm{T}}$，$\boldsymbol{\beta}=(0,1)^{\mathrm{T}}$，则 $\boldsymbol{A}=$________.

5. 已知三阶方阵 $\boldsymbol{A}$ 的三个特征值分别为 3，2，4，则 $|\boldsymbol{A}|=$ ________.

6. 已知四阶方阵 $\boldsymbol{A}$ 的四个特征值分别为 1，3，2，4，则 $|\boldsymbol{A}|=$ ________.

### 二、计算题

1. 若 $\boldsymbol{\alpha}$ 为方阵 $\boldsymbol{A}$ 的特征向量，试证对任意的 $k\in\mathbf{R},k\neq0$，$k\boldsymbol{\alpha}$ 都为 $\boldsymbol{A}$ 的特征向量.

2. 若 $\boldsymbol{\alpha}$，$\boldsymbol{\beta}$ 都为方阵 $\boldsymbol{A}$ 的同一特征值的特征向量，试证对任意的 $k_1,k_2\in\mathbf{R},k_1,k_2\neq0$，$k_1\boldsymbol{\alpha}+k_2\boldsymbol{\beta}$ 都为 $\boldsymbol{A}$ 的特征向量.

3. 若 $\boldsymbol{\alpha}$ 为方阵 $\boldsymbol{A}$ 的属于特征值 $\lambda_1$ 的特征向量，试证对 $\boldsymbol{A}$ 的另一特征值 $\lambda_2$（$\lambda_2\neq\lambda_1$），$\boldsymbol{\alpha}$ 不是 $\boldsymbol{A}$ 的属于特征值 $\lambda_2$ 特征向量.

4. 设 $\lambda_1,\lambda_2$ 为二阶方阵 $\boldsymbol{A}=\begin{pmatrix}a_{11}&a_{12}\\a_{13}&a_{14}\end{pmatrix}$ 的特征值，试证 $\lambda_1+\lambda_2=a_{11}+a_{22}$.

## B组（提高题）

1. 已知 $\boldsymbol{A}^2=\boldsymbol{A}$，求 $\boldsymbol{A}$ 的特征值.

2. 设 $\boldsymbol{A}$ 为三阶方阵，其特征值分别为 $-1$，1，2. 又 $\boldsymbol{A}+\boldsymbol{B}=3\boldsymbol{I}$，求 $\boldsymbol{B}$ 的特征值.

3. 设方阵 $\boldsymbol{A}$ 为可逆矩阵，试证 $\boldsymbol{A}$ 的特征值都不为 0.

4. 已知二阶方阵 $\boldsymbol{A}\sim\boldsymbol{B}=\begin{pmatrix}3&0\\0&4\end{pmatrix}$，求 $|\boldsymbol{A}-\boldsymbol{I}|$.

5. 试证 $\boldsymbol{A}=\begin{pmatrix}2&0&0\\0&3&0\\0&0&4\end{pmatrix}$ 与 $\boldsymbol{B}=\begin{pmatrix}3&0&0\\0&2&0\\0&0&4\end{pmatrix}$ 相似.

6. 试证 $\boldsymbol{A}=\begin{pmatrix}a&0&0\\0&b&0\\0&0&c\end{pmatrix}$ 与 $\boldsymbol{B}=\begin{pmatrix}a&0&0\\0&c&0\\0&0&b\end{pmatrix}$ 相似．

7. 设 $\boldsymbol{A}=\begin{pmatrix}4&5\\2&1\end{pmatrix}$，求可逆矩阵 $\boldsymbol{P}$，使得 $\boldsymbol{PAP}^{-1}$ 为对角阵．

8. 试证 $\boldsymbol{A}=\begin{pmatrix}1&-1\\1&3\end{pmatrix}$ 不能对角化．

9. 若 $\boldsymbol{A}=\begin{pmatrix}1&2&3\\0&0&x\\0&0&0\end{pmatrix}$ 有三个线性无关的特征向量，则求 $\boldsymbol{x}$.

10. 已知 $\boldsymbol{A}=\begin{pmatrix}3&2\\-1&0\end{pmatrix}$，求 $\boldsymbol{A}^n$．

[阅读材料]

## 首先使用“特征值”和“特征向量”的人——希尔伯特

大卫·希尔伯特（David Hilbert，1862—1943），德国著名数学家．他于1900年8月8日在巴黎第二届国际数学家大会上，提出了20世纪数学家应当努力解决的23个数学问题，被认为是20世纪数学的制高点，对这些问题的研究有力推动了20世纪数学的发展，在世界上产生了深远的影响．希尔伯特领导的数学学派是19世纪末20世纪初数学界的一面旗帜，希尔伯特被称为“数学界的无冕之王”．

希尔伯特出生于东普鲁士哥尼斯堡（苏联加里宁格勒）附近的韦劳，中学时代他就是一名勤奋好学的学生，对于科学特别是数学表现出浓厚的兴趣，善于灵活和深刻地掌握并应用老师讲课的内容．他与17岁便拿下数学大奖的著名数学家闵可夫斯基（爱因斯坦的老师）结为好友，同在哥尼斯堡大学，最终超越了他．

1880年，他不顾父亲让他学法律的意愿，进入哥尼斯堡大学攻读数学，并于1884年获得博士学位，后留校取得讲师资格并升任副教授．1892年结婚，1893年他被任命为正教授．1895年转入哥廷根大学任教授，此后一直在数学之乡哥廷根生活和工作．1886—1930年，他成为柏林科学院通信院士，并曾获得罗巴契夫斯基奖和波约伊奖等．1943年，希尔伯特在孤独中逝世．

希尔伯特是对20世纪数学有深刻影响的数学家之一，他领导了著名的哥廷根学派，使哥廷根大学成为当时世界数学研究的重要中心，并培养了一批对现代数学发展做出重大贡献的杰出数学家．

希尔伯特的数学工作可以划分为几个不同的时期，每个时期他几乎都集中精力研究一类问题．按时间顺序，他的主要研究内容有不变量理论、代数数域理论、几何基础、积分方程、物理学、一般数学基础，其间穿插的研究课题有狄利克雷原理和变分法、华林问题、特征值问题、希尔伯特空间等．在这些领域中，他都做出了重大的或开创性的贡献．希尔伯特认为，科学在每个时代都有它自己的问题，而这些问题的解决对于科学发展具有深远意义．他指出：“只要一门科学分支能提出大量的问题，它就充满着生命力，而问题缺乏则预示着独立发展的衰亡和终止．”

在1900年巴黎国际数学家代表大会上，希尔伯特发表了题为《数学问题》的著名讲演．他根据过去特别是19世纪数学研究的成果和发展趋势，提出了23个最重要的数学问题．这23个问题统称为希尔伯特问题，后来成为许多数学家力图攻克的难关，对现代数学的研究和发展产生了深刻的影响，并起了积极的推动作用，希尔伯特问题中有些现已得到圆满解决，有些至今仍未得到解决．他在讲演中所阐发的相信每个数学问题都可以得到解决的信念，对数学工作者是一种巨大的鼓舞．他说：“在我们中间，常常听到这样的呼声：这里有一个数学问题，去找出它的答案！你能通过纯思维找到它，因为在数学中没有不可知．”1930年，在接受“哥尼斯堡荣誉市民”称号的讲演中，针对一些人信奉的不可知论观点，他再次满怀信心地宣称：“我们必须知道，我们必将知道．”希尔伯特去世后，这句话就刻在了他的墓碑上.

矩阵的特征向量是矩阵理论上的重要概念之一，它有着广泛的应用. 数学上，线性变换的特征向量（本征向量）是一个非简并的向量，其方向在该变换下不变. 该向量在此变换下缩放的比例称为其特征值（本征值）. 一个线性变换通常可以由其特征值和特征向量完全描述. 特征空间是相同特征值的特征向量的集合. “特征”一词来自德语“eigen”. 1904 年，希尔伯特首先在这个意义下使用了这个词，更早时，亥尔姆霍尔兹也在相关意义下使用过该词. “eigen”一词可翻译为“自身的”“特定于……的”“有特征的”“个体的”，这显示了特征值对于定义特定的线性变换的重要性.

# 本篇练习与习题参考答案

## 练习 1-1

1. (1) $-8$；(2) $a^2+b^2$；(3) $x^2$；(4) 1.
2. (1) $-2$；(2) $-3$；(3) 0；(4) $-65$.
3. 0 或 $\frac{1}{2}$.
4. 甲 32 件，乙 18 件.
5. 甲 5 万，乙 15 万.

## 练习 1-2

1. $M_{12}=\begin{vmatrix} a_{21} & a_{23} \\ a_{31} & a_{33} \end{vmatrix}$，$A_{12}=-\begin{vmatrix} a_{21} & a_{23} \\ a_{31} & a_{33} \end{vmatrix}$，

$M_{22}=\begin{vmatrix} a_{11} & a_{13} \\ a_{31} & a_{33} \end{vmatrix}$，$A_{22}=\begin{vmatrix} a_{11} & a_{13} \\ a_{31} & a_{33} \end{vmatrix}$，

$M_{32}=\begin{vmatrix} a_{11} & a_{13} \\ a_{21} & a_{23} \end{vmatrix}$，$A_{32}=-\begin{vmatrix} a_{11} & a_{13} \\ a_{21} & a_{23} \end{vmatrix}$；

$M_{14}=\begin{vmatrix} 1 & 0 & -4 \\ 3 & 5 & 6 \\ 2 & -3 & 1 \end{vmatrix}=99$，$A_{14}=-99$，

$M_{23}=\begin{vmatrix} -2 & 1 & -3 \\ 3 & 5 & 0 \\ 2 & -3 & 1 \end{vmatrix}=44$，$A_{23}=-44$，

$M_{32}=\begin{vmatrix} -2 & 0 & -3 \\ 1 & -4 & 2 \\ 2 & 1 & 1 \end{vmatrix}=-15$，$A_{32}=15$.

2. $-60$.
3. (1) 1；(2) $-8$；(3) 1；(4) $(x^2-y^2)^2$；(5) $-x^3$；(6) $1+a_1+a_2+a_3+a_4$；(7) $x^4$；(8) 9；(9) $-14$.

4. (1) $n!$ (2) $(a_1-a_2)(a_1-a_3)\cdots(a_1-a_n)$ (3) $-1$ (4) $1+(-1)^{n+1}$

5. (1) $x_1=\frac{1}{2}$，$x_2=\frac{5}{2}$，$x_3=-2$；(2) $x_1=1$，$x_2=0$，$x_3=1$；(3) $x_1=1$，$x_2=1$，$x_3=2$.

## 练习 1-3

1. $\boldsymbol{A}+\boldsymbol{B}=\begin{pmatrix}0&2&3\\3&0&3\end{pmatrix}$，$\boldsymbol{A}-\boldsymbol{B}=\begin{pmatrix}2&-2&1\\1&2&3\end{pmatrix}$，

$2\boldsymbol{A}+3\boldsymbol{B}=\begin{pmatrix}-1&6&7\\7&-1&6\end{pmatrix}$，$3\boldsymbol{A}-2\boldsymbol{B}=\begin{pmatrix}5&-4&4\\4&5&9\end{pmatrix}$.

2. (1) $\begin{pmatrix}3&1\\4&2\end{pmatrix}$；(2) $\begin{pmatrix}2&4\\1&3\end{pmatrix}$；(3) $\begin{pmatrix}0&7\\0&3\end{pmatrix}$；(4) $\begin{pmatrix}3&0\\4&0\end{pmatrix}$；(5) $\begin{pmatrix}3&7&11\\-1&-1&-1\end{pmatrix}$；

(6) $\begin{pmatrix}-1&0&3&1\\1&3&7&4\end{pmatrix}$；(7) $\begin{pmatrix}8\\-1\\3\end{pmatrix}$；(8) $\begin{pmatrix}-3&8&4\\0&7&2\\1&2&0\end{pmatrix}$.

3. $\boldsymbol{AB}=\begin{pmatrix}5&0\\7&1\end{pmatrix}$，$\boldsymbol{BA}=\begin{pmatrix}5&-1&4\\1&0&1\\0&1&1\end{pmatrix}$，

$\boldsymbol{A}-2\boldsymbol{B}^{\mathrm{T}}=\begin{pmatrix}-5&-2&-3\\0&-1&3\end{pmatrix}$，$\boldsymbol{B}+2\boldsymbol{A}^{\mathrm{T}}=\begin{pmatrix}5&5\\1&-2\\4&1\end{pmatrix}$.

4. (1) $\boldsymbol{P}+\boldsymbol{Q}=\begin{pmatrix}5&6&4&5\\2&3&14&8\\2&2&8&11\end{pmatrix}$；

(2) $\boldsymbol{R}=\begin{pmatrix}14\,000&15\,000&10\,000&15\,000\\6\,000&6\,000&35\,000&19\,000\\4\,000&5\,000&19\,000&26\,000\end{pmatrix}$，表示高粱和玉米合计在一起的运费明细表.

5. $\boldsymbol{AB}=\begin{pmatrix}85\,000&100\,500\\93\,500&110\,550\end{pmatrix}$，表示的是甲、乙两个超市的进货总价与售出总价，第二列减第一列即为每个超市的利润.

6. 记 $\boldsymbol{M}=\begin{pmatrix}1\,000&500\\2\,000&1\,000\\1\,500&2\,000\end{pmatrix}$，$\boldsymbol{N}=\begin{pmatrix}0.1&0.05&0.1\\0.2&0.01&0.5\end{pmatrix}$，则 $\boldsymbol{MN}=\begin{pmatrix}200&55&125\\400&110&700\\550&95&450\end{pmatrix}$ 即为所求；其中第一、二、三行分别表示甲、乙、丙的货物总价值、总重量与总体积.

## 练习 1-4

1. (1) 3；(2) 2；(3) 2；(4) 4；(5) 4；(6) 3.

2. (1) $x_1=1$，$x_2=-1$，$x_3=1$；

(2) $x_1=1$，$x_2=0$，$x_3=1$，$x_4=1$；

(3) $x_1=\frac{3}{2}+\frac{1}{2}c_1-2c_2$，$x_2=\frac{1}{4}(1+3c_1+2c_2)$，$x_3=c_1$，$x_4=c_2$；其中 $c_1$，$c_2\in\boldsymbol{R}$；

(4) $x_1=c_1-3c_2+1$，$x_2=c_1$，$x_3=2c_1-5c_2-1$，$x_4=c_2$；其中 $c_1$，$c_2\in\boldsymbol{R}$；

(5) 无解；

(6) 无解.

3. 甲 6 人，乙 12 人，丙 12 人.

4. 上坡 1.2 千米，平路 0.6 千米，下坡 1.5 千米.

## 练习 1-5

1. (1) 可逆，其逆矩阵为$\begin{pmatrix}-3 & -2\\ 2 & 1\end{pmatrix}$；(2) 可逆，其逆矩阵为$\begin{pmatrix}1 & 0 & 0\\ \frac{1}{2} & \frac{1}{2} & 0\\ -1 & -\frac{2}{3} & -\frac{1}{3}\end{pmatrix}$；

(3) 可逆，其逆矩阵为$\begin{pmatrix}1 & 1 & 1\\ 0 & 1 & 0\\ 0 & -2 & -1\end{pmatrix}$；(4) 可逆，其逆矩阵为$\begin{pmatrix}2 & 0 & 1\\ 0 & -\frac{1}{2} & -\frac{1}{2}\\ -1 & 0 & -1\end{pmatrix}$；

(5) 可逆，其逆矩阵为$\begin{pmatrix}8 & 5 & -1\\ 9 & 6 & -1\\ 11 & 7 & -1\end{pmatrix}$；(6) 可逆，其逆矩阵为
$\begin{pmatrix}2 & 1 & 0 & 0\\ -1 & -1 & 0 & 0\\ -4 & -3 & 2 & -3\\ 3 & 3 & -1 & 2\end{pmatrix}$.

2. $\boldsymbol{A}=\begin{pmatrix}-2 & 2 & -1\\ 1 & -1 & 1\\ 4 & -3 & 2\end{pmatrix}$.

3. (1) $\begin{cases}x_1=1/3\\ x_2=5/3\\ x_3=2\end{cases}$；(2) $\begin{cases}x_1=0\\ x_2=1\\ x_3=1\end{cases}$.

## 练习 1-6

1. (1) 唯一解，$\begin{cases}x_1=-\frac{17}{15}\\ x_2=\frac{1}{15}\\ x_3=\frac{11}{15}\end{cases}$；(2) 无穷多解，$\begin{cases}x_1=1-c\\ x_2=c\\ x_3=c\end{cases}$；(3) 无解.

2. (1) $\boldsymbol{\alpha}=\begin{pmatrix}-7\\4\\1\end{pmatrix}$；(2) $\boldsymbol{\alpha}=\begin{pmatrix}-\frac{3}{7}\\\frac{8}{7}\\1\end{pmatrix}$；(3) $\boldsymbol{\alpha}=\begin{pmatrix}\frac{1}{3}\\\frac{4}{3}\\1\\0\end{pmatrix}$，$\boldsymbol{\beta}=\begin{pmatrix}-\frac{1}{3}\\-\frac{4}{3}\\0\\1\end{pmatrix}$.

3. (1) $\boldsymbol{X}=c\begin{pmatrix}-3\\1\\1\end{pmatrix}+\begin{pmatrix}1\\0\\0\end{pmatrix}$；(2) $\boldsymbol{X}=c_1\begin{pmatrix}-\frac{5}{3}\\-\frac{4}{3}\\1\\0\end{pmatrix}+c_2\begin{pmatrix}\frac{5}{3}\\\frac{7}{3}\\0\\1\end{pmatrix}+\begin{pmatrix}-\frac{1}{3}\\-\frac{5}{3}\\0\\0\end{pmatrix}$；

(3) $\boldsymbol{X}=c_1\begin{pmatrix}-\frac{1}{5}\\-\frac{8}{5}\\1\\0\end{pmatrix}+c_2\begin{pmatrix}0\\1\\0\\1\end{pmatrix}+\begin{pmatrix}\frac{4}{5}\\-\frac{3}{5}\\0\\0\end{pmatrix}$.

## 练习 1-7

1. (1) 最终产品为 $\begin{cases}y_1=245\\y_2=90\\y_3=175\end{cases}$，

(2) 各部门创造的价值为 $\begin{cases}z_1=180\\z_2=150\\z_3=180\end{cases}$，

(3) $A=\begin{pmatrix}0.25&0.1&0.1\\0.2&0.2&0.1\\0.1&0.1&0.2\end{pmatrix}$.

2. $C=(x_{ij})_{3\times3}=\begin{pmatrix}100&25&30\\80&50&30\\40&25&60\end{pmatrix}$.

3. $X=\begin{pmatrix}400\\300\\350\end{pmatrix}$.

4. (1) $A=\begin{pmatrix}0.25&0.3&0.2\\0.2&0.1&0.1\\0.1&0.2&0.1\end{pmatrix}$；

(2) $I-A=\begin{pmatrix}0.75 & -0.3 & -0.2\\ -0.2 & 0.9 & -0.1\\ -0.1 & -0.2 & 0.9\end{pmatrix}$；

(3) $Y=\begin{pmatrix}4.5\\ 331\\ 101\end{pmatrix}$.

5. $B=\begin{pmatrix}\frac{4}{13} & \frac{3}{13} & \frac{1}{13}\\ \frac{6}{13} & \frac{11}{13} & \frac{8}{13}\\ \frac{2}{39} & \frac{8}{39} & \frac{7}{39}\end{pmatrix}$.

6. （略）.

7. （略）.

# 习题一

## A组（基本题）

### 一、填空题

1. 三；6.

2. $\begin{vmatrix}2 & 3 & 4\\ 4 & 1 & 2\\ 3 & 2 & 1\end{vmatrix}$，$-\begin{vmatrix}2 & 3 & 4\\ 4 & 1 & 2\\ 3 & 2 & 1\end{vmatrix}$；$\begin{vmatrix}1 & 3 & 4\\ -2 & 4 & -1\\ 4 & 2 & 1\end{vmatrix}$，$-\begin{vmatrix}1 & 3 & 4\\ -2 & 4 & -1\\ 4 & 2 & 1\end{vmatrix}$.

3. 195.

4. 3.

5. $\begin{pmatrix}7 & 2\\ 6 & 3\end{pmatrix}$.

6. $\begin{pmatrix}3 & 2\\ 1 & 1\end{pmatrix}$.

7. 4.

8. $-24$.

9. $\begin{cases}x_1=2\\ x_2=\dfrac{3}{2}\\ x_3=\dfrac{5}{3}\end{cases}$.

10. $\frac{5}{2}$.

**二、选择题**

1.（B） 2.（D） 3.（A） 4.（D） 5.（C） 6.（D） 7.（A） 8.（C） 9.（B） 10.（C）

**三、计算题**

1.（1）1；（2）0；（3）16.

2. $3\boldsymbol{A}=\begin{pmatrix}3&0&6\\6&3&9\end{pmatrix}$，$\boldsymbol{A}-\boldsymbol{B}=\begin{pmatrix}1&-2&1\\4&2&1\end{pmatrix}$，

$2\boldsymbol{A}+3\boldsymbol{B}=\begin{pmatrix}2&6&7\\-2&-1&12\end{pmatrix}$.

3. $\boldsymbol{AB}^{\mathrm{T}}=\begin{pmatrix}-2&-1\\4&-3\end{pmatrix}$，$\boldsymbol{BA}^{\mathrm{T}}=\begin{pmatrix}-2&4\\-1&-3\end{pmatrix}$.

4.（1）不等；（2）不等；（3）不等.

5. 按任一行（列）展开即可.

6. $\begin{bmatrix}0&0&3\\0&1&5\\3&0&3\end{bmatrix}$.

7. $(\boldsymbol{A}-4\boldsymbol{I})^{-1}=\begin{bmatrix}\frac{1}{10}&0&\frac{1}{5}\\0&-\frac{1}{5}&0\\\frac{7}{10}&0&\frac{2}{5}\end{bmatrix}$.

8.（1）r（$\boldsymbol{A}$）=2；（2）r（$\boldsymbol{A}$）=3；（3）r（$\boldsymbol{A}$）=4；（4）r（$\boldsymbol{A}$）=2.

9.（1）$k=1$；（2）$k=-2$；（3）$k\neq1$ 且 $k\neq-2$.

10. $\lambda\neq0$ 且 $\lambda\neq-3$ 时，有唯一解；

$\lambda=0$ 时，无解；

$\lambda=-3$ 时，有无穷最优解，此时通解为$\begin{cases}x_1=c-1\\x_2=c-2\\x_3=c\end{cases}$，$c$ 为任意常数.

**B 组（提高题）**

1. 因为 $A^{-1}=\frac{1}{|A|}A^*$，故

$$|A^*|=|A|^2=4,$$

故

$$\left|\left(\frac{1}{36}A\right)^{-1}-12A^*\right|=\left|36\frac{1}{|A|}A^*-12A^*\right|$$
$$=|6A^*|=6^3\times4=864.$$

2. $(x+y+z)^3$.

3. $\begin{vmatrix} a^2 & (a+1)^2 & (a+2)^2 & (a+3)^2 \\ b^2 & (b+1)^2 & (b+2)^2 & (b+3)^2 \\ c^2 & (c+1)^2 & (c+2)^2 & (c+3)^2 \\ d^2 & (d+1)^2 & (d+2)^2 & (d+3)^2 \end{vmatrix}$

$$\xlongequal[(i=2,3,4)]{c_i-c_1}\begin{vmatrix} a^2 & 2a+1 & 4a+4 & 6a+9 \\ b^2 & 2b+1 & 4b+2 & 6b+9 \\ c^2 & 2c+1 & 4c+4 & 6c+9 \\ d^2 & 2d+1 & 4d+4 & 6d+9 \end{vmatrix}\xlongequal[c_4-3c_2]{c_3-2c_2}\begin{vmatrix} a^2 & 2a+1 & 2 & 6 \\ b^2 & 2b+1 & 2 & 6 \\ c^2 & 2c+1 & 2 & 6 \\ d^2 & 2d+1 & 2 & 6 \end{vmatrix}=0.$$

4. $6^{n-1}\begin{pmatrix} 1 & 1 & 1 \\ 2 & 2 & 2 \\ 3 & 3 & 3 \end{pmatrix}$.

5. 注意到 $\boldsymbol{A}^2=2\boldsymbol{A}$，故 $\boldsymbol{A}^k-2\boldsymbol{A}^{k-1}=\boldsymbol{O}$.

6. 其通解为 $\begin{cases} x_1=a_1+a_2+a_3+a_4+c \\ x_2=a_2+a_3+a_4+c \\ x_3=a_3+a_4+c \\ x_4=a_4+c \\ x_5=c \end{cases}$，$c$ 为任意常数.

7. $\lambda=-1$ 时，有无穷解 $\begin{cases} x_1=-\dfrac{1}{3}c \\ x_2=-\dfrac{1}{3}c \\ x_3=c \end{cases}$，$c$ 为任意常数；

$\lambda=2$ 时，有无穷解 $\begin{cases} x_1=c_1-c_2 \\ x_2=c_1 \\ x_3=c_2 \end{cases}$，$c_1$，$c_2$ 为任意常数.

8. $\lambda\neq1$，$\lambda\neq10$ 时，有唯一解；

$\lambda=10$ 时，无解；

$\lambda=1$ 时，有无穷解，为 $\begin{cases} x_1=-2c_1+2c_2+1 \\ x_2=c_1 \\ x_3=c_2 \end{cases}$，$c_1$，$c_2$ 为任意常数.

## 练习 2-1

1. (1) 设该工厂生产甲、乙产品分别为 $x_1$，$x_2$（件），则有

$\max S=70x_1+50x_2$

$\begin{cases} 5x_1+7x_2\leqslant45 \\ 6x_1+3x_2\leqslant30 \\ x_i\geqslant0,\ x_i\in\mathbf{Z}\ (i=1,2) \end{cases}$.

(2) 设该工厂生产甲、乙、丙三种产品的数量分别为 $x_1$，$x_2$，$x_3$（件），则有

$$\max S=30x_1+20x_2+40x_3$$

$$\begin{cases}2x_1+2x_2+x_3\leqslant 1\ 500\\ x_1+2x_2+4x_3\leqslant 2\ 000\\ 3x_1+x_2+x_3\leqslant 1\ 800\\ x_i\geqslant 0,\ x_i\in\mathbf{Z}\ (i=1,\ 2,\ 3)\end{cases}.$$

(3) 设该股票投资者在甲、乙、丙、丁四只股票上的投资分别为 $x_1$，$x_2$，$x_3$，$x_4$（万元），则有

$$\max S=0.1x_1+0.12x_2+0.15x_3+0.2x_4$$

$$\begin{cases}x_1+x_2+x_3+x_4=100\\ x_1\geqslant 20\\ x_2\leqslant 50\\ x_1+x_2+x_3\leqslant 80\\ x_i\geqslant 0\ (i=1,\ 2,\ 3,\ 4)\end{cases}.$$

(4) 设该投资公司第一年、第二年、第三年投入到甲、乙两个基金的资金分别为 $x_{11}$，$x_{12}$；$x_{21}$，$x_{22}$；$x_{31}$，$x_{32}$（万元），则有

$$\max S=1.3x_{22}+1.15x_{31}$$

$$\begin{cases}x_{11}+x_{12}=1\ 000\\ x_{21}+x_{22}=1.15x_{11}\\ x_{31}+x_{32}=1.15x_{21}+1.3x_{12}\\ x_{ij}\geqslant 0\ (i,\ j=1,\ 2,\ 3)\end{cases}.$$

(5) 设该饮料厂在这批饮品中用了 $x_1$ 千克的甲原料，$x_2$ 千克的乙原料，则有

$$\min S=20x_1+15x_2$$

$$\begin{cases}x_1+2x_2\geqslant 200\\ 2x_1+x_2\geqslant 300\\ 2x_1+x_2\geqslant 250\\ x_i\geqslant 0\ (i=1,\ 2)\end{cases}.$$

(6) 设甲、乙两农场运往 A，B，C 三个商场的橘子分别为 $x_{11}$，$x_{12}$，$x_{13}$；$x_{21}$，$x_{22}$，$x_{23}$（吨），则有

$$\min S=4x_{11}+6x_{12}+5x_{13}+7x_{21}+10x_{22}+9x_{23}$$

$$\begin{cases}x_{11}+x_{21}=20\\ x_{21}+x_{22}=15\\ x_{31}+x_{32}=35\\ x_{11}+x_{12}+x_{13}=32\\ x_{21}+x_{22}+x_{23}=38\\ x_{ij}\geqslant 0,\ i,\ j=1,\ 2,\ 3\end{cases}.$$

(7) 设分别使用 $x_1$ 平方米的钢板，$x_2$ 平方米的玻璃与 $x_3$ 平方米的塑料板，则有

$$\min S=300x_1+250x_2+350x_3$$

$$\begin{cases} x_1+x_2+x_3=15 \\ 4\leqslant x_2\leqslant 5 \\ 20x_1+15x_2+5x_3\leqslant 150 \\ x_i\geqslant 0\ (i=1,\ 2,\ 3) \end{cases}.$$

2. (1) 最优解为 $x_1=\frac{10}{3}$，$x_2=\frac{4}{3}$，最优值为$\frac{14}{3}$；(2) 最优解为 $x_1=3$，$x_2=0$，最优值为 6；(3) 最优解为 $x_1=0$，$x_2=3$，最优值为$-9$；(4) 最优解为 $x_1=6$，$x_2=0$，最优值为$-6$；(5) 最优解为$\begin{cases} x_1=4+2c \\ x_2=c \end{cases}$ $(c\geqslant\frac{1}{2})$，最优值为 4；(6) 无最优解.

## 练习 2-2

1. (1) 令 $S'=-S$，引进松弛变量 $x_4\geqslant 0$，则得标准形式为

$$\max S'=-2x_1-3x_2+x_3$$

$$\begin{cases} x_1+2x_2+x_4=6 \\ 3x_1-x_2+2x_3=3 \\ x_i\geqslant 0\ (i=1,\ 2,\ 3,\ 4) \end{cases},$$

其中 $\min S=\max S'$.

(2) 引进松弛变量 $x_3\geqslant 0$，$x_4\geqslant 0$，则得标准形式为

$$\max S=2x_1-3x_2$$

$$\begin{cases} x_1+2x_2+x_3=6 \\ 3x_1-2x_2+x_4=3 \\ x_i\geqslant 0\ (i=1,\ 2,\ 3,\ 4) \end{cases}.$$

(3) 引进松弛变量 $x_3\geqslant 0$，$x_4\geqslant 0$，则得标准形式为

$$\max S=x_1-2x_2$$

$$\begin{cases} x_1+2x_2-x_3=6 \\ 4x_1-3x_2-x_4=3 \\ x_i\geqslant 0\ (i=1,\ 2,\ 3,\ 4) \end{cases}.$$

(4) 引进松弛变量 $x_3\geqslant 0$，$x_4\geqslant 0$，则得标准形式为

$$\max S=2x_1+5x_2$$

$$\begin{cases} 3x_1+2x_2-x_3=6 \\ 5x_1-3x_2+x_4=2 \\ x_i\geqslant 0\ (i=1,\ 2,\ 3,\ 4) \end{cases}.$$

(5) 引进松弛变量 $x_4\geqslant 0$，$x_5\geqslant 0$，则得标准形式为

$$\max S=-2x_1+3x_2+x_3$$

$$\begin{cases} -x_1-2x_2+x_3=2 \\ 4x_1+3x_2-x_4=3 \\ 4x_1-2x_2+x_5=2 \\ x_i\geqslant 0\ (i=1,\ 2,\ 3,\ 4,\ 5) \end{cases}.$$

(6) 令 $S'=-S$，引进松弛变量 $x_4\geqslant 0$，$x_5\geqslant 0$，$x_6\geqslant 0$，则得标准形式为

$$\max S'=2x_1-2x_2-3x_3$$

$$\begin{cases} x_1+2x_2+x_4=6 \\ 4x_1+3x_3-x_5=3 \\ -3x_2+2x_3-x_6=2 \\ x_i\geqslant 0\ (i=1,2,3,4,5,6) \end{cases}.$$

其中 $\min S=-\max S'$.

2. (1) 唯一最优解为 $x_1=1$，$x_2=4$，最优值为 11.

(2) 无穷最优解为 $\begin{cases} x_1=c \\ x_2=2-\frac{2}{3}c \end{cases}$，$\frac{12}{5}\leqslant c\leqslant 3$，或 $\begin{cases} x_1=\frac{12}{5}+\frac{3}{5}c \\ x_2=\frac{2}{5}-\frac{2}{5}c \end{cases}$ $(0\leqslant c\leqslant 1)$，最优值为 6.

(3) 唯一最优解为 $x_1=2$，$x_2=\frac{3}{2}$，最优值为 $\frac{15}{2}$.

(4) 唯一最优解为 $\begin{cases} x_1=0 \\ x_2=4 \\ x_3=0 \end{cases}$，最优值为 12.

(5) 唯一最优解为 $\begin{cases} x_1=\frac{2}{3} \\ x_2=\frac{8}{3} \\ x_3=0 \end{cases}$，最优值为 $\frac{28}{3}$.

(6) 唯一最优解为 $\begin{cases} x_1=0 \\ x_2=0 \\ x_3=4 \end{cases}$，最优值为 12.

3. (1) 唯一最优解为 $\begin{cases} x_1=4 \\ x_2=1 \end{cases}$，最优值为 $-7$.

(2) 唯一最优解为 $\begin{cases} x_1=2 \\ x_2=0 \\ x_3=7 \end{cases}$，最优值为 13.

(3) 唯一最优解 $\begin{cases} x_1=\frac{16}{3} \\ x_2=0 \\ x_3=\frac{4}{3} \\ x_4=0 \end{cases}$，最优值为 $\frac{28}{3}$.

(4) 唯一最优解为 $\begin{cases} x_1=6 \\ x_2=0 \end{cases}$，最优值为 18.

(5) 唯一最优解为 $\begin{cases} x_1=\frac{7}{3} \\ x_2=0 \\ x_3=\frac{17}{3} \end{cases}$，最优值为 $\frac{4}{3}$.

(6) 有唯一最优解$\begin{cases}x_1=4\\x_2=0.\\x_3=0\end{cases}$

$\min S=12$.

4. (1) 生产甲为 9 件，乙为 0 件，丙为 18 件；最大利润为 1 980 元.

(2) 采用甲种原料 40 千克，乙种原料 160 千克，可使得成本最低且为 1 040 元.

# 习题二

## A 组（基本题）

### 一、填空题

1. 可行解；可行解集.
2. 最优解；最优值.
3. 可行域的顶点.
4. 非自由未知量；自由未知量.
5. 最后一行；目标函数中变量系数的相反数.
6. 非基变量；基变量；入基变量；基变量；非基变量.
7. 主元所在.
8. 主元；主行；最小比值原则.
9. 基元.
10. 约束条件中方程.

### 二、选择题

1. (A)  2. (C)  3. (D)  4. (C)  5. (A)  6. (D)  7. (B)  8. (D)  9. (C)  10. (D)

### 三、计算题

1. 最优解是$\begin{cases}x_1=0\\x_2=1\end{cases}$，最优值为 1.

2. 最优解为$\begin{cases}x_1=2\\x_2=0\end{cases}$，最优值为 4.

3. 有无穷最优解，为$\begin{cases}x_1=c\\x_2=2-c\end{cases}\left(\frac{1}{2}\leqslant c\leqslant 2\right)$，最优值为 2.

4. 无最优解.

5. 唯一最优解为$\begin{cases}x_1=2\\x_2=0\end{cases}$，最优值为 2.

6. $\max S=x_1+2x_2$

$$\begin{cases}x_1+x_2-x_3=2\\-x_1+x_2+x_4=1\\x_i\geqslant 0\ (i=1,2,3,4)\end{cases}.$$

7. $\max S'=-x_1+2x_2$

$$\begin{cases}x_1+x_2+x_3=2\\-x_1+x_2-x_4=1\\x_i\geqslant 0\ (i=1,2,3,4)\end{cases},$$

其中 $\min S=-\max S'$.

8. $\max S=-x_1+2x_2$

$$\begin{cases}-x_1-2x_2-3x_3=2\\x_1-x_2+x_4=1\\3x_1+x_3-x_5=2\\x_i\geqslant 0\ (i=1,2,3,4,5)\end{cases}.$$

9. 唯一最优解为$\begin{cases}x_1=1\\x_2=2\end{cases}$，最优值为 3.

10. 唯一最优解为$\begin{cases}x_1=0\\x_2=3\end{cases}$，最优值为 3.

**B 组（提高题）**

1. 解：设 $x_i$ 表示第 $i$ 班开始上班的司乘人员数，由于每班实际上班的人数中必包括前一班的人员，于是可建立如下线性规划问题的数学模型：

$\min S=x_1+x_2+x_3+x_4+x_5+x_6$

$$\begin{cases}x_1+x_6\geqslant 40\\x_1+x_2\geqslant 70\\x_2+x_3\geqslant 65\\x_3+x_4\geqslant 75\\x_4+x_5\geqslant 50\\x_5+x_6\geqslant 20\\x_i\geqslant 0\ (i=1,2,3,4,5,6)\end{cases}.$$

2. 设 $x_i$ 表示星期 $i$ 开始休息的人数，星期天记为 $x_7$. 从而可得其数学模型如下：

$\min S=x_1+x_2+x_3+x_4+x_5+x_6+x_7$

$$\begin{cases}x_1+x_2+x_3+x_4+x_5\geqslant 40\\x_2+x_3+x_4+x_5+x_6\geqslant 20\\x_3+x_4+x_5+x_6+x_7\geqslant 25\\x_1+x_4+x_5+x_6+x_7\geqslant 30\\x_1+x_2+x_5+x_6+x_7\geqslant 15\\x_1+x_2+x_3+x_6+x_7\geqslant 25\\x_1+x_2+x_3+x_4+x_7\geqslant 35\\x_i\geqslant 0\ (i=1,2,3,4,5,6,7)\end{cases}.$$

3. 解：共有五种方案可得到需要的角钢，如下表所示：

| 角钢 | 方案1 | 方案2 | 方案3 | 方案4 | 方案5 |
|---|---|---|---|---|---|
| 2.9 | 1 | 2 | 0 | 1 | 0 |
| 2.1 | 0 | 0 | 2 | 2 | 1 |
| 1.5 | 3 | 1 | 2 | 0 | 3 |

设每种方案下料的角钢根数分别为 $x_1$，$x_2$，$x_3$，$x_4$，$x_5$，则可得如下线性规划数学模型：

$$\min S=x_1+x_2+x_3+x_4+x_5$$

$$\begin{cases} x_1+2x_2+x_4\geqslant 150 \\ 2x_3+2x_4+x_5\geqslant 150 \\ 3x_1+x_2+2x_3+3x_5\geqslant 150 \\ x_i\geqslant 0\ (i=1,2,3,4,5) \end{cases}.$$

4. 唯一最优解为 $\begin{cases} x_1=\dfrac{15}{4} \\ x_2=\dfrac{3}{4} \end{cases}$，最优值为 $\dfrac{33}{2}$.

5. 唯一最优解为 $\begin{cases} x_1=6 \\ x_2=2 \end{cases}$，最优值为 34.

6. 唯一最优解为 $\begin{cases} x_1=\dfrac{10}{3} \\ x_2=\dfrac{10}{3} \end{cases}$，最优值为 $\dfrac{50}{3}$.

7. 引进松弛变量 $x_3\geqslant 0$，$x_4\geqslant 0$，得标准形式为

$$\max S=2x_1-3x_2$$

$$\begin{cases} x_1-2x_2+x_3=6 \\ x_1+x_2-x_4=3 \\ -3x_1+2x_2=2 \\ x_i\geqslant 0\ (i=1,2,3,4) \end{cases}.$$

8. 唯一最优解为 $\begin{cases} x_1=\dfrac{7}{2} \\ x_2=\dfrac{3}{2} \end{cases}$，最优值为 8.5.

9. 唯一最优解为 $\begin{cases} x_1=4 \\ x_2=1 \\ x_2=9 \end{cases}$，最优值为 2.

10. $a=0$，$-1$，$-2$，有无穷最优解；

$a<-2$，无最优解；

其他，有唯一最优解.

## 练习 3-1

1.（1）特征值为 $\pm 1$；1 的特征向量为 $k\boldsymbol{\alpha}=k(1,1)^{\mathrm{T}}, k\in \mathbf{R}, k\notin 0$；$-1$ 的特征向量为 $k\boldsymbol{\alpha}=k(1,-1)^{\mathrm{T}}, k\in \mathbf{R}, k\notin 0$.

（2）特征值为 $-1,4$；4 的特征向量为 $k\boldsymbol{\alpha}=k(1,1)^{\mathrm{T}}, k\in \mathbf{R}, k\notin 0$；$-1$ 的特征向量为 $k\boldsymbol{\alpha}=k(2,-3)^{\mathrm{T}}, k\in \mathbf{R}, k\notin 0$.

（3）特征值为 $1,2,3$；1 的特征向量为 $k\boldsymbol{\alpha}=k(2,-2,1)^{\mathrm{T}}, k\in \mathbf{R}, k\notin 0$；2 的特征向量为 $k\boldsymbol{\alpha}=k(0,1,-1)^{\mathrm{T}}, k\in \mathbf{R}, k\notin 0$；3 的特征向量为 $k\boldsymbol{\alpha}=k(0,0,1)^{\mathrm{T}}, k\in \mathbf{R}, k\notin 0$.

（4）特征值为 $-3,2,3$；$-3$ 的特征向量为 $k\boldsymbol{\alpha}=k(3,-6,1)^{\mathrm{T}}, k\in \mathbf{R}, k\notin 0$；2 的特征向量为 $k\boldsymbol{\alpha}=k(2,1,-1)^{\mathrm{T}}, k\in \mathbf{R}, k\notin 0$；3 的特征向量为 $k\boldsymbol{\alpha}=k(0,0,1)^{\mathrm{T}}, k\in \mathbf{R}, k\notin 0$.

（5）特征值为 $\pm 1,2$；$-1$ 的特征向量为 $k\boldsymbol{\alpha}=k(1,1,-2)^{\mathrm{T}}, k\in \mathbf{R}, k\notin 0$；1 的特征向量为 $k\boldsymbol{\alpha}=k(2,1,0)^{\mathrm{T}}, k\in \mathbf{R}, k\notin 0$；2 的特征向量为 $k\boldsymbol{\alpha}=k(-2,-2,1)^{\mathrm{T}}, k\in \mathbf{R}, k\notin 0$.

（6）特征值为 $-1,1,4$；$-1$ 的特征向量为 $k\boldsymbol{\alpha}=k(1,1,1)^{\mathrm{T}}, k\in \mathbf{R}, k\notin 0$；1 的特征向量为 $k\boldsymbol{\alpha}=k(7,1,3)^{\mathrm{T}}, k\in \mathbf{R}, k\notin 0$；3 的特征向量为 $k\boldsymbol{\alpha}=k(-2,-2,3)^{\mathrm{T}}, k\in \mathbf{R}, k\notin 0$.

2. 设非零向量 $\boldsymbol{\alpha}$ 为方阵 $\boldsymbol{A}$ 的特征值 $\lambda_0$ 所对应的特征向量，则

$\boldsymbol{A}^2\boldsymbol{\alpha}=\boldsymbol{A}(\boldsymbol{A}\boldsymbol{\alpha})=\boldsymbol{A}(\lambda_0\boldsymbol{\alpha})=\lambda_0(\boldsymbol{A}\boldsymbol{\alpha})=\lambda_0{}^2\boldsymbol{\alpha}$，故 $\lambda_0^2$ 为 $\boldsymbol{A}^2$ 的一个特征值.

3. 设 $\lambda$ 为 $\boldsymbol{A}$ 的特征值，$\boldsymbol{\alpha}$ 为 $\boldsymbol{A}$ 的对应于 $\lambda$ 的特征向量，则有 $\boldsymbol{A}\boldsymbol{\alpha}=\lambda\boldsymbol{\alpha}$，故

$\boldsymbol{A}^2\boldsymbol{\alpha}=\boldsymbol{A}(\lambda\boldsymbol{\alpha})=\lambda(\boldsymbol{A}\boldsymbol{\alpha})=\lambda^2\boldsymbol{\alpha}=\boldsymbol{\alpha}$，故 $\lambda^2=1$，从而 $\lambda=\pm 1$.

4. 记 $\boldsymbol{A}=\begin{pmatrix}1 & -1\\ 2 & 4\end{pmatrix}, \boldsymbol{\alpha}=(1\quad 1)^{\mathrm{T}}$，则 $n$ 年后环境污染程度与经济发展水平为 $\boldsymbol{\alpha}^n=\boldsymbol{A}^n\boldsymbol{\alpha}$. 计算 $\boldsymbol{A}$ 的特征值为 $\lambda_1=2, \lambda_2=3$，其对应的特征向量为 $\boldsymbol{\beta}_1=(1\quad -1)^{\mathrm{T}}$ 及 $\boldsymbol{\beta}_2=(1\quad -2)^{\mathrm{T}}$，将 $\boldsymbol{\alpha}$ 用 $\boldsymbol{\beta}_1$，$\boldsymbol{\beta}_2$ 线性表得出 $\boldsymbol{\alpha}=3\boldsymbol{\beta}_1-2\boldsymbol{\beta}_2$，从而有：

$\boldsymbol{A}^n\boldsymbol{\alpha}=\boldsymbol{A}^n(3\boldsymbol{\beta}_1-2\boldsymbol{\beta}_2)=3\boldsymbol{A}^n\boldsymbol{\beta}_1-2\boldsymbol{A}^n\boldsymbol{\beta}_2$

又 $\boldsymbol{A}\boldsymbol{\beta}_1=2\boldsymbol{\beta}_1, \boldsymbol{A}^2\boldsymbol{\beta}_1=\boldsymbol{A}(\boldsymbol{A}\boldsymbol{\beta}_1)=\boldsymbol{A}(2\boldsymbol{\beta}_1)=4\boldsymbol{\beta}_1, \cdots, \boldsymbol{A}^n\boldsymbol{\beta}_1=2^2\boldsymbol{\beta}_1$；

$\boldsymbol{A}\boldsymbol{\beta}_2=3\boldsymbol{\beta}_2, \boldsymbol{A}^2\boldsymbol{\beta}_2=\boldsymbol{A}(\boldsymbol{A}\boldsymbol{\beta}_2)=3^2\boldsymbol{A}\boldsymbol{\beta}_2=\left(\frac{7}{10}\right)^2\boldsymbol{\beta}_2, \cdots, \boldsymbol{A}^n\boldsymbol{\beta}_2=3^n\boldsymbol{\beta}_2$；

故 $\boldsymbol{A}^n\boldsymbol{\alpha}=3\cdot 2^n\boldsymbol{\beta}_1-2\cdot 3^n\boldsymbol{\beta}_2$. 当 $n\to\infty$ 时，$\boldsymbol{A}^n\boldsymbol{\alpha}\to\infty$.

这意味着随着时间的推移，经济发展水平越高，环境污染程度也越高.

## 练习 3-2

1.（1）$\boldsymbol{A}$ 的对角化矩阵为 $\begin{pmatrix}2 & 0\\ 0 & 4\end{pmatrix}$；（2）$\boldsymbol{A}$ 的对角化矩阵为 $\begin{pmatrix}-2 & 0\\ 0 & 5\end{pmatrix}$；

（3）$\boldsymbol{A}$ 的对角化矩阵为 $\begin{pmatrix}1 & 0 & 0\\ 0 & 3 & 0\\ 0 & 0 & 4\end{pmatrix}$；（4）$\boldsymbol{A}$ 的对角化矩阵为 $\begin{pmatrix}-2 & 0 & 0\\ 0 & 2 & 0\\ 0 & 0 & 4\end{pmatrix}$；

(5) $\boldsymbol{A}$ 的对角化矩阵为 $\begin{pmatrix} -1 & 0 & 0 \\ 0 & 2 & 0 \\ 0 & 0 & 5 \end{pmatrix}$；(6) $\boldsymbol{A}$ 的对角化矩阵为 $\begin{pmatrix} -2 & 0 & 0 \\ 0 & 1 & 0 \\ 0 & 0 & 1 \end{pmatrix}$.

2. 取 $\boldsymbol{P}=\begin{pmatrix} 1 & 1 & 7 \\ 0 & -1 & 2 \\ 0 & 0 & 3 \end{pmatrix}$，则 $\boldsymbol{P}^{-1}=\begin{pmatrix} 1 & 1 & -3 \\ 0 & -1 & \frac{2}{3} \\ 0 & 0 & \frac{1}{3} \end{pmatrix}$；可将 $\boldsymbol{A}$ 对角化为 $\begin{pmatrix} 1 & 0 & 0 \\ 0 & -3 & 0 \\ 0 & 0 & 3 \end{pmatrix}$，即

$\boldsymbol{P}^{-1}\boldsymbol{A}\boldsymbol{P}=\begin{pmatrix} 1 & 0 & 0 \\ 0 & -3 & 0 \\ 0 & 0 & 3 \end{pmatrix}$；故 $(\boldsymbol{P}^{-1}\boldsymbol{A}\boldsymbol{P})^{50}=\boldsymbol{P}^{-1}\boldsymbol{A}^{50}\boldsymbol{P}=\begin{pmatrix} 1 & 0 & 0 \\ 0 & (-3)^{50} & 0 \\ 0 & 0 & 3^{50} \end{pmatrix}$，故 $\boldsymbol{A}^{50}=$

$$\boldsymbol{P}\begin{pmatrix} 1 & 0 & 0 \\ 0 & (-3)^{50} & 0 \\ 0 & 0 & 3^{50} \end{pmatrix}\boldsymbol{P}^{-1}=\begin{pmatrix} 1 & 1 & 7 \\ 0 & -1 & 2 \\ 0 & 0 & 3 \end{pmatrix}\begin{pmatrix} 1 & 0 & 0 \\ 0 & (-3)^{50} & 0 \\ 0 & 0 & 3^{50} \end{pmatrix}\begin{pmatrix} 1 & 1 & -3 \\ 0 & -1 & \frac{2}{3} \\ 0 & 0 & \frac{1}{3} \end{pmatrix}=\begin{pmatrix} 1 & 1-(-3)^{50} & -3+3^{51} \\ 0 & (-3)^{50} & 2\cdot 3^{49} \\ 0 & 0 & 3^{50} \end{pmatrix}.$$

3. $\boldsymbol{P}=\begin{pmatrix} 1 & 0 & 2 \\ 1 & -1 & 0 \\ 0 & 1 & 1 \end{pmatrix}$，$\boldsymbol{P}^{-1}=\begin{pmatrix} -1 & 2 & 2 \\ -1 & 1 & 2 \\ 1 & -1 & -1 \end{pmatrix}$，故 $\boldsymbol{A}=\boldsymbol{P}\begin{pmatrix} 2 & 0 & 0 \\ 0 & 1 & 0 \\ 0 & 0 & -1 \end{pmatrix}\boldsymbol{P}^{-1}=$

$$\begin{pmatrix} 1 & 0 & 2 \\ 1 & -1 & 0 \\ 0 & 1 & 1 \end{pmatrix}\begin{pmatrix} 2 & 0 & 0 \\ 0 & 1 & 0 \\ 0 & 0 & -1 \end{pmatrix}\begin{pmatrix} -1 & 2 & 2 \\ -1 & 1 & 2 \\ 1 & -1 & -1 \end{pmatrix}=\begin{pmatrix} -4 & 6 & 6 \\ -1 & 3 & 2 \\ -2 & 2 & 3 \end{pmatrix}.$$

# 习题三

## A 组（基本题）

### 一、填空题

1. 特征值为 1，3.
2. 特征值为 2，3，6.
3. 特征值为 2，3，4.
4. 提示：$\boldsymbol{P}=\begin{pmatrix} 1 & 0 \\ 1 & 1 \end{pmatrix}$，$\boldsymbol{P}^{-1}=\begin{pmatrix} 1 & 0 \\ -1 & 1 \end{pmatrix}$，$\boldsymbol{A}=\boldsymbol{P}\begin{pmatrix} 1 & 0 \\ 0 & 2 \end{pmatrix}\boldsymbol{P}^{-1}=\begin{pmatrix} 1 & 0 \\ -1 & 2 \end{pmatrix}$.
5. 24.
6. 24.

### 二、计算题

1. 设 $\boldsymbol{\alpha}$ 为 $\boldsymbol{A}$ 的对应于 $\lambda$ 的特征向量，则 $\boldsymbol{A}(k\boldsymbol{\alpha})=k(\boldsymbol{A}\boldsymbol{\alpha})=\lambda(k\boldsymbol{\alpha})$，故原式得证.

2. 设 $\boldsymbol{\alpha}$ 为 $\boldsymbol{A}$ 的对应于 $\lambda$ 的特征向量，则 $\boldsymbol{A}(k_1\boldsymbol{\alpha}+k_2\boldsymbol{\beta})=k_1(\boldsymbol{A}\boldsymbol{\alpha})+k_2(\boldsymbol{A}\boldsymbol{\alpha})=\lambda(k_1\boldsymbol{\alpha}+k_2\boldsymbol{\beta})$，故原式得证.

3. 若 $\boldsymbol{\alpha}$ 为方阵 $\boldsymbol{A}$ 的属于特征值 $\lambda_1$ 的特征向量，又是 $\boldsymbol{A}$ 的属于特征值 $\lambda_2$ 特征向量（$\lambda_2 \neq \lambda_1$），则 $\boldsymbol{A\alpha} = \lambda_1\boldsymbol{\alpha} = \lambda_2\boldsymbol{\alpha}$，则 $\lambda_1 = \lambda_2$，矛盾，故原命题得证．

4. 由特征行列式

$$f(\lambda) = |\lambda\boldsymbol{I} - \boldsymbol{A}| = \begin{vmatrix} \lambda - a_{11} & a_{12} \\ a_{21} & \lambda - a_{22} \end{vmatrix} = \lambda^2 - (a_{11} + a_{22})\lambda + a_{11}a_{22} - a_{12}a_{21}$$

由韦达定理有 $\lambda_1 + \lambda_2 = a_{11} + a_{22}$．

**B 组（提高题）**

1. $\boldsymbol{A}^2\boldsymbol{\alpha} = \boldsymbol{A}(\boldsymbol{A\alpha}) = \lambda\boldsymbol{A\alpha} = \lambda^2\boldsymbol{\alpha} = \boldsymbol{A\alpha} = \lambda\boldsymbol{\alpha}$，故 $\lambda^2 = \lambda$，故 $\lambda = 0$ 或 $\lambda = 1$．

2. $\boldsymbol{B} = 3\boldsymbol{I} - \boldsymbol{A}$，

当 $\boldsymbol{A}$ 的特征值为 $-1$ 时，$\boldsymbol{B\alpha} = (3\boldsymbol{I} - \boldsymbol{A})\boldsymbol{\alpha} = 3\boldsymbol{\alpha} - (-\boldsymbol{\alpha}) = 4\boldsymbol{\alpha}$，故 4 为 $\boldsymbol{B}$ 的一个特征值；

当 $\boldsymbol{A}$ 的特征值为 1 时，$\boldsymbol{B\alpha} = (3\boldsymbol{I} - \boldsymbol{A})\boldsymbol{\alpha} = 3\boldsymbol{\alpha} - \boldsymbol{\alpha} = 2\boldsymbol{\alpha}$，故 2 为 $\boldsymbol{B}$ 的一个特征值；

当 $\boldsymbol{A}$ 的特征值为 2 时，$\boldsymbol{B\alpha} = (3\boldsymbol{I} - \boldsymbol{A})\boldsymbol{\alpha} = 3\boldsymbol{\alpha} - 2\boldsymbol{\alpha} = \boldsymbol{\alpha}$，故 1 为 $\boldsymbol{B}$ 的一个特征值.

3. 假设 0 为 $\boldsymbol{A}$ 的特征值，则存在非零向量 $\boldsymbol{\alpha}$ 使得 $\boldsymbol{A\alpha}=\boldsymbol{O}$，这意味着齐次线性方程组 $\boldsymbol{AX}=\boldsymbol{O}$ 有非零解，从而 $|\boldsymbol{A}| = 0$．这与方阵 $\boldsymbol{A}$ 为可逆矩阵矛盾，故假设不成立，原命题得证．

4. $|\boldsymbol{A} - \boldsymbol{I}| = |\boldsymbol{P}^{-1}(\boldsymbol{A} - \boldsymbol{I})\boldsymbol{P}| = |\boldsymbol{B} - \boldsymbol{I}| = \begin{vmatrix} 2 & 0 \\ 0 & 3 \end{vmatrix} = 6$．

5. 取 $\boldsymbol{P} = \begin{pmatrix} 0 & 1 & 0 \\ 1 & 0 & 0 \\ 0 & 0 & 1 \end{pmatrix}$，则 $\boldsymbol{P}^{-1} = \boldsymbol{P}$，此时 $\boldsymbol{P}^{-1}\boldsymbol{AP} = \boldsymbol{B}$．

6. 取 $\boldsymbol{P} = \begin{pmatrix} 1 & 0 & 0 \\ 0 & 0 & 1 \\ 0 & 1 & 0 \end{pmatrix}$，则 $\boldsymbol{P}^{-1} = \boldsymbol{P}$，此时 $\boldsymbol{P}^{-1}\boldsymbol{AP} = \boldsymbol{B}$．

7. 取 $\boldsymbol{P} = \begin{pmatrix} 1 & 5 \\ -1 & 2 \end{pmatrix}$，则 $\boldsymbol{P}^{-1}\boldsymbol{AP} = \boldsymbol{B} = \begin{pmatrix} -1 & 0 \\ 0 & 6 \end{pmatrix}$．

8. $f(\lambda) = \begin{vmatrix} \lambda - 1 & 1 \\ -1 & \lambda - 3 \end{vmatrix} = (\lambda - 2)^2$，故 $\lambda = 2$，其特征向量只有一个 $\boldsymbol{\alpha} = (1,\ 1)^{\mathrm{T}}$，故不能对角化．

9. $x = 0$．

10. 取 $\boldsymbol{P} = \begin{pmatrix} 1 & 2 \\ -1 & -1 \end{pmatrix}$，可将 $\boldsymbol{A}$ 对角化为 $\boldsymbol{B} = \begin{pmatrix} 1 & 0 \\ 0 & 2 \end{pmatrix}$．故 $\boldsymbol{A} = \boldsymbol{PBP}^{-1}$．

$$\boldsymbol{A}^{50} = (\boldsymbol{PBP}^{-1})^{50} = \boldsymbol{PB}^{50}\boldsymbol{P}^{-1} = \begin{pmatrix} 1 & 2 \\ -1 & -1 \end{pmatrix}\begin{pmatrix} 1 & 0 \\ 0 & 2^{50} \end{pmatrix}\begin{pmatrix} -1 & -2 \\ 1 & 1 \end{pmatrix} = \begin{pmatrix} 2^{51} - 1 & 2^{51} - 2 \\ 1 - 2^{50} & 2 - 2^{50} \end{pmatrix}$$

# 第 2 篇

# 概率与统计初步

概率与统计是研究大量随机现象数量规律性的一门重要的应用数学学科．一般地说，概率是统计的基础，而统计是概率的一种应用．

概率与统计是近代数学的重要组成部分之一，在国民经济、工农业生产、产品质量控制、现代经济理论、管理科学等众多领域中有着广泛的应用，并且在不断地向其他学科渗透．它是一门有着自己独特的概念与方法的数学分支．

# 第四章　随机事件与概率

人们在现实世界中遇到的现象是多种多样的，有的现象在给定条件下必然会发生．例如，纯水在标准大气压下加热到100℃时沸腾，积压流动资金必然会损失利息等；这些现象称为必然现象．有的现象在给定条件下一定不会发生．例如，纯水在标准大气压下20℃时结冰，从一批全为合格品的商品中任取一件是次品等，这些现象称为不可能现象．事实上，还存在一些现象，在给定条件下它可能发生，也可能不发生，并且其结果是无法事先预测的，这类现象称为随机现象．例如，向上掷一枚骰子，朝上一面的点数是“1”；从含有次品的一批产品中，任取一件是次品等．随机现象在一次试验中是否发生，具有偶然性，但在相同条件下进行大量的重复试验会呈现出某种规律性，这种规律称为统计规律．概率统计就是研究和揭示随机现象的统计规律性的一门学科．

## 案例4.1　有奖销售的中奖问题

在“五一”期间，某商场为了吸引顾客，进行有奖销售（购物达到一定金额可换取抽奖券）．如果每10 000张奖券中设有特等奖1个、一等奖2个、二等奖10个、三等奖100个，其余的不得奖．问某顾客的一张奖券能中奖的可能性有多大？

## 案例4.2　报童的卖报策略问题

报童每天清晨从邮局购进报纸零售，晚上卖不出去的退回．设每份报纸的购进价为$b$，零售价为$a$，退回价为$c$. 通常地，应该有$a>b>c$，也就是说，报童每天购进的报纸少了不够卖时，会错过时机而少赚钱；若购进多了卖不完，将从所卖报的收入中拿出一部分作为退报的赔款，购得太多，还可能“入不敷出”．请你替报童筹划一下，他应该如何确定每天购进报纸的数量，以获得最大的收入？

## 案例4.3　广告中的诀窍

商人为推销某种新产品，增加销售量，常以广告招揽顾客．实践表明，广告费的增加常常使潜在的购买量上升．当该商人知道了一些潜在买主（潜在的买主常指那些对该产品确实感兴趣而又可以从多家商店选择购买该商品的人）的名单后，广告将优先分发给他们．问怎样根据商品的购进价和售出价确定最优的广告费和进货量，使商人的盈利最多？

### 案例 4.4　种子的辐射处理问题

已知某种子的发芽率为 0.9，现用辐射方法处理种子后，用 500 粒种子做发芽实验，其中 469 粒种子发芽，问辐射处理是否显著改变了种子的发芽率？

### 案例 4.5　赌博的陷阱

某人摆设了一个免费抽奖地摊，吸引了不少参与者和旁观者．参与的具体方法是：从一个黑色口袋中（里面有 16 个大小形状完全相同的玻璃球，颜色为 8 红 8 白）一次随机地摸出 8 个玻璃球，当红白两种颜色的球数之比出现下列情形时，摸球者可得到的奖励或惩罚分别为：8∶0 奖 10 元、7∶1 奖 1 元、6∶2 奖 5 角、5∶3 奖 2 角、4∶4 罚 2 元．乍一看，5 种情形中有 4 种情形是奖励，只有 1 种情形是惩罚，有利可图，于是有很多人参加这一游戏．但是，其结果是大多数人都掏出 2 元．试分析一下，这是为什么呢？

类似的例子还可以举出许多．

要回答以上这些问题，需要运用概率与统计的知识．

## 第一节　随机事件及其概率

### 一、随机事件

**【引例 4.1.1】**　打开保险箱的电子密码锁问题

某保险箱锁由电子密码和机械钥匙两部分组成，其中电子密码为六位数字．问输入一次密码就能打开保险箱的电子密码锁的可能性是多少？

**【引例 4.1.2】**　商品的检验问题

有 100 件商品，其中 97 件是合格品．现在有放回地一件一件地取，共取 2 件进行检验，求抽取的“两件商品都是次品”及“一件是次品，一件是正品”的可能性分别是多少？

**【引例 4.1.3】**　体育彩票中奖问题

从 01～36 中任意选出 7 个号码，它与电脑选出 7 个号码一致（中特等奖）的可能性是多少？

在解决上述问题之前，首先介绍几个基本概念．

在研究随机现象的过程中，常常需要做试验．这里试验的含义十分广泛，它包括各种各样的科学实验，也包括对事物的某一特征的观察．如掷一枚硬币，若规定有国徽的一面叫正面，另一面叫反面，那么掷这样一枚硬币观察哪一面朝上就是一个试验．概率论中所讨论的试验（即随机试验）具有以下三个特点：

（1）可以在相同的条件下重复进行；

（2）每次试验的可能结果不止一个，并事先明确知道试验的所有可能结果；

（3）进行一次试验之前不能确定哪一个结果会出现．

这里把试验的每一种可能结果称为一个**基本事件**．由若干个基本事件组成的事件称为**复合事件**，基本事件和复合事件都是**随机事件**，简称为**事件**，通常用大写字母 $A$，$B$，$C$，$D$，…表示．在一定条件下一定发生的事件称为**必然事件**，常用 $\Omega$ 表示；在一定条件下一定不发生的事件称为**不可能事件**，常用 $\phi$ 表示．

**例 1**　在"记录程控电话交换机一分钟内接转电话的次数"的试验中，设 $A_i$ 表示"一分钟内接转电话的次数为 $i$"的事件（$i=0$，1，2，3，…）．则 $A_0$，$A_1$，$A_2$，$A_3$，…都是基本事件，并且该试验的所有的基本事件构成一必然事件 $\Omega$，即 $\Omega=\{A_0, A_1, A_2, A_3, \cdots\}$．

**例 2**　在掷一颗骰子的试验中，观察向上的点数．

设 $A_i$ 表示"$i$ 点向上"事件（$i=1$，2，3，4，5，6），记作 $A_i=\{i$ 点向上$\}$，即$A_1=\{1$ 点向上$\}$；$A_2=\{2$ 点向上$\}$；…；$A_6=\{6$ 点向上$\}$．又设 $B=\{$奇数点向上$\}$；$C=\{$偶数点向上$\}$，$D=\{$向上的点数小于 5$\}$．

显然，$A_1$，$A_2$，…，$A_6$ 都是基本事件，事件 $B$，$C$，$D$ 都是复合事件．$A_1$，$A_2$，…，$A_6$，$B$，$C$，$D$ 均为随机事件．只要 $A_1$，$A_3$，$A_5$ 中的一个发生，事件 $B$ 就发生；只要 $A_2$，$A_4$，$A_6$ 中的一个发生，事件 $C$ 就发生；只要 $A_1$，$A_2$，$A_3$，$A_4$ 中有一个发生，事件 $D$ 就发生．

**例 3**　某城市共有 600 辆出租车，其牌照编号从 0001～1000 之间选取，记事件 $A=\{$偶然遇到一辆出租车，其牌照号码中含有数字 8$\}$，$B=\{$连续碰见三辆出租车，其牌照号码均含有数字 8$\}$，$A$，$B$ 都是随机事件，而 $C=\{$该城市中出租车牌照编号为 5000$\}$ 为不可能事件．

**例 4**　某地铁站每隔 5 分钟有一列车通过，乘客对于列车通过该站的时间完全不知，观察乘客候车的时间．如果记乘客候车的时间为 $t$，则 $t\in[0, 5)$ 是必然事件．

## 二、概率的统计定义

对于随机事件，在一次试验中是否发生是不确定的，要分析可能出现哪些结果；另一方面，它们在一次试验中发生的可能性通常是有大小之分的，因此还要研究随机事件发生的可能性的大小．如何确定事件发生可能性的大小呢？最容易想到的方法就是通过大量重复的试验来实现．

**定义 4.1.1**

**设在确定的条件下，重复进行 $n$ 次试验．在 $n$ 次试验中，事件 $A$ 发生 $m$ 次，则称 $m$**

**为事件 $A$ 发生的频数，称 $\frac{m}{n}$ 为事件 $A$ 发生的频率，记作 $f_n(A)$，即**

$$f_n(A)=\frac{m}{n}.$$

**例 5** 做“抛掷硬币”的试验，将一枚硬币抛掷 5 次、50 次、500 次，各做 10 遍，得到数据如表 4－1 所示；其中 $A=\{$朝上的一面是正面$\}$，$n_A$ 表示事件 $A$ 发生的频数，$f_n(A)$表示 $A$ 发生的频率．

**表 4－1**

| 试验序号 | $n=5$ | | $n=50$ | | $n=500$ | |
|---|---|---|---|---|---|---|
| | $n_A$ | $f_n(A)$ | $n_A$ | $f_n(A)$ | $n_A$ | $f_n(A)$ |
| 1 | 2 | 0.4 | 22 | 0.44 | 251 | 0.502 |
| 2 | 3 | 0.6 | 25 | 0.50 | 249 | 0.498 |
| 3 | 1 | 0.2 | 21 | 0.42 | 256 | 0.512 |
| 4 | 5 | 1.0 | 25 | 0.50 | 253 | 0.506 |
| 5 | 1 | 0.2 | 24 | 0.48 | 251 | 0.502 |
| 6 | 2 | 0.4 | 21 | 0.42 | 246 | 0.492 |
| 7 | 4 | 0.8 | 18 | 0.36 | 244 | 0.488 |
| 8 | 2 | 0.4 | 24 | 0.48 | 258 | 0.516 |
| 9 | 3 | 0.6 | 27 | 0.54 | 262 | 0.524 |
| 10 | 3 | 0.6 | 31 | 0.62 | 247 | 0.494 |

历史上不少著名学者做过抛掷硬币试验，得到的数据如表 4－2 所示．

**表 4－2**

| 试验者 | $n$ | $n_A$ | $f_n(A)$ |
|---|---|---|---|
| D. Moivre | 2 048 | 1 061 | 0.518 1 |
| L. Buffon | 4 040 | 2 048 | 0.506 9 |
| K. Prson | 12 000 | 6 019 | 0.501 6 |
| K. Prson | 24 000 | 12 012 | 0.500 5 |
| Wiener | 30 000 | 14 994 | 0.499 8 |

从表 4－1 和表 4－2 中可以看出，当掷硬币的次数较少时，事件 $A$ 发生的频率 $f_n(A)$ 波动的幅度较大．但随着 $n$ 的增大，频率 $f_n(A)$ 呈现出稳定性，即当 $n$ 逐渐增大时，$f_n(A)$ 总是在 0.5 左右摆动而逐渐稳定于 0.5. 也就是说，0.5 这个数反映了事件 $A$ 发生的可能性大小．

### 定义 4.1.2

**在一定条件下，当 $n$ 充分大时，如果事件 $A$ 的频率 $f_n(A)$ 在某一数值 $p$ 的附近摆动，随着试验次数 $n$ 的增大，这种摆动的幅度越来越小，则称数值 $p$ 为随机事件 $A$ 发生的概率，记作 $P(A)$，即 $P(A)=p$.**

例如，在例 5 中 $P(A)=0.5$.

由定义 4.1.2 知，频率的稳定值就是该随机事件的概率．这样定义的概率称为**统计概率**．事实上，事件频率的稳定值，即事件的概率是个理论值，它由事件的本质所决定，是客观存在并且是唯一的，能精确地反映事件发生可能性的大小．

概率的统计定义也提供了一个近似计算概率的方法，即当试验次数 $n$ 充分大时，就常把事件 $A$ 的频率 $f_n(A)$ 作为事件 $A$ 的概率 $P(A)$ 的“近似值”（或“估计值”）．如：合格率、废品率、出生率、死亡率等，都是概率．

由概率的统计定义知，对于任意事件 $A$，概率有如下性质：

$$0\leqslant P(A)\leqslant 1;\ P(\Omega)=1;\ P(\phi)=0.$$

从概率的统计意义可知，在概率论中，必然事件与不可能事件是作为随机事件的两种特殊情形来看待的，这样便于用统一的方法去研究自然现象．

## 三、古典概型

通过大量的重复试验，用频率来估计事件的概率，虽然提供了近似计算事件概率的一般方法，但烦琐又不经济，有时甚至是行不通的．而对于一些特殊的随机试验，概率可用较简单的方法求得，下面介绍最早出现的一类概率问题．

### 定义 4.1.3

**如果一个试验满足：(1) 试验的基本事件总数是有限的；(2) 试验的基本事件是等可能的，则称此试验为古典概型试验，简称古典概型．古典概型中事件的概率称为古典概率．**

对于古典概型，其概率可用下列方法求得：

若某试验结果一共由 $n$ 个基本事件组成，并且这些事件发生的可能性相同，而事件 $A$ 由其中的 $m$ 个基本事件组成，则事件 $A$ 发生的概率是

$$P(A)=\frac{A\text{ 中包含的基本事件个数}}{\text{试验的基本事件总数}}=\frac{m}{n}.$$

**例 6** 盒中装有 3 个白球、2 个黑球，从中任取一个，问：取到白球的概率是多少？

**解** 从盒中任取一个球，由于是“任取”，故 5 个球被取到的机会一样，即每一个基本事件发生的可能性相等．该试验的基本事件总数 $n=5$.

设 $A=\{$取到的是白球$\}$，则 $A$ 包含的基本事件个数 $m=3$，于是由古典概型的计算公式，有

$$P(A)=\frac{m}{n}=\frac{3}{5}.$$

**例 7** 求解案例 4.1.

**解** 显然，本问题 $n=10\,000$，抽到任何一张中奖奖券（记为事件 $A$）即为中奖，有

$$m=1+2+10+100=113,$$

于是，由古典概型的计算公式，中奖的概率为

$$P(A)=\frac{m}{n}=\frac{113}{10\,000}=0.011\,3.$$

**例 8** 求解引例 4.1.1.

**解** 六位数字共可编排出有重复数字的号码 $10^6$ 个，即基本事件的总数为 $n=10^6$．设事件 $A=\{$输入一次密码能打开保险箱的电子密码锁$\}$，由古典概型的计算公式，有

$$P(A)=\frac{1}{10^6}=0.000\ 001.$$

所以，输入一次密码就能打开保险箱的电子密码锁的概率为百万分之一.

**例 9** 求解引例 4.1.2.

**解** (1) 从 100 件商品中一件一件有放回地取，第一次有 100 种不同的取法，第二次也有 100 种不同的取法，根据乘法原理，基本事件总数为 $n=100^2$.

设 $A=\{$取出的两件商品都是次品的概率$\}$，若事件 $A$ 发生，则第一次有 3 种不同的取法，第二次也有 3 种不同的取法，故事件 $A$ 所包含的基本事件个数为 $m=3^2$. 于是，由古典概型的计算公式得

$$P(A)=\frac{3^2}{100^2}=0.000\ 9;$$

(2) 设 $B=\{$取出的两件商品中一件是次品，一件是正品$\}$，事件 $B$ 发生是由“第一次取次品，第二次取正品”与“第一次取正品，第二次取次品”组成，而“第一次取次品，第二次取正品”共有 $3\times 97$ 种不同的取法，而“第一次取正品，第二次取次品”共有 $97\times 3$ 种不同的取法，故事件 $B$ 所包含的基本事件个数为 $m=3\times 97+97\times 3$. 于是，由古典概型的计算公式得

$$P(B)=\frac{3\times 97+97\times 3}{100^2}=0.058\ 2.$$

**例 10** 求解引例 4.1.3.

**解** 因为每个号码被选中的可能性相同，基本事件的总数 $n=C_{36}^7$，而与电脑选出 7 个号码一致（记为事件 $A$）的只有一种情况，由古典概型的计算公式，中特等奖的概率为

$$P(A)=\frac{1}{C_{36}^7}\approx 0.000\ 000\ 12.$$

所以选一次号码就能中特等奖的概率为千万分之一点二.

**例 11** 求解案例 4.5.

**分析** 该游戏的关键是要弄清两种颜色的玻璃球出现所述 5 种不同比数时的可能性分别为多大？哪个比数出现的可能性大一些？也就是说，出现 5 种比数的概率分别是多少？由古典概型的计算公式知：

$$P(8:0)=\frac{C_8^8C_8^0+C_8^0C_8^8}{C_{16}^8}=\frac{1}{6\ 435}\approx 0;$$

$$P(7:1)=\frac{C_8^7C_8^1+C_8^1C_8^7}{C_{16}^8}=\frac{64}{6\ 435}\approx 0.01;$$

$$P(6:2)=\frac{C_8^6C_8^2+C_8^2C_8^6}{C_{16}^8}=\frac{784}{6\ 435}\approx 0.12;$$

$$P(5:3)=\frac{C_8^5C_8^3+C_8^3C_8^5}{C_{16}^8}=\frac{3\ 160}{6\ 435}\approx 0.49;$$

$$P(4:4)=\frac{C_8^4C_8^4}{C_{16}^8}=\frac{2\ 450}{6\ 435}\approx 0.38.$$

通过计算可知，如果重复进行 100 次试验，平均来说，大约有 49 次出现“5：3”，38 次出现“4：4”，12 次出现“6：2”，1 次出现“7：1”，而一次都没有出现“8：0”. 故奖励 10 元的概率基本为 0，而惩罚 2 元的概率却达到了 0.38，即使幸运得到了奖励，也大多是 2 角.

因此该游戏虽然表面上看起来很优惠，而实际上具有很大的欺骗性，如果稍有概率知识，就不会上当受骗．

从以上几个例子的计算可知，求古典概率常常用到排列组合数的计算公式．

### 练习 4－1

1. 列举一些你所接触到的经济问题或生活中的必然事件、不可能事件与随机事件的实例．

2. 写出下列随机试验所包含的所有的基本事件：

(1) 同时掷两颗骰子，记录两颗骰子点数之和．

(2) 生产产品直到有 10 件正品为止，记录生产产品的总件数．

3. 从 3 个一年级学生、4 个二年级学生、4 个三年级学生及 3 个四年级学生中任选 4 人组成一课外活动小组．试求下列事件的概率：(1) 每个年级都有人参加；(2) 二、三年级各有 2 人参加．

4. 从 100 件产品中任取 3 件，若所有产品中有 2 件是次品，求下列事件的概率：(1) 3件都是正品；(2) 2 件是正品，1 件是次品．

5. 新到有 5 种价格不同的商品，随机地被放到货架上去，求自左向右恰好按从大到小的价格顺序排列的概率．

6. 某铁路调车场有 12 股轨道，停靠 8 列车，求恰有 4 股靠在一起的铁轨无列车的概率．

7. 从五件 10 元的、三件 30 元的和两件 50 元的商品中任意取出三件商品，求下列事件的概率：(1) 三件商品共 70 元；(2) 其中至少有两件商品价格相同．

8. 对于古典概型，概率为零的事件是否一定是不可能事件?

9. 设有 7 个数，其中 4 个负数、3 个正数，从中任取两数并做乘法运算，求两数乘积为正数的概率．

## 第二节 事件的运算及概率的加法公式

**【引例 4.2.1】** 事件间的多种关系

从一批含有正品和次品的产品中，任取两件．设有以下事件：$A_1$＝{两件中至少有一件是次品}；$A_2$＝{两件中恰有一件是次品}；$A_3$＝{两件全是次品}；$A_4$＝{两件全是正品}；$A_5$＝{两件中至多有一件次品}．

这些事件间存在着多种关系，如：(1) 若 $A_1$ 发生，则 $A_4$ 不会发生；(2) 若 $A_4$ 发生，则 $A_1$ 不会发生；(3) $A_3$ 与 $A_4$ 不会同时发生；(4) 当且仅当 $A_2$ 与 $A_3$ 至少有一个发生时，$A_1$ 才发生；(5) 当且仅当 $A_2$ 与 $A_4$ 至少有一个发生时，$A_5$ 才发生，等等.

一个随机试验可能有多种结果，其中有些比较简单，有些比较复杂. 为了通过较简单的随机事件寻求较复杂的随机事件的性质和规律，需要研究任意一个特定的随机试验的各随机事件间的关系和运算.

### 案例 4.2.1 产品的检验问题

从一批产品中每次取出一件产品进行检验（每次取出的产品不放回），共取三次，事件 $A_i$ 表示第 $i$ 次取到合格品 ($i=1,2,3$). 试用事件 $A_i$ ($i=1,2,3$) 表示下列事件：(1) 三次都取到合格产品；(2) 三次中至少有一次取到合格品；(3) 三次中恰有两次取到合格品；(4) 三次中至少有一次没有取到合格品.

### 案例 4.2.2 电梯停某层楼的概率

一部电梯从底楼（地下室）起开到 10 楼，电梯里有 8 名乘客，假定每名乘客都可能在 1，2，…，10 楼下，求电梯在 5 楼停的概率（假定电梯上升过程中没有别的乘客需要乘电梯）.

对事件的相互关系进行研究，有助于分析较复杂的事件. 对于一些经常遇到的事件间的关系与运算，以下分别予以介绍.

## 一、事件的包含与相等

1. 事件的包含

如果事件 $A$ 发生，必然导致事件 $B$ 发生，则称**事件 $B$ 包含事件 $A$**，记作 $A\subset B$（或 $B\supset A$）. $B$ 包含 $A$ 意即属于 $A$ 的基本事件一定也属于 $B$，如维恩图 4－1 所示.

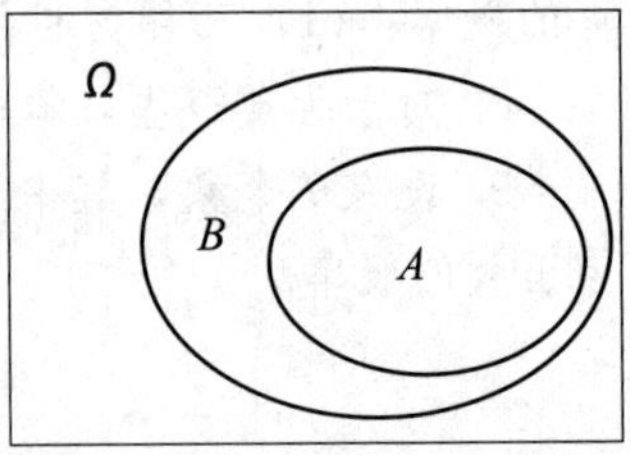

图 4－1

在引例 4.2.1 中，$A_1\supset A_3$，或 $A_3\subset A_1$.

显然，对于任意事件 $A$，都有 $\phi\subset A\subset\Omega$.

2. 事件的相等

如果 $A\subset B$ 且 $B\supset A$，则称**事件 $A$ 与事件 $B$ 相等**，记作 $A=B$. $A$ 与 $B$ 相等意即它们有相同的基本事件.

## 二、事件的和与积

1. 事件的和

事件 $A$ 与事件 $B$ 至少发生一个所构成的事件，称为**事件 $A$ 与 $B$ 的和（并）**，记作 $A+B$（或 $A\cup B$）.

事件 $A+B$ 由 $A$，$B$ 中所有的基本事件组成，如图 4－2 中的阴影部分所示.

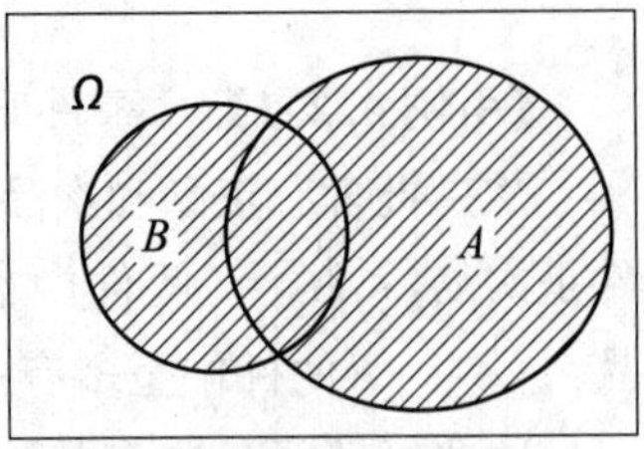

图 4－2

在引例 4.2.1 中，$A_2+A_3=A_1$，$A_2+A_4=A_5$.

由事件和的定义知：对于任意事件 $A$，有 $A\cup\phi=A$，$A\cup\Omega=\Omega$.

事件的和的概念可以推广到 $n$ 个的情形．

一般地，事件 $A_1$，$A_2$，…，$A_n$ 至少发生一个所构成的事件，称为事件 $A_1$，$A_2$，…，$A_n$ 的和，记作 $\sum\limits_{k=1}^{n}A_k$（或 $\bigcup\limits_{k=1}^{n}A_k$）．

2. 事件的积

由事件 $A$ 与 $B$ 同时发生所构成的事件，称为**事件 $A$ 与 $B$ 的积**，记作 $AB$（或 $A\cap B$）．事件 $AB$ 是由 $A$，$B$ 中公共的基本事件构成的集合组成，如图 4-3 中的阴影部分所示．

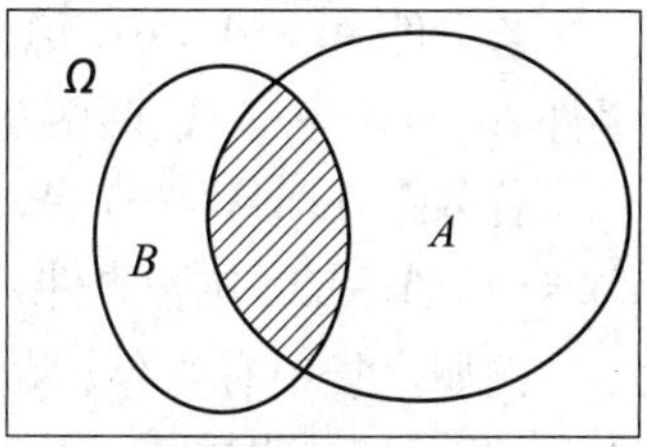


图 4-3

在引例 4.2.1 中，$A_1A_5=A_2$.

由事件积的定义知：对于任意事件 $A$，有 $A\Omega=A$，$A\phi=\phi$.

事件的积的概念可以推广到 $n$ 个的情形．

一般地，事件 $A_1$，$A_2$，…，$A_n$ 同时发生所构成的事件，称为事件 $A_1$，$A_2$，…，$A_n$ 的积，记作 $\prod\limits_{k=1}^{n}A_k$（或 $\bigcap\limits_{k=1}^{n}A_k$）．

## 三、事件的差与对立事件

1. 事件的差

由事件 $A$ 发生而事件 $B$ 不发生所构成的事件，称为**事件 $A$ 与 $B$ 的差**，记作 $A-B$. 事件 $A-B$ 是由属于 $A$ 但不属于 $B$ 的那些基本事件组成，如图 4-4 中的阴影部分所示．

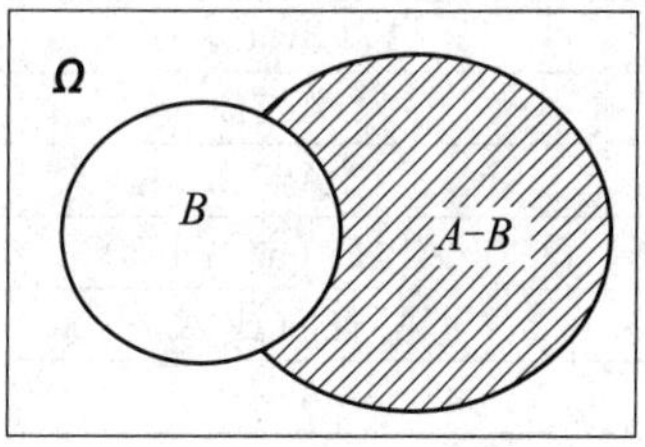


图 4-4

在引例 4.2.1 中，$A_1-A_2=A_3$，$A_5-A_2=A_4$.

由事件差的定义知：$A-A=\phi$，$A-\phi=A$，$A-\Omega=\phi$；若 $AB=\phi$，则 $A-B=A$.

2. 对立事件

设 $A$，$B$ 是两个事件，若 $A+B=\Omega$，且 $AB=\phi$，则称事件 $A$ 与事件 $B$ 是**相互对立的两个事件**（或称事件 $A$ 与事件 $B$ **互逆**）．其中 $A$ 是 $B$ 的**对立事件**（或**逆事件**），$B$ 也是 $A$ 的**对立事件**（或**逆事件**）．$A$ 的对立事件记作 $\overline{A}$，即 $\overline{A}=\Omega-A$.

相互对立的两事件没有公共的基本事件，但它们所有的基本事件构成的集合恰好是一个必然事件 $\Omega$，如图 4-5 中的阴影部分所示．

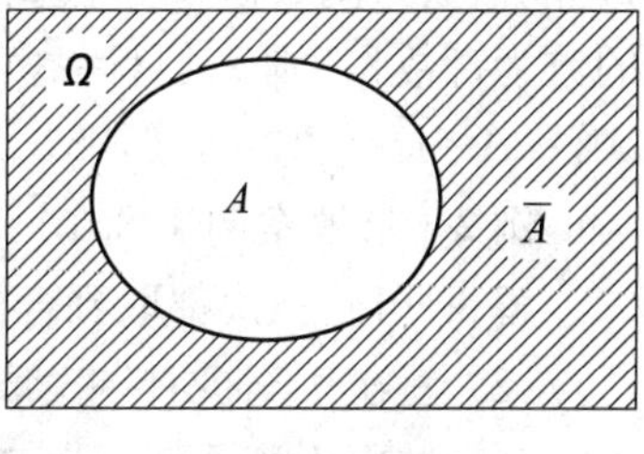


图 4-5

在引例 4.2.1 中，$\overline{A_1}=A_4$，$\overline{A_4}=A_1$；$\overline{A_3}=A_5$，$\overline{A_5}=A_3$.

## 四、事件的互不相容性

如果事件 $A$ 与 $B$ 不能同时发生，即 $AB=\phi$（或 $A\cap B=\phi$），则称**事件 $A$ 与 $B$ 互不相容**（或**互斥**）．互不相容事件 $A$ 与 $B$ 没有公共的基本事件，如图 4-6 所示．

在引例 4.2.1 中，$A_3A_4=\phi$，故 $A_3$ 与 $A_4$ 是互不相容事件.

若事件 $A$ 与事件 $B$ 是相互对立的两个事件，则它们一定互不相容；反之不一定.

若事件 $A_1, A_2, \cdots, A_n$ 中任意两个事件互不相容，则称事件 $A_1, A_2, \cdots, A_n$ 两两互不相容.

若事件 $A_1, A_2, \cdots, A_n$ 是一组两两互不相容事件，且 $A_1+A_2+\cdots+A_n=\Omega$，则称事件 $A_1, A_2, \cdots, A_n$ 为一个**完全事件系**.

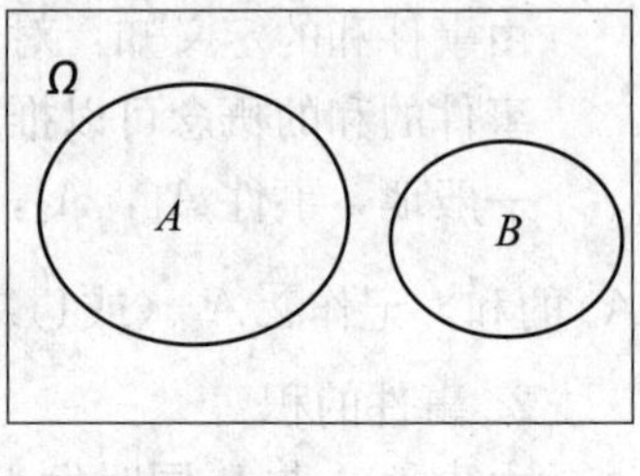


图 4-6

例如，袋中有红色、黄色、绿色的球各一个，从中任取一个，设事件 $A_1=\{$取到红球$\}$，$A_2=\{$取到黄球$\}$，$A_3=\{$取到绿球$\}$. 显然 $A_1, A_2, A_3$ 两两互不相容，且 $A_1+A_2+A_3=\Omega$，事件 $A_1, A_2, A_3$ 构成一个完全事件系.

如果事件 $A_1, A_2, \cdots, A_n$ 构成完全事件系，则在一次试验中，$A_1, A_2, \cdots, A_n$ 有且仅有一个事件发生.

以上事件的关系及运算的概念类似于集合论中集合间的关系与运算的概念，其记号也是相对应的，列成表 4-3 对照说明如下：

表 4-3

| 记号 | 概率论 | 集合论 |
|---|---|---|
| $\Omega$ | 必然事件 | 全集 |
| $\phi$ | 不可能事件 | 空集 |
| $A, B, C, \cdots$ | 随机事件 | 集合 |
| $A\subset B$ | 事件 $A$ 发生则 $B$ 一定发生 | 集合 $A$ 是 $B$ 的子集 |
| $A=B$ | 事件 $A$ 与 $B$ 是同一事件 | 集合 $A$ 与 $B$ 相等 |
| $A\cup B$（或 $A+B$） | 事件 $A$ 与 $B$ 至少有一个发生 | 集合 $A$ 与 $B$ 的并集 |
| $A\cap B$（或 $AB$） | 事件 $A$ 与 $B$ 同时发生 | 集合 $A$ 与 $B$ 的交集 |
| $A-B$ | 事件 $A$ 发生而 $B$ 不发生 | 集合 $A$ 与 $B$ 的差集 |
| $AB=\phi$ | 事件 $A$ 与 $B$ 互不相容 | 集合 $A$ 与 $B$ 的交集为空集 |
| $\overline{A}$ | 事件 $A$ 的对立事件 | 集合 $A$ 的补集 |

**例 1** 在 1，2，3，…，10 十个数中任选一个，若选取的数为 1 则记为 {1}，设 $A=\{$选取的数为偶数$\}$，$B=\{$选取的数为小于 5 的偶数$\}$，$C=\{$选取的数小于 5$\}$，$D=\{$选取的数为奇数$\}$，则 $A\cup C=\{1, 2, 3, 4, 6, 8, 10\}$；$A\cap B=\{2, 4\}$；$A-B=\{6, 8, 10\}$；$A=\overline{D}=\{2, 4, 6, 8, 10\}$；$D=\overline{A}=\{1, 3, 5, 7, 9\}$.

**例 2** 求解案例 4.2.1.

**解** (1) 三次都取到合格产品：$A_1A_2A_3$；

(2) 三次中至少有一次取到合格品：$A_1+A_2+A_3$；

(3) 三次中恰有两次取到合格品：$A_1A_2\overline{A}_3+A_1\overline{A}_2A_3+\overline{A}_1A_2A_3$；

(4) 三次中至少有一次没有取到合格品：$\overline{A}_1+\overline{A}_2+\overline{A}_3$.

**例 3** 某工人生产了三件同一种零件，用 $A_i$ 表示事件“他生产的第 $i$ 件是正品”（$i=1,2,3$），试用事件 $A_1, A_2, A_3$ 的关系表示下列事件：(1) 他生产的零件没有一件是次品；(2) 他生产的零件至少有一件是次品；(3) 他生产的零件只有一件是次品.

**解** (1) 事件“没有一件是次品”意即三个零件都是正品，所以

$\{没有一件是次品\}=A_1A_2A_3$；

(2) 事件“至少有一件是次品”意即此工人生产的零件中，有三类不同情况含有次品：有一件是次品、有两件是次品或三件都是次品，所以

$$\begin{aligned}\{至少有一件是次品\}=&\overline{A}_1A_2A_3+A_1\overline{A}_2A_3\\&+A_1A_2\overline{A}_3+\overline{A}_1\overline{A}_2A_3\\&+A_1\overline{A}_2\overline{A}_3+\overline{A}_1A_2\overline{A}_3+\overline{A}_1\overline{A}_2\overline{A}_3.\end{aligned}$$

另一方面，“至少有一件是次品”也可以理解为生产的零件“全为正品的除外”的一切情形，即$\{至少有一件是次品\}=\overline{A}_1+\overline{A}_2+\overline{A}_3$. 事实上，不难证明下列两事件相等：

$$\overline{A}_1+\overline{A}_2+\overline{A}_3=\overline{A}_1A_2A_3+A_1\overline{A}_2A_3+A_1A_2\overline{A}_3+\overline{A}_1\overline{A}_2A_3+A_1\overline{A}_2\overline{A}_3+\overline{A}_1A_2\overline{A}_3+\overline{A}_1\overline{A}_2\overline{A}_3.$$

(3) 事件“只有一件是次品”意指“工人生产的三个零件中只有一件是次品，而其他两个产品是正品”，而“一件次品”有三种情形：第一件为次品、第二件为次品或第三件为次品，所以

$$\{只有一件是次品\}=\overline{A}_1A_2A_3+A_1\overline{A}_2A_3+A_1A_2\overline{A}_3.$$

**例 4** 设 $A$，$B$，$C$ 为三个随机事件，试用事件的运算表示下列事件：(1) 只有 $A$ 发生；(2) $A$，$B$，$C$ 恰有一个发生；(3) $A$，$B$，$C$ 至少有一个发生；(4) $A$，$B$，$C$ 都不发生；(5) $A$，$B$，$C$ 不都发生；(6) $A$，$B$，$C$ 至少有两个发生；(7) $A$，$B$，$C$ 恰好有两个发生.

**解** 要正确表示各事件，首先要准确理解所要求出的事件的意义；另外，根据事件运算间的关系，同一事件可能有不同的表达方式.

(1) “只有事件 $A$ 发生”即“$A$ 发生而事件 $B$，$C$ 都不发生”，所以$\{只有事件 A 发生\}=A\overline{B}\overline{C}$，或用事件差的定义表示为 $A-B-C$；

(2) “$A$，$B$，$C$ 恰有一个发生”即“只 $A$ 发生或只 $B$ 发生或只 $C$ 发生”，因而可用 $A\overline{B}\overline{C}+\overline{A}B\overline{C}+\overline{A}\overline{B}C$ 表示；

(3) “$A$，$B$，$C$ 至少有一个发生”即“$A$，$B$，$C$ 中恰有一个发生，或 $A$，$B$，$C$ 恰有两个发生，或 $A$，$B$，$C$ 三个都发生”，因而可以用 $A+B+C$ 或 $A\overline{B}\overline{C}+\overline{A}B\overline{C}+\overline{A}\overline{B}C+AB\overline{C}+A\overline{B}C+\overline{A}BC+ABC$ 表示，显然，前者比后者简洁；

(4) “$A$，$B$，$C$ 都不发生”即“$A$，$B$，$C$ 中哪一个也不发生”，因而可以用 $\overline{A}\overline{B}\overline{C}$ 或 $\overline{A+B+C}$表示；

(5) “$A$，$B$，$C$ 不都发生”即“$A$，$B$，$C$ 不同时发生”，也就是“$A$，$B$，$C$ 至少有一个不发生”，故可以用 $\overline{A}+\overline{B}+\overline{C}$ 或$\overline{ABC}$表示；

(6) “$A$，$B$，$C$ 至少有两个发生”即“$A$，$B$，$C$ 恰好有两个发生或三个都发生”，因而可用 $AB\overline{C}+A\overline{B}C+\overline{A}BC+ABC$ 或 $AB+BC+AC$ 表示；

(7) “$A$，$B$，$C$ 恰好有两个发生”即“$A$，$B$，$C$ 中某两个发生时，第三个一定不发生”，故用 $AB\overline{C}+A\overline{B}C+\overline{A}BC$ 表示.

## 五、事件的运算律

在进行事件的运算的过程中，常常用到以下运算律：

(1) 交换律 $A+B=B+A$，$AB=BA$.

(2) 结合律 $A+(B+C)=(A+B)+C$，$A(BC)=(AB)C$.

(3) 分配律 $A(B+C)=AB+AC$（第一分配律）；

$A+BC=(A+B)(A+C)$（第二分配律）.

(4) 对偶律 $\overline{A+B}=\overline{A}\,\overline{B}$，$\overline{AB}=\overline{A}+\overline{B}$.

对于数的运算，它满足第一分配律，即乘法对加法满足分配律，但不满足第二分配律．而对于事件的运算，它与集合的运算一样，不但满足第一分配律，同时还满足第二分配律.

## 六、概率的加法公式

**定理 4.2.1** 若事件 $A$，$B$ 互不相容，则

$$P(A+B)=P(A)+P(B) \tag{4.2.1}$$

式（4.2.1）称为概率的加法公式．

这里仅就古典概型的情形给出证明．

设在某一条件下将试验重复进行 $n$ 次，即基本事件总数为 $n$. 其中事件 $A$ 包含的基本事件数为 $m_1$，事件 $B$ 包含的基本事件数为 $m_2$，由古典概型的计算公式，得

$$P(A)=\frac{m_1}{n},\ P(B)=\frac{m_2}{n};$$

由于 $A$ 与 $B$ 互不相容，故事件 $A+B$ 包含的基本事件数为 $m_1+m_2$，同样由古典概型的计算公式，有

$$P(A+B)=\frac{m_1+m_2}{n}=\frac{m_1}{n}+\frac{m_2}{n}=P(A)+P(B),$$

故概率的加法公式成立．

**推论 1** 若事件 $A_1$，$A_2$，…，$A_n$ 两两互不相容，则

$$P(A_1+A_2+\cdots+A_n)=P(A_1)+P(A_2)+\cdots P(A_n) \tag{4.2.2}$$

**推论 2** 事件 $A$ 的对立事件 $\overline{A}$ 的概率为

$$P(\overline{A})=1-P(A) \tag{4.2.3}$$

以后的内容常常用到式（4.2.3）.

**定理 4.2.2** 设 $A$，$B$ 为任意两个事件，则

$$P(A+B)=P(A)+P(B)-P(AB) \tag{4.2.4}$$

**证** 因为 $A+B=A\overline{B}+B$，并且 $A\overline{B}$ 与 $B$ 互不相容，于是

$$P(A+B)=P(A\overline{B})+P(B),$$

又由于 $A=A\Omega=A\overline{B}+AB$，且 $A\overline{B}$ 与 $AB$ 互不相容，于是有

$$P(A)=P(A\overline{B})+P(AB),$$

即

$$P(A\overline{B})=P(A)-P(AB)$$

因此

$$P(A+B)=P(A)+P(B)-P(AB).$$

定理 4.2.2 的证明过程用到了定理 4.2.1 的结论；可以看出，当事件 $A$ 与事件 $B$ 互不相容时，式（4.2.4）变为式（4.2.1），因此定理 4.2.1 是定理 4.2.2 的特殊情形．式

(4.2.2) 与式 (4.2.4) 是加法公式 (4.2.1) 的一般情形．

对于三个事件，类似地有

$$P(A+B+C)=P(A)+P(B)+P(C)-P(AB)-P(AC)-P(BC)+P(ABC).$$

读者可以画出定理 4.2.2 的维恩图并说明其意义．该结论又称为“多除少补原理”，对于事件的个数，这一原理还可推广到 $n$ 个事件的情形．

**例 5** 一批产品共 50 件，其中有 5 件是次品，从这批产品中任取 3 件，求其中有次品的概率．

**解法 1** 设 $A=\{$取到的 3 件产品中有次品$\}$；$A_i=\{$取到的 3 件产品中恰有 $i$ 件次品$\}$ $(i=1,2,3)$，则 $A_1$，$A_2$，$A_3$ 两两互不相容，并且 $A=A_1+A_2+A_3$，由定理 4.2.1 的推论 1，得

$$P(A)=P(A_1)+P(A_2)+P(A_3)$$
$$=\frac{C_{45}^2C_5^1}{C_{50}^3}+\frac{C_{45}^1C_5^2}{C_{50}^3}+\frac{C_{45}^0C_5^3}{C_{50}^3}=0.276.$$

**解法 2** 设 $A=\{$取到的 3 件产品中有次品$\}$；$\overline{A}=\{$取到的 3 件产品中无次品$\}$，则根据定理 4.2.1 的推论 2，得

$$P(A)=1-P(\overline{A})=1-\frac{C_{45}^3}{C_{50}^3}=0.276.$$

**例 6** 某企业与甲、乙两个公司签订某种物资长期供货关系的合同，由以前的统计资料得知，甲公司能按时供货的概率为 0.9，乙公司能按时供货的概率为 0.75，两个公司都能按时供货的概率为 0.7，试求至少有一个公司能按时供货的概率．

**解** 设 $A=\{$甲能按时供货$\}$，$B=\{$乙能按时供货$\}$．依题意，$A,B$ 是相容的，由定理 4.2.2，得

$$P(A+B)=P(A)+P(B)-P(AB)$$
$$=0.9+0.75-0.7=0.95.$$

故至少有一个公司能按时供货的概率为 0.95．

**例 7** 某班有 6 个人是 1998 年 9 月份出生的，求其中至少有 2 人是同一天生日的概率.

**解** 设事件 $A=\{$6 个人中至少有 2 人是同一天生日$\}$，事件 $A_i=\{$恰有 $i+1$ 人是同一天生日$\}$ $(i=1,2,3,4,5)$，由于 $A_i$ 之间是两两互不相容的，则由定理 4.2.1 的推论 1，得

$$P(A)=P(A_1)+P(A_2)+P(A_3)+P(A_4)+P(A_5).$$

直接计算比较烦琐，于是考虑用 $A$ 的对立事件计算．由定理 4.2.1 的推论 2，得

$$P(A)=1-P(\overline{A})=1-\frac{A_{30}^6}{30^6}\approx 0.586\ 4.$$

## 练习 4-2

1. 从一大批产品中任意抽取 3 件检查，设 $A_i(i=1,2,3)$ 分别表示“第一、二、三次抽得的产品是合格品”的事件，问：

(1) $\overline{A}_1,\overline{A}_2,\overline{A}_3$ 分别表示什么？

(2)“抽取的三件都是不合格品”的事件如何表示？

(3)“只抽得一件合格品”的事件如何表示？

2. 某班有学生 28 人，其中男生 17 人，女生 11 人．拟组织一个 5 人班委会，试求班委会中至少有一个女生的概率．

3. 设 $A$，$B$，$C$ 是三个事件，且 $P(A)=P(B)=P(C)=1/4$，$P(AB)=P(BC)=0$，$P(AC)=1/8$. 求 $A$，$B$，$C$ 至少有一个发生的概率．

4. 在某个单位抽样 100 个员工调查，有移动电话的 92 人，有电脑的 95 人，两样都有的 90 人．求有移动电话或有电脑的人的概率．

5. 某工厂生产的产品有一、二等品及次品，若一、二等品的概率分别为 0.63 和 0.35，求产品的合格品率与次品率．

6. 在 20 件产品中，有 15 件是一级品，5 件为二级品，从中任取 3 件，则至少有一件是二级品的概率是多少？

7. 据统计，某城市居民订购晨报的占 30%，订购晚报的占 60%，两种报都不订购的占 15%，试求两种报都订购的概率．

8. 从一副扑克牌（52 张）中，任取 3 张（不重复抽取），计算取出的 3 张牌中至少有两张花色相同的概率．

## 第三节　条件概率与乘法公式

先给出几个例子．

### 案例 4.3.1　某仪器的使用年限问题

某仪器能使用 10 年的概率为 0.8，能使用 15 年的概率为 0.4，求现在已经使用 10 年的仪器能继续使用 5 年的概率．

### 案例 4.3.2　需要携带雨具吗？

甲、乙两城市都处于长江中下游，根据近一百余年的气象资料记录，知道两城市的雨天所占的比例分别为 20%和 18%，两城市同时下雨所占的比例为 12%. 问：某人雨天从甲、乙两城市中一个城市到另一个城市出差，需要携带雨具吗？

### 案例 4.3.3　抽签的方法公平吗？

一张 2008 年北京奥运会的足球票，有 $n$ 个人都想得到它，于是采用抽签的办法来决定这张奥运足球票的得主．试问：抽签的方法对于想得到它的这 $n$ 个人来说公平吗？

## 一、条件概率

任何事件的发生都是有条件的，因为随机试验都是在一定条件下进行的．以下讨论的条件概率，除了随机试验的基本条件之外，有时还要给出附加的限制条件，也就是要求“在条件 $B$ 已发生的条件下求事件 $A$ 发生的概率”，并且将这个概率记为 $P(A|B)$．

**【引例 4.3.1】** 产品的抽样检查问题

某仓库有一批产品 225 件，它是由甲、乙两厂共同生产的，其产品的正品、次品情况如表 4－4所示．现从这批产品中任取一件，设 $A=\{$取到的是正品$\}$，$B=\{$取到的是乙厂生产的产品$\}$．试求：$P(A)$，$P(B)$，$P(AB)$ 及 $P(A|B)$．

**表 4－4**

| | 正品 | 次品 | 合计 |
|---|---|---|---|
| 甲厂 | 100 | 20 | 120 |
| 乙厂 | 90 | 15 | 105 |
| 合计 | 190 | 35 | 225 |

**解** 根据古典概型的计算公式得：

$$P(A)=\frac{190}{225},\ P(B)=\frac{105}{225},\ P(AB)=\frac{90}{225}.$$

$P(A|B)$ 可用古典概型来计算．由于取到的是乙厂生产的产品，而乙厂的产品共105个，其中有正品 90 个，所以

$$P(A|B)=\frac{90}{105}=\frac{90}{225}\Big/\frac{105}{225}=\frac{P(AB)}{P(B)};$$

同理可得

$$P(B|A)=\frac{90}{190}=\frac{90}{225}\Big/\frac{190}{225}=\frac{P(AB)}{P(A)}.$$

### 定义 4.3.1

**如果 $A,B$ 是随机试验的两个随机事件，且 $P(B)>0$，则称**

$$P(A|B)=\frac{P(AB)}{P(B)} \tag{4.3.1}$$

**为在事件 $B$ 发生的前提下事件 $A$ 发生的概率为条件概率．**

**类似地，如果 $A,B$ 是随机试验的两个随机事件，且 $P(A)>0$，则称**

$$P(B|A)=\frac{P(AB)}{P(A)} \tag{4.3.2}$$

**为在事件 $A$ 发生的前提下事件 $B$ 发生的概率为条件概率．**

这里指出，条件概率 $P(A|B)$ 也是随机事件的概率，因此概率的一般性质对于条件概率也适用．其次，条件概率 $P(A|B)$ 中的“条件 $B$”实质上是一个“事件”，这个“事件”在事件 $A$ 发生的过程中对于 $A$ 若产生了影响，则该“事件”就充当了影响事件 $A$ 发生的“条件”；这个“事件”在事件 $A$ 发生的过程中对于 $A$ 若没有产生影响，则该“事件”仍可称为是不影响事件 $A$ 发生的“条件”，不过，此时有这个“条件”和没有这个“条件”对于

事件 $A$ 是否发生来说是一回事，即 $P(A \mid B)=P(A)$. 因此，“条件概率”是一个用来描述两个事件之间的关系的概念.

## 二、乘法公式

由条件概率的定义可得：

$$P(AB)=P(B)\ P(A \mid B) \qquad (当\ P(B)\neq 0\ 时) \tag{4.3.3}$$

或

$$P(AB)=P(A)\ P(B \mid A) \qquad (当\ P(A)\neq 0\ 时) \tag{4.3.4}$$

式（4.3.3）及式（4.3.4）称为概率的乘法公式.

**例 1** 求解案例 4.3.1.

**解** 设 $A=\{$仪器使用 10 年$\}$，$B=\{$仪器使用 15 年$\}$，由于

$$P(AB)=P(B)=0.4,\ P(A)=0.8,$$

所以

$$P(B \mid A)=\frac{P(AB)}{P(A)}=\frac{0.4}{0.8}=0.5.$$

**例 2** 求解案例 4.3.2.

**解** 设 $A=\{$甲城市下雨$\}$，$B=\{$乙城市下雨$\}$，则有

$$P(A \mid B)=\frac{P(AB)}{P(B)}=\frac{0.12}{0.18}=\frac{2}{3},$$

$$P(B \mid A)=\frac{P(AB)}{P(A)}=\frac{0.12}{0.20}=\frac{3}{5}.$$

由此可见，在一个城市下雨的情况下，另一个城市也下雨的可能性很大. 因此，某人雨天从甲、乙两城市中的一个城市到另一个城市出差，最好携带雨具.

**例 3** 已知一批产品的次品率为 5%，正品中的一级品率为 80%. 从中任取一件，试求它是一级品的概率.

**解** 设 $A=\{$被取到的一件产品是正品$\}$，$B=\{$被取到的一件产品是一级品$\}$. 依题意得

$$P(A)=1-P(\overline{A})=1-0.05=0.95.$$

因为

$$P(B \mid A)=0.80,\ A\supset B,$$

所以

$$P(AB)=P(B),$$

于是

$$P(B)=P(AB)=P(A)\ P(B \mid A)=0.95\times 0.80=0.76.$$

乘法公式可以推广到有限个事件的情形.

例如，对于事件 $A_1$，$A_2$，$A_3$，当 $P(A_1A_2)>0$ 时，有

$$P(A_1A_2A_3)=P(A_1)\ P(A_2 \mid A_1)\ P(A_3 \mid A_1A_2).$$

一般地，当 $P(A_1A_2\cdots A_{n-1})>0$ 时，有

$$P(A_1A_2\cdots A_n)=P(A_1)\ P(A_2\mid A_1)\ P(A_3\mid A_1A_2)\ \cdots P(A_n\mid A_1A_2\cdots A_{n-1}) \tag{4.3.5}$$

**例 4** 求解案例 4.3.3.

**解** 将外形相同的 $n$ 个标签让 $n$ 个人依次抽取，事先将足球票放在某标签中．记 $A_i=$ {第 $i$ 人抽到足球票}（$i=1,2,\cdots,n$），则 $A_i=\overline{A}_1\cdots\overline{A}_{i-1}A_i$，由乘法公式得

$$\begin{aligned}P(A_i)&=P(\overline{A}_1\cdots\overline{A}_{i-1}A_i)\\&=P(\overline{A}_1)\ P(\overline{A}_2\mid\overline{A}_1)\ \cdots P(\overline{A}_{i-1}\mid\overline{A}_1\cdots\overline{A}_{i-2})\ P(A_i\mid\overline{A}_1\cdots\overline{A}_{i-1})\\&=\frac{n-1}{n}\cdot\frac{n-2}{n-1}\cdots\frac{n-i+1}{n-i+2}\cdot\frac{1}{n-i+1}=\frac{1}{n}.\end{aligned}$$

由此可知，每个人得到这张足球票的概率都是 $1/n$. 这样，采用抽签的办法来决定这张北京奥运会足球票的得主，对于想得到它的 $n$ 个人来说，机会都是均等的，从而抽签的办法是公平的．

**例 5** 盒中有 10 只商品，其中 4 只次品．若每次任取一只不放回，求：(1) 连续三次都取到正品的概率；(2) 第三次才取到正品的概率．

**解** 设 $A_i=$ {第 $i$ 次取到正品}（$i=1, 2, 3$）.

(1) 因为

$$P(A_1)=\frac{6}{10},\ P(A_2\mid A_1)=\frac{5}{9},\ P(A_3\mid A_1A_2)=\frac{4}{8},$$

所以

$$P(A_1A_2A_3)=P(A_1)\ P(A_2\mid A_1)\ P(A_3\mid A_1A_2)=\frac{6}{10}\times\frac{5}{9}\times\frac{4}{8}=\frac{1}{6};$$

(2) 因为

$$P(\overline{A}_1)=\frac{4}{10},\ P(\overline{A}_2\mid\overline{A}_1)=\frac{3}{9},\ P(A_3\mid\overline{A}_1\overline{A}_2)=\frac{6}{8},$$

所以

$$P(\overline{A}_1\overline{A}_2A_3)=P(\overline{A}_1)\ P(\overline{A}_2\mid\overline{A}_1)\ P(A_3\mid\overline{A}_1\overline{A}_2)=\frac{4}{10}\times\frac{3}{9}\times\frac{6}{8}=\frac{1}{10}.$$

## 三、独立性

1. 事件的独立性

**【引例 4.3.2】** 摸球问题

袋中装有 3 只黑球，2 只白球．每次从中任取一个球，取后放回．设 $A=$ {第一次取出白球}，$B=$ {第二次取出白球}，则

$$P(A)=\frac{2}{5};\ P(B)=\frac{2}{5};\ P(B\mid A)=\frac{2}{5};\ P(B\mid\overline{A})=\frac{2}{5};$$

$$P(AB)=\frac{2\times2}{5\times5}=\frac{2}{5}\times\frac{2}{5}=\frac{4}{25};\ P(\overline{A}B)=\frac{3\times2}{5\times5}=\frac{3}{5}\times\frac{2}{5}=\frac{6}{25}.$$

本例中 $P(B)=P(B\mid A)=P(B\mid\overline{A})$ 表明，事件 $A$ 是否发生不影响事件 $B$ 是否发生，即事件 $A$ 与事件 $B$ 呈现出某种独立性．事实上，由于是有放回取球，因此在第二次取球时，袋中球的总数未变，并且袋中的黑球与白球的比例也未变，这样，第二次摸出白

球的概率自然也未改变，即第二次是否取得白球与第一次是否取得白球无关．

由此，给出事件独立性的概念．

**定义 4.3.2**

**设 $A$，$B$ 是两事件，如果满足**

$$P(AB)=P(A)P(B) \tag{4.3.6}$$

**则称事件 $A$，$B$ 为相互独立的事件．**

**若 $n$ 个（$n\geqslant 2$）事件 $A_1$，$A_2$，…，$A_n$ 中的任何一个事件是否发生都不影响其他 $m$（$m=1,2,\cdots,n-1$）个事件是否发生，则称事件 $A_1$，$A_2$，…，$A_n$ 是相互独立的．**

事件 $A$ 与 $B$ 是否相互独立，一般根据实际意义来判定．

2. 事件独立性的性质

（1）如果事件 $A$ 与事件 $B$ 相互独立，而且 $P(A)>0$，则 $P(B\mid A)=P(B)$；

（2）若事件 $A_1$，$A_2$，…，$A_n$ 相互独立，则 $P(A_1A_2\cdots A_n)=P(A_1)P(A_2)\cdots P(A_n)$；

（3）如果事件 $A$ 与事件 $B$ 相互独立，则 $\overline{A}$ 与 $B$，$A$ 与 $\overline{B}$，$\overline{A}$ 与 $\overline{B}$ 也相互独立．

**证** 性质（1）、（2）直接由定义可知，现在来证明性质（3）．由于

$\overline{A}B=B-AB$ 且 $B\supset AB$，

所以有

$$\begin{aligned}P(\overline{A}B)&=P(B-AB)=P(B)-P(AB)\\&=P(B)-P(A)P(B)=P(B)[1-P(A)]=P(\overline{A})P(B).\end{aligned}$$

因此 $\overline{A}$ 与 $B$ 相互独立．

类似地，可以证明 $A$ 与 $\overline{B}$，$\overline{A}$ 与 $\overline{B}$ 也相互独立．

**例 6** 加工某零件共需三道工序．设各道工序次品率分别为 0.01，0.02，0.03．若各道工序互不影响，求加工出来的零件为次品的概率是多少？

**解** 设 $A$，$B$，$C$ 依次表示三道工序生产出来为合格品的事件，则有

$$P(A)=1-0.01=0.99,\ P(B)=1-0.02=0.98,\ P(C)=1-0.03=0.97.$$

经过三道工序加工出来的零件是合格品的事件为 $ABC$，由于各道工序互不影响，故事件 $A$，$B$，$C$ 相互独立，所以加工出来的零件是合格品的概率为

$$\begin{aligned}P(ABC)&=P(A)P(B)P(C)\\&=0.99\times 0.98\times 0.97\approx 0.941\,1,\end{aligned}$$

从而加工出来的零件是次品的概率为

$$1-P(ABC)=1-0.941\,1\approx 0.058\,9.$$

**例 7** 某超市购买了两台防止偷盗商品的报警器，其可靠性分别为 0.9 和 0.92．两台报警器互不影响，各自独立工作．假设来超市购物的消费者离开超市时必须经过安装了这两台报警器的门，试问偷盗商品的消费者在经过门口时，报警器发出报警信号的概率．

**解** 设事件 $A_i=\{$第 $i$ 个报警器发出报警信号$\}$（$i=1,2$），则有

$$P(A_1)=0.9,\ P(A_2)=0.92,$$

于是，偷盗商品的消费者在经过门口时，至少有一个报警器发出报警信号的概率为：

$$P(A_1+A_2)=P(A_1)+P(A_2)-P(A_1A_2)$$

$=P(A_1)+P(A_2)-P(A_1)P(A_2)$

$=0.9+0.92-0.9\times0.92=0.992.$

由此可知，报警的可靠性较高．

**例 8** 求解案例 4.2.2.

**解** 设$A=\{$电梯在 5 楼停$\}$，$A_i=\{$第 $i$ 位乘客在 5 楼下$\}$（$i=1,2,\cdots,8$），则有

$$A=A_1+A_2+\cdots+A_8,$$

$$P(A_i)=\frac{1}{8}\ (i=1,2,\cdots,8).$$

直接计算 $P(A_1+A_2+\cdots+A_8)$ 将非常困难，利用有关事件运算的概率公式就比较容易．事实上

$$P(\overline{A})=P(\overline{A_1+A_2+\cdots+A_8})=P(\overline{A}_1\overline{A}_2\cdots\overline{A}_8)$$
$$=P(\overline{A}_1)P(\overline{A}_2)\cdots P(\overline{A}_8)=0.9^8,$$

于是电梯在 5 楼停的概率为

$$P(A)=1-0.9^8\approx0.57.$$

**例 9** 已知一批玉米种子的出苗率为 0.9，现每穴种两粒，问两粒都出苗、一粒出苗一粒不出苗、两粒都不出苗的概率分别等于多少？

**解** 设两粒种子为甲和乙，$A=$“甲出苗”，$B=$“乙出苗”；则 $AB=$“甲、乙都出苗”；$\overline{A}\overline{B}=$“甲、乙都不出苗”；$A\overline{B}+\overline{A}B=$“一粒出苗、一粒不出苗”．由于 $A$ 与 $B$，$\overline{B}$ 互相独立，$\overline{A}$ 与 $B$，$\overline{B}$ 互相独立，$A\overline{B}$ 与 $\overline{A}B$ 互不相容，于是

$$P(A)=P(B)=0.9,\ P(\overline{A})=P(\overline{B})=0.1,$$

所以，根据加法定理与乘法定理有：

（1）两粒都出苗的概率为

$$P(AB)=P(A)P(B)=0.9\times0.9=0.81;$$

（2）一粒出苗一粒不出苗的概率为

$$P(A\overline{B}+\overline{A}B)=P(A\overline{B})+P(\overline{A}B)=P(A)P(\overline{B})+P(\overline{A})P(B)$$
$$=0.9\times0.1+0.1\times0.9=0.18;$$

（3）两粒都不出苗的概率为

$$P(\overline{A}\overline{B})=P(\overline{A})P(\overline{B})=0.1\times0.1=0.01.$$

## 四、独立试验序列

随机现象的规律性只有在相同的条件下进行大量重复试验或观察才能归纳出来，这些试验还应是相互独立的．前面讨论了事件的独立性，接下来考察试验的独立性．

掷 $n$ 次硬币、某射手对同一目标射击 $n$ 次、观察 $n$ 个元件的使用寿命等，都可看成 $n$ 次独立试验，也称为独立试验序列．

下面考察一种重要的独立试验序列．

如果在相同条件下，重复地做 $n$ 次独立的试验，每次试验只有两个可能的结果，而且每个结果发生的概率不变，则称这样的试验为 **$n$ 重贝努利（Bernoulli）试验**，或称为**贝努利概型**.

**定理 4.3.1** 设在每次试验中，事件 $A$ 发生的概率为 $p$（$0<p<1$），则在 $n$ 重贝努利试验中，事件 $A$ 恰好发生 $k$ 次（不考虑哪 $k$ 次发生）的概率为

$$P_n(k)=C_n^k p^k q^{n-k} \quad (k=0, 1, 2, \cdots, n)\text{，其中 } P(A)=p, P(\bar{A})=q=1-p \tag{4.3.7}$$

**证** 设 $A_i=\{$在第 $i$ 次试验中事件 $A$ 发生$\}$（$i=1, 2, \cdots, n$），由题设知

$$P(A_i)=P(A)=p, \quad P(\bar{A}_i)=1-P(A)=1-p=q \quad (i=1, 2, \cdots, n).$$

又设 $B=\{n$ 重贝努利试验中事件 $A$ 恰好发生 $k$ 次$\}$. 显然事件 $B$ 可以表示成 $C_n^k$ 个互不相容事件的和，即

$$B=A_1A_2\cdots A_{k-1}A_k\bar{A}_{k+1}\bar{A}_{k+2}\cdots\bar{A}_n+A_1A_2\cdots A_{k-1}\bar{A}_kA_{k+1}\bar{A}_{k+2}\cdots\bar{A}_n$$
$$+\cdots+\bar{A}_1\bar{A}_2\cdots\bar{A}_{n-k}A_{n-k+1}A_{n-k+2}\cdots A_n.$$

组成和事件 $B$ 的每一项都是由 $k$ 个 $A$ 及 $n-k$ 个 $\bar{A}$ 所构成的积事件，而每一项的 $n$ 个因子事件又是相互独立的，由事件独立性的性质（2）可得：

$$P(A_1A_2\cdots A_{k-1}A_k\bar{A}_{k+1}\bar{A}_{k+2}\cdots\bar{A}_n)$$
$$=P(A_1)P(A_2)\cdots P(A_{k-1})P(A_k)P(\bar{A}_{k+1})P(\bar{A}_{k+2})\cdots P(\bar{A}_n)$$
$$=p^kq^{n-k};$$

同理，可得：

$$P(A_1A_2\cdots A_{k-1}\bar{A}_kA_{k+1}\bar{A}_{k+2}\cdots\bar{A}_n)=\cdots=P(\bar{A}_1\bar{A}_2\cdots\bar{A}_{n-k}A_{n-k+1}A_{n-k+2}\cdots A_n)$$
$$=p^kq^{n-k}.$$

故事件 $B$ 的概率为

$$P(B)=C_n^kp^kq^{n-k},$$

即 $n$ 重贝努利试验中事件 $A$ 恰好发生 $k$ 次的概率为

$$P_n(k)=C_n^kp^kq^{n-k}.$$

**例 10** 电灯泡使用寿命在 1 000 h 以上的概率为 0.3，试求 4 个灯泡在使用 1 000 h 以后，至少有两个灯泡损坏的概率.

**解** 设 $A=\{$灯泡在使用 1 000 h 以后损坏$\}$，$A_i=\{$灯泡在使用 1 000 h 以后有 $i$ 个损坏$\}$（$i=0,1,2,3,4$），观察 4 个灯泡在使用 1 000 h 以后是否损坏可视为 4 次独立重复试验，“至少有两个灯泡损坏”含“2 个灯泡损坏”“3 个灯泡损坏”“4 个灯泡损坏”三种情形. 于是，根据式（4.3.7）有

$$P(A)=P(A_2)+P(A_3)+P(A_4)$$
$$=C_4^2\,0.3^2\cdot 0.7^2+C_4^3\,0.3^3\cdot 0.7^1+C_4^4\,0.3^4\cdot 0.7^0\approx 0.348.$$

本题也可以用另一种方法求解.

“至少有两个灯泡损坏”是除了“没有灯泡损坏”和“1 个灯泡损坏”两种情形以外的情形. 于是有

$$P(A)=1-[P(A_0)+P(A_1)]$$
$$=1-[C_4^0\,0.3^0\cdot 0.7^4+C_4^1\,0.3^1\cdot 0.7^3]\approx 1-0.652=0.348.$$

**例 11** 某人打靶，每次命中率均为 0.7，独立射击 5 次. 求恰好命中 2 次的概率.

**解** 每次射击可看成一次试验，每次试验中，只有两个结果：“命中”或“没有命中”，独立射击 5 次，可看成 5 重贝努利试验. 设事件 $A=\{$命中目标$\}$，由题设知

$P(A)=0.7$，$P(\overline{A})=1-P(A)=1-0.7=0.3$，

则根据式（4.3.7）有

$$P_5(2)=C_5^2(0.7)^2(0.3)^3=0.1323.$$

**例 12**　一批商品的次品率为 0.1，进行有放回抽样检查，每次抽一件，独立重复 10 次，求 10 次中恰有 7 次抽到次品的概率．

**解**　每一次抽取看成一次试验，每次试验只有两个结果："抽到次品"或"抽到正品"，独立重复抽取 10 次，可看成 10 重贝努利试验．设 $A=\{$抽到次品$\}$，由题设知

$P(A)=0.1$，$P(\overline{A})=1-0.1=0.9$，

根据式（4.3.7）有

$$P_{10}(7)=C_{10}^7(0.1)^7(0.9)^3\approx 0.00000875.$$

**例 13**　在质量管理中常用的质量控制图如图 4－7 所示，其中 $CL$ 线叫作中心线，$UCL$ 线叫作上控制线，$LCL$ 线叫作下控制线．在上、下控制线之间，一个随机的点落在中心线两侧的概率相等（各为1/2）．试求 11 个独立的点恰有 10 个点落在中心线 $CL$ 同一侧的概率．

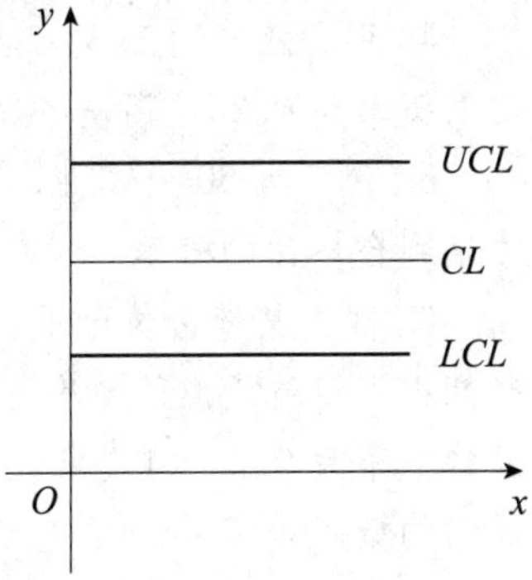


图 4－7

**解**　设

$A=\{$11 个独立的点恰有 10 个点落在中心线 $CL$ 的同一侧$\}$，

$A_1=\{$1 个点落在中心线 $CL$ 的上侧$\}$，

$A_2=\{$1 个点落在中心线 $CL$ 的下侧$\}$，

$B_1=\{$11 个独立的点恰有 10 个点落在中心线 $CL$ 的上侧$\}$，

$B_2=\{$11 个独立的点恰有 10 个点落在中心线 $CL$ 的下侧$\}$．

由题设知，$A=B_1+B_2$，而

$$P(A_1)=P(\overline{A_1})=P(A_2)=P(\overline{A_2})=\frac{1}{2},$$

$$P(B_1)=P_{11}(10)=C_{11}^{10}\left(\frac{1}{2}\right)^{10}\left(\frac{1}{2}\right)^{1}=\frac{11}{2^{11}},$$

$$P(B_2)=P_{11}(10)=C_{11}^{10}\left(\frac{1}{2}\right)^{10}\left(\frac{1}{2}\right)^{1}=\frac{11}{2^{11}},$$

于是，11 个独立的点恰有 10 个点落在中心线 $CL$ 的同一侧的概率为：

$$P(A)=P(B_1)+P(B_2)=2\times\frac{11}{2^{11}}=\frac{11}{2^{10}}=\frac{11}{1024}\approx 0.0107.$$

以上结果表明，11 个随机点有 10 个点落在中心线 $CL$ 同一侧的概率只有 1%，可能性并不大，如果确实发生了，可以认为生产中可能会有某种不正常的因素，应该予以检查．

## 练习 4－3

1. 产品共 90 件，其中 3 件次品，无放回地连续抽取两次，求：

(1) 在第一次抽到次品的条件下，第二次抽到正品的概率；

(2) 第二次才抽到次品的概率.

2. 在人寿保险事业中是很重视某一年的投保人的死亡率的. 假如一个投保人能活到65岁的概率为0.6，试问：

(1) 三个投保人全部活到65岁的概率；

(2) 三个投保人有两个活到65岁的概率；

(3) 三个投保人有一个活到65岁的概率；

(4) 三个投保人都活不到65岁的概率.

3. 为了防止意外，某银行安装了两种报警系统甲和乙，每种报警系统单独使用时的可靠性分别为0.92和0.93. 在甲失灵的条件下，乙有效的概率为0.85. 求：(1) 发生意外时，报警系统能报警的概率；(2) 在乙失灵的条件下甲有效的概率.

4. 甲、乙、丙三人相互独立破译密电码，甲破译密电码的概率为0.33，乙破译密电码的概率为0.25，丙破译密电码的概率为0.2，求密电码被破译的概率.

5. 盒中有50个零件，次品有5个，从中无放回地抽取三次，每次抽一个，求第三次才抽到合格品的概率.

6. 假设某地区位于甲、乙两河流的汇合处，当任一河流泛滥时，该地区被淹没. 设某时期内甲河流泛滥的概率为0.1，乙河流泛滥的概率为0.2，当甲河流泛滥时乙河流也泛滥的概率为0.3. (1) 求该时期内这个地区被淹没的概率；(2) 当乙河流泛滥时甲河流也泛滥的概率是多少？

7. 某天一保险推销员随机选择了10户推销某种保险，根据过去的统计数据，各户购买保险的概率为10%，问这天推销中至少有两户买保险的概率是多少？

8. 某型号灯管的使用寿命在1 000小时以上的概率为0.2，假设灯管的使用具有相互独立性，求3支灯管在使用1 000小时以后，(1) 只有一支损坏的概率；(2) 最多只有一支损坏的概率.

9. 社会上发行某种面值为2元的彩票，中奖率为2.8%. 某人购买一张彩票，若没中奖再继续买一张，直至中奖为止，试求他第6次购买彩票中奖的概率.

## 第四节　全概公式与逆概公式

对于一些比较复杂的事件，往往把它分解成简单的事件，再利用概率的加法公式或乘法公式计算出结果.

### 案例4.4.1　财产保险问题

某地区保险公司认为，居民投保财产可简单分为两类：一类是容易丢失的财产，另一类是比较安全的财产. 统计资料表明，一年内容易丢失的财产丢失的概率为0.04，而比较安全的财产丢失的概率为0.005；若容易丢失的财产保险量占保险总量的30%，求：(1) 财产投保后，一年内出现丢失的概率；(2) 财产投保后，一年内出现了丢失，这些财产是容易丢失的财产的概率.

### 案例4.4.2　玻璃杯的次品率问题

玻璃杯成箱出售，每箱20只，商店内存放的100箱玻璃杯中无次品的有80箱，有1个次品、2个次品的各有10箱. 顾客购买时，随意打开一箱，抽查其中4只，若无次品则买下，否则退回. 试求：

(1) 顾客买下所抽查的一箱玻璃杯的概率；

(2) 所抽查的一箱玻璃杯无次品的概率；

(3) 所抽查的一箱玻璃杯有一个次品的概率；

(4) 所抽查的一箱玻璃杯有两个次品的概率.

## 一、全概公式

**【引例4.4.1】**　盒中有5个乒乓球，其中3个新球、2个旧球. 练球时，每次从中任取一个，无放回地取两次，求第二次取到新球的概率.

**解**　设$A$={第一次取到新球}，$B$={第二次取到新球}，则

$$P(A)=\frac{3}{5},\ P(\overline{A})=\frac{2}{5},\ P(B\mid A)=\frac{2}{4},\ P(B\mid \overline{A})=\frac{3}{4}.$$

由于$B=B\Omega=BA+B\overline{A}$，其中$BA$与$B\overline{A}$互不相容，根据加法定理及乘法公式有

$$\begin{aligned}P(B)&=P(BA+B\overline{A})=P(BA)+P(B\overline{A})\\&=P(A)\ P(B\mid A)+P(\overline{A})\ P(B\mid\overline{A})=\frac{3}{5}\times\frac{2}{4}+\frac{2}{5}\times\frac{3}{4}=0.6.\end{aligned}$$

从以上问题的解答过程可知，“第二次取到新球”这一事件$B$的发生必然伴随着“第一次取到新球”的事件$A$与“第一次取不到新球”的事件$\overline{A}$之一的发生，而事件$A$与$\overline{A}$构成一个完全事件系. 概率论中此类问题有很多，求其概率的问题可以做进一步的讨论，一般有如下定理.

**定理4.4.1**　如果事件$A_1$，$A_2$，…，$A_n$构成一个完全事件系，并且$P(A_i)>0$ ($i=1, 2, \cdots, n$)，则对于任一事件$B$，有

$$\begin{aligned}P(B)&=P(A_1)\ P(B\mid A_1)+P(A_2)\ P(B\mid A_2)+\cdots+P(A_n)\ P(B\mid A_n)\\&=\sum_{i=1}^{n}P(A_i)\ P(B\mid A_i)\end{aligned}\qquad(4.4.1)$$

式(4.4.1)称为**全概率公式（或全概公式）**.

**证**　由于事件$A_1$，$A_2$，…，$A_n$构成一个完全事件系，可得

$$B=B\Omega=B\sum_{i=1}^{n}A_i=\sum_{i=1}^{n}BA_i.$$

又由于$A_1$，$A_2$，…，$A_n$是两两互不相容的，可得$BA_1$，$BA_2$，…，$BA_n$也是两两互不相容的. 于是根据加法公式(4.2.1)的推论1得

$$P(B)=P(\sum_{i=1}^{n}BA_i)=\sum_{i=1}^{n}P(BA_i),$$

再由乘法公式，即得

$$P(B)=\sum_{i=1}^{n}P(A_i)P(B\,|A_i).$$

运用全概公式求事件 $B$ 的概率，关键是找出完全事件系 $A_1$，$A_2$，…，$A_n$. 怎样去寻找完全事件系 $A_1$，$A_2$，…，$A_n$ 呢?

如果把事件 $B$ 看作某一试验的结果，则事件 $A_1$，$A_2$，…，$A_n$ 便是导致事件 $B$ 发生的“原因”. 在计算 $B$ 的概率时，要对导致 $B$ 发生的各种原因无一遗漏地加以全面考察. 只要知道了各种原因发生条件下事件 $B$ 发生的概率，则事件 $B$ 的概率可通过全概公式求得. 换一句话说，全概率公式常用于这样的实际问题：设只可能出现 $A_1$，$A_2$，…，$A_n$ 个不同的情况，而事件 $B$ 只能伴随这些情况之一发生（$B$ 并未发生)，求事件 $B$ 发生的概率.

**例 1** 设某工厂有三个车间生产同一种产品，每个车间的产量分别占全厂总产量的 0.25，0.35，0.40，各车间的次品率分别是该车间产量的 0.05，0.04，0.02. 求从总产品中任取一件进行检验是次品的概率.

**解** 设 $A_i$={取到的产品是第 $i$ 个车间的产品}（$i=1,2,3$)，$B$={取到的产品是次品}. 显然，$A_1$，$A_2$，$A_3$ 构成一个完全事件系，由题意知

$$P(A_1)=0.25,\ P(A_2)=0.35,\ P(A_3)=0.40,$$
$$P(B\mid A_1)=0.05,\ P(B\mid A_2)=0.04,\ P(B\mid A_3)=0.02,$$

应用全概公式，得

$$P(B)=\sum_{i=1}^{3}P(A_i)P(B\,|A_i)$$
$$=0.25\times0.05+0.35\times0.04+0.40\times0.02=0.034\,5.$$

**例 2** 发报机发出“·”的概率为 0.6，发出“—”的概率为 0.4；收报机将“·”收为“·”的概率为 0.99，将“—”收为“·”的概率为 0.02，求收报机将任一信号收为“·”的概率.

**解** 设 $B$={收报机将任一信号收为“·”}，$A_1$={发报机发出信号为“·”}，$A_2$={发报机发出信号为“—”}. 则 $A_1$，$A_2$ 构成一个完全事件系，且有

$$P(A_1)=0.6,\ P(A_2)=0.4,\ P(B\mid A_1)=0.99,\ P(B\mid A_2)=0.02,$$

由全概公式，得

$$P(B)=\sum_{i=1}^{2}P(A_i)P(B\,|A_i)=0.6\times0.99+0.4\times0.02\approx0.602.$$

## 二、逆概公式

以下介绍的逆概公式是全概公式的逆问题：与全概公式的条件不同的是，现已知“事件 $B$”已经发生了，需要求出导致事件 $B$ 发生的某一种“原因 $A_i$”发生的概率.

**定理 4.4.2** 设 $A_1$，$A_2$，…，$A_n$ 构成一个完全事件系，则对于任一事件 $B$，且 $P(B)>0$，有

$$P(A_j \mid B)=\frac{P(A_j)P(B|A_j)}{\sum_{i=1}^{n} P(A_i)P(B|A_i)} \quad (j=1,2,\cdots,n) \tag{4.4.2}$$

**证** 由条件概率的定义及乘法公式有

$$P(BA_j)=P(B)\ P(A_j \mid B)=P(A_j)\ P(B \mid A_j),$$

由此，可得

$$P(A_j \mid B)=\frac{P(A_j)\ P(B \mid A_j)}{P(B)},$$

再将全概公式（4.4.1）代入上式，即得

$$P(A_j \mid B)=\frac{P(A_j)P(B|A_j)}{\sum_{i=1}^{n} P(A_i)P(B|A_i)} \quad (j=1,\ 2,\ \cdots,\ n).$$

式（4.4.2）称为**逆概公式**［**或贝叶斯（Bayes）公式**］.

**例 3** 某工厂生产的产品以 100 件为一批．在进行抽样检查时，只从每批中抽取 10 件来检查，如果发现其中有次品，则认为这批产品是不合格的．假定每批产品中的次品最多不超过 4 件，并且其中恰有 $i$（$i=0,1,2,3,4$）件的概率如表 4－5 所示：

**表 4－5**

| 一批产品中有次品数 | 0 | 1 | 2 | 3 | 4 |
|---|---|---|---|---|---|
| 概率 | 0.1 | 0.2 | 0.4 | 0.2 | 0.1 |

一批产品未能通过检查，求抽到的是恰有 4 件次品的概率．

**解** 设事件 $A_i=\{$一批产品中有 $i$ 件次品$\}$（$i=0,1,2,3,4$），事件 $B=\{$一批产品未能通过检查$\}$，则

$$P(A_0)=0.1,\ P(A_1)=0.2,\ P(A_2)=0.4,\ P(A_3)=0.2,\ P(A_4)=0.1,$$

由全概公式，得

$$\begin{aligned}P(\bar{B})&=\sum_{i=0}^{4} P(A_i)\ P(\bar{B} \mid A_i)\\&=0.1\times1+0.2\times\frac{C_{99}^{10}}{C_{100}^{10}}+0.4\times\frac{C_{98}^{10}}{C_{100}^{10}}+0.2\times\frac{C_{97}^{10}}{C_{100}^{10}}+0.1\times\frac{C_{96}^{10}}{C_{100}^{10}}\\&=0.1\times1+0.2\times0.900+0.4\times0.809+0.2\times0.727+0.1\times0.652\\&\approx0.814\ 2,\end{aligned}$$

再由逆概公式，得

$$\begin{aligned}P(A_4|B)&=\frac{P(A_4)P(B|A_4)}{\sum_{i=0}^{4} P(A_i)P(B|A_i)}=\frac{P(A_4)\ P(B \mid A_4)}{P(B)}\\&=\frac{P(A_4)\ P(B \mid A_4)}{1-P(\bar{B})}\\&\approx\frac{0.1\times\ (1-0.652)}{0.185\ 8}\approx0.187\ 3.\end{aligned}$$

不难进一步计算出，抽到的是恰有 $i$（$i=0,\ 1,\ 2,\ 3$）个次品的一批产品的概率，从而分析哪一种情况的可能性最大．

**例 4** 求解案例 4.4.1.

**解** 设$A$=｛财产丢失｝，$B_1$=｛比较安全的财产｝，$B_2$=｛容易丢失的财产｝，则 $P(B_1)=0.7$，$P(B_2)=0.3$，$P(A\mid B_1)=0.005$，$P(A\mid B_2)=0.04$.

(1) 由全概公式，有

$$P(A)=\sum_{i=1}^{2}P(B_i)P(A\mid B_i)=0.7\times0.005+0.3\times0.04=0.0155;$$

(2) 由逆概公式，有

$$P(B_2\mid A)=\frac{P(B_2)P(A\mid B_2)}{\sum_{i=1}^{2}P(B_i)P(A\mid B_i)}=\frac{0.3\times0.04}{0.0155}\approx0.7742.$$

**例 5** 求解案例 4.4.2.

**解** 设$B$=｛顾客买下所抽查的一箱玻璃杯｝，$A_i$=｛所抽查的一箱玻璃杯中有 $i$ 个次品｝$(i=0,1,2)$，则 $A_0$，$A_1$，$A_2$ 两两互斥，且 $A_0+A_1+A_2=\Omega$，故 $A_0$，$A_1$，$A_2$ 构成一个完全事件系，且 $P(A_0)=0.8$，$P(A_1)=0.1$，$P(A_2)=0.1$，$P(B\mid A_0)=1$，$P(B\mid A_1)=\frac{C_1^0C_{19}^4}{C_{20}^4}=0.8$，$P(B\mid A_2)=\frac{C_2^0C_{18}^4}{C_{20}^4}=\frac{12}{19}$，于是由全概公式，可以得到：

(1) 顾客买下所抽查的一箱玻璃杯的概率为

$$P(B)=\sum_{i=0}^{2}P(A_i)P(B\mid A_i)=0.8\times1+0.1\times0.8+0.1\times\frac{12}{19}\approx0.943;$$

再由逆概公式，可以得到：

(2) 所抽查的一箱玻璃杯无次品的概率为

$$P(A_0\mid B)=\frac{P(A_0)P(B\mid A_0)}{\sum_{i=0}^{2}P(A_i)P(B\mid A_i)}=\frac{0.8\times1}{0.943}\approx0.848;$$

(3) 所抽查的一箱玻璃杯有一个次品的概率为

$$P(A_1\mid B)=\frac{P(A_1)P(B\mid A_1)}{\sum_{i=0}^{2}P(A_i)P(B\mid A_i)}=\frac{0.1\times0.8}{0.943}\approx0.085;$$

(4) 所抽查的一箱玻璃杯有两个次品的概率为

$$P(A_2\mid B)=\frac{P(A_2)P(B\mid A_2)}{\sum_{i=0}^{2}P(A_i)P(B\mid A_i)}=\frac{0.1\times\frac{12}{19}}{0.943}\approx0.067.$$

若事件 $A_1$，$A_2$，…，$A_n$ 是导致事件 $B$ 发生的“全部原因”，现事件 $B$ 已经发生，在对导致 $B$ 发生的原因进行考察时，求事件 $P(A_j\mid B)(j=1,2,\cdots,n)$ 的概率可通过逆概公式求得．换句话说，逆概率公式常用于这样的实际问题：设只可能出现 $A_1$，$A_2$，…，$A_n$ 个不同的情况，而事件 $B$ 只能伴随这些情况之一发生；在 $B$ 已经发生的条件下，求事件 $A_j$ 发生的概率．

## 练习 4-4

1. 某工厂有四条流水线生产同一产品，该四条流水线的产量分别占总产量的 15%，

20%，30%，35%，各流水线的次品率分别为0.05，0.04，0.03，0.02. 从出厂产品中随机抽取一件，求该产品为次品的概率.

2. 三门火炮向同一目标射击，设三门火炮击中目标的概率分别为0.3，0.6，0.8. 若有一门火炮击中目标，目标被摧毁的概率为0.2；若有两门火炮击中目标，目标被摧毁的概率为0.6；若三门火炮击中目标，目标被摧毁的概率为0.9. 试求目标被摧毁的概率.

3. 设袋中共有10个球，其中两个带有中奖标志，两人分别从袋中任意取出一球，求第二个人中奖的概率.

4. 某制药厂有三部生产某种药品的机器A，B，C，它们生产的药品分别占全部该种药品的25%，35%，40%，并且它们的次品率分别是5%，4%，2%. 今从该药品中任取一粒，问它是次品的概率是多少？

5. 某人从甲地赶至乙地参加紧急会议，他乘火车、轮船、汽车或飞机的概率分别是$\frac{3}{10}$，$\frac{1}{5}$，$\frac{1}{10}$，$\frac{2}{5}$，如果他乘飞机，不会迟到；如果乘火车、轮船或汽车则迟到的概率分别为$\frac{1}{4}$，$\frac{1}{3}$，$\frac{1}{2}$. 此人若参加会议迟到，试判断他是怎样来的.

6. 一批产品由甲、乙、丙三车床加工，其中甲车床加工的产品占总数的25%，乙车床占35%，其余的是丙车床加工的. 又甲、乙、丙三车床在加工时出现次品的概率分别为0.05，0.01，0.02. 现从中任取一件，试求下列事件的概率：

(1) 任取的一件是次品的概率；

(2) 若已知任取的一件为次品，则该次品是由甲车床加工的概率.

7. 有两箱产品，第一箱的废品率为0.03，第二箱的废品率是0.01. 将两箱产品放在一起，并已知第一箱的产品比第二箱多一倍. 现从中任取一件，试求下列事件的概率：

(1) 任取一件是合格品的概率；

(2) 若已知任取的一件是废品，则它是第二箱的概率.

8. 播种用的一等小麦种子中混有2%的二等种子，1.5%的三等种子，1%的四等种子. 用一等、二等、三等、四等种子结出的麦穗平均含粒50颗以上的概率分别是0.5，0.15，0.1，0.05. 求这批种子所结的穗平均含有50颗以上麦粒的概率.

# 习题四

## A组（基本题）

**一、填空题**

1. 设$A,B,C$为3个随机事件，则这3个事件中恰有2个事件发生的事件可以表示为________.

2. 设$A,B,C$为3个随机事件，则$A,B,C$中不多于一个事件发生的事件可以表示为________.

3. 设随机事件$A$与$B$相互独立，$P(A)=0.2$，$P(B)=0.8$，则$P(A\mid B)=$________.

4. 设$P(A)=0.8$，$P(B)=0.4$，$P(B\mid A)=0.25$，则$P(A\mid B)=$________.

5. 设$P(A)=0.1$，$P(A+B)=0.3$，且$A$与$B$互不相容，则$P(B)=$________.

6. 设$P(A)=\frac{1}{3}$，$P(B)=\frac{1}{4}$，$P(A\cup B)=\frac{1}{2}$，则$P(\overline{A}\cup\overline{B})=$________.

7. 口袋中有4个白球，2个黑球，从中随机地取出3个球，则取出2个白球和1个黑球的概率为________.

8. 设某人打靶的命中率为0.7，现独立地重复射击5次，则恰好命中2次的概率为________.

9. 假设一批产品中一、二、三等品分别占60%，30%，10%. 从中随机取出1件产品，结果不是三等品，则取到的产品为一等品的概率是________.

10. 一批产品，由甲厂生产的占$\frac{1}{3}$，其次品率为5%，由乙厂生产的占$\frac{2}{3}$，其次品率为10%，从这批产品中随机取一件，恰好取到次品的概率为________.

**二、选择题**

1. 已知$A\subset B$，则$P(B-A)=$（　　）.

(A) $P(B)-P(A)$　　(B) $P(A)-P(B)+P(\overline{A}B)$

(C) $P(B)-P(AB)+P(A)$　　(D) $P(A)+P(\overline{B})-P(AB)$

2. 设$P(AB)=0$，则（　　）.

(A) $(A)P(A)=0$　　(B) $A$和$B$相互独立

(C) $P(A)=0$或$P(B)=0$　　(D) $P(A-B)=P(A)$

3. 掷一枚硬币，重复掷4次，则恰有3次出现正面的概率是（　　）.

(A) $\frac{1}{16}$　　(B) $\frac{1}{8}$　　(C) $\frac{1}{10}$　　(D) $\frac{1}{4}$

4. 设$A,B,C$为3个事件，与事件$A$互不相容的事件是（　　）.

(A) $\overline{A}B+A\overline{C}$　　(B) $\overline{A(B+C)}$　　(C) $\overline{A\cap C}$　　(D) $\overline{A\cup B\cup C}$

5. 设 $A$，$B$ 是任意两个事件，则 $P(A-B)=$（　　）.

(A) $P(A)-P(B)$　　(B) $P(A)-P(B)+P(\overline{A}B)$

(C) $P(A)-P(AB)$　　(D) $P(A)-P(\overline{B})-P(AB)$

6. 设一批产品共有 1 000 个，其中有 50 个次品．从中随机地有放回地抽取 500 个产品，$\xi$ 表示抽到次品的个数，则 $P(\xi=3)=$（　　）.

(A) $\dfrac{C_{50}^{3}C_{950}^{497}}{C_{1\,000}^{500}}$　　(B) $\dfrac{A_{50}^{3}A_{950}^{497}}{A_{1000}^{500}}$

(C) $C_{500}^{3}(0.05)^{3}(0.95)^{497}$　　(D) $\dfrac{3}{500}$

7. 某用户从两厂家购进了一批同类型的产品，其中甲厂生产的占 60%，若甲、乙两厂产品的次品率分别为 5% 和 10%，现从这批产品中任取一件，其为次品的概率是(　　).

(A) 0.05　　(B) 0.06　　(C) 0.07　　(D) 0.08

8. 设 $A$，$B$ 是两个互不相容事件，$P(A)>0$，$P(B)>0$，则（　　）一定成立.

(A) $P(A)=1-P(B)$　　(B) $P(A\mid B)=0$

(C) $P(A\mid \overline{B})=1$　　(D) $P(\overline{AB})=0$

9. 设 $P(A)=0.8$，$P(B)=0.7$，$P(A\mid B)=0.8$，则下列结论中正确的是（　　）.

(A) $A$ 与 $B$ 相互独立　　(B) $A$ 与 $B$ 互不相容

(C) $B\supset A$　　(D) $P(A+B)=P(A)+P(B)$

10. 设每次试验成功的概率为 $p$（$0<p<1$），则在 3 次重复试验中至少失败 1 次的概率为（　　）.

(A) $p^3$　　(B) $1-p^2$

(C) $(1-p)^3$　　(D) $(1-p)^3+3p(1-p)^2+3p^2(1-p)$

**三、计算题**

1. 某地区的高中毕业生有 50%报考普通高等院校，35%报考高等职业院校，15% 报考中专，录取率分别为 75%，85%和 80%. 试求：(1) 随机调查学生，他如愿以偿的概率；(2) 若某位学生按志愿被录取了，那么他报考普通高等院校的概率是多少?

2. 设在 $n$ 张彩票中有一张奖券．两人依次抽取一张彩票且不放回，求第二个人抽到奖券的概率是多少?

3. 据统计，某省 2016 年全年财产险保费、人寿险保费收入分别占总保费收入的 0.252 和 0.748. 2017 年两种保费收入较前一年分别增加了 0.135 和 0.10，试求 2017 年全年保费较前一年保费收入的增长率.

4. 某人“十一”期间，以1/2的概率到甲城市旅游，1/3的概率到乙城市旅游，1/6 的概率到丙城市旅游．已知甲城市下雨的概率是5/6，乙城市下雨的概率是3/4，丙城市下雨的概率是4/5. 求：(1) 该人旅游碰见下雨的概率；(2) 若该人在某地旅游碰到下雨，求他在丙城市旅游的概率.

5. 已知随机事件 $A,B$，且有 $P(A)=\dfrac{1}{2},P(B)=\dfrac{1}{3},P(B\mid A)=\dfrac{1}{2}$，求 $P(AB)$，$P(A+B),P(A\mid B)$.

6. 设有 100 个圆柱形零件，其中 95 个长度合格，92 个直径合格，87 个长度、直径都合格．现从中任取一件该产品，求：

（1）该产品是合格品的概率；

（2）若已知该产品直径合格，求该产品是合格品的概率；

（3）若已知该产品长度合格，求该产品是合格品的概率．

7. 假设有甲、乙两批种子，发芽率分别是 0.8 和 0.7，在两批种子中各随机地取一粒，求：（1）两粒都发芽的概率；（2）至少有一粒发芽的概率；（3）恰有一粒发芽的概率．

8. 某一车间里有 12 台车床，由于工艺上的原因，每台车床时常要停车．设各台车床停车（或开车）是相互独立的，且在任一时刻处于停车状态的概率为 0.3，计算在任一指定时刻有 2 台车床处于停车状态的概率．

9. 在对空演习中，某高射炮的目标是正在飞行中的一架战斗机．已知该炮能击中飞机的发动机、机舱及其他部位的概率分别为 0.10，0.08 和 0.39；且击中上述各个部位而使飞机坠毁的概率分别是 0.95，0.89，0.51. 试求：

（1）该炮任意发射一发炮弹使飞机坠毁的概率；

（2）如果炮弹已使飞机坠毁，求其坠毁是因为击中发动机的概率．

10. 某邮购公司将其订货单按地区来源分为四组：东部、中部、西北和西南地区．同时，该公司又将全部订货分为耐用消费品（A 类）和非耐用消费品（B 类）．已知各地区的订货单占全部订单的百分比以及各地区的订单中 A 类订单所占的比重的情况如表 4-6 所示：

**表 4-6**

| 地区 | 订单百分比（%） | A 类订单的百分比（%） | 地区 | 订单百分比（%） | A 类订单的百分比（%） |
|---|---|---|---|---|---|
| 东部 | 30 | 25 | 西北 | 20 | 5 |
| 中部 | 40 | 10 | 西南 | 10 | 3 |

现在从所有订单中任取一张，发现它是 A 类订单，求这一订单来自东部地区的概率是多少？

## B 组（提高题）

1. 设 $A,B,C$ 是三个随机事件，且 $P(B)>0$，$P(C)>0$，$P(BC)=P(B)\ P(C)$，证明：$P(A\mid B)=P(A\mid BC)\ P(C)+P(A\mid B\overline{C})\ P(\overline{C})$．

2. 一工人看管三台车床，在 1 h 内车床不需要工人看管的概率：第一台为 0.9，第二台为 0.8，第三台为 0.7，求：

（1）在 1 h 内三台车床至少有一台需要工人看管的概率；

（2）在 1 h 内三台车床最多有一台需要工人看管的概率；

（3）车床因为无人看管而停工的概率．

3. 有 10 张奖券，其中 3 张为中奖券，其余为“欢迎惠顾”．某人随机抽取三次，设 $A_i$ 表示“第 $i$ 次抽到中奖券”（$i=1,2,3$），求：

（1）第一次抽到中奖券的概率；

（2）在第一次未抽到中奖券的情况下，第二次抽到中奖券的概率；

（3）在第一次和第二次均未抽到中奖券的情况下，第三次才抽到中奖券的概率．

4. 检验某种圆柱形产品时，要求其长度及直径都符合规格才算合格．记 $A=\{$产品合格$\}$，$B=\{$长度合格$\}$，$C=\{$直径合格$\}$，试述：（1）$A$ 与 $B$，$A$ 与 $C$ 之间的关系；（2）$\overline{A}$ 与$\overline{B}$，$\overline{A}$ 与 $\overline{C}$ 之间的关系．

5. 一批产品中含有次品，从中任意抽取 3 件，记 $A=\{$抽出的第 1 件是正品$\}$，$B=\{$抽出的第 1 件是正品$\}$，$C=\{$抽出的第 3 件是正品$\}$，试用 $A,B,C$ 表示下列事件：（1）$\{$只有第 1 件是正品$\}$；（2）$\{$第 1,2 件是正品，第 3 件是次品$\}$；（3）$\{$3 件都是正品$\}$；（4）$\{$至少有 1 件是正品$\}$；（5）$\{$至少有 2 件是正品$\}$；（6）$\{$恰有 1 件是正品$\}$；（7）$\{$恰有 2 件是正品$\}$．

6. 从含有两件正品 $a_1,a_2$ 和一件次品 $b_1$ 的三件产品中每次任取一件，每次取出后不放回，连续取两次，求取出的两件中恰有一件正品的概率．

7. 从含有两件正品 $a_1,a_2$ 和一件次品 $b_1$ 的三件产品中每次任取一件，每次取出后放回，连续取两次，求取出的两件中恰有一件次品的概率．

8. 有一批产品，其次品率为 0.1，从这批产品中任意抽取 3 件进行质量检查，求恰有一次取到次品的概率．

[阅读材料]

## 发表第一部概率论著作的人——卡尔达诺

卡尔达诺（Cardano Girolamo，1501—1576），1501 年 9 月 24 日出生于帕维亚，1576 年 9 月 21 日卒于罗马，他是意大利数学家、医学家、物理学家，是文艺复兴时期百科全书式的学者，其主要成就在数学、物理、医学方面．由于其名字的英文拼法是“Cardan”，译为“卡当”，常以此通用．他早年学习古典文学、数学和星占学，1520 年进入帕维亚大学学习医学，后转学到帕多瓦大学，1526 年获医学博士学位．毕业后在帕多瓦附近的小镇萨科隆戈（Saccolongo）行医近 6 年．1532 年移居米兰，独自开业行诊，1534 年成为米兰专科学校的兼职数学教师，并由此开始数学研究．1539 年加入米兰医学协会，1543 年升任帕维亚大学医学教授，1562 年受聘为波伦亚大学医学教授，1571 年定居罗马，成为教皇皮乌斯五世（Pope Pius Ⅴ）的宫廷星占学家，直至去世．卡当发表了卡当公式，发表了第一部概率论著作《论赌博游戏》．

卡当一生共写了各类文章、书籍 200 多种，现存材料就有约 7 000 页．他的数学贡献体现在几本著作中：《算术实践与个体测量》（1539 年）在计算方法与代数变换中显示出较高的技巧；《论掷骰游戏》（1663 年）给出一些概率论的基本概念和定理，得到所谓“幂定理”等结果；他最重要的著作《大术》（1545 年），首次公布了三、四次代数方程的一般解法，确认了高于一次的代数方程多于一个根，已知方程的一个根可将方程降阶，指出方程的根与系数间的某些关系，利用反复实施代换的方法求得方程的近似解；在解方程中使用了虚数等．其中，关于一般二次代数方程的求根公式今称“卡尔达诺公式”或“卡当公式”．他的另外两部著作《事物之精妙》（1550 年）与《世间万物》（1553 年）包含了大量力学、机械学、天文学、化学、生物学等自然科学与技术的知识，还有密码术、炼金术，以及占星术等内容，被誉为当时最好的百科全书，曾多次印刷，广泛流传于欧洲大陆．他还提出过物体支撑力的“斜面原理”，设计过“卡当悬置”“卡当接合”等机械装置．此外，他还是最早认识自然界水循环理论的学者之一，提出了解释自然现象的“三元”“两基”学说，作为医生，他既精于诊断开方，也专于外科手术，他还在理论上第一个阐述了诊断斑疹伤寒病的方法，对生理学和心理学的问题提出己见．

卡当于 1526 年获医学博士学位后成为欧洲名医，曾任英国国王爱德华六世的御医，并曾任教于帕维亚大学、博洛尼亚大学．他的家庭生活非常不幸．他最喜爱的大儿子詹巴蒂斯塔因为杀死不忠的妻子于 1560 年被判死刑．

卡当的坎坷经历使他的性格颇为奇特，因而常常被描述为科学史上的怪人．他在数学、哲学、物理学和医学中都有一定成就，同时一直醉心于占星术和赌博的研究．1570 年因给耶稣算命（说耶稣的一生都是受天上星宿的支配）而受到宗教法庭监禁，被起诉为异教徒（另一说是因为债务问题被捕入狱，还有人说是二者兼而有之）．几个月后，他宣誓放弃异端学说而获释出狱，但失去了教学职位和学术出版权．1571 年移居罗马，另谋生计．后因星占学研究得到教皇皮乌斯五世的赏识，付给他终身年薪，留在皇宫供职．在生命的最后一年（1576年），卡当写下了自传体著作《我的生平》（1643年在巴黎出版）. 该书以自我批评的口吻剖析了他的一生，是研究卡当的主要材料之一.

卡当还发明了许多机械装置，包括万向轴、组合锁，对流体力学也有贡献.

卡当长期醉心于游戏和赌博，掷骰、弈棋、打牌无所不能. 他早在1539年的著作中就论及赌金分配问题，另外又写成经验之谈式的专著《游戏机遇的学说》. 这部著作直到1663年才收入在莱顿出版的10卷本《卡当全集》中第一次发表. 书中给出一些概率论的基本概念和定理，得到所谓"幂定理"（某事件重复$n$次发生的概率）和大数定律. 但这些理论发表得较晚，对后世影响不大.

卡当被誉为16世纪文艺复兴时期人文主义的代表人物. 虽然作为赌徒和占星术士留下的名声不太好（甚至传说卡当为了证实他对自己死期占卜的正确而在预言的那天自杀身亡），但他的著作在16世纪下半叶及后来被许多学者引用. 由此可见，卡当作为一个科学家的影响力是很大的.

# 第五章　随机变量及其数字特征

在第四章里，讨论了随机事件及其概率，其中随机事件都是用定性的语言描述的，与数学最基本的研究对象——数及变量尚未建立直接联系．为了进一步深入研究随机现象，本章将引入随机变量的概念，这样就可以利用微积分知识，更全面、更深刻地揭示随机现象的内在规律．

另一方面，由于实际问题在许多情形下，并不需要全面地掌握一个随机变量的取值规律，而只需或只能知道它的某些方面的特征就可以了．例如，在证券投资方面，一方面要知道股票的平均回报率，另一方面还要知道对于股票平均回报率的偏离程度（通常把这种偏离程度称为证券投资风险）．于是，需要研究用一个或几个量来描述随机变量的取值规律．本章介绍反映随机变量的取值规律最常用的两个数字特征——数学期望和方差．

### 案例 5.1　血清试验的有效性问题

设某动物感染某种疾病的概率为 0.3，新发现一种血清可能对预防此病有效，为此对 20 只健康动物注射该血清．问：(1) 若注射血清后 20 只健康动物中只有 1 只动物受感染，该如何评价这种血清？(2) 若注射血清后 20 只健康动物中有 4 只感染，是否相信该血清有效？

### 案例 5.2　运输过程中瓶子被打破的概率问题

某商店订购 1 000 瓶汽水，在运输过程中瓶子被打破的概率是 0.003，求该商店收到破碎玻璃瓶的概率：(1) 恰有 2 只；(2) 小于 2 只；(3) 多于 2 只；(4) 至少有 1 只；(5) 最大可能收到的破瓶是几只？并求其相应的概率．

### 案例 5.3　确定彩色电视机的年产量问题

设市场上每年对某厂生产的彩色电视机的需求量为 $\xi$（单位：万台），它均匀分布于区间 [10,20]．每出售 1 万台电视机，厂方可获得利润 50 万元，但若销售不出去而积压在仓库里，1 万台电视机需要支付维护保养及各种损失费用 10 万元．问彩电的年产量定为多少台时，才能使厂方的收益期望最大？

### 案例 5.4　能被录用并成为正式工吗？

某公司在某次招工考试中，准备招收 300 名工人，其中正式工 280 名，临时工 20 名．报考人数是 1 657 名，考试满分为 400 分．由考试结果得知：考生的平均分为 166 分，360 分以上的考生有 31 名．某考生 A 的成绩是 256 分，问：(1) 考生 A 能被录用吗？(2) 如果被录用，能是正式工吗？

类似的例子可以举出很多，要解决这些问题，需要引入随机变量的概念，研究其数字特征．

## 第一节　随机变量的概念

对于任一随机试验，通过将随机事件数量化，也就是引入随机变量的概念，使得试验中的任一事件都可用随机变量的取值来表示．用随机变量来描述随机现象是使概率论成为一门学科的转折点，由此全面打开了概率论的研究空间．读者应很好地理解随机变量的概念及其与传统数学中的变量概念的区别，熟悉如何将随机试验中的事件用随机变量来描述．

**【引例 5.1.1】**　摸球问题

假定盒中有 5 个黑球和 3 个白球，从中随机抽取 3 个，考虑取得的白球数．

**分析**　由于抽取的白球数有四种可能的结果：0，1，2 或 3，因此，对于不同的抽取次数其结果可能不同．为此，引入一个变量 $\xi$，用它表示“抽取的白球数”，该变量的不同取值可以表示不同的随机事件，如：

用 $(\xi=0)$ 来表示随机事件“抽取的 3 个球中无白球”；

用 $(\xi=3)$ 来表示随机事件“抽取的 3 个球全部是白球”；

用 $(\xi\leqslant 2)$ 来表示随机事件“抽取的 3 个球中至多有 2 个白球”，等．

以上在将试验的结果数量化的过程中，是将某试验结果对应变量 $\xi$ 取某一个数值，为了研究这样的“变量”，首先给出其定义．

**定义 5.1.1**

**如果一个随机试验的结果可以用一个变量 $\xi$ 的取值来表示，则称这个变量 $\xi$ 为随机变量．**

通常用希腊字母 $\xi,\eta,\zeta$，或大写英文字母 $X,Y,Z$ 表示随机变量．

**例 1**　抛掷一枚硬币，试验的结果为“正面向上”和“反面向上”，引入变量 $\xi$，规定

$$\xi=\begin{cases}1, & \text{正面向上}\\ 0, & \text{反面向上}\end{cases},$$

则 $\xi$ 为随机变量，$(\xi=0)$，$(\xi=1)$ 是随机事件．

**例 2** 在 1 小时内，114 查号台收到电话用户的呼叫次数 $\xi$ 是一个随机变量，它可取一切非负整数 0，1，2，⋯．同时，随机变量 $\xi$ 取不同的值就表示不同的随机事件，例如 $(\xi=0)$，$(\xi=20)$，$(3\leqslant\xi\leqslant10)$ 等表示不同的随机事件．

**例 3** 某公共汽车站每隔 5 分钟有一辆汽车通过．若一位乘客在任一时刻到达车站都是等可能的，此时，他到达车站后的候车时间 $\xi$ 是一个随机变量，显然 $\xi$ 可以取到区间 $[0,5]$ 上的任意一个值，而 $(0<\xi<2)$ 则表示该乘客的"候车时间在 0～2 分钟之间"这一随机事件．

在经济领域或日常生活中有许多随机变量需要我们去研究，如国际金融市场上各种货币之间的兑换汇率、某种证券在证券市场当日的收市价和成交量、集市上某种商品的价格、某城市某日的用电量、某个车站等车的人数、人的身高体重等都是随机变量．

随机试验中的事件用随机变量来表示以后，随机变量就可用来描述随机现象．研究随机事件的统计规律，就转变成研究随机变量的概率特性．随机变量是数量形式，便于用其他的数学知识来描述，因此，随机变量架起了随机现象与其他数学知识间的桥梁，它是研究随机现象过程中方法论的飞跃，是概率论发展史上的重大事件．

随机变量中的"变量"与微积分中的"变量"是有区别的．如引例 5.1.1 中的白球数 $\xi$ 这个变量，它具有两个特点：(1) 取值的随机性，也就是说 $\xi$ 取哪一个值，在抽样前是无法确定的；(2) 取值的统计规律性，也就是 $\xi$ 取 0，1，2，3 这些值的概率是确定的．

在实际中常用的随机变量有如下两类：

(1) 离散型随机变量：试验只有几个确定的结果，并可一一列出（有限个或能像自然数那样可依次一一列出的无限多个），变量 $\xi$ 的取值可用实数表示，且 $\xi$ 取某一值时，其概率是确定的，这种类型的变量称为**离散型随机变量**．

如引例 5.1.1、例 1、例 2 和某个车站等车的人数等问题中的随机变量都是离散型的．

(2) 连续型随机变量：变量 $\xi$ 的取值仅是一个范围，且 $\xi$ 在该范围内取值时，其概率是确定的．这时取 $\xi$ 为一固定值是无意义的，因为在连续尺度上一点的概率几乎为 0．这种类型的变量称为**连续型随机变量**．

如例 3 和人的身高、体重等问题中的随机变量都是连续型的．

对于这两类不同的随机变量，后面将分别予以论述．

## 练习 5－1

1. 举出至少三个经济领域或日常生活中随机变量的例子．

2. 有编号为 $1,2,3,\cdots,n$ 的卡片，从中任取一张，观察卡片的号码，用随机变量表示，并写出所有事件．

3. 写出下列随机变量的可能取值，并说明随机变量所取的值表示的随机试验的结果：

(1) 某单位的内部电话在单位时间内收到的呼叫次数 $\eta$；

(2) 抛掷两枚骰子各一次，记第一枚骰子掷出的点数与第二枚骰子掷出的点数的差为

$\xi$；($\xi>4$) 表示的试验结果是什么？

(3) 一袋内装有 5 只同样大小的球，编号为 1，2，3，4，5. 现从该袋内随机取出 3 只球，被取出的球的最大号码数 $\zeta$.

4. 写出下列随机变量的取值范围，并说明随机变量在取值范围内取值的意义：

(1) 某林场树木最高达 30 m，此林场树木的高度 $\xi$；

(2) 电视机的使用寿命 $\xi$ (单位：h)；事件 ($\xi>10\ 000$) 表示的试验是什么？

5. 某校为学生定做校服，规定凡身高不超过 1.65 米的学生交校服费 100 元；凡身高超过 1.65 米的学生，身高每超出 1 厘米多交 3 元钱（不足 1 厘米时按 1 厘米计）. 若学生应交的校服费为随机变量 $\eta$，学生身高为随机变量 $\xi$，试写出 $\eta$ 与 $\xi$ 之间的关系式.

# 第二节　离散型随机变量

## 一、概率分布列

如前所述，离散型随机变量 $\xi$ 只可能取有限个或可列无限多个值. 一般地，设 $\xi$ 可能的取值为

$$x_1,\ x_2,\ \cdots,\ x_n,\ \cdots.$$

为了全面描述随机变量 $\xi$，不仅要知道它的所有可能取值，而且要知道它取这些值的可能性有多大. 这里给出概率分布列的定义.

**定义 5.2.1**

**设离散型随机变量 $\xi$ 的所有可能取值为 $x_1$，$x_2$，…，$x_n$，…，且 $\xi$ 取这些值的概率为**

$$P(\xi=x_k)=p_k,\ k=1,\ 2,\ \cdots,\ n,\ \cdots \tag{5.2.1}$$

**则称式 (5.2.1) 为 $\xi$ 的概率分布列（或分布列）.**

概率分布列常常列成表格的形式：

| $\xi$ | $x_1$ | $x_2$ | $\cdots$ | $x_n$ | $\cdots$ |
|---|---|---|---|---|---|
| $P$ | $p_1$ | $p_2$ | $\cdots$ | $p_n$ | $\cdots$ |

概率分布列也可以列成矩阵形式：

$$\begin{pmatrix} x_1 & x_2 & \cdots & x_n & \cdots \\ p_1 & p_2 & \cdots & p_n & \cdots \end{pmatrix}.$$

概率分布列清楚而完整地描述了离散型随机变量 $\xi$ 取值的概率分布规律. 它具有以下两个性质：

(1) $p_k\geqslant 0\quad (k=1,\ 2,\ \cdots)$；

(2) $\sum_k p_k=1$.

**例 1** 对于引例 5.1.1，求抽取的白球数 $\xi$ 的概率分布．

**解** 已知 $\xi$ 是离散型随机变量，取值分别为 0，1，2，3，则 $\xi$ 的概率分布为

$$P(\xi=0)=\frac{10}{56},\ P(\xi=1)=\frac{30}{56},\ P(\xi=2)=\frac{15}{56},\ P(\xi=3)=\frac{1}{56}.$$

即

| $\xi$ | 0 | 1 | 2 | 3 |
|---|---|---|---|---|
| $P$ | $\frac{10}{56}$ | $\frac{30}{56}$ | $\frac{15}{56}$ | $\frac{1}{56}$ |

**例 2** 某无线电厂 2018 年第一季度出厂 29 寸电视机，用 $\xi$ 表示电视机在一年中发生故障的次数（$\xi=0,1,2,\cdots,n,\cdots$），则 $\xi$ 是一个离散型随机变量，写出电视机一年中发生故障次数的概率分布．

**解** 记电视机一年中发生故障次数 $\xi$ 的概率分别为

$$P(\xi=k)=p_k \quad (k=0,1,2,\cdots,n,\cdots),$$

则其概率分布列为

| $\xi$ | 0 | 1 | $\cdots$ | $n$ | $\cdots$ |
|---|---|---|---|---|---|
| $P$ | $p_0$ | $p_1$ | $\cdots$ | $p_n$ | $\cdots$ |

**例 3** 已知离散型随机变量的概率分布列为：

| $\xi$ | $-4$ | 0 | 3 | 6 | 7 |
|---|---|---|---|---|---|
| $P_k$ | 1/8 | 1/8 | 1/6 | 1/4 | 1/3 |

求 (1) $P(-1<\xi\leqslant 6)$；(2) $P(\xi=1)$．

**解** (1) 注意到 $-1<\xi\leqslant 6$，离散型随机变量 $\xi$ 的可能取值只有三个，即 $\xi=0$，$\xi=3$ 及 $\xi=6$，所以

$$P(-1<\xi\leqslant 6)=P(\xi=0)+P(\xi=3)+P(\xi=6)=\frac{1}{8}+\frac{1}{6}+\frac{1}{4}=\frac{13}{24}.$$

(2) 注意到 $\xi$ 的可能取值没有 $\xi=1$，说明事件（$\xi=1$）是不可能事件，所以 $P(\xi=1)=0$.

## 二、几个常用离散型随机变量

1. 两点分布

若随机变量 $\xi$ 只可能取 0 和 1 两个值，且分布列为 $P(\xi=1)=p$，$P(\xi=0)=q$，其中 $0<p<1$，$q=1-p$，则称 $\xi$ 服从**两点分布**（或 **0−1 分布**）．

**例 4** 100 件产品中，有 98 件正品，2 件次品，现从中随机地抽取一件．如抽取每一件的机会相等，那么可以定义随机变量 $\xi$：

$$\xi=\begin{cases}1，当取得正品\\0，当取得次品\end{cases}.$$

这时随机变量 $\xi$ 的概率分布为

$$P(\xi=1)=0.98,\ P(\xi=0)=0.02,$$

即$\xi$服从两点分布．

**例5** 某试验成功的概率为$p(0<p<1)$，失败的概率为$1-p$，现进行一次试验，求成功次数的概率分布．

**解** 设随机变量$\xi$表示成功次数，则$\xi=0$表示试验失败，$\xi=1$表示试验成功，即

$$P(\xi=1)=p,\ P(\xi=0)=1-p,$$

所以，$\xi$的概率分布列为：

| $\xi$ | 0 | 1 |
|---|---|---|
| $P_k$ | $1-p$ | $p$ |

即$\xi$服从两点分布．

服从两点分布的例子很多，凡是只考虑两个可能结果的随机试验，例如掷硬币观察正反面、检验产品质量是否合格、投篮中与不中、新生婴儿的性别等都可以用两点分布来描述．

2. 二项分布

若随机变量$\xi$的可能取值为$0,1,2,\cdots,n$，它的分布列为

$$P(\xi=k)=C_n^k p^k q^{n-k} \quad (k=0,1,2,\cdots,n)$$

其中$0<p<1$，$q=1-p$，则称$\xi$服从参数为$n$，$p$的**二项分布**，记为$\xi\sim B(n,p)$．

不难验证，二项分布满足概率分布的两个性质：

(1) $P(\xi=k)=C_n^k p^k q^{n-k}>0$；

(2) $\sum\limits_{k=0}^{n} p_k=\sum\limits_{k=0}^{n} C_n^p p^k q^{n-k}=(p+q)^n=1.$

由于$C_n^k p^k q^{n-k}$是二项式$(p+q)^n$展开式中的通项，所以该分布称为二项分布．在$n$重贝努利试验中，事件$A$（其概率$P(A)=p$）发生的次数$\xi$服从二项分布，这就是二项分布的实际背景．

**例6** 某百货批发站库存的一大批商品中已有20%变质损坏，若从中任意抽取5个进行检查，求其中的变质商品数的概率分布．

**解** 由于批量大，抽取的个数又相对很小，因此可以近似地看作有放回抽样．设随机变量$\xi$表示5个商品中变质商品数，则$\xi\sim B(5,20\%)$，它的分布列为

$$P(\xi=k)=C_5^k\ (20\%)^k\ (1-20\%)^{5-k} \quad (k=0,\ 1,\ 2,\ 3,\ 4,\ 5).$$

计算其结果，如表5-1所示：

**表5-1**

| $\xi$ | 0 | 1 | 2 | 3 | 4 | 5 |
|---|---|---|---|---|---|---|
| $P$ | 0.327 68 | 0.409 6 | 0.204 8 | 0.051 2 | 0.006 4 | 0.000 32 |

**例7** 求解案例5.1.

**解** 若血清无效，则注射后动物受到感染的概率仍然是0.3，本问题相当于20重独立试验．设受感染的动物的数量为$\xi$，则$\xi\sim B(20,0.3)$．

(1) 只有1只动物受感染或无动物受感染的概率为

$$P(\xi\leqslant 1)=P(0\leqslant\xi\leqslant 1)=\sum_{i=0}^{1} C_n^i p^i q^{n-i}=C_n^0 p^0 q^{n-0}+C_n^1 p^1 q^{n-1}$$

$$=C_{20}^{0}(0.3)^{0}(0.7)^{20}+C_{20}^{1}(0.3)^{1}(0.7)^{19}=0.0008+0.0068=0.0076$$

此概率很小，因此不能认为该血清无效．

(2) $P(\xi\leqslant 4)=P(0\leqslant\xi\leqslant 4)=\sum\limits_{i=0}^{4}C_{n}^{i}p^{i}q^{n-i}$

$$=0.0076+C_{20}^{2}(0.3)^{2}(0.7)^{18}+C_{20}^{3}(0.3)^{3}(0.7)^{17}+C_{20}^{4}(0.3)^{4}(0.7)^{16}$$

$$=0.0076+0.0278+0.0716+0.1304=0.2374$$

此概率高达 0.24，因此怀疑该血清的有效性．

**例 8** 某公交公司有车辆 300 台，每台出故障的概率是 0.01，求至少有 295 辆车能正常运行的概率．

**解** 观察每辆车是否正常运行是只有两个结果的试验，观察 300 辆车是否正常运行可看作是做了 300 重贝努利试验．

令 $\xi=$ "出故障的车辆数"，则 $\xi\sim B(300,0.01)$．至少有 295 辆车能正常运行，即至多有 5 辆车出故障．于是，至多有 5 辆车出故障的概率为：

$$P(\xi\leqslant 5)=\sum_{k=0}^{5}C_{300}^{k}(0.01)^{k}(0.99)^{300-k}.$$

直接计算上式较麻烦，下面给出近似计算公式．

3. 泊松（Poisson）分布

如果随机变量 $\xi$ 的分布列为

$$P(\xi=k)=\frac{\lambda^{k}}{k!}e^{-\lambda}\quad(k=0,1,2,\cdots),$$

其中 $\lambda>0$，则称 $\xi$ 服从参数为 $\lambda$ 的**泊松分布**，记为 $\xi\sim P(\lambda)$．

同样，泊松分布也满足概率分布的两个性质：

(1) $p_{k}=\frac{\lambda^{k}}{k!}e^{-\lambda}>0$；

(2) $\sum\limits_{k=0}^{n}p_{k}=\sum\limits_{k=0}^{n}\frac{\lambda^{k}}{k!}e^{-\lambda}=e^{-\lambda}e^{\lambda}=1.$

泊松分布是概率论中最重要的离散型随机变量的分布之一，许多稀疏现象，如在某个时段内大卖场的顾客数、某地区发生的交通事故的次数、电话交换机的电话转接次数、某地区拨错号的电话呼唤次数、一本书一页中的印刷错误数等都服从泊松分布．

为了使用方便，对于不同的 $\lambda$，$p_k$ 的值可直接查附录中的泊松分布表．

有时二项分布的概率计算很麻烦，下面的定理给出了二项分布当 $n$ 很大而 $p$ 很小时的近似计算方法．

***定理 5.2.1（泊松定理）** 若 $\xi_n\sim B(n,p_n)$ $(n=1,2,3,\cdots)$，其中 $p_n$ 与 $n$ 有关，如果 $\lim\limits_{n\to\infty}np_n=\lambda$（$\lambda$ 为常数），则有

$$\lim_{n\to+\infty}P(\xi_n=k)=\lim_{n\to+\infty}C_{n}^{k}p_{n}^{k}(1-p_{n}^{n-k})=\frac{\lambda^{k}}{k!}e^{-\lambda}\qquad(k=0,1,2,\cdots,n).$$

证明略．

定理 5.2.1 说明二项分布的极限分布是泊松分布．

在历史上，泊松分布作为二项分布的近似，是由法国数学家泊松于 1837 年首先提出的．

泊松指出，当 $n$ 很大（一般 $n \geqslant 10$），而 $p$ 很小（一般 $p \leqslant 0.1$），$np$ 适中时，有近似公式

$$C_n^k p^k (1-p)^{n-k} \approx \frac{\lambda^k}{k!} e^{-\lambda} \quad (k=0,1,2,\cdots,n)，其中 \lambda = np.$$

利用此近似公式，读者很容易去完成例 8 的计算．

**例 9**　求解案例 5.2.

**解**　由题设，$n=1\ 000$，$p=0.003$，$\lambda=np=3$，则

（1）恰有 2 只破碎玻璃瓶的概率为

$$P(\xi=2)=\frac{\lambda^i}{i!}e^{-\lambda}=\frac{3^2}{2!}e^{-3}\approx 0.224;$$

（2）小于 2 只破碎玻璃瓶的概率为

$$P(\xi<2)=P(\xi=0)+P(\xi=1)=e^{-3}+\frac{3^1}{1!}e^{-3}=0.049\,787+0.149\,361\approx 0.199;$$

（3）多于 2 只破碎玻璃瓶的概率为

$$P(\xi>2)=1-P(\xi=0)-P(\xi=1)-P(\xi=2)\approx 1-0.199-0.224=0.577;$$

（4）至少有 1 只破碎玻璃瓶的概率为

$$P(\xi\geqslant 1)=1-P(\xi=0)\approx 1-0.049\,787\approx 0.95;$$

（5）因为 $\lambda=3>1$ 且为整数，由泊松分布的性质可知，$P(i)$ 在 $i=\lambda$ 和 $i=\lambda-1$ 处同时达到极大值．所以，最大可能收到的破碎玻璃瓶为 3 只或 2 只，其相应的概率分别为

$$P(\xi=2)\approx 0.224;\ P(\xi=3)=\frac{\lambda^i}{i!}e^{-\lambda}=\frac{3^3}{3!}e^{-3}\approx 0.224.$$

**例 10（人寿保险问题）**　某保险公司的客户中，有 2 500 个同一年龄和同社会阶层的人参加了人寿保险．在同一年中每个人死亡的概率为 0.002，每个参加保险的人在 1 月 1 日付 12 元保险费，而在死亡时保险公司向其家属支付 2 000 元，问：（1）保险公司亏本的概率是多少？（2）保险公司获利不少于 10 000 元和 20 000 元的概率分别是多少？

**解**　设 $A=\{$保险公司亏本$\}$，$B=\{$保险公司获利不少于 10 000 元$\}$，$C=\{$保险公司获利不少于 20 000 元$\}$．

（1）根据题设，保险公司的盈亏以“年”为单位进行分析．于是，在某年的 1 月 1 日，保险公司的收入为

$$2\ 500\times 12=30\ 000 \text{ 元},$$

若这一年中死亡 $x$ 人，则保险公司应该付出 $2\ 000x$ 元，如果 $x>15$（即 $2\ 000x>30\ 000$），则保险公司亏本．

由于 2 500 人中死亡的人数 $\xi\sim B(2\ 500,0.002)$，利用泊松分布近似可得

$$P(A)=\sum_{k=16}^{2\,500} C_{2\,500}^k(0.002)^k(0.998)^{2\,500-k}$$
$$=1-\sum_{k=0}^{15} C_{2\,500}^k(0.002)^k(0.998)^{2\,500-k}\approx 1-\sum_{k=0}^{15}\frac{e^{-5}5^k}{k!}\approx 0.000\,069.$$

由此可见，在一年中保险公司亏本的概率是非常小的．

（2）“保险公司获利不少于 10 000 元”意味着 $x\leqslant 10$（即 $30\ 000-2\ 000x\geqslant 10\ 000$），故

$$P(B)=\sum_{k=0}^{10} C_{2\,500}^k(0.002)^k(0.998)^{2\,500-k}\approx\sum_{k=0}^{10}\frac{e^{-5}5^k}{k!}\approx 0.986\,305;$$

类似地，可得

$$P(C)=\sum_{k=0}^{5}C_{2\,500}^{k}(0.002)^{k}(0.998)^{2\,500-k}\approx\sum_{k=0}^{5}\frac{e^{-5}5^{k}}{k!}\approx 0.615\,961.$$

以上结果说明了为什么“保险公司乐意开展保险业务”的原因，当然要以“同一年中每个人死亡率的估计正确”为前提.

**例 11** 某网吧有一批计算机，假定计算机间的工作状况是相互独立的，且发生故障的概率都是 0.01，若（1）由 1 人负责维护 20 台计算机，（2）由 3 人负责维护 80 台计算机，试分别求计算机发生故障而需要等待维修的概率（假定一台计算机的故障可由一人来处理)，并比较两种方案的优劣.

**解** 用 $\xi$ 表示同一时间内发生故障的计算机的台数，则 $\xi\sim B(n,p)$，且 $n$ 较大，$p$ 较小.

(1) $\xi\sim B(20,0.01)$，此时，$n=20, p=0.01, \lambda=np=0.2$，所求的概率为

$$P(\xi\geqslant 2)=\sum_{k=2}^{+\infty}C_{20}^{k}(0.01)^{k}(0.99)^{20-k}\approx\sum_{k=2}^{+\infty}\frac{\lambda^{k}e^{-\lambda}}{k!},$$

当 $\lambda=0.2$，$\xi=2$ 时，查泊松分布表，可得 $P(\xi\geqslant 2)\approx 0.017\,5$；

(2) $\xi\sim B(80,0.01)$，此时，$n=80, p=0.01, \lambda=np=0.8$，所求的概率为

$$P(\xi\geqslant 4)=\sum_{k=4}^{+\infty}C_{80}^{k}(0.01)^{k}(0.99)^{80-k}\approx\sum_{k=4}^{+\infty}\frac{\lambda^{k}e^{-\lambda}}{k!},$$

当 $\lambda=0.8$，$\xi=4$ 时，查泊松分布表，可得 $P(\xi\geqslant 4)\approx 0.009\,1$.

由 $0.0091<0.0175$ 可知，第二种方案每人平均维护的计算机数量有所增加，而且计算机发生故障而需要等待维修的概率会大大降低，因此优于第一种方案.

**例 12（进货问题）** 由某商店过去的销售记录知道，某品牌彩电每月的销售数可用参数为 $\lambda=5$ 的泊松分布来描述，为了以 95%以上的把握保证月底不脱销，问商店在月底至少应进多少台？

**解** 设每月的销售数为 $\xi$，月底进 $N$ 台，则“月底不脱销”意即 $\xi\leqslant N$，即求满足 $P(\xi\leqslant N)>0.95$ 的最小的 $N$.

由于

$$P(\xi\leqslant N)=1-P(\xi>N),$$

即求

$$P(\xi>N)=P(\xi\geqslant N+1)=\sum_{k=N+1}^{+\infty}\frac{5^{k}e^{-5}}{k!}\leqslant 0.05,$$ 查泊松分布表，得 $N+1=10$，所以 $N=9$.

所以，要以 95%以上的把握保证月底不脱销，月底至少应进 9 台彩电.

以上讨论了几个常用的离散型随机变量及其概率分布，还有一些离散型随机变量的分布，如几何分布、超几何分布等，这里就不一一介绍了.

## 练习 5-2

1. 已知 300 件某种产品中有 10 件次品，现从中任取 50 件，求抽得的次品数 $\xi$ 的概率分布.

2. 二项分布中的 $n=3, p=0.8$，写出随机变量 $\xi$ 的概率分布．

3. 某人每次射击中靶的概率为 0.4，现不停地射击，直到中靶为止，求射击次数 $\xi$ 的概率分布．

4. 设离散型随机变量 $\xi$ 的概率分布列为

| $\xi$ | 0 | 1 | 2 |
|---|---|---|---|
| $P$ | $4c$ | $3c$ | $c$ |

试求：(1) $c$ 的值；(2) $P(\xi>0.5)$.

5. 某地每年都会发生严重的山体滑坡事故，根据以往相关资料，可以预测某年该地区发生山体滑坡事故的次数 $\xi$ 服从参数 $\lambda=5$ 的泊松分布．试求这一年该地区发生山体滑坡事故次数不超过 6 次的概率．

6. 设随机变量 $\xi$ 服从泊松分布，且已知 $P(\xi=1)=P(\xi=2)$，求 $P(2<\xi<6)$.

7. 设某商店月销售某种商品的数量服从 $\lambda=4$ 的泊松分布，问在月初进货时至少要库存多少种此商品，才能保证当月不脱销的概率为 0.999?

8. 若一年内某类保险者中人的死亡率为 0.005，现有 10 000 人参加保险，试求在未来一年内这些人中有 40 人死亡的概率．

# 第三节　连续型随机变量

## 一、概率密度函数

对于连续型随机变量，由于它的取值为某一区间，并且其取值也不能按某规则一一列出．另一方面，连续型随机变量取某一点处的概率常常无实际意义．如研究“某乘客的候车时间恰恰为 2 分钟”的实际意义并不大，常常需要考虑“候车时间在 0～2 分钟之间”这样的随机事件，因此不能用分布列的方法来描述连续型随机变量取值的统计规律性．

**定义 5.3.1**

**对于随机变量 $\xi$，若存在非负可积函数 $f(x)(-\infty<x<+\infty)$，使得对任意 $a$，$b(a<b)$ 都有**

$$P(a<\xi<b)=\int_a^b f(x)\mathrm{d}x,$$

**则称 $\xi$ 为连续型随机变量，并称 $f(x)$ 为 $\xi$ 的概率密度函数．**

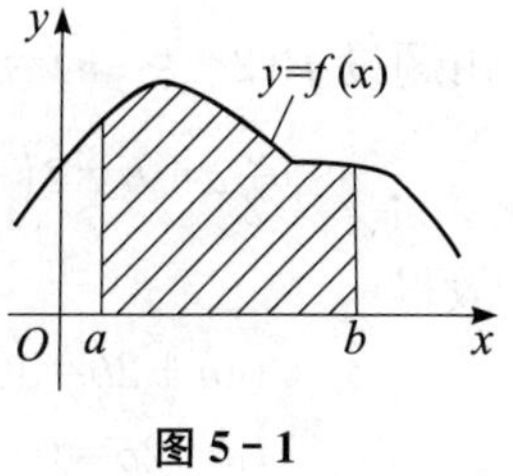

图 5-1

从几何意义上看，概率 $P(a<\xi<b)$ 正好是区间 $(a,b)$ 上以概率密度曲线 $y=f(x)$ 为顶的曲边梯形面积（如图 5-1 所示），而概率密度函数 $f(x)$ 刻画了连续型随机变量 $\xi$ 的概率分布情况．

若将 $P(a<\xi<b)$ 表示区间 $(a,b)$ 上的"质量"，则 $f(x)$ 便是质量分布的线密度，这就是概率密度函数 $f(x)$ 的物理意义．

由定义 5.3.1 可知，当连续型随机变量 $\xi$ 取点 $a$ 时，其概率必然等于零，这是由于 $P(\xi=a)=\int_a^a f(x)\mathrm{d}x=0$，因此有

$$P(a<\xi<b)=P(a\leqslant\xi<b)=P(a<\xi\leqslant b)=P(a\leqslant\xi\leqslant b)=\int_a^b f(x)\mathrm{d}x.$$

概率密度函数 $f(x)$ 具有下列性质：

(1) $f(x)\geqslant 0 \quad (-\infty<x<+\infty)$；

(2) $\int_{-\infty}^{+\infty} f(x)\mathrm{d}x=P(-\infty<x<+\infty)=P(\Omega)=1.$

**例 1** 设随机变量 $\xi$ 的概率密度为 $f(x)=\begin{cases}kx, & 0\leqslant x<3\\ 2-x/2, & 3\leqslant x\leqslant 4,\\ 0, & \text{其他}\end{cases}$ (1) 确定常数 $k$；(2) 求 $P\left(1<\xi\leqslant\frac{7}{2}\right)$.

**解** (1) 由 $\int_{-\infty}^{+\infty} f(x)\mathrm{d}x=1$，得 $\int_0^3 kx\mathrm{d}x+\int_3^4\left(2-\frac{x}{2}\right)\mathrm{d}x=1$，解得 $k=\frac{1}{6}$，于是 $\xi$ 的概率密度为：

$$f(x)=\begin{cases}x/6, & 0\leqslant x<3\\ 2-x/2, & 3\leqslant x\leqslant 4;\\ 0, & \text{其他}\end{cases}$$

(2) $P\left(1<\xi\leqslant\frac{7}{2}\right)=\int_1^{7/2} f(x)\mathrm{d}x=\int_1^3\frac{x}{6}\mathrm{d}x+\int_3^{7/2}\left(2-\frac{x}{2}\right)\mathrm{d}x=\frac{41}{48}.$

**例 2** 已知随机变量 $\xi$ 的概率密度为

$$f(x)=\begin{cases}ax+b, & 1<x<3\\ 0, & \text{其他}\end{cases},$$

又 $P(2<\xi<3)=2P(-1<\xi<2)$. 试求 $P\left(0\leqslant\xi\leqslant\frac{3}{2}\right)$.

**解** 由概率密度 $f(x)$ 的性质知

$$1=\int_{-\infty}^{+\infty} f(x)\mathrm{d}x=\int_1^3(ax+b)\mathrm{d}x=4a+2b,$$

又

$$P(2<\xi<3)=\int_2^3 f(x)\mathrm{d}x=\int_2^3(ax+b)\mathrm{d}x=\frac{5}{2}a+b,$$

$$P(-1<\xi<2)=\int_{-1}^2 f(x)\mathrm{d}x=\int_{-1}^1 0\mathrm{d}x+\int_1^2(ax+b)\mathrm{d}x=\frac{3}{2}a+b,$$

由题设 $P(2<\xi<3)=2P(-1<\xi<2)$，有

$$\frac{5}{2}a+b=2\left(\frac{3}{2}a+b\right)，\text{即 } a+2b=0,$$

故得

$$\begin{cases}4a+2b=1\\ a+2b=0\end{cases},$$

解之得

$$\begin{cases}a=1/3\\b=-1/6\end{cases}.$$

从而

$$P\left(0\leqslant\xi\leqslant\frac{3}{2}\right)=\int_0^{3/2}(ax+b)\mathrm{d}x=\int_0^{3/2}\left(\frac{1}{3}x-\frac{1}{6}\right)\mathrm{d}x=\frac{1}{8}.$$

**例 3** 如果 $x$ 的取值范围分别为 (1) $[0,\pi/2]$；(2) $[0,\pi]$；(3) $[\pi,3\pi/2]$，问函数 $\sin x$ 是不是某个随机变数 $\xi$ 的分布密度?

**解** (1) 当 $x\in[0,\pi/2]$ 时，$\sin x\geqslant0$，且 $\int_0^{\frac{\pi}{2}}\sin x\mathrm{d}x=1$，满足概率密度函数的两条性质，所以 $\sin x$ 可以是某个随机变量 $\xi$ 的分布密度；

(2) 当 $x\in[0,\pi]$ 时，由于 $\int_0^{\pi}\sin x\mathrm{d}x=2\neq1$，不满足概率密度函数的性质 (2)，所以 $\sin x$ 不能是随机变量 $\xi$ 的分布密度；

(3) 当 $x\in[\pi,3\pi/2]$ 时，由于 $\sin x\leqslant0$，不满足概率密度函数的性质 (1)，所以 $\sin x$ 也不能是随机变量 $\xi$ 的分布密度.

## 二、几个常用的连续型随机变量

1. 均匀分布

若连续型随机变量 $\xi$ 的概率密度函数为

$$f(x)=\begin{cases}\dfrac{1}{b-a}, & a\leqslant x\leqslant b\\0, & \text{其他}\end{cases}$$

则称 $\xi$ 在 $[a,b]$ 上服从**均匀分布** (见图 5-2)，记为 $\xi\sim U(a,b)$.

显然，$f(x)$ 满足概率密度函数的两条性质.

对于区间 $[a,b]$ 内任一子区间 $[c,d]$，有

$$P(c\leqslant\xi\leqslant d)=\int_c^d\frac{\mathrm{d}x}{b-a}=\frac{d-c}{b-a},$$

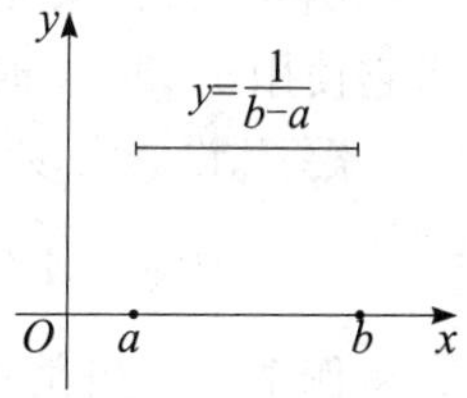

图 5-2

因此，服从均匀分布的随机变量 $\xi$ 在 $[a,b]$ 内任一子区间 $[c,d]$ 上取值的概率与该区间长度 $d-c$ 成正比，而与该子区间在 $[a,b]$ 中所处的位置无关. 因此，$\xi$ 在 $[a,b]$ 上概率的分布是“均匀”的，取各处值的可能性一样.

在实际问题中，公共汽车站乘客的候车时间、看钟表时秒针所处的位置、近似计算中的舍入误差等都服从均匀分布.

**例 4** 用电子表计时一般准确至百分之一秒，即若以秒为时间的计量单位，则小数点后第二位数字是按“四舍五入”原则得到的. 求由此产生的计时误差的概率密度.

**解** 由题意知，计时误差 $\xi$ 可能取得区间 $[-0.005,0.005]$ 上的任意数值，并在此区间上服从均匀分布，故 $\xi$ 的概率密度为

$$f(x)=\begin{cases}1, & |x|\leqslant 0.005\\ 0, & |x|>0.005\end{cases}.$$

**例 5** 甲、乙两地的公共汽车每隔 15 分钟一趟，若一乘客到站的时间是随机的，则其候车时间超过 8 分钟的概率是多少？

**解** 设 $\xi$ 为候车时间，则 $\xi$ 在 $[0,15]$ 上服从均匀分布，其概率密度函数为

$$f(x)=\begin{cases}\frac{1}{15}, & 0\leqslant x\leqslant 15\\ 0, & \text{其他}\end{cases},$$

于是

$$P(8<\xi\leqslant 15)=\int_8^{15} f(x)\mathrm{d}x=\frac{1}{15}(15-8)\approx 0.47.$$

2. 指数分布

若随机变量 $\xi$ 的概率密度函数为

$$f(x)=\begin{cases}\lambda \mathrm{e}^{-\lambda x}, & x\geqslant 0\\ 0, & x<0\end{cases},$$

其中 $\lambda>0$ 为常数，则称 $\xi$ 服从参数为 $\lambda$ 的**指数分布**（见图 5-3)，记为 $\xi\sim E(\lambda)$.

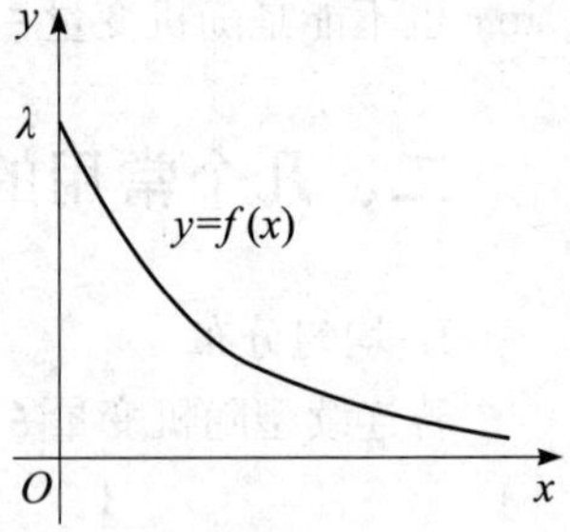


**图 5-3**

不难验证，$f(x)$ 也满足概率密度函数的两条性质.

指数分布是一种应用广泛的连续型分布. 在实际问题中，服从指数分布的随机变量 $\xi$ 通常可以作为各种“寿命”的近似，如电子产品的寿命（如元器件、保险丝等）、零件的使用寿命（如镶嵌在窗户上的玻璃、宝石轴承等）都服从指数分布；还有电话的通话时间、旅客进机场的时间间隔等也服从指数分布.

**例 6** 假设某元件的寿命服从参数 $\lambda=0.0015$ 的指数分布，求它使用 1 000 小时后还没有损坏的概率.

**解** 设 $\xi$ 为该元件的寿命，则

$$P(\xi>1\,000)=\int_{1\,000}^{+\infty} f(x)\mathrm{d}x=0.001\,5\int_{1\,000}^{+\infty}\mathrm{e}^{-0.001\,5x}\mathrm{d}x=\mathrm{e}^{-1.5}\approx 0.223.$$

**例 7** 已知某电子元件厂生产的电子元件的寿命 $\xi$（单位：h）服从指数分布 $E(1/3\,000)$. 该厂规定使用寿命低于300 h 的元件可以退换，问该厂被退换元件的数量大约占总产量的百分之几？

**解** 因为 $\xi$ 的概率密度为

$$f(x)=\begin{cases}\frac{1}{3\,000}\mathrm{e}^{-x/3\,000}, & x\geqslant 0\\ 0, & x<0\end{cases},$$

故有

$$P(\xi<300)=\int_0^{300}\frac{1}{3\,000}\mathrm{e}^{-x/3\,000}\mathrm{d}x=1-\mathrm{e}^{-0.1}\approx 0.095,$$

所以，该厂退换元件的数量大约占总产量的 9.5%.

**例 8** 假定打一次电话所用的时间 $\xi$（单位：分）服从参数 $\lambda=\frac{1}{10}$ 的指数分布，试求在

排队打电话的人中，后一个人等待前一个人的时间（1）超过 10 分钟；（2）10 分钟到 20 分钟之间的概率．

**解**　由题设知 $\xi \sim E\ (1/10)$，故所求概率为：

(1) $P(\xi > 10) = \int_{10}^{+\infty} \frac{1}{10} e^{-x/10} dx = e^{-1} \approx 0.368$；

(2) $P(10 \leqslant \xi \leqslant 20) = \int_{10}^{20} \frac{1}{10} e^{-x/10} dx = e^{-1} - e^{-2} \approx 0.233$.

3. 正态分布

若随机变量 $\xi$ 的概率密度函数为

$$f(x) = \frac{1}{\sigma\sqrt{2\pi}} e^{-\frac{1}{2\sigma^2}(x-\mu)^2} \quad (-\infty < x < +\infty),$$

其中 $\mu$ 和 $\sigma$（$>0$）为常数，则称 $\xi$ 服从参数为 $\mu$，$\sigma$ 的**正态分布**，记为 $\xi \sim N\ (\mu,\ \sigma^2)$．

正态分布的概率密度函数 $f(x)$ 的图形呈钟形（见图 5－4），它以直线 $x=\mu$ 为对称轴，在 $x=\mu$ 处达到最大值 $\frac{1}{\sigma\sqrt{2\pi}}$，在点 $x=\mu\pm\sigma$ 处有拐点，并且它以 $x$ 轴为渐近线，当 $\sigma$ 较小时，曲线较陡峭，当 $\sigma$ 较大时，曲线较平缓．

特别地，当 $\mu=0$，$\sigma=1$ 时，$N\ (0, 1)$ 称为**标准正态分布**，它的概率密度函数为

$$\phi\ (x) = \frac{1}{\sqrt{2\pi}} e^{-x^2/2}.$$

显然 $\phi\ (x) \geqslant 0$，可以证明

$$\int_{-\infty}^{+\infty} \phi(x) dx = \frac{1}{\sqrt{2\pi}} \int_{-\infty}^{+\infty} e^{-x^2/2} dx = \frac{1}{\sqrt{2\pi}} \cdot \sqrt{2\pi} = 1,$$

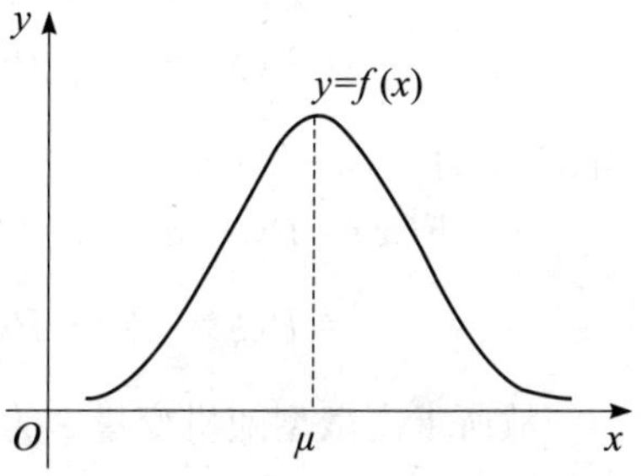


图 5－4

从而可知 $f(x)$ 也满足概率密度函数的两条性质．

正态分布是概率论中最重要的分布之一．例如，测量的误差、一批产品的质量指标、人体的身高或体重等都服从或近似服从正态分布．另外，正态分布又具有许多良好的性质，许多分布可用正态分布来近似，它能描述相互独立的多个微小因素的综合效果．当用数理统计知识去解决实际问题时，用得最多的就是正态分布（或者是与正态分布有关的分布，如 $t$ 分布、$F$ 分布、$\chi^2$ 分布等）．

离散型随机变量取值的概率分布情况，通常用概率分布列来描述；对于连续型随机变量取值的概率分布，则用概率密度函数来描述．计算其概率时常常运用分布函数的概念．

### 定义 5.3.2

**设 $\xi$ 为一随机变量，$x$ 为任一实数，称**

$$F(x) = P(\xi < x) = \int_{-\infty}^{x} f(t) dt \quad (-\infty < x < +\infty)$$

**为 $\xi$ 的概率分布函数，简称为分布函数．**

由定义 5.3.2，对于任意实数 $x$，有

$$P(a \leqslant \xi < b) = P(\xi < b) - P(\xi < a) = F\ (b) - F\ (a),$$

$$P(\xi \geqslant a)=1-P(\xi<a)=1-F(a).$$

由于 $F'(x)=f(x)$，故连续型随机变量的分布函数 $F(x)$ 是概率密度函数 $f(x)$ 的一个原函数，于是可以用微积分知识来研究随机变量.

分布函数的概念也可以用来描述离散型随机变量，如下例.

**例 9** 设离散型随机变量 $\xi$ 的概率分布为

| $\xi$ | $-1$ | $1$ | $2$ |
|---|---|---|---|
| $P$ | $\frac{1}{6}$ | $\frac{1}{2}$ | $\frac{1}{3}$ |

求 $F(x)$，并求 $P(0 \leqslant \xi<4)$.

**解** 当 $x \leqslant -1$ 时

$$F(x)=P(\xi<x)=P(\phi)=0,$$

当 $-1<x \leqslant 1$ 时

$$F(x)=P(\xi<x)=P(\xi=-1)=\frac{1}{6},$$

当 $1<x \leqslant 2$ 时

$$\begin{aligned}F(x)&=P(\xi<x)=P\{(\xi=-1) \cup (\xi=1)\}\\&=P(\xi=-1)+P(\xi=1)=\frac{1}{6}+\frac{1}{2}=\frac{2}{3},\end{aligned}$$

当 $x>2$ 时

$$\begin{aligned}F(x)&=P(\xi<x)=P\{(\xi=-1) \cup (\xi=1) \cup (\xi=2)\}\\&=P(\xi=-1)+P(\xi=1)+P(\xi=2)=\frac{1}{6}+\frac{1}{2}+\frac{1}{3}=1.\end{aligned}$$

故所求离散型随机变量 $\xi$ 的分布函数为

$$F(x)=\begin{cases}0, & x \leqslant -1\\ 1/6, & -1<x \leqslant 1\\ 2/3, & 1<x \leqslant 2\\ 1, & x>2\end{cases}$$

且

$$P(0 \leqslant x<4)=F(4)-F(0)=1-\frac{1}{6}=\frac{5}{6}.$$

对于均匀分布、指数分布的分布函数读者自己不难求出.

对于标准正态分布，分布函数 $F(x)$ 通常用 $\Phi(x)$ 表示，即

$$F(x)=\Phi(x)=P(\xi<x)=\int_{-\infty}^{x} \phi(t)\,\mathrm{d}t=\frac{1}{\sqrt{2\pi}}\int_{-\infty}^{x} \mathrm{e}^{-t^2/2}\,\mathrm{d}t,$$

从而

$$P(a \leqslant \xi<b)=\Phi(b)-\Phi(a).$$

当 $\xi \sim N(0,1)$ 时，将 $\Phi(x)$ 的数值列成表格，则计算服从标准正态分布的随机变量 $\xi$ 落在某个区间内的概率只需直接查表，其查表的方法如下：

（1）当 $x \in [0.01, 3.89)$，时，可从表中直接查出 $\Phi(x)$ 的数值；

（2）当 $x \geqslant 3.89$ 时，可取 $\Phi(x) \approx 1$；

（3）当 $x<0$ 时，容易证明 $\Phi(-x)=1-\Phi(x)$（见图 5-5）.

**例 10** 设 $\xi \sim N(0, 1)$，利用 $\Phi(x)$ 的数值表计算：$P(1<\xi<2)$，$P(|\xi| \leqslant 1)$，$P(|\xi|>1)$.

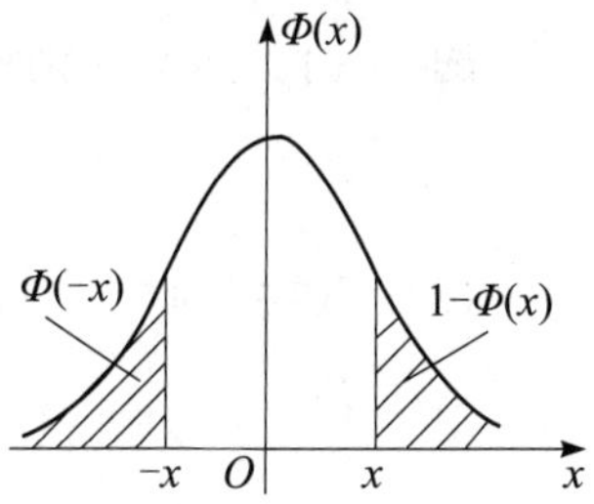


图 5-5

**解** $P(1<\xi<2)=\Phi(2)-\Phi(1)=0.977\,2-0.841\,3$

$=0.135\,9$；

$P(|\xi| \leqslant 1)=P(-1 \leqslant \xi \leqslant 1)=\Phi(1)-\Phi(-1)=\Phi(1)$

$-[1-\Phi(1)]=2\Phi(1)-1$

$=2\times 0.841\,3-1=0.682\,6$；

$P(|\xi|>1)=1-P(|\xi| \leqslant 1)=1-0.682\,6$

$=0.317\,4$.

不难验证，若 $\xi \sim N(\mu, \sigma^2)$，对于 $f(x)=\dfrac{1}{\sigma\sqrt{2\pi}}e^{-\frac{1}{2\sigma^2}(x-\mu)^2}$，作标准化代换 $t=\dfrac{x-\mu}{\sigma}$ 后，则有 $f(t)=\dfrac{1}{\sqrt{2\pi}}e^{-t^2/2}$，故 $\eta=\dfrac{\xi-\mu}{\sigma} \sim N(0, 1)$，即任意一个正态分布都可以通过标准化代换转化为标准正态分布．故服从正态分布的随机变量 $\xi$ 的概率可以通过查正态分布表求得．

**例 11** 设 $\xi \sim N(3, 4)$，求 $P(-1<\xi<4)$ 和 $P(\xi \geqslant 2)$.

**解** $P(-1<\xi<4)=F(4)-F(-1)=\Phi\left(\dfrac{4-3}{2}\right)-\Phi\left(\dfrac{-1-3}{2}\right)=\Phi\left(\dfrac{1}{2}\right)-\Phi(-2)$

$$=\Phi\left(\frac{1}{2}\right)-[1-\Phi(2)]=\Phi\left(\frac{1}{2}\right)+\Phi(2)-1$$

$$=0.691\,5+0.977\,2-1=0.668\,7;$$

$$P(\xi \geqslant 2)=1-P(\xi<2)=1-\Phi\left(\frac{2-3}{2}\right)=1-\Phi\left(-\frac{1}{2}\right)=1-\left[1-\Phi\left(\frac{1}{2}\right)\right]$$

$$=\Phi\left(\frac{1}{2}\right)=0.691\,5.$$

**例 12** 某工厂生产一种斜拉桥钢索，拉断强度服从正态分布，参数为 $\mu=5.72\ \mathrm{t/cm^2}$，$\sigma=0.50\ \mathrm{t/cm^2}$. 某大桥根据设计要求，需要采用拉断强度不少于 $4.20\ \mathrm{t/cm^2}$ 的钢索，如果大桥所用钢索合格率在 99.9%以上，则认为是安全的．问：该大桥能否使用此工厂生产的斜拉桥钢索？

**解** 设钢索的拉断强度为 $\xi$，则 $\xi \sim N(5.72, 0.50^2)$，所以有

$$P(\xi \geqslant 4.20)=1-P(0<\xi<4.20)=1-\left[\Phi\left(\frac{4.20-5.72}{0.50}\right)-\Phi\left(\frac{0-5.72}{0.50}\right)\right]$$

$$\approx 1-\Phi(-3.04)=\Phi(3.04)\approx 0.9997>0.999.$$

因此，该大桥能使用此工厂生产的斜拉桥钢索．

**例 13** 设某商店出售的白糖重量的标准是每包 500 克，设每包重量 $\xi$（以克计）是随机变量，$\xi \sim N(500, 25)$，求：

（1）随机抽查一包，其重量大于 510 克的概率；

（2）随机抽查一包，其重量与标准重量之差的绝对值在 8 克之内的概率；

（3）求常数 $C$，使每包的重量小于 $C$ 的概率为 0.05.

**解** (1) $P(\xi>510)=1-P(\xi\leqslant 510)=1-\Phi\left(\dfrac{510-500}{5}\right)$

$=1-\Phi(2)\approx 1-0.9772=0.0228$；

(2) $P(|\xi-500|<8)=P(492<\xi<508)=\Phi\left(\dfrac{508-500}{5}\right)-\Phi\left(\dfrac{492-500}{5}\right)$

$=\Phi(1.6)-\Phi(-1.6)=2\Phi(1.6)-1$

$=2\times 0.9452-1=0.8904$；

(3) 求常数$C$，使之满足$P(\xi<C)=0.05$，即$\Phi\left(\dfrac{C-500}{5}\right)=0.05$，由于$\Phi(-1.645)=0.05$，即$\dfrac{C-500}{5}=-1.645$，解得$C=491.775$.

**例 14** 根据统计资料，中国男性的平均身高约 1.75 米．问：公共汽车的门至少需要多高，才能使得上下车时需要低头的男子不超过 5%？

**解** 设公共汽车的门高为$h$米，男子的高为$\xi$. 由统计资料，$\xi\sim N(1.75,0.05^2)$，依题意，$P(\xi>h)\leqslant 0.5\%$，即$P(\xi\leqslant h)\geqslant 99.5\%$，由

$$P(\xi\leqslant h)=\Phi\left(\frac{h-1.75}{0.05}\right)\geqslant 0.995,$$

查正态分布表得$\dfrac{h-1.75}{0.05}\geqslant 2.58$，于是$h\geqslant 1.879$.

因此，公共汽车的门至少需要设计为 1.88 米以上，才能使得上下车时需要低头的男子不超过 5%.

**例 15** 求解案例 5.4.

**解** 设最低分数线为$x_0$，考生的考试成绩为$\xi$，则$\xi$是随机变量．

对于一次成功的考试来说，$\xi$服从正态分布，即$\xi\sim N(166,\sigma^2)$ $(\xi>0)$．由于考试成绩高于 360 分的频率是$\dfrac{31}{1657}$，故

$$P(\xi>360)\approx\frac{31}{1657},$$

从而有

$$P(\xi\leqslant 360)=\Phi\left(\frac{360-166}{\sigma}\right)=\Phi\left(\frac{194}{\sigma}\right)\approx 1-\frac{31}{1657}\approx 0.9813,$$

查正态分布表得$\dfrac{194}{\sigma}\approx 2.08$，求得$\sigma\approx 93$，所以$\xi\sim N(166,93^2)$．

最低分数线为$x_0$的确定应使高于此分数线的考生的频率等于$\dfrac{300}{1657}$，即

$$P(\xi>x_0)\approx\frac{300}{1657},$$

于是

$$P(\xi\leqslant x_0)=\Phi\left(\frac{x_0-166}{93}\right)\approx 1-\frac{300}{1657}\approx 0.8189,$$

查正态分布表得$\dfrac{x_0-166}{93}\approx 0.91$，求得$x_0=251$，即最低录用分数线是 251 分．

考生 A 的成绩是 256 分，查正态分布表知

$$P(\xi \leqslant 256)=\Phi\left(\frac{256-166}{93}\right) \approx 0.834,$$

于是

$$P(\xi>256)=1-P(\xi \leqslant 256)=0.166.$$

计算结果表明，考试成绩高于 256 分的概率是 0.166；于是，成绩高于考生 A 的人数大约占总人数的 16.6%，考试名次排在考生 A 之前的人数大约有 275 人（1 657×16.6%=275）.

从以上分析可知：最低录用分数线（251 分）低于考生 A 的分数，故考生 A 能被录用；另一方面，其考试名次大约是第 275 名，与第 280 名很接近，被录用为正式工的把握性不大.

对于 $\xi \sim N(\mu, \sigma^2)$，容易求出 $P(\mu-3\sigma<\xi<\mu+3\sigma)=0.9974$. 这表明，在一次试验中服从正态分布 $N(\mu, \sigma^2)$ 的随机变量 $\xi$ 的数值基本上落在区间 $(\mu-3\sigma, \mu+3\sigma)$ 之内，而几乎不在该区间之外取值，这称为**“$3\sigma$ 原则”**.

## 练习 5-3

1. 确定下列函数中的常数 $A$，使该函数成为密度函数：

(1) $f(x)=A\mathrm{e}^{-|x|}$；

(2) $f(x)=\begin{cases} A\cos x, & -\frac{\pi}{2} \leqslant x \leqslant \frac{\pi}{2} \\ 0, & \text{其他} \end{cases}$；

(3) $f(x)=\begin{cases} Ax^2, 1 \leqslant x \leqslant 2 \\ Ax, 2<x<3. \\ 0, \quad \text{其他} \end{cases}$

2. 设连续型随机变量的概率密度函数为

$$f(x)=\begin{cases} cx, & 0 \leqslant x \leqslant 1 \\ 0, & \text{其他} \end{cases},$$

求：(1) 常数 $c$；(2) 概率 $P(0.3 \leqslant \xi \leqslant 0.7)$.

3. 设随机变量 $\xi$ 的概率密度函数为

$$f(x)=\begin{cases} \frac{c}{\sqrt{1-x^2}}, & |x|<1 \\ 0, & |x| \geqslant 1 \end{cases},$$

求：(1) 常数 $c$；(2) 概率 $P\left(-\frac{1}{2} \leqslant \xi \leqslant \frac{1}{2}\right)$.

4. 设连续型随机变量 $\xi$ 服从区间 $[-a, a]$ $(a>0)$ 上的均匀分布，且已知概率 $P(\xi>1)=\frac{1}{3}$，求：(1) 常数 $a$；(2) $P\left(\xi<\frac{1}{3}\right)$.

5. 根据《国家安监局》公布的资料，在 2002—2007 年间因煤矿事故导致 10 人或 10 人以上死亡的重大事故经常发生，经计算得知相继两次此类事故的间隔时间 $\xi$ 服从 $\lambda=0.1$

的指数分布（单位：天），试求发生两次此类事故的间隔时间 $\xi$ 在 9 天内的概率．

6. 某种型号电子元件的使用寿命 $\xi$（单位：h）服从参数 $\lambda=\frac{1}{1\,000}$ 的指数分布，求：(1) 任取1 只电子元件使用寿命超过 1 000 h 的概率；(2) 任取 2 只电子元件使用寿命都超过 1 000 h 的概率．

7. 设连续型随机变量 $\xi$ 服从参数为 $\lambda$（$\lambda>0$）的指数分布，且已知概率 $P(\xi>100)=e^{-2}$，求：(1) 参数 $\lambda$ 的值；(2) $P(50<\xi<150)$.

8. 设 $\xi\sim N(0,1)$，求：(1) $P(\xi<2.4)$；(2) $P(\xi\leqslant-1)$；(3) $P(|\xi|<1.5)$；(4) $P(|\xi|>2)$．

9. 设 $\xi\sim N(3,2^2)$，求：(1) $P(2<\xi\leqslant5)$；(2) $P(-4<\xi<10)$；(3) $P(|\xi|>2)$；(4) $P(\xi>-1)$．

10. 已知连续型随机变量 $\xi\sim N(0,1)$，若概率 $P(|\xi|>\lambda)=\alpha$，问：(1) 当 $\alpha=0.05$ 时，常数 $\lambda$ 等于多少？(2) 当 $\alpha=0.01$ 时，常数 $\lambda$ 等于多少？

11. 某产品的质量指标 $\xi\sim N(160,\sigma^2)$，若要求 $P(120\leqslant\xi\leqslant200)\geqslant0.80$，问：允许 $\sigma$ 的最大值为多少？

12. 林业管理部门需要对山林树木核准可以砍伐的数量，假设某片山林有 1 000 棵适龄落叶松，其树胸直径 $\xi\sim N(40,6^2)$（单位：cm），规定树胸直径在 37 cm 以上的落叶松可以砍伐，求这片山林可供砍伐的落叶松的数量．

## 第四节　随机变量的数字特征

如前所述，在许多情形下，并不需要全面地掌握一个随机变量的取值规律，而只需或只能知道它的某些方面的特征．先给出几个例子．

### 案例 5.4.1　如何确定投资决策方向？

某人现有 10 万元现金，想投资于某项目，为期一年．预估成功的机会为 30%，并可获利 8 万元；失败的机会为 70%，将损失 2 万元．若存入银行，同期间的利率为 5%．哪一种方案可使投资的效益较大？

### 案例 5.4.2　发行彩票的利润问题

某彩票中心发行彩票 10 万张，每张 2 元．设头等奖 1 个，奖金 1 万元，二等奖 2 个，奖金各 5 000 元；三等奖 10 个，奖金各 1 000 元；四等奖 100 个，奖金各 100 元；五等奖 1 000 个，奖金各 10 元．每张彩票的成本费为 0.3 元，请计算彩票发行单位的创收利润．

## 案例 5.4.3　消费心理的差异问题

为了解不同地区之间人们消费心理的差异，现在甲、乙两城市随机地各抽取 100 户居民，调查他们当年的收入中储蓄所占的比例，数据如表 5-2 所示：

表 5-2

| | 储蓄率（%） | 户数 | 储蓄率（%） | 户数 | 储蓄率（%） | 户数 |
|---|---|---|---|---|---|---|
| 甲城市 | 10.5 | 40 | 6.3 | 35 | 9.4 | 25 |
| 乙城市 | 8.6 | 35 | 7.5 | 30 | 7.8 | 35 |

对于这两个城市的消费习惯，你可以得到什么结论？

## 案例 5.4.4　最低投资风险问题

在资本市场中，某投资者用 1 万元钱进行投资，有三个投资方案，这三个方案的投资收益均受市场条件的影响，而市场条件为看好、一般、看跌，并知其发生的概率均等．据分析，各投资方案在市场的三种不同条件下的投资收益如表 5-3 所示：

表 5-3

| | 看好 | 一般 | 看跌 |
|---|---|---|---|
| | 1/3 | 1/3 | 1/3 |
| 投资方案一 | 1.16 | 1.10 | 1.04 |
| 投资方案二 | 1.01 | 1.10 | 1.19 |
| 投资方案三 | 1.10 | 1.10 | 1.10 |

试分析哪个方案最佳？

有了随机变量的取值规律最常用的两个数字特征——数学期望和方差之后，上述问题都不难解决．

## 一、数学期望

1. 离散型随机变量的数学期望

**【引例 5.4.1】**　两射手技术优劣的评定问题

设某教练员有甲、乙两名射击运动员，现需要选拔其中的一名参加运动会．根据过去的记录显示，两人的技术水平如下：甲、乙两射手，在同样条件下进行射击，他们命中的环数分别记为 $\xi,\eta$，其概率分布列分别为：

| $\xi$ | 8 | 9 | 10 |
|---|---|---|---|
| $P$ | 0.2 | 0.5 | 0.3 |

；

| $\eta$ | 8 | 9 | 10 |
|---|---|---|---|
| $P$ | 0.3 | 0.1 | 0.6 |

试问如何来评定两个射手的技术优劣？

**解**　虽然概率分布列完整地描述了 $\xi,\eta$ 的统计规律，但不能直接看出他们的技术优劣

结果．假定他们各射击 100 次，则甲平均射中的环数约为

$$\frac{1}{100}(8\times 20+9\times 50+10\times 30)=9.1\text{（环）},$$

乙平均射中的环数约为

$$\frac{1}{100}(8\times 30+9\times 10+10\times 60)=9.3\text{（环）},$$

于是，由平均射中的环数可以看出，乙的技术优于甲．

离散型随机变量取“平均”意义的数，正好是随机变量的可能取值与其对应的概率乘积之和，这里给出数学期望的定义．

**定义 5.4.1**

**设离散型随机变量 $\xi$ 的分布列是**

| $\xi$ | $x_1$ | $x_2$ | $\cdots$ | $x_k$ | $\cdots$ |
|---|---|---|---|---|---|
| $P$ | $p_1$ | $p_2$ | $\cdots$ | $p_k$ | $\cdots$ |

**如果级数**

$$\sum_{i=1}^{\infty} p_i x_i \qquad (5.4.1)$$

**绝对收敛，则称其和为随机变量 $\xi$ 的数学期望（或平均值，简称为期望或均值），记为 $E\xi$（或 $E(\xi)$），即 $E\xi=\sum_{i=1}^{\infty} p_i x_i$．**

级数（5.4.1）绝对收敛是指

$$\sum_{i=1}^{\infty}|p_i x_i|=\sum_{i=1}^{\infty} p_i|x_i|<+\infty \quad （已知\ p_i>0）.$$

**例 1** 设随机变量 $\xi$ 的概率分布列为

| $\xi$ | $-1$ | $3$ |
|---|---|---|
| $P$ | $\frac{2}{3}$ | $\frac{1}{3}$ |

求 $E\xi$.

**解** 由式（5.4.1），有

$$E\xi=(-1)\times\frac{2}{3}+3\times\frac{1}{3}=\frac{1}{3}.$$

若将此例解释为“甲、乙两人赌博，甲赢的概率为1/3，输的概率为2/3，但甲赢一次可以从乙处得 3 元，而每输一次要付给乙 1 元”，那么 $E\xi=1/3$表明甲平均每次可赢 1/3 元，这正是甲所期望的，或者说是甲心中所盘算的．于是 $E\xi$ 称为“期望”就是自然的了．

**例 2** 设随机变量 $\xi$ 有概率分布列

| $\xi$ | $-1$ | $0$ | $1$ | $2$ | $3$ |
|---|---|---|---|---|---|
| $P$ | 0.1 | 0.2 | 0.1 | 0.3 | 0.3 |

试求 $\xi$ 的数学期望 $E\xi$.

**解** 此题不必考虑 $\sum_{i=1} p_i x_i$ 的绝对收敛性，因为它是有限和，由式（5.4.1）有

$$E\xi=\sum_{i=1}^{5}p_ix_i=(-1)\times0.1+0\times0.2+1\times0.1+2\times0.3+3\times0.3=1.5.$$

2. 几个常见的离散型随机变量的数学期望

(1) 二点分布.

设$\xi$服从二点分布，其概率分布列为：

| $\xi$ | 1 | 0 |
|---|---|---|
| $P$ | $p$ | $q$ |

则

$$E\xi=1\times p+0\times q=p\ (q=1-p).$$

(2) 二项分布.

设$\xi\sim B(n,p)$，则其概率分布列为

$$P(\xi=k)=C_n^kp^kq^{n-k}\ (k=0,1,2,\cdots,n,p+q=1),$$

则

$$\begin{aligned}E\xi&=\sum_{k=0}^{n}k\cdot P(\xi=k)=\sum_{k=0}^{n}k\cdot C_n^kp^kq^{n-k}\\&=\sum_{k=0}^{n}\frac{k\cdot n!}{k!(n-k)!}\cdot p^kq^{n-k}\\&=\sum_{k=1}^{n}\frac{np(n-1)!}{(k-1)![(n-1)-(k-1)]!}p^{k-1}q^{(n-1)-(k-1)}\\&\xlongequal{(令k'=k-1)}np\sum_{k=0}^{n-1}\frac{(n-1)!}{k'![(n-1)-k']!}p^{k'}q^{(n-1)-k'}\\&=np(p+q)^{n-1}\\&=np.\end{aligned}$$

以上结果表明，当进行$n$重贝努利试验时，如果每次成功的概率是$p$，则$n$次试验成功的平均次数是$np$.

(3) 泊松分布.

设$\xi\sim P(\lambda)$，其概率分布列为

$$P(\xi=k)=\frac{\lambda^k}{k!}e^{-\lambda}\quad(k=0,1,2,3,\cdots,\lambda>0),$$

则

$$E\xi=\sum_{k=0}^{\infty}k\cdot\frac{\lambda^k}{k!}e^{-\lambda}=\sum_{k=1}^{\infty}\frac{\lambda\cdot\lambda^{k-1}}{(k-1)!}e^{-\lambda}=e^{-\lambda}\sum_{k=1}^{\infty}\frac{\lambda^{k-1}}{(k-1)!}\cdot\lambda=\lambda.$$

3. 连续型随机变量的数学期望

### 定义 5.4.2

**设$\xi$为连续型随机变量，其密度函数为$f(x)$，若广义积分$\int_{-\infty}^{+\infty}|x|f(x)dx<+\infty$，则称$E\xi=\int_{-\infty}^{+\infty}xf(x)dx$为$\xi$的数学期望(或均值，简称期望)；**

**若积分$E\xi=\int_{-\infty}^{+\infty}|x|f(x)dx$发散，则称随机变量$\xi$的数学期望不存在.**

设随机变量 $\xi$ 服从柯西（Cauchy）分布，其密度函数为

$$f(x)=\frac{1}{\pi(1+x^2)}\quad(-\infty<x<+\infty),$$

则

$$E\xi=\int_{-\infty}^{+\infty}|x|\frac{1}{\pi(1+x^2)}\mathrm{d}x=2\int_0^{+\infty}x\frac{1}{\pi(1+x^2)}\mathrm{d}x$$

$$=\frac{1}{\pi}\int_0^{+\infty}\frac{1}{(1+x^2)}\mathrm{d}(1+x^2)=\frac{1}{\pi}\ln(1+x^2)\big|_0^{\infty}=+\infty,$$

因此积分 $\int_{-\infty}^{+\infty}\frac{|x|\mathrm{d}x}{\pi(1+x^2)}$ 发散，故 $E\xi$ 不存在．

在没有特殊说明的情况下，本书以后给出的随机变量的期望总是存在的，因此不要求每次求期望值时都验证其绝对收敛性．

**例 3** 设连续型随机变量 $\xi\sim f(x)=\begin{cases}x, & 0<x\leqslant 1\\ 2-x, & 1<x\leqslant 2\\ 0, & \text{其他}\end{cases}$，求 $E\xi$.

**解** 由连续型随机变量数学期望的定义可知：

$$E\xi=\int_{-\infty}^{+\infty}xf(x)\mathrm{d}x=\int_0^1x^2\mathrm{d}x+\int_1^2x(2-x)\mathrm{d}x=\frac{1}{3}x^3\Big|_0^1+\left(x^2-\frac{x^3}{3}\right)\Big|_1^2=1.$$

4. 几个常用的连续型随机变量的数学期望

(1) 均匀分布．

设随机变量 $\xi\sim U(a,b)$，其密度函数为

$$f(x)=\begin{cases}\frac{1}{b-a}, & a\leqslant x\leqslant b\\ 0, & \text{其他}\end{cases},$$

则 $\xi$ 的数学期望为

$$E\xi=\int_{-\infty}^{+\infty}xf(x)\mathrm{d}x=\int_a^b\frac{1}{b-a}x\,\mathrm{d}x=\frac{a+b}{2}.$$

这个结果是合理的，因为 $\xi$ 在 $[a,b]$ 上均匀分布，取它的平均值 $E\xi$ 应该在区间 $[a,b]$ 的中间，也就是 $\frac{a+b}{2}$.

(2) 指数分布．

设随机变量 $\xi\sim E(\lambda)$，其密度函数为

$$f(x)=\begin{cases}\lambda e^{-\lambda x}, & x\geqslant 0,\quad \lambda>0\\ 0, & \text{其他}\end{cases},$$

则 $\xi$ 的数学期望为

$$E\xi=\int_{-\infty}^{+\infty}xf(x)\mathrm{d}x=\int_0^{+\infty}x\lambda e^{-\lambda x}\mathrm{d}x$$

$$=-\int_0^{+\infty}xe^{-\lambda x}\mathrm{d}(-\lambda x)=-xe^{-\lambda x}\Big|_0^{+\infty}+\int_0^{+\infty}e^{-\lambda x}\mathrm{d}x=\frac{1}{\lambda}.$$

(3) 正态分布．

设随机变量 $\xi\sim N(\mu,\sigma^2)$，其密度函数为

$$f(x)=\frac{1}{\sigma\sqrt{2\pi}}\mathrm{e}^{-\frac{1}{2\sigma^2}(x-\mu)^2}\qquad (x\in\mathbf{R},\ \sigma>0),$$

则 $\xi$ 的数学期望为

$$\begin{aligned}E\xi&=\int_{-\infty}^{+\infty}x\frac{1}{\sqrt{2\pi}\sigma}\mathrm{e}^{-\frac{(x-u)^2}{2\sigma^2}}\mathrm{d}x\\&\xlongequal{\text{令}x-\mu=t}\frac{1}{\sqrt{2\pi}\sigma}\int_{-\infty}^{+\infty}(t+\mu)\mathrm{e}^{\frac{-t^2}{2\sigma^2}}\mathrm{d}(t+\mu)\\&=\frac{1}{\sqrt{2\pi}\sigma}\left[\int_{-\infty}^{+\infty}t\mathrm{e}^{-\frac{t^2}{2\sigma^2}}\mathrm{d}t+\mu\int_{-\infty}^{+\infty}\mathrm{e}^{-\frac{t^2}{2\sigma^2}}\mathrm{d}t\right]\\&=0+\mu\int_{-\infty}^{+\infty}\frac{1}{\sqrt{2\pi}\sigma}\mathrm{e}^{-\frac{t^2}{2\sigma^2}}\mathrm{d}t\\&=\mu.\end{aligned}$$

这里用到了奇函数在对称区间上的定积分为 0 以及密度函数的性质（2）.

对于正态分布 $N(\mu,\ \sigma^2)$，$E\xi=\mu$ 说明参数 $\mu$ 恰好是它的均值．从几何图形上看，$x=\mu$ 为正态曲线的对称轴．

*5. 随机变量的函数的期望

设 $\eta$ 是连续型随机变量 $\xi$ 的函数 $\eta=g(\xi)$（其中 $g(x)$ 是连续函数），已知其 $\xi$ 的密度函数为 $f(x)$，若 $\int_{-\infty}^{+\infty}|g(x)|f(x)\mathrm{d}x<+\infty$，则有

$$E\eta=E[g(\xi)]=\int_{-\infty}^{+\infty}g(x)f(x)\mathrm{d}x.$$

**例 4** 某冶炼钢铁厂生产的圆钢直径在区间 $[a,\ b]$ 上服从均匀分布，试求圆钢截面积的数学期望．

**解** 设圆钢直径为 $d$，其概率密度函数为

$$f(x)=\begin{cases}\dfrac{1}{b-a}, & a\leqslant x\leqslant b\\0, & \text{其他}\end{cases},$$

设圆钢截面积为 $S$，而 $S=\varphi(d)=\pi\left(\dfrac{d}{2}\right)^2=\dfrac{\pi d^2}{4}$，所以

$$ES=E\left(\frac{\pi}{4}d^2\right)=\int_{-\infty}^{+\infty}\varphi(x)f(x)\mathrm{d}x=\int_a^b\frac{\pi x^2}{4}\cdot\frac{1}{b-a}\mathrm{d}x=\frac{\pi(a^2+ab+b^2)}{12}.$$

**例 5** 求解案例 5.3.

**解** 设彩电的年产量定为 $n$ 万台，其中 $n\in[10,\ 20]$．依题意，设该厂的收益 $\eta$（单位：10 万元）是随机变量 $\xi$ 的函数，即

$$\eta=g(\xi)=\begin{cases}5n, & x\geqslant n\\5x-(n-\xi), & x<n\end{cases}\quad(10\leqslant n\leqslant 20),$$

需求量 $\xi$ 的概率密度为

$$f(x)=\begin{cases}1/10, & 10\leqslant x\leqslant 20\\0, & \text{其他}\end{cases},$$

于是

$$E\eta=\int_{-\infty}^{+\infty}g(x)f(x)\mathrm{d}x=\frac{1}{10}\int_{10}^{20}g(x)\mathrm{d}x$$

$$=\frac{1}{10}\left[\int_{10}^{n}[5x-(n-x)]\mathrm{d}x+\int_{n}^{20}5n\mathrm{d}x\right]=\frac{1}{10}(-3n^2+110n-300).$$

由 $(E\eta)'=0$ 得 $n=18.33$，故当年产量 $n=18.33$ 万台时，厂方的收益期望最大．

6．数学期望的简单性质

随机变量的数学期望具有以下性质：

（1）$E(C)=C$，即常量的数学期望就是它本身；

（2）$E(k\xi+b)=kE\xi+b$，其中 $k$，$b$ 为常数；

（3）$E(\xi\pm\eta)=E\xi\pm E\eta$；

（4）当 $\xi$，$\eta$ 相互独立时，$E(\xi\eta)=E\xi\cdot E\eta$.

**证** 以下证明性质（2）.

（1）当 $\xi$ 为离散型随机变量时，设其概率分布列为

$$P(\xi=x_i)=p_i\quad(i=1,2,\cdots),$$

有

$$\begin{aligned}E(k\xi+b)&=(kx_1+b)p_1+(kx_2+b)p_2+\cdots+(kx_n+b)p_n+\cdots\\&=k(x_1p_1+x_2p_2+\cdots+x_np_n+\cdots)+b(p_1+p_2+\cdots+p_n+\cdots)\\&=kE\xi+b;\end{aligned}$$

（2）当 $\xi$ 为连续型随机变量时，设其密度函数为 $f(x)$，有

$$E(kx+b)=\int_{-\infty}^{+\infty}(kx+b)f(x)\mathrm{d}x=k\int_{-\infty}^{+\infty}xf(x)\mathrm{d}x+b\int_{-\infty}^{+\infty}f(x)\mathrm{d}x=kE\xi+b;$$

特别地，当 $b=0$ 时，$E(k\xi)=kE\xi$；当 $k=1$ 时，$E(\xi+b)=E\xi+b$.

性质（3）和性质（4）的证明略.

**例 6** 设某元件的寿命 $\xi$ 服从参数为 $\lambda=0.000\,2$ 指数分布（单位：h），即

$$f(x)=\begin{cases}\lambda e^{-\lambda x}, & x\geqslant 0,\ \lambda>0\\ 0, & x<0\end{cases},$$

求这类元件的平均寿命 $E\xi$.

**解** 由于 $E\xi=\dfrac{1}{\lambda}$，又因为 $\lambda=0.000\,2$，故 $E\xi=5\,000$（h），即这类元件的平均寿命为5 000 h.

**例 7** 求解案例 5.4.1.

**解** 设 $\xi$ 为投资利润，则其概率分布列为

| $\xi$ | 8 | $-2$ |
|---|---|---|
| $P$ | 0.3 | 0.7 |

则 $E\xi=8\times0.3+(-2)\times0.7=1$（万元），存入银行的利息：$10\times0.05=0.5$（万元）；故应选择投资而非将现金存入银行.

**例 8** 求解案例 5.4.2.

**解** 设每张彩票中奖的数额为随机变量 $\xi$，则其分布列为

| $\xi$ | 10 000 | 5 000 | 1 000 | 100 | 10 | 0 |
|---|---|---|---|---|---|---|
| $P_k$ | $\frac{1}{10^5}$ | $\frac{2}{10^5}$ | $\frac{10}{10^5}$ | $\frac{100}{10^5}$ | $\frac{1\ 000}{10^5}$ | $p_0$ |

每张彩票平均能得到奖金

$$E\xi=10\ 000\times\frac{1}{10^5}+5\ 000\times\frac{2}{10^5}+\cdots+0\times p_0=0.5\ (\text{元}),$$

每张彩票平均可赚 $2-0.5-0.3=1.2$（元）. 因此彩票发行单位发行 10 万张彩票的创收利润为

$$100\ 000\times1.2=120\,000\ (\text{元}).$$

**例 9**　求解案例 5.4.3.

**解**　应用平均值进行比较是较好的方法. 设甲、乙两城市抽取的居民户数分别为随机变量 $\xi$，$\eta$，于是

$$\text{甲城市：}E\xi=40\times\frac{10.5}{100}+35\times\frac{6.3}{100}+25\times\frac{9.4}{100}$$

$$=\frac{1}{100}\ (40\times10.5+35\times6.3+25\times9.4)=8.775,$$

$$\text{乙城市：}E\eta=35\times\frac{8.6}{100}+30\times\frac{7.5}{100}+35\times\frac{7.8}{100}$$

$$=\frac{1}{100}\ (35\times8.6+30\times7.5+35\times7.8)=7.99.$$

根据以上计算结果，可以判断甲城市居民的储蓄率更高.

**例 10**　某工厂计划生产洗衣机，有三个方案可供选择：一是全部自制，二是引进设备，三是与外商合资经营. 但对销路的情况不明，估计有三种可能：畅销、一般、滞销. 根据计算，三种方案所能取得的利润如表 5－4 所示：

**表 5－4**　　单位：万元

| | 畅销 | 一般 | 滞销 |
|---|---|---|---|
| 自制 | 300 | 160 | −50 |
| 合资 | 280 | 140 | −20 |
| 引进 | 300 | 120 | −120 |

根据其他工厂的多年的销售资料统计以及主观的判断，假定三种方案的各种销路的概率如表 5－5 所示：

**表 5－5**

| | 畅销 | 一般 | 滞销 |
|---|---|---|---|
| 自制 | 0.20 | 0.60 | 0.20 |
| 合资 | 0.30 | 0.60 | 0.10 |
| 引进 | 0.25 | 0.65 | 0.10 |

试根据损益的最大利润期望值做出初步统计决策．

**解** 设三种方案能取得的利润的随机变量分别为$\xi$，$\eta$，$\zeta$，则由表5-4及表5-5可以求出不同方案的损益期望值．

自制损益期望值为

$$E\xi=300\times0.2+160\times0.6+(-50)\times0.2=146\text{（万元）};$$

合资损益期望值为

$$E\eta=280\times0.3+140\times0.6+(-20)\times0.1=166\text{（万元）};$$

引进损益期望值为

$$E\zeta=300\times0.25+120\times0.65+(-120)\times0.1=141\text{（万元）}.$$

由此可见，与外商合资经营，可期望获得166万元的利润，较其余两种方案为优，可供决策者参考．

## 二、方差

1. 方差的概念

**【引例5.4.2】** 哪个射手更准确?

设甲、乙两人射击同一目标，弹着点与目标的距离分别为随机变量$\xi$和$\eta$（只取离散值，单位：cm)，并有如下概率分布列：

| $\xi$ | 80 | 85 | 90 | 95 | 100 |
|---|---|---|---|---|---|
| $P$ | 0.2 | 0.2 | 0.2 | 0.2 | 0.2 |

；

| $\eta$ | 85 | 87.5 | 90 | 92.5 | 95 |
|---|---|---|---|---|---|
| $P$ | 0.2 | 0.2 | 0.2 | 0.2 | 0.2 |

由计算可知，两射手的弹着点与目标的距离有相同的期望（$E\xi_i=90$，$i=1$，2)，比较两组数据可知乙射手射击更准确，因为他的弹着点与甲比较更集中．

**【引例5.4.3】** 哪一批钢筋更具有实际使用价值?

有两批钢筋，每批各10根，它们的抗拉强度指标如下：

第一批：110 120 120 125 125 125 130 130 135 140

第二批：90 100 120 125 130 130 135 140 145 145

经计算可知，它们的平均抗拉强度指标相同，都是126，但第二批钢筋的抗拉强度指标值与其平均值的偏差较第一批的大，即抗拉强度的取值较分散．因此，尽管第二批钢筋中有几根抗拉强度指标很大，而抗拉强度太小的根数比第一批多，即钢筋不合格的根数比第一批多，于是从实际使用价值来讲，可以认为第二批钢筋的质量比第一批差．

实际问题中，仅靠期望值（或均值）不能全面地说明随机变量的分布特征，还须研究随机变量与其均值的偏离程度．

### 定义 5.4.3

**若$E(\xi-E\xi)^2$存在，则称它为随机变量$\xi$的方差，简记为$D\xi$［或$D(\xi)$］，并称$\sqrt{D\xi}$为$\xi$的标准差（或均方根差）．**

对于离散型随机变量，概率分布为

$$P\ (\xi=k)=p_k \quad (k=1,\ 2,\ \cdots),$$

则

$$D\xi=\sum_{k=1}^{+\infty}(x_k-E\xi)^2p_k \tag{5.4.2}$$

对于连续型随机变量，其密度函数为 $f(x)$，则

$$D\xi=\int_{-\infty}^{+\infty}(x-E\xi)^2f(x)\mathrm{d}x \tag{5.4.3}$$

当取平方项 $(\xi-E\xi)^2$ 来描述随机变量 $\xi$ 相对于其平均值 $E\xi$ 的偏离程度时，由于 $(\xi-E\xi)^2$ 也是一个随机变量，取其数学期望，正好是偏差的平均值的大小，它避免了正负偏差的相互抵消．

2. 方差的计算公式

由数学期望的性质可知，对于离散型随机变量

$$\begin{aligned}D\xi&=E\ (\xi-E\xi)^2=E(\xi^2-2\ (E\xi)\ \xi+(E\xi)^2)\\&=E\xi^2-2E\ (\xi)\ E(\xi)\ +(E\xi)^2=E\xi^2-(E\xi)^2,\end{aligned}$$

对于连续型随机变量

$$\begin{aligned}D\xi&=\int_{-\infty}^{+\infty}(x-E\xi)^2f(x)\mathrm{d}x\\&=\int_{-\infty}^{+\infty}(x^2-2xE\xi+(E\xi)^2)f(x)\mathrm{d}x\\&=\int_{-\infty}^{+\infty}x^2f(x)\mathrm{d}x-2E\xi\int_{-\infty}^{+\infty}xf(x)\mathrm{d}x+(E\xi)^2\int_{-\infty}^{\infty}f(x)\mathrm{d}x\\&=E\xi^2-(E\xi)^2,\end{aligned}$$

于是就得到了方差的计算公式：

$$D\xi=E\xi^2-(E\xi)^2 \tag{5.4.4}$$

它是计算方差的常用方法，而无须每次都去求广义积分的值．

可以看出，随机变量的方差是一个非负数，常量的方差是 0. 当 $\xi$ 的可能值密集在它的期望值 $E\xi$ 的附近时，方差较小，反之，则方差较大．因此方差的大小描述了随机变量的分布相对于均值的偏离程度．

利用式（5.4.4）计算引例 5.4.2 及引例 5.4.3 中的方差，可验证问题所做的结论．

3. 常用分布的方差

下面计算一些常见分布的方差．

（1）两点分布．

由于 $E\xi^2=1^2\cdot p+0^2\cdot q=p$，利用方差的计算公式（5.4.4），得

$$D\xi=E\xi^2-(E\xi)^2=p-p^2=pq.$$

（2）二项分布．

由于

$$\begin{aligned}E\xi^2&=\sum_{k=0}^{n}k^2\mathrm{C}_n^kp^kq^{n-k}=\sum_{k=1}^{n}npk\mathrm{C}_{n-1}^{k-1}p^{k-1}q^{n-k}\\&\xlongequal{(\text{令}k'=k-1)}np\sum_{k'=0}^{n-1}(k'+1)\mathrm{C}^{k'}{}_{n-1}p^{k'}q^{n-1-k'}\end{aligned}$$

$$=np\sum_{k'=0}^{n-1}k'C_{n-1}^{k'}p^{k'}q^{n-1-k'}+np\sum_{k'=0}^{n-1}C_{n-1}^{k'}p^{k'}q^{n-1-k'},$$

上式的第一项恰是 $B(n-1, p)$ 的数学期望，第二项各项概率之和等于 1，因此有

$$E\xi^2=np(n-1)p+np=np[(n-1)p+1],$$

利用方差的计算公式（5.4.4），得

$$D\xi=E\xi^2-(E\xi)^2=np[(n-1)p+1]-(np)^2=npq.$$

（3）泊松分布 .

由于

$$E\xi^2=\sum_{k=0}^{+\infty}k^2\left(\frac{\lambda^k}{k!}\right)e^{-\lambda}=\sum_{k=1}^{\infty}k\frac{\lambda^{k-1}}{(k-1)!}\cdot\lambda e^{-1}$$

$$\overset{(令k'=k-1)}{=\!=\!=}\lambda\sum_{k'=0}^{+\infty}(k'+1)\frac{\lambda^{k'}}{k'!}e^{-\lambda}=\lambda\sum_{k'=0}^{+\infty}k'\frac{\lambda^{k'}}{k'!}e^{-\lambda}+\lambda\sum_{k'=0}^{+\infty}\frac{\lambda^{k'}}{k'!}e^{-\lambda}$$

$$=\lambda^2+\lambda,$$

利用方差的计算公式（5.4.4），得

$$D\xi=E\xi^2-(E\xi)^2=(\lambda^2+\lambda)-\lambda^2=\lambda.$$

对于泊松分布，随机变量的数学期望与方差相等，均为参数 $\lambda$.

（4）均匀分布 .

由于

$$E\xi^2=\int_a^b x^2\cdot\frac{1}{b-a}dx=\frac{1}{3}(b^2+ab+a^2),$$

利用方差的计算公式（5.4.4），得

$$D\xi=E\xi^2-(E\xi)^2=\frac{1}{3}(b^2+ab+a^2)-\left(\frac{a+b}{2}\right)^2=\frac{(b-a)^2}{12}.$$

（5）指数分布 .

由于

$$E\xi^2=\int_0^{+\infty}x^2\lambda e^{-\lambda x}dx=-\int_0^{+\infty}x^2 de^{-\lambda x}=-x^2e^{-\lambda x}\Big|_0^{+\infty}+2\int_0^{+\infty}xe^{-\lambda x}dx$$

$$=\frac{2}{\lambda}\int_0^{+\infty}x\lambda e^{-\lambda x}dx=\frac{2}{\lambda^2},$$

利用方差的计算公式（5.4.4），得

$$D\xi=E\xi^2-(E\xi)^2=\frac{2}{\lambda^2}-\left(\frac{1}{\lambda}\right)^2=\frac{1}{\lambda^2}.$$

（6）正态分布 .

对于正态分布，以下直接用定义式计算其方差：

$$D\xi=\int_{-\infty}^{+\infty}(x-\mu)^2\frac{1}{\sqrt{2\pi}\sigma}e^{\frac{-(x-\mu)^2}{2\sigma^2}}dx$$

$$\overset{(令y=\frac{x-u}{\sigma})}{=\!=\!=}\int_{-\infty}^{+\infty}y^2\frac{\sigma^2}{\sqrt{2\pi}}e^{-\frac{1}{2}y^2}dy=\frac{\sigma^2}{\sqrt{2\pi}}\left[-ye^{-\frac{1}{2}y^2}\Big|_{-\infty}^{+\infty}+\int_{-\infty}^{+\infty}e^{-\frac{1}{2}y^2}dy\right]=\sigma^2.$$

由此可知，正态分布的参数 $\sigma$ 的概率意义，就是其标准差，从而知正态分布的密度函数由其期望值和标准差唯一确定 .

4. 方差的简单性质

方差有以下一些简单性质：

(1) $D(C)=0$，其中 $C$ 为常数；

(2) $D(k\xi)=k^2D\xi$，其中 $k$ 为常数；

(3) $D(\xi+\eta)=D\xi+D\eta$，当 $\xi$，$\eta$ 相互独立时．

以下给出性质 (2) 的证明：

$$D(k\xi)=E\left[(k\xi)^2\right]-[E(k\xi)]^2=k^2E\xi^2-k^2(E\xi)^2=k^2(E\xi^2-(E\xi)^2)=k^2D\xi.$$

**例 11**　假设打电话所用的时间（单位：分）服从 $\lambda=\frac{1}{10}$ 的指数分布，如果某人刚好在你前面走进电话间，(1) 从平均意义上说，你将等候多少分钟？(2) 你等候时间超过期望等待时间的概率为多少？

**解**　设等待时间（即前面那个人所用的时间）为 $\xi$ 分钟，由指数分布知，$\xi$ 的密度函数为

$$f(x)=\begin{cases}\frac{1}{10}e^{-\frac{1}{10}x}, & x>0\\ 0, & x\leqslant 0\end{cases},$$

于是：

(1) $$E\xi=\int_{-\infty}^{+\infty}xp(x)dx=\int_0^{+\infty}\frac{1}{10}xe^{-\frac{1}{10}x}dx=10,$$

即期望等待时间为 10 分钟；

(2) $$P(\xi>10)=\int_{10}^{+\infty}\frac{1}{10}e^{-\frac{1}{10}t}dt=-e^{-\frac{t}{10}}\Big|_{10}^{+\infty}=e^{-1}\approx 0.368.$$

**例 12**　离散型随机变量 $\xi$ 的分布函数 $F(x)$ 为

$$F(x)=\begin{cases}0, & x<-1\\ 0.2, & -1\leqslant x<0\\ 0.5, & 0\leqslant x<1\\ 0.8, & 1\leqslant x<2\\ 1, & x\geqslant 2\end{cases},$$

计算 $E\xi$ 与 $D\xi$.

**解**　先求出随机变量 $\xi$ 的概率分布列，为

| $\xi$ | $-1$ | 0 | 1 | 2 |
|---|---|---|---|---|
| $P$ | 0.2 | 0.3 | 0.3 | 0.2 |

于是

$$E\xi=\sum_{i=1}^{4}x_ip_i=-1\times0.2+0\times0.3+1\times0.3+2\times0.2=0.5;$$

由于

$$E\xi^2=\sum_{i=1}^{4}x_i^2p_i=(-1)^2\times0.2+0^2\times0.3+1^2\times0.3+2^2\times0.2=1.3,$$

所以

$$D\xi=E\xi^2-(E\xi)^2=1.3-0.5^2=1.05.$$

**例 13** 求解案例 5.4.4.

**解** 设三个方案的投资收益的随机变量分别为 $\xi$，$\eta$ 和 $\zeta$，计算各方案的期望收益并进行比较：

$$E\xi=1.16\times\frac{1}{3}+1.10\times\frac{1}{3}+1.04\times\frac{1}{3}=1.10,$$

$$E\eta=1.01\times\frac{1}{3}+1.10\times\frac{1}{3}+1.19\times\frac{1}{3}=1.10,$$

$$E\zeta=1.10\times\frac{1}{3}+1.10\times\frac{1}{3}+1.10\times\frac{1}{3}=1.10;$$

通过计算可知，三个方案的期望收益是相同的，均为 1.10 万元，但要注意的是：实际收益并不等同于期望收益，两者之间的偏差越大，则投资者得到期望收益的可能性就越小，这意味着其风险就越大．三个方案的方差分别是

$$D\xi=(1.16-1.10)^2\times\frac{1}{3}+(1.10-1.10)^2\times\frac{1}{3}+(1.04-1.10)^2\times\frac{1}{3}=0.002\,4,$$

$$D\eta=(1.01-1.10)^2\times\frac{1}{3}+(1.10-1.10)^2\times\frac{1}{3}+(1.19-1.10)^2\times\frac{1}{3}=0.005\,4,$$

$$D\zeta=(1.10-1.10)^2\times\frac{1}{3}+(1.10-1.10)^2\times\frac{1}{3}+(1.10-1.10)^2\times\frac{1}{3}=0.$$

通过计算可知，虽然三个方案的期望收益是相同的，但方案三中的实际收益与期望收益的平均偏离程度为 0，故投资方案三为最佳方案．

由此可见，在证券市场中，常常通过投资组合来降低投资风险．

*5. 切比雪夫不等式

设随机变量 $\xi$ 存在数学期望 $E\xi$ 与方差 $D\xi$，则对任意正数 $\varepsilon$，有不等式

$$P\{|\xi-E\xi|\geqslant\varepsilon\}\leqslant\frac{D\xi}{\varepsilon^2}\ \left(\text{或 } P\{|\xi-E\xi|<\varepsilon\}\geqslant1-\frac{D\xi}{\varepsilon^2}\right),$$

该不等式称为**切比雪夫不等式**．

**证** 这里只对连续型随机变量的情形给出证明．设 $f(x)$ 为的密度函数，则

$$P\{|\xi-E\xi|\geqslant\varepsilon\}=\int_{|x-E\xi|\geqslant\delta}f(x)\mathrm{d}x\leqslant\int_{|x-E\xi|\geqslant\varepsilon}\frac{(x-E\xi)^2}{\varepsilon^2}f(x)\mathrm{d}x$$

$$\leqslant\frac{1}{\varepsilon^2}\int_{-\infty}^{+\infty}(x-E\xi)^2f(x)\mathrm{d}x=\frac{D\xi}{\varepsilon^2}.$$

在以上的证明过程中，第一个不等号成立是因为积分区间上限 $\frac{(x-E\xi)^2}{\varepsilon^2}\geqslant1$，而第二个不等号成立则是因为被积函数非负，故当积分区域扩大时，积分值只会扩大而不会减小．

切比雪夫不等式的成立并不需要知道随机变量 $\xi$ 具体服从什么分布，只要求其均值和方差存在（特别的，可以是实际调查所得的数据）．因此，可以在未知随机变量 $\xi$ 的概率分布的情况下，估计 $\xi$ 落入以 $\varepsilon$ 为中心的对称区间 $(E\xi-\varepsilon,\ E\xi+\varepsilon)$ 中的概率．也就是说，切比雪夫不等式给出了估算事件 $|\xi-E\xi|<\varepsilon$ [或事件 $|\xi-E\xi|\geqslant\varepsilon$)] 的概率的一种方法．

**例 14** 设 $\xi$ 是掷一颗骰子出现的点数，若给定 $\varepsilon=1，2$，实际计算 $P(|\xi-E\xi|\geqslant\varepsilon)$，

并且验证切比雪夫不等式成立．

**解** $E\xi=7/2$，$D\xi=35/12$，$P(|\xi-7/2|\geqslant 1)=2/3$，

$$P(|\xi-7/2|\geqslant 2)=P(\xi=1)+P(\xi=6)=1/3.$$

当 $\varepsilon=1$ 时，$\dfrac{D\xi}{\varepsilon^2}=\dfrac{35}{12}>\dfrac{2}{3}$；当 $\varepsilon=2$ 时，$\dfrac{D\xi}{\varepsilon^2}=\dfrac{1}{4}\times\dfrac{35}{12}=\dfrac{35}{48}>\dfrac{1}{3}$．可见，$\xi$ 满足切比雪夫不等式．

**例 15** 某电站供电网有 10 000 盏电灯，夜间每一盏灯开灯的概率都是 0.7，而假定开灯或关灯的时间彼此独立，估计夜间同时开着的灯数在 6 800 与 7 200 之间的概率．

**解** 令 $\xi$ 表示在夜间同时开着的电灯的数目，则 $\xi\sim B(10\,000, 0.7)$．若要准确计算，则应该用贝努利公式：

$$P(6\,800<\xi<7\,200)=\sum_{k=6\,801}^{7\,199}C_{10\,000}^{k}\times 0.7^{k}\times 0.3^{10\,000-k},$$

可以看出，这里的计算量是相当大的．如果用切比雪夫不等式估计，则

$$E\xi=np=10\,000\times 0.7=7\,000,$$

$$D\xi=npq=10\,000\times 0.7\times 0.3=2\,100,$$

$$P(6\,800<\xi<7\,200)=P(|\xi-7\,000|<200)\geqslant 1-\frac{2\,100}{200^2}\approx 0.95.$$

可见用切比雪夫不等式估计的计算量很小，但估计的精确度不算高．

## 练习 5-4

1. 设随机变量 $\xi$ 的概率分布列如下，求：$E\xi$，$E\xi^2$，$D\xi$.

| $\xi$ | $-2$ | $0$ | $2$ |
|---|---|---|---|
| $P$ | 0.4 | 0.3 | 0.3 |

2. 设连续型随机变量 $\xi$ 的密度函数为 $f(x)=\begin{cases}x, & 0<x\leqslant 1\\ 2-x, & 1<x\leqslant 2\\ 0, & \text{其他}\end{cases}$，求 $E\xi$.

3. 连续型随机变量 $\xi$ 的概率密度为

$$f(x)=\begin{cases}kx^a, & 0<x<1\ (k, a>0)\\ 0, & \text{其他}\end{cases},$$

又知 $E\xi=0.75$，求 $k$，$a$ 的值．

4. 两台生产同一种零件的车床，一天生产中次品数的概率分布如表 5-6 所示：

**表 5-6**

| 次品数 | 0 | 1 | 2 | 3 |
|---|---|---|---|---|
| 甲车床 $p_k$ | 0.4 | 0.3 | 0.2 | 0.1 |
| 乙车床 $p_i$ | 0.3 | 0.5 | 0.2 | 0 |

那么，哪台车床更好？

5. 对某一目标进行射击，直至击中为止，如果每次射击的命中率为 0.8，求射击次数 $\xi$ 的方差．

6. 已知某工厂一周的产值（单位：千元）是均值等于 50 的随机变量，其方差为 25，问这一周的产值为 40～60 的概率至少有多大？

7. 证明任一事件 $A$ 在一次试验中的发生次数 $\xi$ 的方差不大于 $\frac{1}{4}$.

8. 设随机变量 $\xi$ 服从拉普拉斯分布，即它的概率密度是

$$f(x)=\frac{1}{2}\mathrm{e}^{-|x|} \quad (-\infty<x<\infty),$$

求 $\xi$ 的方差．

9. 地铁的运行间隔时间若为 5 分钟，一个旅客在任意时刻进入月台，求候车时间的数学期望与方差．

10. 假设一部机器在一天内发生故障的概率为 0.2，机器发生故障时全天停止工作．若一周 5 个工作日里机器无故障，可获利润 10 万元；发生一次故障仍可获利 5 万元；发生两次故障所获利润 0 元；发生三次或三次以上故障就要亏损 2 万元．求一周内期望利润是多少？

# 习题五

## A 组（基本题）

### 一、填空题

1. 已知离散型随机变量 $\xi \sim P(3)$，则概率 $P(\xi=1)=$________.

2. 若连续型随机变量 $\xi \sim U(3, 8)$，则概率 $P(4 \leqslant \xi \leqslant 6)=$________.

3. 当连续型随机变量 $\xi \sim E(1/5)$，其概率 $P(\xi \geqslant 5)=$________.

4. 已知连续型随机变量 $\xi \sim N(0, 1)$，则概率 $P(-0.55<\xi<0)=$________（已知 $\Phi(0.55)=0.7088$）.

5. 若连续型随机变量 $\eta \sim N(0, 1)$，已知概率 $P(|\eta| \geqslant \lambda)=0.1$，则常数 $\lambda=$________.

6. 已知连续型随机变量 $\xi \sim N(2, 9)$，$\Phi(2)=0.9772$，则概率 $P(\xi<8)=$________.

7. 随机变量 $\zeta \sim B(20, 0.2)$，则 $E\zeta=$________.

8. 设离散型随机变量 $\xi$ 的概率分布列为

| $\xi$ | 1 | 2 | 3 |
|---|---|---|---|
| $P$ | 0.5 | 0.25 | 0.25 |

则 $E\xi=$________，$D\xi=$________.

9. 随机变量 $\xi$ 的方差 $D\xi$ 是随机变量________的数学期望.

10. 随机变量 $\xi \sim N(2, 0.25)$，则 $E(2\xi+3)=$________，$D(2\xi+3)=$________.

### 二、选择题

1. 设随机变量 $\xi$ 的分布列为 $P(\xi=k)=ak$，$k=1, 2, 3, 4$，则 $a=$（　　）.

(A) 0.05　　(B) 0.1　　(C) 0.2　　(D) 0.25

2. 若随机变量 $\xi \sim E(2)$，则 $P(\xi=3)=$（　　）.

(A) $\frac{4}{3e^2}$　　(B) $\frac{3}{2e^2}$　　(C) $\frac{4}{3e^3}$　　(D) $\frac{3}{2e^3}$

3. 已知随机变量 $\xi \sim U(a, b)$，则下列概率的等式中（　　）正确.

(A) $P(\xi=a)=1$　　(B) $P(\xi=b)=1$

(C) $P(\xi<a)=1$　　(D) $P(\xi>b)=1$

4. 设随机变量 $\xi \sim P(\lambda)$，其中 $\lambda>0$，且 $P(\xi=0)=P(\xi=2)$，则参数 $\lambda=$（　　）.

(A) $1/2$　　(B) 2　　(C) $1/\sqrt{2}$　　(D) $\sqrt{2}$

5. 已知随机变量 $\xi \sim N(0, 1)$，常数 $k>0$，则概率 $P(|\xi| \geqslant k)=$（　　）.

(A) $2\Phi(k)-1$　　(B) $1-2\Phi(k)$

(C) $2\Phi(k)-2$　　(D) $2-2\Phi(k)$

6. 已知随机变量 $\xi \sim N(3, 2)$，则连续型随机变量 $\eta=$（　　）$\sim N(0, 1)$.

(A) $\frac{\xi-3}{\sqrt{2}}$　　(B) $\frac{\xi+3}{\sqrt{2}}$　　(C) $\frac{\xi-3}{2}$　　(D) $\frac{\xi+3}{2}$

7. 随机变量 $\xi \sim N(\mu, \sigma^2)$，在下列哪种情况下 $\xi$ 的概率密度曲线 $y=f(x)$ 的形状比较平坦（　　）.

(A) $\mu$ 较小　　(B) $\mu$ 较大　　(C) $\sigma$ 较小　　(D) $\sigma$ 较大

8. 若随机变量 $\xi$ 的数学期望为 $E\xi$，则 $E(E\xi)=$（　　）.

(A) 0　　(B) $E\xi$　　(C) $E(\xi^2)$　　(D) $(E\xi)^2$

9. 已知随机变量 $\xi$ 的方差 $D\xi=4$，则方差 $D(3\xi+4)=$（　　）.

(A) 12　　(B) 16　　(C) 36　　(D) 40

*10. 一随机变量 $\xi$ 的 $E\xi=12$，$D\xi=9$，用切比雪夫不等式估计：$P(6<\xi<18)=$（　　）.

(A) $\frac{1}{2}$　　(B) $\frac{2}{3}$　　(C) $\frac{3}{4}$　　(D) $\frac{4}{5}$

**三、计算题**

1. 有 5 把钥匙，其中有 1 把能开锁，设锁被打开时尝试过的次数为 $\xi$，且假定已使过的钥匙不再去开锁，求 $\xi$ 的概率分布列.

2. 设某种设备发生故障的概率为 0.01，现有这种设备 20 台，而维修人员只有 1 名. 假定一名维修人员只能维修一台设备的故障，求当这批设备发生故障时不能及时维修的概率.

3. 某种产品表面上疵点的个数服从参数 $\lambda=3/2$ 的泊松分布，规定表面上疵点的个数不超过 2 个为合格品，求产品的合格率.

4. 设随机变量 $\xi \sim N(5, 4)$，试求满足下列条件的常数 $a$：

(1) $P(\xi \leqslant a)=0.9$；(2) $P(|\xi-5|>a)=0.01$.

5. 某批钢材的强度 $\xi \sim N(200, 18^2)$. 现从中任意抽取一件，

(1) 求取出的钢材强度不低于 180 的概率；

(2) 如果以 99% 的概率保证强度不低于 150，问这批钢材是否合格？

6. 设随机变量 $\xi$ 的分布列为 $P(\xi=n)=\frac{1}{2^n}$ $(n=1, 2, 3, \cdots)$，求 $E\xi$ 及 $D\xi$.

7. 无线电台发出的呼叫信号被另一电台接收的概率为 0.2，信号每隔 5 秒钟拍发一次，直到收到对方的回答信号为止，发出信号和收到信号之间要经过 16 秒的时间，求在双方建立起联系之前已拍发的呼叫信号的平均次数.

8. 随机变量 $\xi$ 的密度函数为：$f(x)=\frac{1}{2}\mathrm{e}^{-|x|}$ $(x\in\mathbf{R})$，求 $E\xi$，$D\xi$.

9. 若连续型随机变量 $\xi$ 的概率密度是：

$$f(x)=\begin{cases} ax^2+bx+c, & 0<x<1 \\ 0, & \text{其他} \end{cases},$$

已知 $E\xi=0.5$，$D\xi=0.15$，求系数 $a$，$b$，$c$.

10. 设随机变量 $\xi$ 的概率密度函数为 $f(x)=\begin{cases}\frac{2}{\pi}\cos^2 x, & |x|\leqslant\frac{\pi}{2}\\ 0, & |x|>\frac{\pi}{2}\end{cases}$，求 $E\xi$，$D\xi$.

**B 组（提高题）**

1. 设随机变量 $\xi$ 的数学期望 $E\xi=\mu$，方差 $D\xi=\sigma^2$，则由切比雪夫不等式可知 $P(|\xi-\mu|<2\sigma)$ 至少等于多少？

2. 设随机变量的分布函数是

$$F(x)=\begin{cases}0, & x<-1\\ a+b\arcsin x, & -1\leqslant x\leqslant 1,\\ 1, & x>1\end{cases}$$

求 $E\xi$，$D\xi$.

3. 设随机变量 $\xi$ 服从正态分布，即 $\xi\sim N(\mu, \sigma^2)$，求：(1) $P(\mu-\sigma<\xi<\mu+\sigma)$；(2) $P(\mu-2\sigma<\xi<\mu+2\sigma)$；(3) $P(\mu-3\sigma<\xi<\mu+3\sigma)$.

4. 设随机变量 $\xi$ 服从二项分布，即 $\xi\sim B(n, p)$，又 $E\xi=2.4$，$D\xi=1.44$，求二项分布的 $n$ 和 $p$ 的值.

5. 若 $\xi\sim N(\mu, \sigma^2)$，试用均值与方差证明：通过 $\eta=\frac{\xi-\mu}{\sigma}$ 的标准化变换，有 $\eta\sim N(0, 1)$.

6. 根据长期积累的经验，正常男性成人每一毫升血液中，白细胞的平均数是 7 300，均方差是 700，问：90%以上正常男性成人的一毫升血液中白细胞数在什么范围内？

7. 设市场对某种商品的需求量为随机变量 $\xi$（单位：吨），它服从 [2 000, 4 000] 上的均匀分布. 若售出这种商品 1 吨，可获利 3 万元；但若销售不出去，则每吨需付仓储费 1 万元，问：应组织多少吨货源才能使收益的数学期望最大？

8. 抽样检查产品质量时，对一批产品一件一件地进行检查. 如果检查 10 件产品未发现次品，则停止检查而认为这批产品质量合格；如果检查到第 10 件产品或在此之前发现次品，则停止检查而认为这批产品质量不合格. 设产品的次品率为 0.1，且每批产品的数量都很大，因而可以认为每检查一件产品发现次品的概率都是 0.1，问：每批检查产品数 $\xi$ 的均值是多少？

[阅读材料]

## 数学家泊松

泊松（Poisson，1781—1840），1781 年 6 月 21 日生于法国巴黎附近的卢瓦雷省的皮蒂维耶，数学家、物理学家和力学家，发表论文 300 多篇．泊松的研究范围广泛、方法有效，在数学中以他的名字命名的有泊松定理、泊松公式、泊松方程、泊松分布、泊松试验、泊松大数定律、泊松过程、泊松变量、泊松积分、泊松级数、泊松变换、泊松代数、泊松比、泊松流、泊松核、泊松括号、泊松稳定性、泊松常数、泊松求和法等．

泊松出生于一个普通家庭．由于小时候身体孱弱，母亲曾把他托给一个保姆照料．他父亲当过兵，退役后在村里作小职员，法国革命爆发时任村长．老泊松不仅是教儿子读书写字的启蒙老师，而且是他选择职业的指路人．最初，父亲要求泊松到巴黎东南面的市镇枫丹白露学外科，但他对医学并无兴趣，加之缺乏外科手术所需的灵巧，于是放弃医学，1796 年进入枫丹白露中心学校．

据说泊松在青年时代研究过一个有趣的数学游戏，被称为是决定了泊松一生道路的数学趣题：有一天晚上，他在梦中来到一个奇妙的地方，这里的花草树木都是冰激凌或巧克力做的，小河里流淌的是牛奶．他正想喝牛奶，可发现没带杯子．这时突然出现了两个圆柱形的容器，一个容量是 3 升，另一个容量是 10 升，前者的高度正好是后者的一半．它们是用高硬度、不渗透的材料制成的，很沉，但其厚度薄到可以忽略不计．他把其中的一个容器装满牛奶，然后结合使用另一个容器，量出了恰好 1 升牛奶．在这个过程中，他没有再用容器从河中装过牛奶，原来装回的牛奶始终都在容器中，没有失去一滴．

泊松一生对摆的研究极感兴趣，他的科学生涯就是从研究微分方程及其在摆的运动和声学理论中的应用开始的．直到晚年，他仍用大部分时间和精力从事摆的研究．他为什么对摆如此着迷？传说，泊松小时候被保姆照料期间，保姆离开他时，就把他放在一个摇篮式的布袋里，并将布袋挂在棚顶的钉子上，吊着他摆来摆去．保姆认为，这样不但可以使孩子身上不被弄脏，而且有益于孩子的健康．泊松后来风趣地说：吊着我摆来摆去不但是我孩提时的体育锻炼，并且使我在孩提时就熟悉了摆．

1798 年，泊松以第一名的成绩考入巴黎综合工科学校．拉普拉斯（Laplace，1749—1827）、拉格朗日（J. L. Lagrange，1735—1813）都曾当过泊松的老师，他是他们的得意门生．他在 1799—1800 年关于方程论和贝祖（Bezout，1730—1783）定理的一篇论文中初露锋芒，表现了在数学分析上的才能．1800 年泊松毕业时，由于其学业优异，又得到拉普拉斯的大力推荐，留校任辅导教师；后来，他成了拉格朗日和拉普拉斯的朋友．

1802 年，泊松在巴黎综合工科学校升任副教授，1806 年接替傅立叶（Fourier，1768—1830）成为教授．1808 年成为法国经度局的天文学家．1809 年巴黎理学院成立，泊松出任该校力学教授．1812 年，因马吕斯（E. L. Malus，1775—1812）去世，出现空缺，泊松被选入法国科学院物理学部，当选为法国科学院院士．1815 年，他兼任军事学校的主考官，翌年又兼任巴黎综合工科学校毕业生的主考官，1816 年被聘为索邦大学教授．1817

年，泊松与巴尔迪（N. de Bardi）结婚．1820 年，泊松任大学皇家教育顾问．他于 1803 年加入科学普及协会．1826 年获彼得堡科学院名誉院士称号．1837 年被国王路易·菲力普授予男爵．

泊松晚年才从事概率论方面的研究，并做出了重要贡献．或许，泊松在概率论上的工作才真正为他赢得了最大的声誉，因泊松分布而闻名于世．

把概率论技术运用于最具争论性的社会科学上，泊松称得上是一位先行者．“大数定律”这一名称就是泊松在他的重要著作《各种见解的概率之研究》中引进的．这部著作记载了他所发现的泊松分布，这种分布是二项式分布的一种特殊情况．

1840 年 4 月 25 日，泊松卒于巴黎附近的索镇．

# 第六章　数理统计初步

概率与统计都是从数量上研究大量随机现象规律性的科学．前两章研究的是概率论的基本知识，其中心任务是从理论模型出发，研究随机现象的规律性．本章以概率论为理论基础，介绍数理统计的基本知识．其中心任务是对一个未知的随机变量进行观测，对于观测随机现象所得到的数据进行选择、构造数学模型，再利用归纳法研究．对随机现象的客观规律性做出合理性的估计、判断和预测，为决策者和决策行动提供理论依据和建议．

数理统计是一门应用十分广泛的数学分支，内容非常丰富．本章主要介绍数理统计的基本概念、参数估计和假设检验．数理统计学的基本思想是用样本估计总体，它主要研究两个基本问题：一是如何从总体中抽取样本；二是如何通过对所抽取的样本进行计算和分析，从而对总体的相应情况做出推断．

### 案例 6.1　打包机的工作是否正常？

打包机自动包装食盐，假设每袋盐的净重服从正态分布，每袋盐的标准重量为 1kg. 为检验打包机工作是否正常，某天开工时从装好的食盐中随机抽取 9 袋，测得其净重（单位：kg）分别为

0.994　1.014　1.02　0.95　1.03　0.968　0.97　1.048　0.982

问：能否有 95%的把握认为这一天开工时打包机的工作正常？

### 案例 6.2　鸡蛋售价是否明显高于往年？

某部门对当前市场的价格情况进行调查．以鸡蛋为例，所抽查的全省 20 个集市上，售价分别为（单位：元/500 克）：

3.05　3.31　3.34　3.82　3.30　3.16　3.84　3.10　3.90　3.18

3.88　3.22　3.28　3.34　3.62　3.28　3.30　3.22　3.54　3.30

已知往年的平均售价一直稳定在 3.25 元/500 克左右，能否认为全省当前的鸡蛋售价明显高于往年？

**案例 6.3 某行业的员工两年的平均收入是否有显著差异?**

若某行业的员工年收入服从正态分布，去年该行业员工年收入的平均值是 10 560 元．现研究今年员工年收入情况，随机抽取 10 人，得到个人的年收入资料如下（单位：元）:

10 623　10 512　10 668　10 554　10 776　10 767　10 557　10 581

试问：今年员工年平均收入与去年相比是否不同（$\alpha=0.05$)?

利用数理统计的知识，对以上问题不难一一做出解答．

# 第一节 简单的随机样本

## 一、总体、个体及样本

**【引例 6.1.1】** 检验灯泡的使用寿命

一批产品有 100 只灯泡，当使用寿命低于 1 000 小时，则认为该产品是次品，现检验这批灯泡的质量．这 100 只灯泡是被检验的总体，而每只灯泡的寿命则是要被检验的具体对象．一般有下列定义．

**定义 6.1.1**

**研究对象的全体称为总体，组成总体的每一个对象称为个体．总体中包含个体的个数称为总体容量．**

总体容量可以是有限个，也可以是无限多个．

总体的大小与范围由具体研究与考察的目的来确定，总体中的每一个个体是随机试验的一个观察值．引例 6.1.1 中“100 只灯泡”是总体，“每只灯泡”是个体，总体容量为 100.

在实际检验的过程中，并不是将这 100 只灯泡全部通电直到每只灯泡熄灭为止地去一一进行检验，常常是随机地抽取其中一部分来进行灯泡寿命的检测．事实上，通常没有必要有时甚至不可能对总体逐一进行检验．如考察一批炮弹的质量，能把它们全部爆炸来进行检验吗？又如，检验一大批某种进口产品的质量也常常是随机地抽取其中一部分来进行，等等．

由于作为统计研究对象的总体的分布一般来说是未知的，为推断总体分布及其各种特征，一般方法是按一定规则从总体中抽取若干个体进行观察，为此给出样本的定义．

**定义 6.1.2**

**从总体中抽出若干个个体，称为总体的样本，样本所包含个体的个数称为样本容量．**

在进行抽样时，样本的选取必须是随机的，即总体中的每个个体都有同等的机会被抽出. 通常有两种抽样方式，一种是无放回抽样，另一种是有放回抽样. 无放回抽样时，每个个体最多可以被抽出一次，而有放回抽样时，同一个个体可能被抽出多次，在实际问题中，通常是无放回抽样. 当总体容量很大时，常常又将无放回抽样近似地看成是有放回抽样而使问题简化.

### 定义 6.1.3

**有放回抽样所得的样本称为简单随机样本.**

简单随机样本满足以下两点：

(1) 代表性：总体中每个个体都有同等机会被抽入样本，这意味着样本中每个个体与所考察的总体具有相同的分布，因此，任一样本中的个体都具有代表性.

(2) 独立性：样本中每个个体取什么值并不影响其他个体取什么值，这意味着，样本中各个个体是相互独立的随机变量.

由于总体是服从某一分布的，而抽样又是随机的，因此简单随机样本实际上是几个互相独立的与总体有着相同分布的随机变量 $\xi_1$，$\xi_2$，…，$\xi_n$，每一次具体抽样所得的数据（即观察值）称为一个样本值，常常记为（$x_1$，$x_2$，…，$x_n$）.

### 定义 6.1.4

**样本 $x_1$，$x_2$，…，$x_n$ 的函数 $f(x_1, x_2, \cdots, x_n)$ 称为样本统计量.**

一个样本可以有多个统计量，如 $\bar{x}=\dfrac{1}{n}\sum\limits_{k=1}^{n}x_k, s^2=\dfrac{1}{n-1}\sum\limits_{k=1}^{n}(x_k-\bar{x})^2$ 等.

为了便于应用，下面给出几个最常用的统计量的分布，这些统计量都是在总体为正态分布的条件下得出的. 以下仅给出统计量的分布，略去证明.

1. $\chi^2$ 分布

### 定义 6.1.5

**设随机变量 $\xi_1$，$\xi_2$，…，$\xi_n$ 相互独立，且均服从标准正态分布，即 $\xi_i \sim N(0, 1)$ $(i=1, 2, \cdots, n)$，则称随机变量 $\eta=\xi_1^2+\xi_2^2+\cdots+\xi_n^2$ 服从自由度为 $n$ 的 $\chi^2$ 分布，记为 $\eta \sim \chi^2(n)$.**

$\chi^2$ 分布的密度函数为

$$f(x)=\begin{cases}0, & x\leqslant 0\\ \dfrac{1}{2^{\frac{n}{2}}\Gamma(n/2)}x^{\frac{n}{2}-1}e^{-\frac{x}{2}}, & x>0\end{cases},$$

其中 $\Gamma(n)$ 为伽玛函数，其定义是

$$\Gamma(n)=\int_0^{+\infty}x^{n-1}e^{-x}dx \quad (n>0).$$

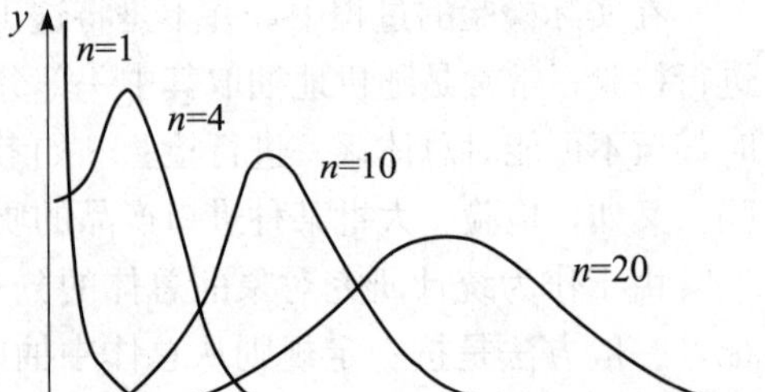


图 6-1

$f(x)$ 的函数图形如图 6-1 所示，它与 $n$ 有关，当 $n$ 增大时，图形渐渐接近正态分布. $\chi^2$ 分布具有可加性，若 $\eta_i \sim \chi^2(n_i)(i=1, 2, \cdots, m)$ 且相互独立，则

$$\eta_1+\eta_2+\cdots+\eta_m\sim\chi^2(n_1+n_2+\cdots+n_m).$$

2. $t$ 分布

**定义 6.1.6**

**设 $\xi\sim N(0,1)$，$\eta\sim\chi^2(n)$，且 $\xi$ 与 $\eta$ 相互独立，则称随机变量 $t=\dfrac{\xi}{\sqrt{\eta/n}}$ 服从自由度为 $n$ 的 $t$ 分布，记为 $t\sim t(n)$.**

$t$ 分布的密度函数为

$$f(x)=\frac{\Gamma((n+1)/2)}{\sqrt{n\pi}\,\Gamma(n/2)}\left(1+\frac{x^2}{n}\right)^{-\frac{n+1}{2}}$$
$$(-\infty<x<+\infty),$$

$f(x)$ 的函数图形如图 6－2 所示，它与 $n$ 有关，当 $n$ 增大时，图形渐渐接近正态分布.

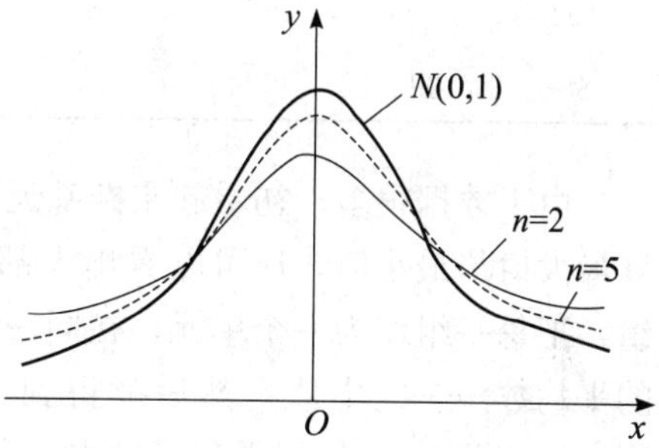


图 6－2

3. $F$ 分布

**定义 6.1.7**

**设 $\xi\sim\chi^2(n_1)$，$\eta\sim\chi^2(n_2)$，且 $\xi$ 与 $\eta$ 相互独立，则称随机变量 $F=\dfrac{\xi/n_1}{\eta/n_2}$ 服从自由度为 $n_1$ 和 $n_2$ 的 $F$ 分布，记为 $F\sim F(n_1,n_2)$. $F$ 分布的密度函数为**

$$f(x)=\begin{cases}0, & x\leqslant 0\\ \dfrac{\Gamma((n_1+n_2)/2)}{\Gamma(n_1/2)\,\Gamma(n_2/2)}\left(\dfrac{n_1}{n_2}\right)^{\frac{n_1}{2}}x^{\frac{n_1}{2}-1}\left(1+\dfrac{n_1}{n_2}x\right)^{\frac{n_1+n_2}{2}}, & x>0\end{cases}.$$

$f(x)$ 的函数图形如图 6－3 所示，它与 $m$，$n$ 有关.

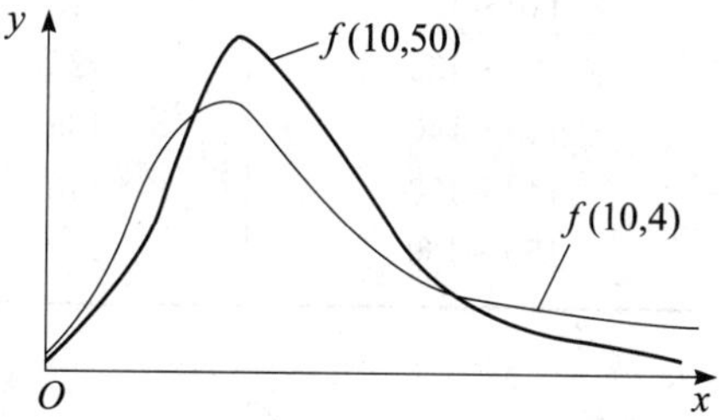


图 6－3

以上介绍了由正态分布派生出来的三大分布，即 $\chi^2$ 分布，$t$ 分布和 $F$ 分布，其数值可通过本书所附的相关分布表来求得. 后面的区间估计与假设检验知识中都将用到这些分布.

## 二、样本方差及其数字特征

1. 样本分布函数

以下通过具体例子来说明如何由样本的具体数据，来确定样本分布函数.

**例 1** 今抽测 100 株某农作物株高（单位：cm），数据如表 6－1 所示：

**表 6－1** **100 株某农作物株高**

| | | | | | | | | | |
|---|---|---|---|---|---|---|---|---|---|
| 127 | 118 | 121 | 113 | 145 | 125 | 87 | 94 | 118 | 111 |
| 102 | 72 | 113 | 76 | 101 | 134 | 107 | 118 | 114 | 128 |
| 118 | 114 | 117 | 120 | 128 | 94 | 124 | 87 | 88 | 105 |

续前表

| | | | | | | | | | |
|---|---|---|---|---|---|---|---|---|---|
| 115 | 134 | 89 | 141 | 114 | 119 | 150 | 107 | 126 | 95 |
| 137 | 108 | 129 | 136 | 98 | 121 | 91 | 111 | 134 | 123 |
| 138 | 104 | 107 | 121 | 94 | 126 | 108 | 114 | 103 | 129 |
| 103 | 127 | 93 | 86 | 113 | 97 | 122 | 86 | 94 | 118 |
| 109 | 84 | 117 | 112 | 112 | 125 | 94 | 73 | 93 | 94 |
| 102 | 108 | 158 | 89 | 127 | 115 | 112 | 94 | 118 | 114 |
| 88 | 111 | 111 | 104 | 101 | 129 | 114 | 128 | 131 | 142 |

由于数据很多，初看起来杂乱无章，如果把它们按照大小顺序排列起来，就可以看出其最大值与最小值，还可以看出大部分数据是在哪一个范围内．进一步把它们分成一些组，把每一组作为一个单元，在同一组内的数据都看成是相同的，它们都等于组的两端值的平均数——组中值．然后就得到了频数、频率．列成表（见表 6－2）或画成图（见图 6－4和图 6－5）就得到了样本分布．

**表 6－2　　100 株某农作物株高的频数、频率分布情况**

| 组限（厘米） | 组中值 $x_i$ | 频数 | 频率（%） | 累计频率（%） |
|---|---|---|---|---|
| 70～80 | 75 | 3 | 3 | 3 |
| 80～90 | 85 | 9 | 9 | 12 |
| 90～100 | 95 | 13 | 13 | 25 |
| 100～110 | 105 | 16 | 16 | 41 |
| 110～120 | 115 | 26 | 26 | 67 |
| 120～130 | 125 | 20 | 20 | 87 |
| 130～140 | 135 | 7 | 7 | 94 |
| 140～150 | 145 | 4 | 4 | 98 |
| 150～160 | 155 | 2 | 2 | 100 |

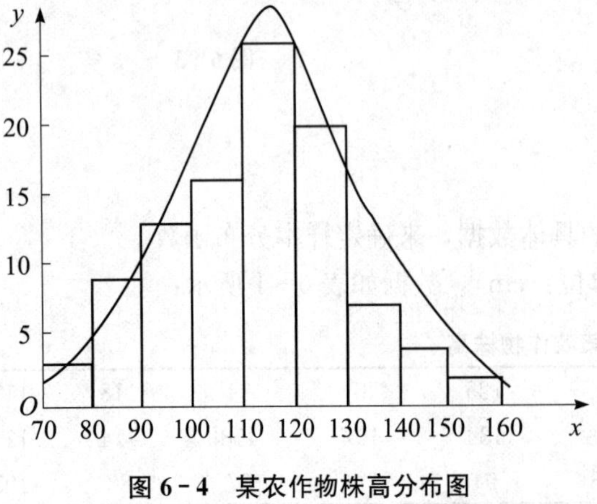


**图 6－4　某农作物株高分布图**

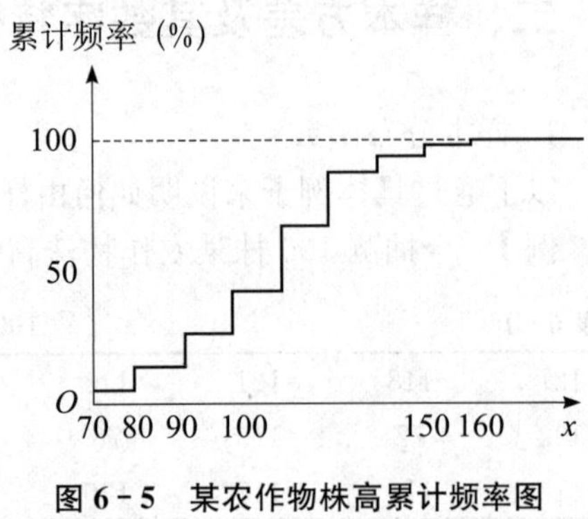


**图 6－5　某农作物株高累计频率图**

可以看出，在实际统计工作中，常常用统计表和统计图两种形式来表示数据的分布．统计表又有简单表和分组表之分．简单表按数据取的先后顺序或数据大小列成表格，分组表则是将原始数据分成若干组，按统计原始数据在每组中出现的次数（频数）而制成的表格．在数据比较多的情况下，简单表的数据没有经过处理，看起来杂乱无章，因此通常采用分组表．分组原则一般按数据数值大小，采取等区间分组（区间长度为组距），分组的多少与样本容量大小相适应．

*__例 2__ 某厂从一批荧光灯中抽出 10 只，测得其寿命的数据（单位：kh）如下：

95.5　18.1　13.1　26.5　31.7　33.8　8.7　15.0　48.8　49.3

求该批荧光灯寿命的样本分布函数 $F_n(x)$（观察值）．

**解** 将数据由小到大排列得：

8.7　13.1　15.0　18.1　26.5　31.7　33.8　48.8　49.3　95.5

则样本分布函数为：

$$F_n(x)=\begin{cases}0, & x<8.7\\ 0.1, & 8.7\leqslant x<13.1\\ 0.2, & 13.1\leqslant x<15.0\\ 0.3, & 15.0\leqslant x<18.1\\ 0.4, & 18.1\leqslant x<26.5\\ 0.5, & 26.5\leqslant x<31.7\\ 0.6, & 31.7\leqslant x<33.8\\ 0.7, & 33.8\leqslant x<48.8\\ 0.8, & 48.8\leqslant x<49.3\\ 0.9, & 49.3\leqslant x<95.5\\ 1, & x\geqslant 95.5\end{cases}.$$

2. 样本的数字特征

由第五章可知，随机变量的数字特征能够反映随机事件的某些重要的概率特征，而研究随机变量的数字特征，通常是先从总体中抽取样本进行观察，得到样本的数字特征，再用它来估计总体的数字特征，从而推断出总体的性质．

（1）样本平均数．

**定义 6.1.8**

**设样本为 $x_1$，$x_2$，…，$x_n$，则称 $\bar{x}=\frac{1}{n}\sum_{k=1}^{n}x_k$ 为样本平均数．**

（2）样本方差．

**定义 6.1.9**

**对于样本 $x_1$，$x_2$，…，$x_n$，称 $s^2=\frac{1}{n-1}\sum_{k=1}^{n}(x_k-\bar{x})^2$ 为样本方差，称 $s=\sqrt{\frac{1}{n-1}\sum_{k=1}^{n}(x_k-\bar{x})^2}$ 为样本标准差（或样本均方根差）．**

在具体计算样本方差时常用到以下公式：

$$s^2=\frac{1}{n-1}\sum_{k=1}^{n}(x_k-\overline{x})^2=\frac{1}{n-1}(\sum_{k=1}^{n}x_k^2-2\sum_{k=1}^{n}x_k\overline{x}+n\overline{x}^2)$$

$$=\frac{1}{n-1}(\sum_{k=1}^{n}x_k^2-2n\overline{x}^2+n\overline{x}^2)=\frac{1}{n-1}(\sum_{k=1}^{n}x_k^2-n\overline{x}^2).$$

样本方差（或样本标准差）是用来描述样本数据对于样本平均数的偏离程度的样本统计量．样本方差越小，表明样本数据都集中于样本平均数附近，从而对于样本平均数的偏离程度就越小，则样本平均数具有代表性；反之，样本方差越大，表明样本数据对于样本平均数的偏离程度就越大（相对于样本平均数较分散），从而样本平均数所具有的代表性就较差．

**例 3** 某仓储店经常进行营业额估算，某日抽查了 9 个柜组，每个柜组的销售额（千元）分别为 10，9，8，8，7，6，6，5，4. 求这 9 个柜组销售额的样本均值与样本方差．

**解** 先求出这一天 9 个柜组的销售额（千元）的样本均值，有

$$\overline{x}=\frac{1}{n}\sum_{k=1}^{n}x_i=\frac{1}{9}\times(10+9+8+8+7+6+6+5+4)=7,$$

再求出样本方差，有

$$s^2=\frac{1}{n-1}\sum_{i=1}^{n}(x_i-\overline{x})^2=\frac{1}{8}\times(3^2+2^2+1+1+0+1+1+2^2+3^2)=3.75.$$

**例 4** 某乳业有限公司生产的规格为 500ml 的袋装牛奶是用自动包装机包装的，由每袋牛奶净含量的标准差可检验包装机工作是否正常．现从装好的牛奶的包装袋中随机地抽取 20 袋，测其牛奶的净含量（单位：ml）如下：

499.5　500　498.5　501.5　500.5　500.5　499.5　500.5　501　499.5

501.5　498　497.5　502.5　494.5　501.5　496.5　501.5　497　500.5

试计算每袋牛奶净含量的标准差．

**解** $\overline{x}=500+\frac{1}{20}(-0.5+0-1.5+1.5+0.5+0.5-0.5+0.5+1-0.5$

$+1.5-2-2.5+2.5-5.5+1.5-3.5+1.5-3+0.5)=499.6$ (ml),

再求出每袋牛奶净含量的标准差，记所测得的 20 个数据为 $x_i$（$i=1, 2, \cdots, 20$），于是有

$$s=\sqrt{\frac{1}{20-1}\sum_{k=1}^{20}(x_i-\overline{x})^2}=\sqrt{\frac{1}{19}\sum_{k=1}^{20}(x_i-499.6)^2}=2.0365\ (\text{ml}).$$

**例 5** 从某班级的英语期末考试成绩中随机抽取 10 名同学的成绩，分别为：

100　85　70　65　90　95　63　50　77　86

(1) 试写出总体、样本、样本容量、样本值；(2) 求样本均值、样本方差、样本标准差．

**解** (1) 总体：该班级所有同学的英语期末考试成绩 $X$；样本：$x_1, x_2, x_3, \cdots, x_{10}$；样本容量：$n=10$；样本值：$(x_1, x_2, x_3, \cdots, x_{10})=(100, 85, 70, 65, 90, 95, 63, 50, 77, 86)$．

(2) 样本均值：

$$\overline{x}=\frac{1}{10}\sum_{k=1}^{10}x_k=\frac{1}{10}(100+85+70+65+90+95+63+50+77+86)=78.1,$$

样本方差：

$$s^2=\frac{1}{n-1}\sum_{k=1}^{n}(x_k-\overline{x})^2=\frac{1}{9}\,[21.9^2+6.9^2+(-8.1)^2+(-13.1)^2$$
$$+11.9^2+16.9^2+(-15.1)^2+(-28.1)^2+(-1.1)^2+7.9^2]\approx 252.5,$$

样本标准差：

$$s=\sqrt{\frac{1}{n-1}\sum_{k=1}^{n}(x_k-\overline{x})^2}=\sqrt{252.5}\approx 15.9.$$

## 练习 6-1

1. 抽查市场袋装盐的含碘量：在市场上随机抽取 50 袋食用盐检测，试回答总体、个体、样本、样本容量、样本值、样本均值、样本方差、样本标准差所指的内容分别是什么？

2. 在简单抽样中，样本应该具备怎样的条件？在实践中一般如何得到？

3. 为了解某商场今年四月份的营业额，抽查了该商场在今年四月份里 5 天的营业额，结果如下：2.5，2.8，2.7，2.4，2.6（单位：万元）. 问：(1) 在该题中，总体和样本分别指的是什么？(2) 求样本的平均数；(3) 根据样本平均数估计，这个商场四月份的平均日营业额约为多少万元？这个商场四月份的营业额是多少万元？

*4. 设（−2，−1，3，3，4）是容量为 5 的一个样本观察值，试求样本分布函数.

5. 表 6-3 是抽样调查 30 个工人家庭月收入的原始数据，按组距 40 元做出分组统计表及频数、频率、累积频率直方图.

**表 6-3**

| 家庭编号 | 月收入（元） | 家庭编号 | 月收入（元） | 家庭编号 | 月收入（元） |
|---|---|---|---|---|---|
| 1 | 404 | 11 | 420 | 21 | 376 |
| 2 | 444 | 12 | 404 | 22 | 396 |
| 3 | 556 | 13 | 424 | 23 | 428 |
| 4 | 430 | 14 | 340 | 24 | 444 |
| 5 | 380 | 15 | 424 | 25 | 366 |
| 6 | 420 | 16 | 412 | 26 | 436 |
| 7 | 500 | 17 | 388 | 27 | 364 |
| 8 | 430 | 18 | 472 | 28 | 438 |
| 9 | 420 | 19 | 358 | 29 | 330 |
| 10 | 384 | 20 | 476 | 30 | 426 |

6. 若样本观察值 $x_1$，$x_2$，…，$x_m$ 的频数分别为 $n_1$，$n_2$，…，$n_m$，试写出样本平均值 $\overline{x}$ 与样本方差 $s^2$.

7. 若一个样本是 3，−1，$a$，1，−3，3，它们的平均数 $\overline{x}$ 是 $a$ 的 $\frac{1}{3}$，求这个样本的标准差.

8. 某大型罐头厂出口的一种罐头的净重服从正态分布 $N$（184，$2.5^2$）（单位：g），现从中随机抽取 25 个罐头．

(1) 求样本均值 $\bar{x}$ 超过 184.5g 的概率；

(2) 若要以 0.917 3 的概率保证 $\bar{x}$ 不高于某一额定重量 $b$，试求 $b$ 的值．

# 第二节　参数估计

由样本提供的信息对总体的分布和分布的特征进行统计推断是统计推断的基本问题，它包括两大核心内容：参数估计和假设检验．两者都是根据样本资料，运用科学的统计理论和方法对总体的参数进行推断；参数估计对所要研究的总体参数，进行合乎数理逻辑的推断；假设检验对提出的关于总体或总体参数的某个陈述进行检验，判断真伪．

人们经常遇到的问题是如何选取样本以及根据样本来对总体的种种统计特征做出判断．实际问题中碰到的随机变量（总体）往往是分布类型大致知道，但确切的形式并不知道，亦即总体的参数未知．要求出总体分布函数 $F(x)$ ［或密度函数 $f(x)$］，就等于要根据样本来估计总体的参数．这类问题称为参数估计．

## 案例 6.2.1　估计某地区彩色电视机的拥有率

为估计某地区彩色电视机的拥有率，随机调查了 100 户，有 72 户家庭拥有彩色电视机．试估计该地区家庭彩电拥有率 $p$ 所在的百分比范围以及所求的拥有率所在的百分比范围有多大的可信度．

## 案例 6.2.2　哪一种估计更可靠？

一批产品含有次品，对次品率的估计有两种：0.1 和 0.4．现随机抽取 15 件产品，发现其中只有 1 件次品．根据这一抽样结果分析：用哪一种次品率来估计这批产品更可靠呢？

## 案例 6.2.3　多卖了多少糖果？

已知某公司每星期投入 1 万元广告费使所属零售网点每星期增加的销售糖果数量服从正态分布 $\xi \sim N$（$\mu$，$\sigma^2$）．现从公司所属众多零售网点中随机调查 12 个零售网点，它们每星期增加的销售糖果平均数量为 $\bar{x}=418$kg，标准差 $s=25$kg，求每个零售网点每星期增加的销售糖果平均数量 $\mu$ 的范围（可信度不小于 90%）．

参数估计通常有两种方法：一个是点估计，就是以样本的某一函数值作为总体中未知参数的估计值；另一个是区间估计，就是把总体数字特征确定在某一范围内．

## 一、点估计

**点估计**，也称**定值估计**，就是以一个适当的样本估计量直接代替总体参数．当已知一个样本的观察值时，便可得到总体参数的一个估计值．其优点在于它能够提供总体参数的具体估计值，可以作为行动决策的数量依据．

1. 估计量优劣的评价标准

设 $\theta$ 是一个要被估计的总体某未知参数（如期望值、方差等）．将统计量 $\hat{\theta}=\hat{\theta}(\xi_1, \xi_2, \cdots, \xi_n)$ 作为 $\theta$ 的估计量，显然 $\theta$ 的估计量可以不止一个．参数的点估计可以采用不同的方法（如矩法、极大似然法等），而使用不同的方法常常得到不同的参数估计量．各种估计量均有其优点，评价估计量优劣的标准主要有无偏性、一致性、有效性等．

（1）无偏性．

如果统计量的抽样分布的均值恰好等于被估计的参数值，那么这一估计便可以认为是无偏估计．换句话说，从最终的结果来看，参数估计量的期望值与参数真值是相等的，这种性质称为**无偏性**．

### 定义 6.2.1

**若估计量 $\hat{\theta}=\hat{\theta}(\xi_1, \xi_2, \cdots, \xi_n)$ 满足 $E(\hat{\theta})=\theta$，则称 $\hat{\theta}$ 为总体的参数 $\theta$ 的无偏估计量．**

无偏估计量的定义表明，估计量 $\hat{\theta}$ 的一系列取值在参数的真值周围摆动而无系统误差（不具有累加性的误差称为系统误差）．

（2）一致性．

虽然随机样本和总体之间存在一定的误差，但当样本容量逐渐增加时，统计量越来越接近总体参数，则称该统计量对总体参数是一个一致的估计量．

### 定义 6.2.2

**如果当 $n\to+\infty$ 时，统计量 $\hat{\theta}=\hat{\theta}(\xi_1, \xi_2, \cdots, \xi_n)$ 依概率收敛于 $\theta$，即对于 $\forall\varepsilon>0$，有**

$$\lim_{n\to+\infty} P(|\hat{\theta}-\theta|<\varepsilon)=1,$$

**则称 $\hat{\theta}$ 为总体的参数 $\theta$ 的一致估计量．**

（3）有效性．

一个参数 $\theta$ 常有多个无偏估计量，在这些估计量中，自然应选用对 $\theta$ 的偏离程度较小的，即一个较好的估计量的方差较小，其估计量才具有有效性．估计量的有效性描述统计量的抽样分布集中在真实参数周围的程度．

### 定义 6.2.3

**设 $\hat{\theta}=\hat{\theta}(\xi_1, \xi_2, \cdots, \xi_n)$ 和 $\hat{\theta}'=\hat{\theta}'(\xi'_1, \xi'_2, \cdots, \xi'_n)$ 都是 $\theta$ 的无偏估计量，若**

**样本容量为 $n$，$\hat{\theta}$ 的方差小于 $\hat{\theta}'$ 的方差，则称 $\hat{\theta}$ 是比 $\hat{\theta}'$ 有效的估计量；如果在 $\theta$ 的一切无偏估计量中，$\hat{\theta}$ 的方差达到最小，则称 $\hat{\theta}$ 为 $\theta$ 的有效估计量．**

某种估计量如果符合无偏性、一致性和有效性，就可以认为这种统计量是总体参数的合理估计或最佳估计．

2. 数学期望与方差的点估计

**定理 6.2.1** 若 $x_1$，$x_2$，…，$x_n$ 是来自正态总体 $N$（$\mu$，$\sigma^2$）的一个容量为 $n$ 的样本，则样本平均数 $\bar{x}$ 及样本方差 $s^2$ 分别为 $\mu$ 及 $\sigma^2$ 的无偏估计量．

**证** $E\,\bar{x} = E\Big(\dfrac{1}{n}\sum\limits_{k=1}^{n} x_k\Big) = \dfrac{1}{n}\sum\limits_{k=1}^{n} Ex_k = \dfrac{1}{n}.n\mu = \mu = E\xi$；

又

$$D\,\bar{x} = D\Big(\frac{1}{n}\sum_{k=1}^{n} x_k\Big) = \frac{1}{n^2}\sum_{k=1}^{n} Dx_k = \frac{1}{n^2}n\sigma^2 = \frac{\sigma^2}{n},$$

所以

$$\begin{aligned}E(s^2) &= E\Big[\frac{1}{n-1}\sum_{k=1}^{n}(x_k-\bar{x})^2\Big] = \frac{1}{n-1}E\sum_{k=1}^{n}[x_k-\mu-(\bar{x}-\mu)]^2\\&= \frac{1}{n-1}E\Big[\sum_{k=1}^{n}(x_k-\mu)^2+\sum_{k=1}^{n}(\bar{x}-\mu)^2-2\sum_{k=1}^{n}(x_k-\mu)(\bar{x}-\mu)\Big]\\&= \frac{1}{n-1}E\Big[\sum_{k=1}^{n}(x_k-\mu)^2-n(\bar{x}-\mu)^2\Big]\\&= \frac{1}{n-1}\sum_{k=1}^{n}E(x_k-\mu)^2-\frac{n}{n-1}E(\bar{x}-\mu)^2\\&= \frac{1}{n-1}n\sigma^2-\frac{n}{n-1}\cdot\frac{\sigma^2}{n}=\sigma^2=D\xi.\end{aligned}$$

从而知样本的平均数 $\bar{x}$ 是正态总体 $N$（$\mu$，$\sigma^2$）的数学期望 $\mu$ 的无偏估计量，而样本方差 $s^2$ 为方差 $\sigma^2$ 的无偏估计量．

**例 1** 设 $x_1$，$x_2$，…，$x_n$ 是正态总体随机变量 $\xi$ 的样本，$E\xi=\mu$，$D\xi=\sigma^2$，试证明 $E(\bar{x}^2)$不是 $\mu^2$ 的无偏估计量．

**证** 由 $D\bar{x}=E(\bar{x}^2)-(E\bar{x})^2$，得

$$E(\bar{x}^2)=D\bar{x}+(E\bar{x})^2=\frac{1}{n}\sigma^2+\mu^2\neq\mu^2,$$

故 $E(\bar{x}^2)$ 不是 $\mu^2$ 的无偏估计量．

**例 2** 若 $x_1$，$x_2$，…，$x_n$ 是正态总体随机变量 $\xi$ 的样本，$E\xi=\mu$，求证 $x'=\sum\limits_{k=1}^{n} a_kx_k/\sum\limits_{k=1}^{n} a_k$（其中 $\sum\limits_{k=1}^{n} a_k\neq 0$）是 $\mu$ 的无偏估计量．

**证** $Ex'=\sum\limits_{k=1}^{n} a_kEx_k/\sum\limits_{k=1}^{n} a_k=\sum\limits_{k=1}^{n} a_k\mu/\sum\limits_{k=1}^{n} a_k=\mu$，故 $x'$ 是 $\mu$ 的无偏估计量．

由定理 6.2.1 和例 2 知，正态总体的期望值 $\mu$ 的无偏估计量不止一个．

点估计常用的方法有两种：矩估计法和极大似然估计法．

## *二、矩估计

矩估计法简单、直观，而且不必知道总体的分布类型，所以矩估计法得到了广泛应用．

### 定义 6.2.4

**称 $E(\xi^k)$ ($k=1, 2, \cdots$) 为 $\xi$ 的 $k$ 阶原点矩，记为 $v_k$；称 $E(\xi-E\xi)^k$ ($k=1, 2, \cdots$) 为 $\xi$ 的 $k$ 阶中心矩，记为 $\mu_k$.**

显然，$v_1=E\xi$，$\mu_2=D\xi$. 因此，常常用样本的一阶原点矩来估计总体的期望值，以样本的二阶中心矩来估计总体的方差.

**例 3** 设随机变量 $\xi\sim E(\lambda)$，其密度函数为

$$f(x)=\begin{cases}\lambda e^{-\lambda x}, & x\geqslant 0, \lambda>0\\ 0, & 其他\end{cases},$$

求 $\lambda$ 的矩估计.

**解** $E\xi=\int_0^{+\infty}\lambda x e^{-\lambda x}dx$,

设 $u=\lambda x$，则 $x=\frac{1}{\lambda}u$，$dx=\frac{1}{\lambda}du$，有

$$E\xi=\int_0^{+\infty}ue^{-u}\left(\frac{1}{\lambda}du\right)=\frac{1}{\lambda}\left[-ue^{-u}\Big|_0^{+\infty}+\int_0^{+\infty}e^{-u}du\right]$$

$$=\frac{1}{\lambda}\left[0+(-e^{-\lambda})\Big|_0^{+\infty}\right]=\frac{1}{\lambda},$$

故 $\lambda=1/E\xi$，所以 $\hat{\lambda}=1/\bar{x}$.

**例 4** 设随机变量 $\xi\sim U(a, b)$，参数 $a$，$b$ 未知，$x_1$，$x_2$，…，$x_n$ 是来自 $\xi$ 的一个样本，求参数 $a$ 与 $b$ 的矩估计量.

**解** 为了估计参数 $a$ 和 $b$，首先由 $E\xi=\mu$，$\hat{\mu}=\bar{x}$，$D\xi=\sigma^2$，$\hat{\sigma}=s$，有

$$E\xi=\mu=\frac{a+b}{2},\quad D\xi=\sigma^2=\frac{1}{12}(b-a)^2,$$

得到关于 $a$ 和 $b$ 的方程组

$$\begin{cases}a+b=2\mu\\ b-a=2\sqrt{3}\sigma\end{cases},$$

即

$$\begin{cases}a=\mu-\sqrt{3}\sigma\\ b=\mu+\sqrt{3}\sigma\end{cases}.$$

因此，$a$ 与 $b$ 的矩估计分别为

$$\hat{a}=\bar{x}-\sqrt{3}s,\quad \hat{b}=\bar{x}+\sqrt{3}s,$$

其中 $\bar{x}=\frac{1}{n}\sum_{k=1}^{n}x_k$，$s^2=\frac{1}{n-1}\sum_{k=1}^{n}(x_k-\bar{x})^2$.

**例 5** 设 $x_1$，$x_2$，…，$x_n$ 是正态分布 $\xi\sim N(\mu, \sigma^2)$ 的样本值，求 $\mu$，$\sigma^2$ 的矩估计量.

**解** 首先 $v_1=E\xi=\mu$，$v_2=E(\xi^2)=\sigma^2+\mu^2$，解得 $\mu=v_1$，$\sigma^2=\mu_2-\mu_1^2$，

用 $\hat{\mu}_1=\frac{1}{n}\sum_{k=1}^{n}x_k$，$\hat{\mu}_2=\frac{1}{n}\sum_{k=1}^{n}x_k^2$ 分别估计 $\mu_1$，$\mu_2$，代入上述二式可得 $\mu$，$\sigma^2$ 的矩估计量

$$\hat{\mu}=\frac{1}{n}\sum_{k=1}^{n}x_k=\bar{x},$$

$$\hat{\sigma}^2=\hat{\mu}_2-\hat{\mu}_1^2=\frac{1}{n}\sum_{k=1}^{n}x_k^2-\left(\frac{1}{n}\sum_{k=1}^{n}x_k\right)^2=\frac{1}{n}\sum_{k=1}^{n}(x_k-\overline{x})^2.$$

矩估计法是英国现代统计学家卡尔·皮尔逊（Karl Pearson）于1894年提出的一种估计法，它是一种最古老的估计方法，当总体的 $k$ 阶原点矩均存在时，可以考虑使用矩估计法．

## *三、极大似然估计

**【引例6.2.1】** 案例6.2.2的解答

**解** 记表示事件“抽取15件产品，只有一件次品”，则

$P(A)=15\,(1-\theta)^{14}\cdot\theta$，

其中 $\theta$ 是这批产品的次品率．若次品率 $\theta_1=0.1$，则

$P(A)=15\times(1-0.1)^{14}\cdot 0.1\approx 0.343\,5$，

若次品率 $\theta_2=0.4$，则

$P(A)=15\times(1-0.4)^{14}\cdot 0.4\approx 0.004\,5$.

现在事件 $A$ 既然在一次观察中就发生了，可以认为事件 $A$ 发生的概率 $P(A)$ 不会小，故应该选择使 $P(A)$ 较大的概率作为这一批产品的次品率更为可靠些．由于 $0.343\,5>0.004\,5$，故应选择0.1作为这一批产品的次品率比选择0.4更可靠些．

将此问题的分析方法推广到一般情形，便得到极大似然估计法．

参数的点估计方法中另一个常用方法就是极大似然估计法，它是由英国现代统计学家费歇尔（R. A. Fisher）在1912年提出的，这是一种目前仍然得到广泛应用的估计法．它是建立在极大似然原理的基础上的一个统计方法，极大似然原理的直观想法是：一个随机试验如有若干个可能的结果 $A$，$B$，$C$，…，若在一次试验中，结果 $A$ 出现，则一般认为试验条件对 $A$ 出现有利，也即 $A$ 出现的概率很大．

设（$x_1$，$x_2$，…，$x_n$）是从总体随机变量 $\xi$ 中抽到的样本，$\theta$ 为总体分布中的未知参数，现要根据 $x_1$，$x_2$，…，$x_n$ 来估计 $\theta$ 的值．

若 $\xi$ 为离散型随机变量，概率函数 $P(\xi=x_i)=P(\xi=x_i;\ \theta)$，当已知样本值 $x_1$，$x_2$，…，$x_n$ 时，则

$$L=L(x_1,x_2,\cdots,x_n;\theta)=\prod_{i=1}^{n}P(x_i;\theta).$$

若 $\xi$ 为连续型随机变量，其分布函数是 $F(x;\ \theta)$，概率密度函数是 $f(x;\ \theta)$，其中 $\theta$ 为参数．由样本的独立性，样本 $x_1$，$x_2$，…，$x_n$ 的联合概率密度函数为

$$L=L(x_1,x_2,\cdots,x_n;\theta)=\prod_{i=1}^{n}f(x_i;\theta).$$

当已知样本值（即观察值）$x_1$，$x_2$，…，$x_n$ 时，$L$ 可看成是 $\theta$ 的函数，称 $L$ 为**样本的似然函数**．

### 定义6.2.5

**当 $L=L(x_1,\ x_2,\ \cdots,\ x_n;\ \theta)$ 是总体 $\xi$ 的似然函数时，若 $L$ 在 $\hat{\theta}$ 处达到最大值，则**

**称 $\hat{\theta}$ 是 $\theta$ 的极大似然函数估计量．**

设 $\theta=(\theta_1, \theta_2, \cdots, \theta_m)$，由多元函数取得极值的必要条件可知，当 $L$ 取得最大值时（$\ln L$ 与 $L$ 同时取得最大值），则似然函数 $L$ 的偏导数存在且为 0，即有

$$\begin{cases}\frac{\partial L}{\partial \theta_1}=0\\ \frac{\partial L}{\partial \theta_2}=0\\ \cdots\\ \frac{\partial L}{\partial \theta_m}=0\end{cases} \text{或} \begin{cases}\frac{\partial \ln L}{\partial \theta_1}=0\\ \frac{\partial \ln L}{\partial \theta_2}=0\\ \cdots\\ \frac{\partial \ln L}{\partial \theta_m}=0\end{cases}$$

（称为**似然方程组**）．

于是，解以上似然方程组可求 $\theta$ 的极大似然估计值．求极大似然估计值的一般步骤是：

（1）写出似然函数，$L$ 是关于样本和待估参数的函数；

（2）对似然函数 $L$ 取对数，并整理；

（3）求导数，解似然方程组．

由于样本 $x_1$，$x_2$，$x_3$，…都同时出现，故待估参数的值应使该事件概率最大化．

**例 6**　设随机变量 $\xi \sim P(\lambda)$，$P(\xi=k)=\frac{\lambda^k}{k!}e^{-\lambda}$ $(k=0, 1, 2, \cdots)$，其中 $\lambda>0$ 是一未知参数，求 $\lambda$ 的极大似然估计量．

**解**　设 $x_1$，$x_2$，…，$x_n$ 为子样 $\xi_1$，$\xi_2$，…，$\xi_n$ 的一组观测值，于是似然函数为

$$L=L(x_1, x_2, \cdots, x_n; \lambda)=\frac{\lambda^{x_1}}{x_1!}e^{-\lambda}\frac{\lambda^{x_2}}{x_2!}e^{-\lambda}\cdots\frac{\lambda^{x_n}}{x_n!}e^{-\lambda}=\frac{\lambda\sum_{i=1}^{n}x_1}{x_1!x_2!\cdots x_n!}e^{-n\lambda},$$

两边取对数，得

$$\ln L=-n\lambda+\ln\lambda\sum_{i=1}^{n}x_i-\sum_{i=1}^{n}(\ln x_i!).$$

求关于 $\lambda$ 的偏导数，并使其等于 0，得

$$\frac{\partial(\ln L)}{\partial\lambda}=-n+\frac{1}{\lambda}\sum_{i=1}^{n}x_i=0,$$

解得 $\lambda=\bar{x}$.

$$\text{由}\left.\frac{\partial^2\ln L}{\partial\lambda^2}\right|_{\lambda=\bar{x}}=-\frac{1}{\bar{x}^2}\sum_{i=1}^{n}x_i=-\frac{n}{x}<0$$

知 $\lambda=\bar{x}$ 时 $L$ 达到极大，从而得出 $\lambda$ 的极大似然估计量 $\hat{\lambda}=\bar{x}$.

**例 7**　设随机变量 $\xi\sim E(\lambda)$，密度函数为

$$f(x)=\begin{cases}\lambda e^{-\lambda x}, & x\geqslant 0\\ 0, & x<0\end{cases}\quad(\lambda>0),$$

$x_1$，$x_2$，…，$x_n$ 为 $\xi$ 的一组样本观察值，求 $\lambda$ 的极大似然估计值．

**解**　$L=L(x_1,x_2,\cdots,x_n;\lambda)=\prod_{i=1}^{n}\lambda e^{-\lambda x_i}=\lambda^n e-\lambda\sum_{i=1}^{n}x_i$，

故

$$\ln L=\ln\lambda^n+\ln \mathrm{e}-\lambda\sum_{i=1}^n x_i=n\ln\lambda-\lambda\sum_{i=1}^n x_i,$$

$$\frac{\mathrm{d}(\ln L)}{\mathrm{d}\lambda}=\frac{n}{\lambda}-\sum_{i=1}^n x_i,$$

令$\frac{n}{\lambda}-\sum_{i=1}^n x_i=0$,则$\hat{\lambda}=\frac{1}{\overline{x}}$. 即$\lambda$的极大似然估计值$\hat{\lambda}=1/\overline{x}$.

此结果与例 3 完全一致，即矩估计量与极大似然估计量完全相同.

读者同样可以证明，若$\xi\sim N(\mu,\sigma^2)$，则有

$$\hat{\mu}=\frac{1}{n}\sum_{k=1}^n x_k=\overline{x},\hat{\sigma^2}=\frac{1}{n}\sum_{k=1}^n (x_k-\overline{x})^2.$$

即对于正态分布的参数$\mu$和$\sigma^2$而言，矩估计量与极大似然估计量也完全相同，但对于不少其他分布来说它们并不一样. 通常用矩法估计比较方便求出参数，但当样本容量$n$较大时，矩估计量的精度一般不如极大似然估计量的精度高.

**例 8** 设随机变量$\xi\sim U(a,b)$，参数$a$，$b$未知，$x_1$，$x_2$，…，$x_n$为$\xi$的一个样本观察值，则似然函数为

$$L(x_1,x_2,\cdots,x_n;a,b)=\begin{cases}\dfrac{1}{(b-a)^2}, & a\leqslant x_i\leqslant b\\ 0, & \text{其他}\end{cases},$$

显然此时不能用求偏导的方法求出$a$，$b$的极大似然估计值.

根据极大似然估计的定义，应该选择使似然函数达到最大值的$a$与$b$，为此，应使分母$b-a$达到最小，即应使$b$达到最小，而$a$应取到最大. 注意到事件$(\xi\leqslant b,i=1,2,\cdots,n)$与事件$(\min\xi_i\leqslant b,1\leqslant i\leqslant n)$是相等的，但是满足$\max\xi_i\leqslant b\ (1\leqslant i\leqslant n)$条件的$b$，当取等号时最小，即$b=\max\xi_i\leqslant b\ (1\leqslant i\leqslant n)$；类似地，对于满足$a\leqslant\xi_i\ (i=1,2,\cdots,n)$条件的$a$，在$\min\xi_i=a\ (1\leqslant i\leqslant n)$时达到最大，因此$a$与$b$的极大似然估计为$\hat{a}=\min\xi_i\ (1\leqslant i\leqslant n)$及$\hat{b}=\max\xi_i\ (1\leqslant i\leqslant n)$. 又因为$\mu=\frac{a+b}{2}$，故我们用$\hat{a}$与$\hat{b}$的同一函数作为$\mu$的极大似然估计，即

$$\hat{\mu}=\frac{1}{2}(\hat{a}+\hat{b})=\frac{1}{2}(\min\xi_i+\max\xi_i)\qquad(1\leqslant i\leqslant n).$$

**例 9** 某种产品的质量$\xi\sim B(1,p)$（即两点分布），这里$0<p<1$是产品质量的合格率. 以$(\xi=1)$表示“产品质量合格”，$(\xi=0)$表示“产品的质量不合格”. 现从总体中抽取了一个样本$x_1$，$x_2$，…，$x_n$，试求产品质量合格率$p$的极大似然估计.

**解** $\xi_i$的概率函数是$P(\xi_1=x_i)=f(x_i;p)=p^{x_i}(1-p)^{1-x_i}$，$x_i=0,1$，则样本的似然函数为

$$L(p)=P(\xi_1=x_1,\cdots,\xi_n=x_n)=\prod_{i=1}^n f(x_i,p)$$

$$=p^{x_1}(1-p)^{1-x_1}\cdots p^{x_n}(1-p)^{1-x_n}=p^{\sum_{i=1}^n x_i}(1-p)^{n-\sum_{i=1}^n x_i}.$$

为了求使$L(p)$达到最大值的$p$值，根据对数函数$g(x)=\ln x$是$x$的单调递增函数的特点，只需求$\ln(L(p))$取极大值时的$p$值即得$p$的极大似然估计. 所以，

$$\ln(L(p))=\sum_{i=1}^{n}x_i\ln p+(n-\sum_{i=1}^{n})\ln(1-p),$$

两边对 $p$ 求导数，并令其等于 0 得

$$\frac{\mathrm{d}\ln(L(p))}{\mathrm{d}p}=\frac{\sum_{i=1}^{n}x_i}{p}-\frac{(n-\sum_{i=1}^{n}x_i)}{1-p}=0,$$

解得 $\hat{p}=\frac{1}{n}\sum_{i=1}^{n}x_i=\bar{x}$，容易判断出此时 $L(p)$ 达到最大，所以 $p$ 的极大似然估计值为 $\hat{p}=\bar{x}$，相应的统计量 $\hat{p}=\frac{1}{n}\sum_{i=1}^{n}x_i=\bar{x}$ 就是 $p$ 的极大似然估计量．

极大似然估计对总体参数进行点估计时，既利用了样本资料对参数提供的信息，又充分考虑了总体对参数提供的信息．因此，它一直是参数点估计法中最重要的方法．

## 四、区间估计

用点估计法来估计总体的参数简单易行，但由于样本的随机性，总体均值通常与样本均值不尽相同．又由于参数本身是未知的，也无从肯定这种相同．于是在原来点估计值两边加一个区间，并要求估计的区间尽量小一点；还需要考虑区间估计的精确性问题．换言之，根据估计量的分布，在一定的可靠程度下，指出被估计的总体参数所在的可能数值范围．这就是参数的区间估计问题．

**定义 6.2.6**

**设 $\alpha$ 为一给定的很小的正数，$\hat{\theta}_1=\hat{\theta}_1(x_1, x_2, \cdots, x_n)$ 和 $\hat{\theta}_2=\hat{\theta}_2(x_1, x_2, \cdots, x_n)$ 为两个统计量，若**

$$P(\hat{\theta}_1<\theta<\hat{\theta}_2)=1-\alpha$$

**成立，则称 $(\hat{\theta}_1, \hat{\theta}_2)$ 为置信区间，$\hat{\theta}_2$，$\hat{\theta}_1$ 分别称为置信区间的上、下限．$\alpha$ 称为信度，$1-\alpha$ 称为置信度（也称为置信概率或置信水平）．**

在定义 6.2.6 中，置信度 $1-\alpha$ 的作用是说明区间 $(\hat{\theta}_1, \hat{\theta}_2)$ 包含 $\theta$ 的可靠程度，其意义是：若在相同的样本容量下，反复抽样多次，每次取得一个样本值就确定一个区间 $(\hat{\theta}_1, \hat{\theta}_2)$，每个这样的区间或者包含 $\theta$ 的真值，或者不包含 $\theta$ 的真值．从频率角度解释就是，在这样多的区间中，包含 $\theta$ 真值的约占 $100(1-\alpha)\%$，不包含 $\theta$ 真值的仅占 $100\alpha\%$．例如，若 $\alpha=0.05$，重复抽样 100 次，则在得到的 100 个区间中包含 $\theta$ 真值的约占 95 个，不包含 $\theta$ 真值的仅占 5 个．在实际应用时，信度 $\alpha$ 取值都较小，通常取 $\alpha=5\%$ 或 $\alpha=1\%$．一般来说，在样本容量一定的情况下，信度不同，置信区间的长短就不同；信度越高，置信区间就越长．

下面讨论正态总体的均值和方差的区间估计问题．

1. 总体期望值的区间估计

（1）总体的方差 $\sigma^2$ 已知．

设 $x_1$，$x_2$，…，$x_n$ 是正态总体 $N(\mu, \sigma^2)$ 中取出的一个容量为 $n$ 的样本，由前述

知，$E\bar{x}=\mu$，$D\bar{x}=\frac{\sigma^2}{n}$，故 $\bar{x}\sim N\left(\mu,\ \frac{\sigma^2}{n}\right)$，从而知 $u=\frac{\bar{x}-\mu}{\sigma/\sqrt{n}}\sim N(0,\ 1)$．由 $N(0,\ 1)$ 的分布规律知

$$P(|u|<1.96)=P\left(\left|\frac{\bar{x}-\mu}{\sigma/\sqrt{n}}\right|<1.96\right)=95\%,$$

$$P(|u|<2.576)=P\left(\left|\frac{\bar{x}-\mu}{\sigma/\sqrt{n}}\right|<2.576\right)=99\%.$$

因此，对 $\mu$ 可做如下估计：

当 $\alpha=5\%$时，

$$\bar{x}-1.96\frac{\sigma}{\sqrt{n}}<\mu<\bar{x}+1.96\frac{\sigma}{\sqrt{n}} \tag{6.2.1}$$

当 $\alpha=1\%$时，

$$\bar{x}-2.576\frac{\sigma}{\sqrt{n}}<\mu<\bar{x}+2.576\frac{\sigma}{\sqrt{n}} \tag{6.2.2}$$

式（6.2.1）和式（6.2.2）可作为公式使用．

**例 10** 某商店每天每百元投资的利润服从正态分布，均值为 $\mu$，方差为 $\sigma^2$，长期以来 $\sigma^2$ 值稳定为 0.4，现随机抽取 5 天的利润，为：

$$-0.2,\ 0.1,\ 0.8,\ -0.6,\ 0.9,$$

试求 $\mu$ 的置信度为 0.95 的置信区间．

**解** 已知总体 $\xi\sim N(a,\ 0.4)$，$n=5$，$\alpha=0.05$ 由样本值求得 $\bar{x}=0.2$. 由式（6.2.1），$\mu$ 的置信度为 0.95 的置信区间为

$$\left(0.2-1.96\times\frac{\sqrt{0.4}}{\sqrt{5}},\ 0.2+1.96\times\frac{\sqrt{0.4}}{\sqrt{5}}\right),$$

即 $\mu\in(-0.354,\ 0.754)$．

（2）总体的方差 $\sigma^2$ 未知．

对于总体的方差未知的随机变量 $\xi\sim N(\mu,\ \sigma^2)$，当 $x_1$，$x_2$，…，$x_n$ 是大样本时（实验表明，$n\geqslant30$ 时作为大样本，而 $n<30$ 时作为小样本较合理），$\sigma^2\approx s^2$，由式（6.2.1）及式（6.2.2），有：

当 $\alpha=5\%$时，

$$\bar{x}-1.96\frac{s}{\sqrt{n}}<\mu<\bar{x}+1.96\frac{s}{\sqrt{n}}; \tag{6.2.3}$$

当 $\alpha=1\%$时，

$$\bar{x}-2.576\frac{s}{\sqrt{n}}<\mu<\bar{x}+2.576\frac{s}{\sqrt{n}}. \tag{6.2.4}$$

同样，式（6.2.3）及式（6.2.4）也可作为公式使用．

**例 11** 某保险公司从投保人中随机抽取 36 人，计算得 36 人的平均年龄 $\bar{x}=39.5$ 岁．已知投保人平均年龄近似服从正态分布，标准差 $s=7.2$ 岁，试求全体投保人平均年龄 $\mu$ 的置信度为 99%的置信区间．

**解** 因为 $n=36>30$ 为大样本，又总体的方差 $\sigma^2$ 未知，由式（6.2.4），有

$$39.5-2.576\frac{7.2}{\sqrt{36}}<\mu<39.5+2.576\frac{7.2}{\sqrt{36}},$$

即 $\mu\in$ (36.41，42.59)．

故全体投保人平均年龄 $\mu$ 的置信水平为99%的置信区间为（36.41，42.59）．

**例 12**　求解案例 6.2.1.

**解**　设事件（$\xi=1$）表示被抽查家庭有彩电，事件（$\xi=0$）表示被抽查家庭没有彩电，则随机变量 $\xi\sim E(1,p)$．

由 $E\xi=p$，则样本均值

$$\bar{x}=\frac{1}{100}\sum_{i=1}^{100}x_i=0.72;$$

由 $s=\sqrt{\bar{x}(1-\bar{x})}$，则样本的标准差

$$s=\sqrt{0.72(1-0.72)}\approx 0.499.$$

因为 $n=100>30$ 为大样本，于是

$$\bar{x}-1.96\times\frac{s}{\sqrt{n}}=0.72-1.96\times\frac{0.449}{\sqrt{100}}\approx 0.632,$$

$$\bar{x}+1.96\times\frac{s}{\sqrt{n}}=0.72+1.96\times\frac{0.449}{\sqrt{100}}\approx 0.808.$$

从而可知，该地区彩电家庭拥有率 $p$ 所在的百分比范围是（0.632，0.808)，该估计的可信度为95%.

**例 13**　一份某地区职工收入的抽样调查资料如表 6-4 所示（$n=360$，单元：元/月）：

**表 6-4**

| 组区间 | 组频数 | 组频率 | 组区间 | 组频数 | 组频率 |
|---|---|---|---|---|---|
| (300，500) | 13 | 0.036 | 1 500，1 700) | 33 | 0.092 |
| (500，700) | 26 | 0.072 | (1 700，1 900) | 9 | 0.025 |
| (700，900) | 48 | 0.133 | 1 900，2 100) | 9 | 0.025 |
| (900，1 100) | 63 | 0.175 | (2 100，2 300) | 3 | 0.008 |
| (1 100，1 300) | 78 | 0.217 | 2 300 及 2 300 以上 | 6 | 0.017 |
| (1 300，1 500) | 72 | 0.200 | — | — | — |

求出该地区职工收入的区间估计，信度分别为 0.1，0.05，0.01.

**解**　此资料样本容量很大，用组中值代替相应组区间的值．于是，由调查资料可算得经验分布为

$$\begin{pmatrix}400 & 600 & 800 & 1\,000 & 1\,200 & 1\,400 & 1\,600 & 1\,800 & 2\,000 & 2\,200 & 2\,400\\ \frac{13}{360} & \frac{26}{360} & \frac{48}{360} & \frac{48}{360} & \frac{48}{360} & \frac{48}{360} & \frac{48}{360} & \frac{48}{360} & \frac{48}{360} & \frac{48}{360} & \frac{48}{360}\end{pmatrix},$$

或

$$\begin{pmatrix}400 & 600 & 800 & 1\,000 & 1\,200 & 1\,400 & 1\,600 & 1\,800 & 2\,000 & 2\,200 & 2\,400\\ 0.036 & 0.072 & 0.133 & 0.175 & 0.217 & 0.200 & 0.092 & 0.025 & 0.025 & 0.008 & 0.007\end{pmatrix}.$$

此时 $n=360>30$，$\overline{x}=980$，$s^2=53\ 104$，相应置信限为

$$980\pm u_\alpha\frac{s}{\sqrt{n}}=980\pm 12.15u_\alpha,$$

经计算，该地区职工收入相关可信度的置信区间如表 6-5 所示：

表 6-5

| $1-\alpha$ | $u_\alpha$ | 置信区间 |
|---|---|---|
| 0.90 | 1.65 | (959.95，1 000.05) |
| 0.95 | 1.96 | (956.19，1 003.81) |
| 0.99 | 2.58 | (948.63，1 011.35) |

综上所述，若已知 $n$ 较大，就可把 $\overline{x}$ 看作近似地服从 $N\left(\mu,\ \frac{\sigma^2}{n}\right)$；若 $D\xi$ 未知，大样本下可用 $s^2$ 来代替 $\sigma^2$.

(3) 方差未知的正态总体，小样本下 $\mu$ 的区间估计．

设小样本 $x_1$，$x_2$，…，$x_n$ 来自正态总体 $N(\mu,\ \sigma^2)$，其中 $\sigma^2$ 未知，则 $T=\frac{\sqrt{n}\ (\overline{x}-\mu)}{s}$ 服从自由度为 $n-1$ 的 $t$ 分布．对于给定的 $\alpha$，可查表确定 $t_{\alpha/2}$，由于

$$P(\ |\ T\ |\ \geqslant t_{\alpha/2})=\alpha,$$

故

$$P\left(\left|\frac{\sqrt{n}\ (\overline{x}-\mu)}{s}\right|<t_{\alpha/2}\right)=1-\alpha,$$

于是

$$\overline{x}-\frac{s}{\sqrt{n}}t_{\alpha/2}<\mu<\overline{x}+\frac{s}{\sqrt{n}}t_{\alpha/2} \tag{6.2.5}$$

即 $\mu$ 的置信区间为$\left(\overline{x}-\frac{s}{\sqrt{n}}t_{\alpha/2},\ \overline{x}+\frac{s}{\sqrt{n}}t_{\alpha/2}\right)$.

同样，式 (6.2.5) 也可作为公式使用．

**例 14** 某饮料公司生产雪碧，其包装瓶上标明净容量是 500ml. 现从市场上随机抽取了 25 瓶，测得到其平均容量为 499.5ml，标准差为 2.63ml. 试求该公司生产的这种瓶装饮料的平均容量的置信度为 99%的置信区间，假定饮料的容量服从正态分布 $N(\mu,\ \sigma^2)$．

**解** 以 $\mu$ 表示瓶装饮料的平均容量，由已知可得，样本容量 $n=25$，样本均值 $\overline{x}=499.5$，样本标准差为 $s=2.63$，因为置信度 $1-\alpha=0.99$，查自由度为 $n-1=24$ 的 $t$ 分布表得

$$t_{\alpha/2}\ (n-1)=t_{0.005}\ (24)=2.797,$$

所以

$$\overline{x}-t_{\alpha/2}\ (n-1)\ \times\frac{s}{\sqrt{n}}=499.5-2.797\times\frac{2.63}{\sqrt{25}}\approx 498.03,$$

$$\overline{x}+t_{\alpha/2}\ (n-1)\ \times\frac{s}{\sqrt{n}}=499.5+2.797\times\frac{2.63}{\sqrt{25}}\approx 500.97.$$

因此，该公司生产的这种瓶装饮料的平均容量 $\mu$ 的置信度为 99%的置信区间为

(498.03，500.97)．由于该区间包含了 500，故该公司的这种瓶装饮料的容量符合其包装上的标准，不存在容量不足欺骗消费者的行为．

**例 15** 求解案例 6.2.3.

**解** 这是未知总体方差求数学期望的置信区间的问题，其中 $n=12$，$\bar{x}=418$，$s=25$. 由所给的置信度 $1-\alpha=0.90$ 得 $\alpha=0.1$，查 $t$ 分布表，得

$$t_{\alpha/2}(n-1)=t_{0.05}(11)=1.796,$$

因此

$$\bar{x}-t_{\alpha/2}\frac{s}{\sqrt{n}}=418-1.796\times\frac{25}{\sqrt{12}}\approx 405,$$

$$\bar{x}+t_{\alpha/2}\frac{s}{\sqrt{n}}=418+1.796\times\frac{25}{\sqrt{12}}\approx 431,$$

故所求的置信区间是（405，431），可信度为 90%.

即有 90%的把握认为：由于公司每星期投入 1 万元广告费，使所属每个零售网点每星期多卖出的糖果数量在 405kg 与 431kg 之间．

2. 正态总体方差 $\sigma^2$ 的区间估计

设样本 $x_1$，$x_2$，…，$x_n$ 来自正态总体 $N(\mu, \sigma^2)$，如前所述，$\chi^2=\frac{(n-1)s^2}{\sigma^2}\sim\chi^2(n-1)$，即服从自由度为 $n-1$ 的 $\chi^2$ 分布，对于给定的 $\alpha$，查 $\chi^2$ 分布表可求出 $a$ 和 $b$. 由

$$P(a<\chi^2<b)=P\left(a<\frac{(n-1)}{\sigma^2}s^2<b\right)=1-\alpha,$$

得

$$P\left(\frac{(n-1)s^2}{b}<\sigma^2<\frac{(n-1)s^2}{a}\right)=1-\alpha,$$

于是，$\sigma^2$ 的置信区间为

$$\left(\frac{(n-1)s^2}{b}, \frac{(n-1)s^2}{a}\right) \tag{6.2.6}$$

其中 $a$，$b$ 的选取通常是由 $P(\chi^2\leqslant a)=P(\chi^2\geqslant b)=\alpha/2$ 而确定．

**例 16** 设维尼纤度在正常生产条件下服从正态分布 $N(\mu, \sigma^2)$，某日抽取 5 根纤维，测得其纤度为：

1.32　1.36　1.56　1.44　1.40

试求 $\sigma^2$ 的置信水平为 90%的置信区间．

**解** 已知 $n=5$，$\alpha=0.10$，$\xi\sim N(\mu, \sigma^2)$，$\mu$ 未知．由 $\alpha=0.10$，查 $\chi^2(4)$ 表得

$$\chi^2_{\alpha/2}=9.488,\ \chi^2_{1-\alpha/2}=0.711,$$

由于

$$(n-1)s^{*2}=\sum_{i=1}^{5}(x_i-\bar{x})^2=0.031\,12,$$

$$\frac{(n-1)s^{*2}}{\chi^2_{\alpha/2}}=\frac{0.031\,12}{9.488}=0.003,$$

$$\frac{(n-1)s^{*2}}{\chi^2_{1-\alpha/2}}=\frac{0.031\,12}{0.711}=0.044,$$

故 $\sigma^2$ 的置信水平为 90%的置信区间为（0.003，0.044）.

对于其他情形的参数区间估计（如双样本的区间估计等）可以参见其他有关参考书.

## 练习 6-2

1. 假设 $x_1$，$x_2$，…，$x_n$（$n>2$）是取自总体 $\xi$ 的样本，$\xi$ 的期望和方差 $\sigma^2$ 都存在，求证：$\hat{\mu}_1$，$\hat{\mu}_2$，$\hat{\mu}_3$，$\hat{\mu}_4$ 都是总体期望的无偏估计，其中 $\hat{\mu}_1=\xi_1$，$\hat{\mu}_2=\frac{1}{2}(\xi_1+\xi_n)$，$\hat{\mu}_3=\frac{1}{6}(\xi_1+2\xi_2+3\xi_3)$，$\hat{\mu}_4=\frac{1}{n}\sum_{i=1}^{n}\xi_i$.

*2. 假设 $x_1$，$x_2$，…，$x_n$ 是来自正态总体的一个样本，$\xi\sim N(\mu,\sigma^2)$，$\mu$ 与 $\sigma^2$ 均未知，求 $\mu$ 与 $\sigma^2$ 的最大似然估计值.

*3. 第 2 题中条件不变，求 $\mu$ 与 $\sigma^2$ 的矩估计值.

*4. 设 $x_1$，$x_2$，…，$x_k$ 是随机变量 $\xi\sim B(n,p)$ 的一个样本，其中参数 $n$ 已知，而参数 $p$ 未知，求未知参数 $p$ 的矩估计值.

5. 某灯泡厂某天生产了一大批灯泡，从中抽取了 10 只进行寿命试验，得数据如下：

1 050　1 100　1 080　1 120　1 200　1 250　1 040　1 130　1 300　1 200

已知该天生产的灯泡寿命的方差是 8，试找出灯泡平均寿命的置信区间（单位：小时；$\alpha=5\%$）.

6. 某保险公司从投保人中随机抽取 36 人，得到他们的年龄数据如下：

23　35　39　27　36　44　36　42　46　43　31　33　42　53　45　54　47　24

34　28　39　36　44　40　39　49　38　34　48　50　34　39　45　48　45　32

若总体方差未知，试建立投保人年龄 90%的置信区间.

7. 某旅行社为调查当地每一旅游者的平均消费额，随机访问了 100 名旅游者，得知平均消费额 $\bar{x}=80$（元）. 根据经验，已知旅游者消费额服从正态分布 $N(\mu,\sigma^2)$，且标准差 $\sigma=12$（元），求该地旅游者平均消费额 $\mu$ 的置信度为 95%的置信区间.

# 第三节　假设检验

统计推断的另一类重要问题是假设检验问题. 在总体的分布完全未知或只知其类型但不知其参数的情况下，对总体的概率分布或分布参数作某种假设，然后根据抽样得到的样本观测值，运用数理统计的分析方法，检验这种假设是否正确，从而决定接受或拒绝假设. 这样的统计推断过程就是假设检验. 假设检验分为参数检验（假设未知参数 $\theta$ 为某确定的 $\theta_0$，由样本来检验该假设的正确性）与非参数检验（对总体分布进行假设检验）.

## 案例 6.3.1　应如何处理这批货物?

某厂家向一百货商店长期供应某种货物，双方根据厂家的传统生产水平，定出质量标准：若次品率超过 3%，则百货商店拒收该批货物．现有一批货物，随机抽 43 件进行检验，发现有次品 2 件，问应如何处理这批货物?

如果用点估计方法作为验收方法，显然 $2/43 \approx 4.65\% > 3\%$，这批货物是要被拒收的．但是厂家有理由反对用这种方法验收．他们认为，由于抽样是随机的，在这次抽样中，次品的频率超过 3%，不等于说这批产品的次品率 $p$ 就超过了 3%．就如同掷一枚钱币，正、反两面出现的概率各为 1/2，但若掷两次钱币，不见得正、反面正好各出现一次一样．这就是说，即使该批货的次品率为 3%，仍有很大的可能性使得在抽检 43 件货物时出现 2 个以上的次品，因此需要采用别的检验方法．如果百货商店也希望在维护自己利益的前提下，不轻易地失去一个有信誉的货源，也会同意采用别的更合理的检验方法．

事实上，对于这类问题，通常就是采用假设检验的方法．

为了判断一个结论是否成立，常常先假设该结论成立（称为原假设，记为 $H_0$），然后分析由此产生的结果：如果结果合理，则肯定原假设；如果导致一个不合理的现象出现，则表明原假设不成立（由此否定 $H_0$），从而与之对立的结论（称为备选假设或对立假设，记为 $H_1$，备选假设也可以不写）成立．

**【引例 6.3.1】**　钢索的断裂强度有多大?

某工厂生产一种钢索，它的断裂强度 $\xi$（kg/cm²）服从正态分布 $N(\mu, 40^2)$．从中选取一个容量为 9 的样本，得 $\bar{x}=780$ kg/cm²，能否据此样本认为这批钢索的断裂强度为 800 kg/cm²（$\alpha=0.05$）?

**解**　这批钢索的断裂强度 $\xi$ 服从正态分布 $N(\mu, 40^2)$．

假设 $H_0$：$\mu=800$，即这批钢索的断裂强度为 800 kg/cm²（备选假设 $H_1$：$\mu \neq 800$ kg/cm²，即这批钢索的断裂强度不是 800 kg/cm²）．则应有

$$P(|U|>1.96)=0.05,$$

或

$$P(|U|<1.96)=0.95\left(\text{其中 } U=\frac{|\bar{x}-\mu|}{\sigma/\sqrt{n}} \sim N(0, 1)\right).$$

检验 $|U|=\left|\dfrac{\bar{x}-800}{40/\sqrt{9}}\right|=\left|\dfrac{780-800}{40/\sqrt{9}}\right|=1.5<1.96.$

故概率为 0.95 的事件发生了．一般地，人们宁可相信把握性较大的事件会发生（概率为 0.95），也不愿意相信把握性较小的事件会发生（概率为 0.05）．因此，可以接受 $H_0$，即可以认为这批钢索的断裂强度为 800 kg/cm²．

在统计上，通常把发生的概率小于 5%的事件称为**小概率事件**．在一次试验中小概率事件几乎不可能发生的这一原理称为**小概率原理**．引例 6.3.1 的检验就是利用了小概率原理．其中临界值 $\alpha$ 可称为**显著性水平**（或**检验水平**），通常取 5%或 1%．

利用小概率原理，可能犯两类错误：第一类错误，原假设 $H_0$ 符合实际情况，而被检验结果否定（称为弃真错误）；第二类错误，原假设 $H_0$ 不符合实际情况，而被检验结果接受（称为取伪错误）．

一般说来，犯这两类错误的概率都很小（5%，1%或 $\alpha$），要使犯这两类错误的可能性都减少，必须增加试验的次数．

假设检验的一般步骤归纳如下：

(1) 提出假设 $H_0$（备选假设 $H_1$）；

(2) 根据 $H_0$ 选择合适的检验统计量并写出它的分布，确定显著性水平 $\alpha$ 并检验；

(3) 做出判断并给出结论．

假设检验的方法很多，并且不断出现新的检验方法．以下仅介绍几种常用的检验方法．

## 一、U 检验

**例 1** 求解案例 6.3.1.

**解** 设这批货物的次品率为 $p$，则任取一货物为次品这一随机变量 $\xi \sim B(1, p)$，当取一货物为次品时取 $\xi=1$.

假设 $H_0$：$E\xi=p=0.03$，即这批货物的次品率为 3%（备选假设 $H_1$：$E\xi>0.03$），查正态分布表知，应该有

$$P(|U|>2.17)=0.03 \quad (\text{或 } P(|U|<2.17)=0.97),$$

其中 $U=\dfrac{|\overline{P}-P|}{\sigma/\sqrt{n}} \sim N(0, 1)$．

检验 $D\xi=\sigma^2=p(1-p)=0.03\times 0.97=0.0291$，则 $\sigma \approx 0.1706$，

$$U=\frac{|2/43-0.03|}{0.1706/\sqrt{43}} \approx 0.6347<2.17.$$

故这批货物的次品率没有超过 3%，应该接受．

对于以下几种情形，常常使用 $U$ 检验：

(1) 一个小样本是否来自某参数已知的正态总体（如引例 6.3.1）；

(2) 一个大样本是否来自某参数已知的总体；

(3) 两个大样本间有无显著差异．

**例 2** 设按某种工艺生产的金属纤维的长度（单位：mm）服从正态分布 $N(5.2, 0.16)$，现随机抽出 15 根纤维，测得它们的平均长度 $\bar{x}=5.4$mm，若方差不变，可否认为现在生产的纤维平均长度仍为 5.2mm（$\alpha=0.05$）?

**解** 这是一个小样本（$n=15<30$）是否来自某参数已知的正态总体的问题，因此用 $U$ 检验．

假设 $H_0$：$\bar{x}=5.2$，即现在生产的纤维平均长度仍为 5.2mm（备选假设 $H_1$：$\bar{x}\neq 5.2$），则应有

$$P(|U|>1.96)=0.05 \ (\text{或 } P(|U|<1.96)=0.95),$$

其中 $U=\dfrac{|\bar{x}-\mu|}{\sigma/\sqrt{n}} \sim N(0, 1)$．

检验 $U=\dfrac{\bar{x}-\mu}{\sigma/\sqrt{n}}=\dfrac{|5.4-5.2|}{0.4/\sqrt{15}}=1.94<1.96.$

故概率为 0.95 的事件发生了．因此，接受 $H_0$，即现在生产的纤维平均长度仍为 5.2mm.

**例 3** 设某次考试的考生成绩（单位：分）服从正态分布 $N$（70，16），从中随机地抽取 100 名考生的成绩，算得平均成绩为 66.5 分，若方差不变，问当显著性水平 $\alpha=0.05$ 时，是否可以认为全体考生的平均成绩仍为 70 分?

**解** 这是一个大样本（$n=100>30$）是否来自某参数已知的正态总体的问题，因此用 $U$ 检验．

假设 $H_0$：$\bar{x}=70$，即全体考生的平均成绩仍为 70 分（备选假设 $H_1$：$\bar{x}\neq 70$），则应有

$$P(|U|>1.96)=0.05\ (\text{或 } P(|U|<1.96)=0.95),$$

其中 $U=\dfrac{|\bar{x}-\mu|}{\sigma/\sqrt{n}}\sim N\ (0,\ 1)$．

检验 $U=\dfrac{\bar{x}-\mu}{\sigma/\sqrt{n}}=\dfrac{|66.5-70|}{4/\sqrt{100}}=8.75>1.96.$

故概率为 0.05 的事件发生了．因此拒绝 $H_0$，即全体考生的平均成绩仍为 70 分不成立．于是，接受备选假设 $H_1$：$\bar{x}\neq 70$，即不能认为全体考生的平均成绩仍为 70 分．

**例 4** 某校从经常参加体育锻炼的男生中随机地选出 50 名，测得平均身高 174.34 厘米；从不经常参加体育锻炼的男生中随机地选出 50 名，测得平均身高 172.42 厘米．假设两种男生的身高都服从正态分布，标准差均为$\sqrt{6}$厘米，问该校参加体育锻炼的男生是否比不常参加体育锻炼的男生平均身高要高些（$\alpha=0.05$）?

**解** 这是两个大样本间有无显著差异的问题，因此用 $U$ 检验．

假设 $H_0$：$\bar{x}_1=\bar{x}_2$（备选假设 $H_1$：$\bar{x}_1\neq\bar{x}_2$），则应有

$$P(|U|>1.96)=0.05\ (\text{或 } P(|U|<1.96)=0.95),$$

其中 $U=\dfrac{|\bar{x}_1-\bar{x}_2|}{\sqrt{s_1^2/n_1+s_2^2/n_2}}\sim N\ (0,\ 1)\ \left(\text{或 } U=\dfrac{|\bar{x}_1-\bar{x}_2|}{\sigma\sqrt{1/n_1+1/n_2}}\sim N\ (0,\ 1)\right)$.

（由于是大样本，故 $s_1\approx\sigma\approx s_2$）

检验 $U=\dfrac{|\bar{x}_1-\bar{x}_2|}{\sqrt{s_1^2/n_1+s_2^2/n_2}}=\dfrac{|174.34-172.42|}{\sqrt{6/50+6/50}}=3.92>1.96.$

所以拒绝原假设 $H_0$，接受备选假设 $H_1$．又 $\bar{x}_1>\bar{x}_2$，故该校经常参加体育锻炼的男生平均身高比不常参加体育锻炼的男生平均身高要明显地高一些．

## 二、$t$ 检验

对于以下几种情形，常常使用 $t$ 检验：

（1）一个小样本是否来自某参数未知的正态总体；

（2）两个小样本间有无显著差异．

**例 5** 求解案例 6.1.

**解** 这是一个小样本是否来自某参数未知的正态总体的问题，因此用 $t$ 检验．经计算得 $\bar{x}=0.998$（kg），$s^2\approx 0.030\,2^2$.

假设 $H_0$：$\bar{x}=1$（kg），即这天打包机工作正常（备选假设 $H_1$：$\bar{x}\neq 1$（kg）），则应有

$$P(|t|>t_{0.025}(8))=0.05 \text{（或} P|t|<t_{0.005}(8))=0.95\text{），}$$

其中 $t=\dfrac{|\overline{x}-\mu|}{s/\sqrt{n}}\sim t_{\alpha}(n-1)$．

检验 $t=\dfrac{|\overline{x}-\mu|}{s/\sqrt{n}}=\dfrac{|0.998-1|}{0.030\,2/\sqrt{9}}\approx 0.199<2.036=t_{0.025}(8)$．

所以接受 $H_0$，即该天包装机是正常工作的．

**例 6** 求解案例 6.2.

**解** 根据统计资料，一般可认为鸡蛋价格服从正态分布 $N(\mu,\sigma^2)$；问题没有给出显著性水平，依照惯例可设为 $\alpha=0.05$. 这是一个小样本是否来自参数 $\sigma^2$ 未知的正态总体的问题，因此用 $t$ 检验．这里 $n=20$，经计算得 $\overline{x}=3.399$，$s\approx 0.266\,2$，且 $t$ 有变大的趋势．

假设 $H_0$：$\mu=3.25$（元），即平均售价一直稳定在 3.25 元/500 克左右（备选假设 $H_1$：$\mu>3.25$（元）)，则应有

$$P(t>t_{0.05}(19))=0.05 \text{（或} P(t<t_{0.05}(19))=0.95\text{），}$$

其中 $t=\dfrac{\overline{x}-\mu}{s/\sqrt{n}}\sim t_{\alpha}(n-1)$．

检验 $t=\dfrac{\overline{x}-\mu}{s/\sqrt{n}}=\dfrac{3.399-3.25}{0.266\,2/\sqrt{20}}\approx 2.477>2.093=t_{0.975}(19)$．

故拒绝 $H_0$，即鸡蛋的价格较往年明显上涨．

**例 7** 求解案例 6.3.

**解** 这也是一个小样本是否来自某参数未知的正态总体的问题，因此用 $t$ 检验．经计算得 $\overline{x}=\sum\limits_{i=1}^{10}x_i=10\,637.4$，$s^2=\dfrac{1}{n-1}\sum(x_i-\overline{x})^2=89.04^2$.

假设 $H_0$：$\mu=10\,560$，即员工今年的平均收入与去年相同（备选假设 $H_1$：$\mu\neq 10\,560$)，则应有

$$P(|t|>t_{0.025}(9))=0.05 \text{（或} P(|t|<t_{0.025}(9))=0.95\text{）．}$$

检验 $t=\dfrac{|\overline{x}-\mu|}{s/\sqrt{n}}=\dfrac{|10\,637.4-10\,564|}{89.04/\sqrt{10}}\approx 2.75>2.262=t_{0.025}(9)$．

故拒绝 $H_0$：$\mu=10\,560$，即认为员工今年的平均收入与去年相比有显著差异．

**例 8** 测验某新品种小麦与丰产 3 号的单株产量在本质上是否不同．各抽取十株测得数据如下：

某新品种小麦：$\overline{x}_1=35.0$ 克，$s_1^2=77.147$；

丰产 3 号：$\overline{x}_2=24.2$ 克，$s_2^2=23.576$.

**解** 这是两个小样本间有无显著差异的问题，因此也用 $t$ 检验．

假设 $H_0$：$\overline{x}_1=\overline{x}_2$，即某新品种小麦与丰产 3 号的单株产量在本质上相同（备选假设 $H_1$：$\overline{x}_1\neq\overline{x}_2$)（题目未给出信度 $\alpha$ 的值），则应有

$$P(|t|>t_{0.025}(n_1+n_2-2))=0.05 \text{（或} P(|t|<t_{0.025}(n_1+n_2-2))=0.95\text{），}$$

$$P(|t|>t_{0.005}(n_1+n_2-2))=0.01 \text{（或} P(|t|<t_{0.005}(n_1+n_2-2))=0.99\text{），}$$

其中 $t=\dfrac{|\overline{x}_1-\overline{x}_2|}{\sqrt{\dfrac{n_1s_1^2+n_2s_2^2}{n_1+n_2-2}\left(\dfrac{1}{n_1}+\dfrac{1}{n_2}\right)}}\sim t_{\alpha}(n_1+n_2-2)$．

检验 $t=\dfrac{|\overline{x}_1-\overline{x}_2|}{\sqrt{\dfrac{n_1s_1^2+n_2s_2^2}{n_1+n_2-2}\left(\dfrac{1}{n_1}+\dfrac{1}{n_2}\right)}}=\dfrac{|35.0-24.2|}{\sqrt{\dfrac{10\times77.147+10\times23.576}{10+10-2}\left(\dfrac{1}{10}+\dfrac{1}{10}\right)}}$

$=3.35>2.6784=t_{0.025}(18)>2.101=t_{0.005}(18)$.

因此拒绝原假设 $H_0$、接受备选假设 $H_1$，即两种小麦单株产量差异显著，有本质不同．

## * 三、$F$ 检验

用 $F$ 检验可以检验两个正态总体的标准差是否相同．

**例 9**　某砖瓦厂有两座砖窑，某日从甲砖窑中取出红砖 7 块，从乙砖窑中取出红砖 6 块，测得它们的抗折强度，计算得样本方差分别为 913.70 与 1 137.22，问两砖窑所产红砖抗折强度的稳定性有没有显著差异（信度 $\alpha=0.05$）？

**解**　这是判断两个正态总体的标准差是否相同的问题，故用 $F$ 检验．

假设 $H_0$：两砖窑所产红砖抗折强度的稳定性没有显著差异（备选假设 $H_1$：两砖窑所产红砖抗折强度的稳定性有显著差异），则应有

$$P(F>F_{0.05}(n_1-1,\ n_2-1))=0.05(\text{或 } P(F<F_{0.05}(n_1-1,\ n_2-1))=0.95),$$

其中 $F=\dfrac{s_1^2}{s_2^2}\sim F_\alpha(n_1-1,\ n_2-1)$．

检验 $F=\dfrac{s_1^2}{s_2^2}=\dfrac{913.70}{1\ 137.22}<1<4.39=F_{0.05}(6,\ 5)$．

故应接受假设 $H_0$，即可以认为两砖窑生产的红砖抗折强度的稳定性相同．

## * 四、$\chi^2$ 检验

$\chi^2$ 检验常用来检验方差的界限问题或某理论分布的正确性（后者称为适合性检验）．

**例 10**　某纺织厂生产的维尼纤度用 $\xi$ 表示，在稳定生产情况下，可假定 $\xi\sim N(a,\ \sigma^2)$，其标准差 $\sigma$ 按往常资料暂定为 0.048. 现随机抽取 5 根纤维，测得其纤度为：

1.32　1.55　1.36　1.40　1.44.

试问总体 $\xi$ 的方差 $\sigma^2$ 是否正常（$\alpha=0.01$）？

**解**　这是一个检验方差的界限的问题，可用 $\chi^2$ 检验．这里 $n=5$，$\overline{x}=1.414$，$\sum\limits_{i=1}^{5}(x_i-\overline{x})^2=0.031\ 12$.

假设 $H_0$：$\sigma^2=0.048^2$，即总体 $\xi$ 的方差 $\sigma^2$ 正常（备选假设 $H_1$：$\sigma^2>0.048^2$），则应有

$$P(\chi^2>\chi_\alpha^2(n-1))=\alpha\ (\text{或 } P(\chi^2<\chi_\alpha^2(n-1))=1-\alpha),$$

其中 $\chi^2=\dfrac{ns^2}{\sigma^2}\sim\chi_\sigma^2(n-1)$．

$$\text{检验 } \chi^2=\frac{1}{\sigma^2}\sum(x_i-\overline{x})^2=\frac{0.031\ 12}{0.002\ 304}=13.5>9.488=\chi_{0.005}^2(4).$$

所以拒绝 $H_0$，从而认为总体 $\xi$ 的方差 $\sigma^2$ 不正常．

**例 11** 已知某种子的发芽率为 0.9，现用辐射方法处理种子后，用 500 粒种子做发芽实验，其中 469 粒种子发芽，问：用辐射方法处理是否显著改变了种子的发芽率？

**解** 这是一个检验某理论分布的正确性问题，可用 $\chi^2$ 检验．

假设 $H_0$：用辐射方法处理没有改变种子的发芽率（备选假设 $H_1$：用辐射方法处理显著地改变了种子的发芽率），则应有

$$P(\chi^2>\chi_\alpha^2\ (n-1))=\alpha\ （或\ P(\chi^2<\chi_\alpha^2\ (n-1))=1-\alpha），$$

其中 $\chi^2=\sum\limits_{i=1}^{m}\dfrac{(v_i-np_i)^2}{np_i}\sim\chi_\alpha^2\ (m-1)\quad(n\to+\infty)$，其已知理论概率分布 $p_1$，$p_2$，…，$p_m$，在 $n$ 次观测中相应的频数为 $v_1$，$v_2$，…，$v_m$，理论频数为 $np_1$，$np_2$，…，$np_m$．

检验：如果没有改变发芽率，则 500 粒种子的理论发芽种子数及不发芽种子数应分别为：

$$np=500\times0.9=450，nq=500\times0.1=50，$$

但实测数

$$v_p=469，v_q=500-469=31，$$

再计算得

$$\chi^2=\frac{(469-450)^2}{450}+\frac{(31-50)^2}{50}=8.022>3.841=\chi_{0.05}^2\ (2-1)，$$

而 $P(\chi^2<3.841)=0.95$，这表明小概率事件发生了．因此拒绝原假设 $H_0$、接受备选假设 $H_1$，即可以认为用辐射方法处理种子显著地改变了种子的发芽率．

## 练习 6-3

1. 购买一批货物，合同规定次品率不得超过 5%，现从中随机抽查 80 件，发现有 6 件次品．问：应不应该接受这批货物（$\alpha=0.05$）？

2. 据统计某地区居民家庭食品月支出服从正态分布 $N(\mu,40^2)$，随机抽取 9 个家庭计算得出家庭平均月支出为 780 元，能否据此认为居民家庭食品月支出为 800 元（$\alpha=0.05$）？

3. 某种商品，以往平均每天销售约 200 件，为了扩大销路，改进了包装．经过 15 天统计，销售量为

202 205 198 204 197 210 224 218
212 214 192 208 218 216 209

已知商品的销售量服从正态分布，试检验改进包装对于扩大商品的销售是否有效（$\alpha=0.05$）？

4. 某公司宣称其生产的某种型号的电池平均寿命为 21.5 h，今测得该公司生产的电池 6 只，其使用寿命分别为 19，18，22，20，16，25（单位：h）．此结果能否表明：该型号电池的使用寿命比公司宣称的使用寿命更短（$\alpha=0.05$）？

5. 已知罐头番茄汁中，维生素 Vc 的含量服从正态分布．按规定 Vc 的含量不得少于 21 mg. 从一批罐头中抽取 17 罐，算得 Vc 含量的平均值 $\bar{x}=23$，方差 $s^2=3.98^2$，问：该批罐头中的 Vc 含量是否合格（$\alpha=0.05$）？

6. 某工厂原向甲公司订购原材料，自订货日开始至交货日止平均为 49.1 天，现改为向乙公司订购原材料，随机观察了向乙公司的 8 次订货，其交货天数为：

46 38 40 38 52 35 48 44

向乙公司的平均交货日期是否显著比甲公司短 ($\alpha=0.05$)?

7. 某卷烟厂生产香烟，现分别对两种烟的尼古丁含量做 6 次测量，结果是

甲：25 28 23 26 29 22；

乙：28 23 30 35 21 27

若香烟中尼古丁含量服从正态分布，且方差相等，问：这两种香烟中尼古丁含量是否有显著差异 ($\alpha=0.05$)?

8. 甲、乙两个铸造厂生产同一种铸件，假设两厂生产的铸件重量都服从正态分布，今测得铸件重量的数据（单位：kg）如下：

样本甲 ($m=7$)：93.3 92.1 94.7 90.1 95.6 90.0 94.7

样本乙 ($n=6$)：95.6 94.9 96.2 95.1 95.8 96.3

试鉴别乙厂生产的铸件重量是否比甲厂生产的铸件重量稳定 ($\alpha=0.05$)?

# 习题六

## A组（基本题）

### 一、填空题

1. 某商场4月份随机抽查了6天的营业额，结果分别如下（单位：万元）：

2.8　3.2　3.4　3.7　3.0　3.1

试估算该商场4月份的总营业额大约是________万元．

2. 某家庭搬进新居后又添置了新的电冰箱、电热水器，为了了解用电量的大小，该家庭在5月初连续几天观察电表的度数，电表显示的度数如表6-6所示：

表6-6

| 日期 | 1 | 2 | 3 | 4 | 5 | 6 | 7 | 8 |
|---|---|---|---|---|---|---|---|---|
| 度数（度） | 115 | 118 | 122 | 127 | 133 | 136 | 140 | 143 |

估计这个家庭6月份的总用电量为________度．

3. 某人射击10次，得环数分别为：

18　20　19　22　20　21　19　19　20　21

则这组数据的平均数是________，方差是________．

4. 设 $x_1$，$x_2$，…，$x_n$ 是来自某总体的样本值，则当 $a=$________时，$\sum_{i=1}^{n}(x_i-a)^2$ 达到最小值．

5. 设总体 $\xi$ 服从正态分布 $N(\mu,1)$，$\bar{x}$ 是样本均值，则 (1) $\sum_{i=1}^{n}(x_i-\mu^2)$ 服从________分布；(2) $\sum_{i=1}^{n}(x_i-\mu)^2$ 服从________分布．

6. 设总体 $\xi\sim N(\mu_1,\sigma_1^2)$，总体 $\eta\sim N(\mu_2,\sigma_2^2)$．$x_1$，$x_2$，…，$x_n$ 为来自总体 $\xi$ 的样本，$y_1$，$y_2$，…，$y_n$ 为来自总体 $\eta$ 的样本，两样本独立，$\mu_1$，$\mu_2$ 已知．令 $\hat{\sigma}_1^2=\frac{1}{n_1}\sum_{i=1}^{n_1}(x_i-\mu_1)^2$，$\hat{\sigma}_2^2=\frac{1}{n_2}\sum_{i=1}^{n_2}(y_i-\mu_2)^2$，则 $F=\frac{\hat{\sigma}_1^2}{\hat{\sigma}_2^2}$ 的抽样分布为________．

*7. 设 $\xi_1$，$\xi_2$，…，$\xi_n$ 是来自正态总体 $N(\mu,\sigma^2)$ 的样本，其中参数 $\mu$ 和 $\sigma^2$ 未知，若计算出 $\bar{x}=\frac{1}{16}\sum_{i=1}^{16}x_i=14.75$，$\sum_{i=1}^{16}(x_i-\bar{x})^2=53.5$，则假设 $H_0:\mu=15$ 的 $t$ 检验选用的 $T$ 统计量 = ________．

8. 某正态总体的随机样本观察值为：

9.56　8.33　10.12　10.28　8.85　11.19

11.18　9.96　10.32　10.17　9.81　10.72

则平均数和方差的极大似然估计值分别为$\bar{x}$=________，$\hat{s}^2$=________．

9．从某大学新生中随机抽出 50 名学生，计算其数学的入学考试成绩的标准差 7.3 分，则标准差（置信度 95%）的置信区间为________．

10．若一个样本是 3，－1，$a$，1，－3，3，它们的平均数$\bar{x}$是$a$的 1/3，则这个样本的标准差是________．

**二、选择题**

1．在用样本频率估计总体分布的过程中，下列说法中正确的是（　　）．

（A）总体容量越大，估计越精确　　（B）总体容量越小，估计越精确

（C）样本容量越大，估计越精确　　（D）样本容量越小，估计越精确

2．在统计中，样本数据的方差可以近似地反映数据总体的（　　）．

（A）平均状态　（B）分布规律　（C）最大值和最小值　（D）波动大小

3．设$\hat{\theta}_1$，$\hat{\theta}_2$是参数$\theta$的两个估计量，以下说法正确的是（　　）．

（A）$D\hat{\theta}_1>D\hat{\theta}_2$，则称$\hat{\theta}_1$为比$\hat{\theta}_2$有效的估计量

（B）$D\hat{\theta}_1<D\hat{\theta}_2$，则称$\hat{\theta}_1$为比$\hat{\theta}_2$有效的估计量

（C）$\hat{\theta}_1$，$\hat{\theta}_2$是参数$\theta$的两个无偏估计量，$D\hat{\theta}_1>D\hat{\theta}_2$，则称$\hat{\theta}_1$为比$\hat{\theta}_2$有效的估计量

（D）$\hat{\theta}_1$，$\hat{\theta}_2$是参数$\theta$的两个无偏估计量，$D\hat{\theta}_1<D\hat{\theta}_2$，则称$\hat{\theta}_1$为比$\hat{\theta}_2$有效的估计量

4．假设检验中，显著性水平$\alpha$表示（　　）．

（A）$H_0$为假，但接受$H_0$的假设的概率　（B）$H_0$为真，但拒绝$H_0$的假设的概率

（C）$H_0$为假，但拒绝$H_0$的假设的概率　（D）可信度

5．样本$\xi_1$，$\xi_2$，…，$\xi_n$是来自正态总体$N$（$\mu$，$\sigma^2$），$\bar{\xi}$与$s$分别是样本值和方差．则下面结论中不成立的是（　　）．

（A）$\bar{\xi}$与$s^2$相互独立　　（B）$\bar{\xi}$与（$n-1$）$s^2$相互独立

（C）$\bar{\xi}$与$\frac{1}{\sigma^2}\sum\limits_{i=1}^{n}(\xi_i-\bar{\xi})^2$相互独立　　（D）$\bar{\xi}$与$\frac{1}{\sigma^2}\sum\limits_{i=1}^{n}(\xi_i-\mu)^2$相互独立

6．设总体$\xi$服从正态分布$N$（$\mu$，$\sigma^2$），其中$\mu$和$\sigma^2$为未知参数；$x_1$，$x_2$，…，$x_n$是来自$\xi$的样本，则下列结论中正确的是（　　）．

（A）$s^2=\frac{1}{n-1}\sum\limits_{i=1}^{n_2}(x_i-\bar{x})^2-\chi^2(n-1)$　（B）$\hat{\sigma}^2=\frac{1}{n}\sum\limits_{i=1}^{n_2}(x_i-\bar{x})^2-\chi^2(n-1)$

（C）$\frac{1}{\sigma^2}\sum\limits_{i=1}^{n_2}(x_i-\bar{x})^2-\chi^2(n-1)$　（D）$\frac{1}{\sigma^2}\sum\limits_{i=1}^{n_2}(x_i-\bar{x})^2-\chi^2(n)$

7．设随机变量$\xi\sim N$（$\mu$，1），$\eta\sim\chi^2$（$n$）；又$\xi$，$\eta$相互独立，令$T=\frac{\xi-\mu}{\sqrt{\eta}}\sqrt{n}$，则下列结论中正确的是（　　）．

（A）$T\sim t$（$n-1$）　（B）$T\sim t$（$n$）　（C）$T\sim N$（0，1）　（D）$T\sim N$（1，$n$）

8．在假设检验中，设$H_1$为备择假设，则犯第一类错误的情况为（　　）．

（A）$H_1$真，接受$H_1$　　（B）$H_1$不真，接受$H_1$

（C）$H_1$真，拒绝$H_1$　　（D）$H_1$不真，拒绝$H_1$

*9．设$\xi\sim N$（$\mu$，$\sigma^2$），其中$\mu$未知，取得样本$x_1$，$x_2$，…，$x_n$，记$\bar{x}$，$s^2$为样本均值与样本方差，对假设检验$H_0$：$\sigma\geqslant 2$；$H_1$：$\sigma<2$应取检验统计量$\chi^2$=（　　）．

(A) $\frac{(n-1)\ s^2}{8}$　　(B) $\frac{(n-1)\ s^2}{2}$　　(C) $\frac{(n-1)\ s^2}{4}$　　(D) $\frac{(n-1)\ s^2}{6}$

10. 两个正态总体 $\xi$ 和 $\eta$ 的方差 $\sigma_1^2$ 与 $\sigma_2^2$ 未知，检验假设 $H_0$：$\mu_1 \leqslant \mu_2$，要求 $\sigma_1^2$ 与 $\sigma_2^2$ 应满足的条件是（　　）.

(A) $\sigma_1^2=\sigma_2^2$　　(B) $\sigma_1^2<\sigma_2^2$

(C) $\sigma_1^2<\sigma_2^2$　　(D) $\sigma_1^2$，$\sigma_2^2$ 可为任意正数

**三、计算题**

1. 设总体 $\xi$ 服从标准方差为 1.5 的正态分布，从中取一样本值

11　9　14　10　12　7　13　11　12

求总体均值 $\mu$ 的 95 %的置信区间.

2. 设随机变量 $\xi \sim N(\mu, \sigma^2)$，$\mu$，$\sigma^2$ 均未知，从中抽取样本

457　483　493　471　510　446　435　418　394　469

求 $\mu$ 的 95%的区间估计.

3. 总体 $\xi$ 的密度函数为 $p(x)=\begin{cases}1, & \theta-\frac{1}{2} \leqslant x \leqslant \theta+\frac{1}{2} \quad (\theta \in \mathbf{R}) \\ 0, & \text{其他}\end{cases}$，求未知参数 $\theta$ 的最大似然估计量.

4. 假设新生儿体重 $\xi$（单位：g）服从正态分布 $N(\mu, \sigma^2)$，现测量 10 名新生儿体重，得数据如下：

3 100　3 480　2 520　3 700　2 520　3 200　2 800　3 800　3 020　3 260

求：(1) 参数 $\mu$ 与 $\sigma^2$ 的矩估计；(2) 参数 $\sigma^2$ 的无偏估计.

5. 一种罐装饮料采用自动生产线生产，每罐的容量是 255ml，标准差为 5ml. 为检验每罐容量是否符合要求，质检人员在某天生产的饮料中随机抽取了 40 罐进行检验，测得每罐平均容量为 255.8ml. 取显著性水平 $\alpha=0.05$，检验该天生产的饮料容量是否符合标准要求？

6. 一种汽车配件的平均长度要求为 12cm，高于或低于该标准均被认为是不合格的. 汽车生产企业在购进配件时，通常是经过招标，然后对中标的配件提供商提供的样品进行检验，以决定是否购进. 现对一个配件提供商提供的 10 个样本进行了检验，算出均值为 11.89. 假定该供货商生产的配件长度服从正态分布，在 $\alpha=0.05$ 的显著性水平下，检验该供货商提供的配件是否符合要求.

7. 某公司调查了甲居民区的网民（21 户）和乙居民区的网民（16 户）的平均上网小时数. 对这两个独立样本得到的数据是：$\bar{x}_1=16.5$ 小时，$s_1=3.7$ 小时；$\bar{x}_2=19.5$ 小时，$s_2=4.5$ 小时. 求（$\alpha=0.10$）：

(1) 两个居民区网民每天上网时间的方差是否相等？

(2) 是否认为甲居民区的网民比乙居民区的网民的平均上网小时数少.

8. 某食品加工厂用罐头分装机分装某种罐头（每只罐头的标准质量为 207 克），为了监控分装质量，该厂定期对罐头的质量进行抽样检查，并规定抽检产品的平均质量大于 5 克或者与罐头质量的标准差大于 8 克时，就认为该分装机运行不正常，将对它进行检修. 现抽取 20 只罐头，它们的质量（单位：克）如下：

200　205　212　208　199　223　193　204　200　208

208　215　201　193　190　206　215　198　206　216

请问该分装机运行是否正常？

9. 对甲、乙两品种玉米进行品比试验，得如下亩产资料：

甲：951　966　1 008　1 082

乙：730　864　742　774

试验按随机排列，问两品种产量有无显著差异（玉米亩产可认为按正态分布）？

10. 某种羊毛在处理前后，各抽取样本，测得含脂率如下

处理前：0.19　0.18　0.21　0.30　0.66　0.42　0.08　0.12　0.30　0.27

处理后：0.15　0.13　0.07　0.24　0.19　0.04　0.08　0.20

问经过处理后含脂率有无明显变化（羊毛含脂率可认为按正态分布）？

**B组（提高题）**

1. 从一批货物中随机抽取样本容量为 100 的样本，经过检验发现有 16 个次品，试求这批货物次品率 $p$ 的置信水平为 95%的置信区间．

2. 购买一批货物，合同规定次品率不得超过 3%．现在从中随机抽查 50 件，发现有 2 件次品．试问：应不应该接受这批来货（信度分别取 5%，1%）？

3. 设产品的某性能指标服从正态分布 $N(\mu, \sigma^2)$，从历史资料已知 $\sigma=4$，现在从中随机抽查 10 个产品，求得其平均值为 17，取 $\alpha=0.05$. 问假设 $H_0$：$\mu=20$ 是否成立？

4. 某地有 10 000 名劳动力，其中从事农业劳动的有 7 000 人，从事工业劳动的有 3 000人．现按两类人数的比例抽取 100 人，计算各相关指标如表 6－7 所示，请以 95%的置信水平推断该地人均收入的区间．

**表 6－7**

| 类型 | 全部人数 $N_i$ | 抽样人数 $N_i$ | 样本平均数 $\bar{x}_i$ | 样本标准差 $x_i$ |
|---|---|---|---|---|
| 从事农业 | 7 000 | 70 | 750 | 25 |
| 从事工业 | 3 000 | 30 | 1 000 | 30 |

5. 某厂分别从两条流水生产线上抽取样本：$x_1$，$x_2$，…，$x_{12}$及 $y_1$，$y_2$，…，$y_{17}$，测得 $\bar{x}=10.6$（克），$\bar{y}=9.5$（克），$s_1^2=2.4$，$s_2^2=4.7$. 设两个正态总体的均值分别为 $\mu_1$ 和 $\mu_2$，且有相同方差，试求 $\mu_1-\mu_2$ 的置信度为 95%的置信区间．

6. 有 9 名学生参加英语培训班的学习，培训前后对他们的英语水平各进行了一次测试，成绩如表 6－8 所示：

**表 6－8**

| 学 生 编 号 | 1 | 2 | 3 | 4 | 5 | 6 | 7 | 8 | 9 |
|---|---|---|---|---|---|---|---|---|---|
| 入学前成绩 $x_{1i}$ | 76 | 71 | 70 | 57 | 49 | 69 | 65 | 26 | 5 |
| 入学后成绩 $x_{2t}$ | 81 | 85 | 70 | 52 | 52 | 63 | 83 | 33 | 62 |

假设测试成绩服从正态分布，能否有 95%的把握认为“对学生的英语培训效果是显著的”？

7. 一台机床大修前曾加工一批零件，共 $n_1=10$ 件，加工尺寸的样本方差为 $s_1^2=2\,500$ $(\mu^2)$．大修后加工一批零件，共 $n_2=12$ 件，加工尺寸的样本方差为 $s_2^2=400$ $(\mu^2)$．问此

机床大修后，精度有明显提高的最小显著性水平大致有多大？

8. 随机抽取某校男生 250 名，女生 240 名，进行体育达标考核，结果如表 6-9 所示，问体育达标水平是否与性别有关？

表 6-9

| | 达标 | 未达标 | 合计 |
|---|---|---|---|
| 男 | 15 | 20 | 35 |
| 女 | 13 | 18 | 31 |
| 合计 | 28 | 38 | 66 |

[阅读材料]

## 标准正态分布——高斯分布

高斯(J. C. F. Gauss,1777—1855),德国著名数学家、物理学家、天文学家、大地测量学家.

被称为“数学王子”的高斯,其成就遍及数学的各个领域,在数论、非欧几何、微分几何、超几何级数、复变函数论以及椭圆函数论等方面均有开创性贡献.他十分注重数学的应用,并且在对天文学、大地测量学和磁学的研究中也偏重于用数学方法进行研究.

1777 年 4 月 30 日,高斯生于布伦瑞克的一个工匠家庭,幼时家境贫困,但聪敏异常.高斯 3 岁时便能够纠正他父亲的借债账目错误,已经成为一个轶事流传至今.他曾说,他在麦仙翁堆上学会计算.能够在头脑中进行复杂的计算,是上帝赐予他一生的天赋.高斯用很短的时间计算出了小学老师布置的任务:对自然数从 1 到 100 的求和.他所使用的方法是:对 50 对和为 101 的数列求和(1+100,2+99,3+98,…),同时得到结果 5 050. 这一年,高斯 9 岁.

当高斯 12 岁时,已经开始怀疑元素几何学中的基础证明.当他 16 岁时,预测在欧氏几何之外必然会产生一门完全不同的几何学.他导出了二项式定理的一般形式,将其成功地运用在无穷级数中,并发展了数学分析的理论.

高斯 18 岁时发现了质数分布定理和最小二乘法.通过对足够多的测量数据的处理,得到了一个新的、概率性质的测量结果.在此基础之上,高斯随后专注于曲面与曲线的计算,并成功得到高斯钟形曲线(正态分布曲线).其函数被命名为标准正态分布(或高斯分布),并在概率计算中被大量使用.

高斯的老师 Bruettner 与他助手 M. Bartels 很早就认识到高斯在数学上异乎寻常的天赋,同时 Herzog 等人也对这个天才儿童留下了深刻印象.于是他们从高斯 14 岁起,便资助其学习与生活.这也使高斯能够于 1792—1795 年在 Carolinum 学院(Braunschweig 学院的前身)学习.

1795 年,高斯进入哥廷根大学.1796 年,19 岁的高斯得出了一个数学史上极重要的结果,就是《正十七边形尺规作图之理论与方法》.5 年以后,高斯又证明了形如“Fermat 素数”边数的正多边形可以由尺规做出.

1798 年高斯转入黑尔姆施泰特大学,翌年因证明代数基本定理获博士学位.

高斯亲自参加野外测量工作.他白天观测,夜晚计算.五六年间,经他亲自计算过的大地测量数据超过 100 万次.当高斯领导的三角测量外场观测走上正轨后,他就把主要精力转移到处理观测成果的计算上来,并写出了近 20 篇对现代大地测量学具有重大意义的论文.

出于对实际应用的兴趣,高斯发明了日光反射仪.日光反射仪可以将光束反射至大约 450 千米外的地方.高斯不止一次地为原先的设计做出改进,最后试制成功,后来被广泛应用于大地测量的镜式六分仪.

19 世纪 30 年代,高斯发明了磁强计.1833 年,通过受电磁影响的罗盘指针,他向韦伯发送了电报．这不仅仅是从韦伯的实验室与天文台之间的第一个电话电报系统，也是世界首创．1840 年，他和韦伯画出了世界第一张地球磁场图，而且定出了地球磁南极和磁北极的位置，并于次年得到美国科学家的证实．

高斯从 1807 年起担任哥廷根大学教授兼哥廷根天文台台长直至逝世．1855 年 2 月 23 日清晨，高斯在睡梦中去世．

高斯的肖像被印在从 1989 年至 2001 年流通的 10 德国马克的纸币上．

# 本篇练习与习题参考答案

## 练习 4－1

1. 略．

2. (1) $\{\{2\},\{3\},\{4\},\cdots,\{12\}\}$；(2) $\Omega=\{\{10\},\{11\},\{12\},\cdots\}$.

3. (1) 0.14；(2) 0.036.

4. (1) 0.94；(2) 0.059.

5. $\frac{1}{120}$.　6. $\frac{1}{55}$.　7. (1) $\frac{7}{24}$；(2) $\frac{3}{4}$.　8. 是．　9. $\frac{3}{7}$.

## 练习 4－2

1. (1) $\overline{A}_1$，$\overline{A}_2$，$\overline{A}_3$ 分别表示第一、二、三次抽取的产品是不合格品；

(2) $\overline{A}_1\overline{A}_2\overline{A}_3$；(3) $A_1\overline{A}_2\overline{A}_3+\overline{A}_1A_2\overline{A}_3+\overline{A}_1\overline{A}_2A_3$.

2. 0.937.　3. 5/8.　4. 0.97.　5. 0.98；0.02.　6. $\frac{137}{228}$.　7. 0.05.

8. $P(A)\approx 0.602$.

## 练习 4－3

1. (1) 87/89；(2) 0.032 6.

2. (1) 0.216；(2) 0.432；(3) 0.288；(4) 0.064.

3. (1) 0.998；(2) 0.828 6.

4. 0.6.

5. 0.007 7.

6. (1) 0.27；(2) 0.15.

7. 0.264 8.　8. (1) 0.096；(2) 0.10.　9. 0.24.

## 练习 4-4

1. 0.031 5. 2. 0.482. 3. 0.2. 4. 0.034 5. 5. 乘火车来的可能性最大.
6. （1）0.024；（2）0.521. 7. （1）0.976 7；（2）0.143 1. 8. 0.482 5.

# 习题四

### A 组（基本题）

**一、填空题**

1. $\overline{A}BC+\overline{AB}C+\overline{ABC}$. 2. $\overline{ABC}\cup\overline{ABC}\cup\overline{ABC}\cup\overline{ABC}$. 3. 0.2. 4. 0.5.

5. 0.2. 6. $\frac{11}{12}$. 7. 0.6. 8. 0.132 3. 9. $\frac{2}{3}$. 10. 0.083.

**二、选择题**

1. （A） 2. （D） 3. （D） 4. （D） 5. （C） 6. （A） 7. （C） 8. （B） 9. （A） 10. （D）

**三、计算题**

1. （1）0.792 5；（2）0.473 2. 2. $\frac{1}{n}$. 3. 0.108. 4. （1）$\frac{4}{5}$；（2）$\frac{1}{6}$.

5. $P(AB)=\frac{1}{4}$；$P(A+B)=0.583$；$P(A\mid B)=\frac{3}{4}$.

6. （1）0.87；（2）0.946；（3）0.916.

7. （1）0.56；（2）0.94；（3）0.38. 8. 0.167 8.

9. （1）0.365 1；（2）0.260 2. 10. 0.585 9.

### B 组（提高题）

1. 利用定义.

2. （1）0.496；（2）0.902；（3）0.108 8.

3. （1）$\frac{3}{10}$；（2）$\frac{1}{3}$；（3）$\frac{1}{8}$.

4. （1）$A=BC$；（2）$\overline{A}=\overline{B}\cup\overline{C}$.

5. （1）$A\overline{BC}$；（2）$AB\overline{C}$；（3）$ABC$；（4）$A\cup B\cup C$；（5）$\overline{A}BC\cup A\overline{B}C\cup AB\overline{C}\cup ABC$；（6）$A\overline{B}\overline{C}\cup\overline{A}B\overline{C}\cup\overline{A}\,\overline{B}C$；（7）$\overline{A}BC\cup A\overline{B}C\cup AB\overline{C}$.

6. $\frac{2}{3}$. 7. $\frac{4}{9}$. 8. 0.243.

## 练习 5-1

1～4. 略

5. $\eta=\begin{cases}100, & \xi\leqslant 165\\ (\xi-165)\times 3+100, & \xi>165,\ \xi\in\mathbf{N}^+\end{cases}$

## 练习 5－2

1. $P(\xi=k)=\dfrac{C_{10}^{k}C_{290}^{50-k}}{C_{300}^{50}}$ （$k=0$，1，2，…，10）．

2.

| $\xi$ | 0 | 1 | 2 | 3 |
|---|---|---|---|---|
| $P$ | 0.008 | 0.096 | 0.384 | 0.512 |

3. $P(\xi=k)=(0.6)^{k-1}$ (0.4)　　（$k=1$，2，…）．

4. （1）$c=\dfrac{1}{8}$；（2）$\dfrac{1}{2}$.

5. 0.762 2.　6. 0.306 7.　7. 至少 17 件．　8. 0.021 5.

## 练习 5－3

1. （1）$\dfrac{1}{2}$；（2）$\dfrac{1}{2}$；（3）$\dfrac{6}{29}$.

2. （1）2；（2）0.4.

3. （1）$\dfrac{1}{\pi}$.（2）$\dfrac{1}{3}$.

4. （1）$a=3$；（2）$\dfrac{5}{9}$.

5. 0.632 1.

6. （1）$\dfrac{1}{e}$；（2）$\dfrac{1}{e^2}$.

7. （1）$\dfrac{1}{50}$.（2）$\dfrac{1}{e}-\dfrac{1}{e^3}$.

8. （1）0.991 8；（2）0.158 7；（3）0.866 4；（4）0.045 6.

9. （1）0.532 8；（2）0.999 6；（3）0.697 7；（4）0.977 2.

10. （1）$\lambda=1.96$；（2）$\lambda=2.58$.

11. 31.01.　12. 0.691 5.

## 练习 5－4

1. －0.2；2.8；2.76.

2. 1.　3. $k=3$，$a=2$.

4. 乙车床好．　5. 0.312 5.　6. 0.75.

7. 提示：$A$ 在一试验中的发生数 $\xi$ 服从两点分布．

8. 2.　9. 150（秒）；86.6（秒）．　10. 5.216（万元）．

# 习题五

## A 组（基本题）

### 一、填空题

1. $\frac{3}{e}\approx0.149\ 4$.　2. $\frac{2}{5}$.　3. $\frac{1}{e}\approx0.367\ 9$.　4. 0.208 8.　5. 1.64.　6. 0.977 2.
7. 4.　8. $\frac{7}{4}$；$\frac{11}{16}$.　9. $(\xi-E\xi)^2$.　10. 7，1.

### 二、选择题

1. (B)　2. (A)　3. (D)　4. (D)　5. (D)　6. (A)　7. (D)　8. (B)
9. (C)　10. (C)

### 三、计算题

1.

| $\xi$ | 1 | 2 | 3 | 4 | 5 |
|---|---|---|---|---|---|
| $P$ | 0.2 | 0.2 | 0.2 | 0.2 | 0.2 |

2. 0.017 5.

3. $\frac{29}{8\sqrt{e^3}}\approx0.808\ 8$.

4. (1) $a=7.56$；(2) $a=5.16$.

5. (1) 0.866 5；(2) 合格.

6. $E\xi=2$，$D\xi=2$.

7. $E\xi=8$.

8. $E\xi=0$，$D\xi=2$.

9. $a=12$，$b=-12$，$c=3$.

10. 0，$\frac{\pi^2}{12}-\frac{1}{2}$.

## B 组（提高题）

1. $\frac{3}{4}$.

2. $E\xi=0$，$D\xi=\frac{1}{2}$.

3. (1) 0.682 6；(2) 0.954 4；(3) 0.997 4.

4. $n=6$，$p=0.6$.

6. 提示：应用切比雪夫不等式，(6 562，8 083).

7. 3 500 吨.

8. 6.51.

## 练习 6－1

1. 略

2. 代表性、独立性.

3. (1) 略；(2) 2.6；(3) 2.6，78.

*4. $F_5(x)=\begin{cases}0, & x<-2\\ 1/5, & -2\leqslant x<-1\\ 2/5, & -1\leqslant x<3\\ 4/5, & 3\leqslant x<4\\ 1, & x\geqslant 4\end{cases}$.

5. 分组数据统计表如下：

| 编号 | 组限 | 组中值 | 频数 | 频率（%） | 累积频率（%） |
|---|---|---|---|---|---|
| 1 | (320，360) | 340 | 3 | 10.0 | 10.0 |
| 2 | (360，400) | 380 | 7 | 23.3 | 33.3 |
| 3 | (400，440) | 420 | 14 | 46.7 | 80.0 |
| 4 | (440，480) | 460 | 4 | 13.3 | 93.3 |
| 5 | (480，520) | 500 | 1 | 3.3 | 96.6 |
| 6 | (520，560) | 540 | 1 | 3.3 | 100 |

(图略)

6. $\bar{x}=\frac{1}{m}\sum_{k=1}^{m}n_k$，$s^2=\frac{1}{m-1}\left(\sum_{k=1}^{m}n_k^2-m\bar{x}^2\right)$.

7. $\frac{4\sqrt{10}}{5}$.

8. (1)0.158 7；(2)183.05g.

## 练习 6－2

1. 略

*2. $\mu$ 的最大似然估计值 $\hat{\mu}=\frac{1}{n}\sum_{i=1}^{n}x_i=\bar{x}$，$\sigma^2$ 的最大似然估计值 $\hat{\sigma}^2=\frac{1}{n}\sum_{i=1}^{n}(x_i-\bar{x})^2$.

*3. $\mu$ 的矩估计为 $\hat{\mu}=\frac{1}{n}\sum_{i=1}^{n}\xi_i$，$\sigma^2$ 的矩估计为 $\hat{\sigma}^2=\frac{1}{n}\sum_{i=1}^{n}(x_i-\bar{x})^2$.

*4. $p$ 的矩估计为 $\hat{p}=\frac{1}{n}\frac{1}{k}\sum_{i=1}^{k}x_i$.

5. (1 145.25，1 148.75).

6. (37.37，41.63)(岁).

7. (77.6，82.4)(元).

## 练习 6－3

1. 应该接受.

2. 可以认为该地区居民家庭食品月支出为 800 元.
3. 差异显著，对于扩大商品的销售可以认为有效.
4. 不认为该型号电池的使用寿命比公司宣称的短.
5. 该批罐头中 Vc 的含量合格.
6. 向乙公司的平均交货日期显著比甲公司短.
7. 无显著差异.
8. 乙厂比甲厂生产的铸件重量稳定.

# 习题六

## A 组（基本题）

**一、填空题**

1. 96.　2. 120.　3. 19.9；1.29.　4. $\bar{x}$.　5. $\chi^2(n)$；$\chi^2(n-1)$.
6. $F(n_1, n_2)$.　7. $-0.53$.　8. $\hat{x}=10.04$；$\hat{s}^2=0.787$.
9. (5.87, 8.73).　10. $\frac{4}{3}\sqrt{3}$.

**二、选择题**

1.（C）　2.（D）　3.（D）　4.（B）　5.（D）　6.（C）　7.（B）　8.（B）　9.（C）　10.（A）

**三、计算题**

1. (10.02, 11.98).
2. (432.3, 482.7).
3. $\theta-\frac{1}{2}\leqslant x_i\leqslant\theta+\frac{1}{2}\ (i=1, 2, \cdots, n)$；

区间$\left[\max(x_1, x_2, \cdots, x_n)-\frac{1}{2}, \min(x_1, x_2\cdots x_n)+\frac{1}{2}\right]$中任一值均为 $\theta$ 的最大似然估计值.

4. (1) $\hat{\mu}=3\,140$，$\hat{\sigma}^2=178\,320$；(2) $\hat{\sigma}^2=198\,133$.
5. 该天生产的饮料符合标准要求.
6. 该供货商提供的零件符合要求.
7. (1) 相等；(2) 认为甲居民区的网民比乙居民区的网民的平均上网小时数少.
8. 分装机运行不正常.
9. 极显著.
10. 有显著差异.

## B 组（提高题）

1. (0.101, 0.244 2).　2. 接受来货.　3. 拒绝 $H_0$.　4. (819.81, 830.19)（元）.
5. (−0.40, 2.60).　6. 效果显著.　7. 最小显著性水平在 0.001 至 0.005 之间.
8. 体育达标水平与性别无关.

# 附表 1 常用分布表

| 类型 | 分布名称 | 分布列或密度函数 | 数学期望 ($E\xi$) | 方差 ($D\xi$) |
|---|---|---|---|---|
| 离散型 | 二点分布 $B(1,p)$ | $P(\xi=k)=p^k q^{1-k}$，$k=0,1$ $(0<p<1, p+q=1)$ | $p$ | $pq$ |
| | 二项分布 $B(n,p)$ | $P(\xi=k)=C_n^k p^k q^{n-k}$ $(k=0,1,2,\cdots,n)$ $(0<p<1, p+q=1)$ | $np$ | $npq$ |
| | 泊松分布 | $P(\xi=k)=\frac{\lambda^k}{k!}e^{-\lambda}$ $(k=0,1,2,\cdots)$ $(\lambda>0)$ | $\lambda$ | $\lambda$ |
| | 几何分布 | $P(\xi=k)=pq^{k-1}$ $(k=1,2,3,\cdots)$ $(0<p<1, p+q=1)$ | $\frac{1}{p}$ | $\frac{q}{p^2}$ |
| 连续型 | 均匀分布 | $f(x)=\begin{cases}\frac{1}{b-a}, & a<x<b\\ 0, & 其他\end{cases}$ | $\frac{a+b}{2}$ | $\frac{(b-a)^2}{12}$ |
| | 指数分布 | $f(x)=\begin{cases}\lambda e^{-\lambda x}, & x\geqslant 0\\ 0, & x<0;\\ & \lambda>0\end{cases}$ | $\frac{1}{\lambda}$ | $\frac{1}{\lambda^2}$ |
| | 标准正态分布 $N(0,1)$ | $f(x)=\frac{1}{\sqrt{2\pi}}e^{-\frac{x^2}{2}}$ | 0 | 1 |
| | 正态分布 $N(\mu,\sigma^2)$ | $f(x)=\frac{1}{\sqrt{2\pi}\sigma}e^{-\frac{(x-\mu)^2}{2\sigma^2}}$ $(\mu\in\mathbf{R}, \sigma>0)$ | $\mu$ | $\sigma^2$ |

# 附表 2 泊松分布表

$$P(X=k)=\frac{\lambda^k}{k!}e^{-\lambda}\ (\lambda>0)$$

| k \ λ | 0.1 | 0.2 | 0.3 | 0.4 | 0.5 | 0.6 | 0.7 | 0.8 |
|---|---|---|---|---|---|---|---|---|
| 0 | 0.904 837 | 0.818 731 | 0.740 818 | 0.670 320 | 0.606 531 | 0.548 812 | 0.496 585 | 0.449 329 |
| 1 | 0.090 484 | 0.163 746 | 0.222 245 | 0.268 128 | 0.303 265 | 0.329 287 | 0.347 610 | 0.359 463 |
| 2 | 0.004 524 | 0.016 375 | 0.033 337 | 0.053 626 | 0.075 816 | 0.098 786 | 0.121 663 | 0.143 785 |
| 3 | 0.000 151 | 0.001 092 | 0.003 334 | 0.007 150 | 0.012 636 | 0.019 757 | 0.028 388 | 0.038 343 |
| 4 | 0.000 004 | 0.000 055 | 0.000 250 | 0.000 715 | 0.001 580 | 0.002 964 | 0.004 968 | 0.007 669 |
| 5 | | 0.000 002 | 0.000 015 | 0.000 057 | 0.000 158 | 0.000 356 | 0.000 696 | 0.001 227 |
| 6 | | | 0.000 001 | 0.000 004 | 0.000 013 | 0.000 036 | 0.000 081 | 0.000 164 |
| 7 | | | | | 0.000 001 | 0.000 003 | 0.000 008 | 0.000 019 |
| 8 | | | | | | | 0.000 001 | 0.000 002 |
| 9 | | | | | | | | |

| k \ λ | 0.9 | 1.0 | 1.5 | 2.0 | 2.5 | 3.0 | 3.5 | 4.0 |
|---|---|---|---|---|---|---|---|---|
| 0 | 0.406 570 | 0.367 879 | 0.223 130 | 0.135 335 | 0.082 085 | 0.049 787 | 0.030 197 | 0.018 316 |
| 1 | 0.365 913 | 0.367 879 | 0.334 695 | 0.270 671 | 0.205 212 | 0.149 361 | 0.105 691 | 0.073 263 |
| 2 | 0.164 661 | 0.183 940 | 0.251 021 | 0.270 671 | 0.256 516 | 0.224 042 | 0.184 959 | 0.146 525 |
| 3 | 0.049 398 | 0.061 313 | 0.125 511 | 0.180 447 | 0.213 763 | 0.224 042 | 0.215 785 | 0.195 367 |
| 4 | 0.011 115 | 0.015 328 | 0.047 067 | 0.090 224 | 0.133 602 | 0.168 031 | 0.188 812 | 0.195 367 |
| 5 | 0.002 001 | 0.003 066 | 0.014 120 | 0.036 089 | 0.066 801 | 0.100 819 | 0.132 169 | 0.156 293 |
| 6 | 0.000 300 | 0.000 511 | 0.003 530 | 0.012 030 | 0.027 834 | 0.050 409 | 0.077 098 | 0.104 196 |
| 7 | 0.000 039 | 0.000 073 | 0.000 756 | 0.003 437 | 0.009 941 | 0.021 604 | 0.038 549 | 0.059 540 |
| 8 | 0.000 004 | 0.000 009 | 0.000 142 | 0.000 859 | 0.003 106 | 0.008 102 | 0.016 865 | 0.029 770 |
| 9 | | 0.000 001 | 0.000 024 | 0.000 191 | 0.000 863 | 0.002 701 | 0.006 559 | 0.013 231 |
| 10 | | | 0.000 004 | 0.000 038 | 0.000 216 | 0.000 810 | 0.002 296 | 0.005 292 |
| 11 | | | | 0.000 007 | 0.000 049 | 0.000 221 | 0.000 730 | 0.001 925 |
| 12 | | | | 0.000 001 | 0.000 010 | 0.000 055 | 0.000 213 | 0.000 642 |
| 13 | | | | | 0.000 002 | 0.000 013 | 0.000 057 | 0.000 197 |
| 14 | | | | | | 0.000 003 | 0.000 014 | 0.000 056 |
| 15 | | | | | | 0.000 001 | 0.000 003 | 0.000 015 |
| 16 | | | | | | | 0.000 001 | 0.000 004 |
| 17 | | | | | | | | 0.000 001 |

| k \ λ | 4.5 | 5.0 | 5.5 | 6.0 | 6.5 | 7.0 | 7.5 | 8.0 |
|---|---|---|---|---|---|---|---|---|
| 0 | 0.011 109 | 0.006 738 | 0.004 087 | 0.002 479 | 0.001 503 | 0.000 912 | 0.000 553 | 0.000 335 |
| 1 | 0.049 990 | 0.033 690 | 0.022 477 | 0.014 873 | 0.009 772 | 0.006 383 | 0.004 148 | 0.002 684 |
| 2 | 0.112 479 | 0.084 224 | 0.061 812 | 0.044 618 | 0.031 760 | 0.022 341 | 0.015 555 | 0.010 735 |
| 3 | 0.168 718 | 0.140 374 | 0.113 323 | 0.089 235 | 0.068 814 | 0.052 129 | 0.038 889 | 0.028 626 |
| 4 | 0.189 808 | 0.175 467 | 0.155 819 | 0.133 853 | 0.111 822 | 0.091 226 | 0.072 916 | 0.057 252 |
| 5 | 0.170 827 | 0.175 467 | 0.171 401 | 0.160 623 | 0.145 369 | 0.127 717 | 0.109 375 | 0.091 604 |
| 6 | 0.128 120 | 0.146 223 | 0.157 117 | 0.160 623 | 0.157 483 | 0.149 003 | 0.136 718 | 0.122 138 |
| 7 | 0.082 363 | 0.104 445 | 0.123 449 | 0.137 677 | 0.146 234 | 0.149 003 | 0.146 484 | 0.139 587 |
| 8 | 0.046 329 | 0.065 278 | 0.084 871 | 0.103 258 | 0.118 815 | 0.130 377 | 0.137 329 | 0.139 587 |
| 9 | 0.023 165 | 0.036 266 | 0.051 866 | 0.068 838 | 0.085 811 | 0.101 405 | 0.114 440 | 0.124 077 |
| 10 | 0.010 424 | 0.018 133 | 0.028 526 | 0.041 303 | 0.055 777 | 0.070 983 | 0.085 830 | 0.099 262 |
| 11 | 0.004 264 | 0.008 242 | 0.014 263 | 0.022 529 | 0.032 959 | 0.045 171 | 0.058 521 | 0.072 190 |
| 12 | 0.001 599 | 0.003 434 | 0.006 537 | 0.011 264 | 0.017 853 | 0.026 350 | 0.036 575 | 0.048 127 |
| 13 | 0.000 554 | 0.001 321 | 0.002 766 | 0.005 199 | 0.008 926 | 0.014 188 | 0.021 101 | 0.029 616 |
| 14 | 0.000 178 | 0.000 472 | 0.001 087 | 0.002 228 | 0.004 144 | 0.007 094 | 0.011 304 | 0.016 924 |
| 15 | 0.000 053 | 0.000 157 | 0.000 398 | 0.000 891 | 0.001 796 | 0.003 311 | 0.005 652 | 0.009 026 |
| 16 | 0.000 015 | 0.000 049 | 0.000 137 | 0.000 334 | 0.000 730 | 0.001 448 | 0.002 649 | 0.004 513 |
| 17 | 0.000 004 | 0.000 014 | 0.000 044 | 0.000 118 | 0.000 279 | 0.000 596 | 0.001 169 | 0.002 124 |
| 18 | 0.000 001 | 0.000 004 | 0.000 014 | 0.000 039 | 0.000 101 | 0.000 232 | 0.000 487 | 0.000 944 |
| 19 |  | 0.000 001 | 0.000 004 | 0.000 012 | 0.000 034 | 0.000 085 | 0.000 192 | 0.000 397 |
| 20 |  |  | 0.000 001 | 0.000 004 | 0.000 011 | 0.000 030 | 0.000 072 | 0.000 159 |
| 21 |  |  |  | 0.000 001 | 0.000 003 | 0.000 010 | 0.000 026 | 0.000 061 |
| 22 |  |  |  |  | 0.000 001 | 0.000 003 | 0.000 009 | 0.000 022 |
| 23 |  |  |  |  |  | 0.000 001 | 0.000 003 | 0.000 008 |
| 24 |  |  |  |  |  |  | 0.000 001 | 0.000 003 |
| 25 |  |  |  |  |  |  |  | 0.000 001 |

| k \ λ | 8.5 | 9.0 | 9.5 | 10 |
|---|---|---|---|---|
| 0 | 0.000 203 | 0.000 123 | 0.000 075 | 0.000 045 |
| 1 | 0.001 729 | 0.001 111 | 0.000 711 | 0.000 454 |
| 2 | 0.007 350 | 0.004 998 | 0.003 378 | 0.002 270 |
| 3 | 0.020 826 | 0.014 994 | 0.010 696 | 0.007 567 |
| 4 | 0.044 255 | 0.033 737 | 0.025 403 | 0.018 917 |
| 5 | 0.075 233 | 0.060 727 | 0.048 266 | 0.037 833 |
| 6 | 0.106 581 | 0.091 090 | 0.076 421 | 0.063 055 |
| 7 | 0.129 419 | 0.117 116 | 0.103 714 | 0.090 079 |
| 8 | 0.137 508 | 0.131 756 | 0.123 160 | 0.112 599 |
| 9 | 0.129 869 | 0.131 756 | 0.130 003 | 0.125 110 |
| 10 | 0.110 388 | 0.118 580 | 0.123 502 | 0.125 110 |
| 11 | 0.085 300 | 0.097 020 | 0.106 661 | 0.113 736 |
| 12 | 0.060 421 | 0.072 765 | 0.084 440 | 0.094 780 |

续前表

| $k$ \ $\lambda$ | 8.5 | 9.0 | 9.5 | 10 |
|---|---|---|---|---|
| 13 | 0.039 506 | 0.050 376 | 0.061 706 | 0.072 908 |
| 14 | 0.023 986 | 0.032 384 | 0.041 872 | 0.052 077 |
| 15 | 0.013 592 | 0.019 431 | 0.026 519 | 0.034 718 |
| 16 | 0.007 221 | 0.010 930 | 0.015 746 | 0.021 699 |
| 17 | 0.003 610 | 0.005 786 | 0.008 799 | 0.012 764 |
| 18 | 0.001 705 | 0.002 893 | 0.004 644 | 0.007 091 |
| 19 | 0.000 763 | 0.001 370 | 0.002 322 | 0.003 732 |
| 20 | 0.000 324 | 0.000 617 | 0.001 103 | 0.001 866 |
| 21 | 0.000 131 | 0.000 264 | 0.000 499 | 0.000 889 |
| 22 | 0.000 051 | 0.000 108 | 0.000 215 | 0.000 404 |
| 23 | 0.000 019 | 0.000 042 | 0.000 089 | 0.000 176 |
| 24 | 0.000 007 | 0.000 016 | 0.000 035 | 0.000 073 |
| 25 | 0.000 002 | 0.000 006 | 0.000 013 | 0.000 029 |
| 26 | 0.000 001 | 0.000 002 | 0.000 005 | 0.000 011 |
| 27 | | 0.000 001 | 0.000 002 | 0.000 004 |
| 28 | | | 0.000 001 | 0.000 001 |
| 29 | | | | 0.000 001 |

# 附表 3　标准正态分布函数数值表

$$\varphi(x)=\int_{-\infty}^{x}\frac{1}{\sqrt{2\pi}}e^{-\frac{t^2}{2}}dt=P(X\leqslant x)$$

| $x$ | 0.00 | 0.01 | 0.02 | 0.03 | 0.04 | 0.05 | 0.06 | 0.07 | 0.08 | 0.09 |
|---|---|---|---|---|---|---|---|---|---|---|
| 0.0 | 0.500 0 | 0.504 0 | 0.508 0 | 0.512 0 | 0.516 0 | 0.519 9 | 0.523 9 | 0.527 9 | 0.531 9 | 0.535 9 |
| 0.1 | 0.539 8 | 0.543 8 | 0.547 8 | 0.551 7 | 0.555 7 | 0.559 6 | 0.563 6 | 0.567 5 | 0.571 4 | 0.575 3 |
| 0.2 | 0.579 3 | 0.583 2 | 0.587 1 | 0.591 0 | 0.594 8 | 0.598 7 | 0.602 6 | 0.606 4 | 0.610 3 | 0.614 1 |
| 0.3 | 0.617 9 | 0.621 7 | 0.625 5 | 0.629 3 | 0.633 1 | 0.636 8 | 0.640 6 | 0.644 3 | 0.648 0 | 0.651 7 |
| 0.4 | 0.655 4 | 0.659 1 | 0.662 8 | 0.666 4 | 0.670 0 | 0.673 6 | 0.677 2 | 0.680 8 | 0.684 4 | 0.687 9 |
| 0.5 | 0.691 5 | 0.695 0 | 0.698 5 | 0.701 9 | 0.705 4 | 0.708 8 | 0.712 3 | 0.715 7 | 0.719 0 | 0.722 4 |
| 0.6 | 0.725 7 | 0.729 1 | 0.732 4 | 0.735 7 | 0.738 9 | 0.742 2 | 0.745 4 | 0.748 6 | 0.751 7 | 0.754 9 |
| 0.7 | 0.758 0 | 0.761 1 | 0.764 2 | 0.767 3 | 0.770 3 | 0.773 4 | 0.776 4 | 0.779 4 | 0.782 3 | 0.785 2 |
| 0.8 | 0.788 1 | 0.791 0 | 0.793 9 | 0.796 7 | 0.799 5 | 0.802 3 | 0.805 1 | 0.807 8 | 0.810 6 | 0.813 3 |
| 0.9 | 0.815 9 | 0.818 6 | 0.821 2 | 0.823 8 | 0.826 4 | 0.828 9 | 0.831 5 | 0.834 0 | 0.836 5 | 0.838 9 |
| 1.0 | 0.841 3 | 0.843 8 | 0.846 1 | 0.848 5 | 0.850 8 | 0.853 1 | 0.855 4 | 0.857 7 | 0.859 9 | 0.862 1 |
| 1.1 | 0.864 3 | 0.866 5 | 0.868 6 | 0.870 8 | 0.872 9 | 0.874 9 | 0.877 0 | 0.879 0 | 0.881 0 | 0.883 0 |
| 1.2 | 0.884 9 | 0.886 9 | 0.888 8 | 0.890 7 | 0.892 5 | 0.894 4 | 0.896 2 | 0.898 0 | 0.899 7 | 0.901 5 |
| 1.3 | 0.903 2 | 0.904 9 | 0.906 6 | 0.908 2 | 0.909 9 | 0.911 5 | 0.913 1 | 0.914 7 | 0.916 2 | 0.9177 |
| 1.4 | 0.919 2 | 0.920 7 | 0.922 2 | 0.923 6 | 0.925 1 | 0.926 5 | 0.927 8 | 0.929 2 | 0.930 6 | 0.931 9 |
| 1.5 | 0.933 2 | 0.934 5 | 0.935 7 | 0.937 0 | 0.938 2 | 0.939 4 | 0.940 6 | 0.941 8 | 0.943 0 | 0.944 1 |
| 1.6 | 0.945 2 | 0.946 3 | 0.947 4 | 0.948 4 | 0.949 5 | 0.950 5 | 0.951 5 | 0.952 5 | 0.953 5 | 0.954 5 |
| 1.7 | 0.955 4 | 0.956 4 | 0.957 3 | 0.958 2 | 0.959 1 | 0.959 9 | 0.960 8 | 0.961 6 | 0.962 5 | 0.963 3 |
| 1.8 | 0.964 1 | 0.964 8 | 0.965 6 | 0.966 4 | 0.967 1 | 0.967 8 | 0.968 6 | 0.969 3 | 0.970 0 | 0.970 6 |
| 1.9 | 0.971 3 | 0.971 9 | 0.972 6 | 0.973 2 | 0.973 8 | 0.974 4 | 0.975 0 | 0.975 6 | 0.976 2 | 0.976 7 |
| 2.0 | 0.977 2 | 0.977 8 | 0.978 3 | 0.978 8 | 0.979 3 | 0.979 8 | 0.980 3 | 0.980 8 | 0.981 2 | 0.981 7 |
| 2.1 | 0.982 1 | 0.982 6 | 0.983 0 | 0.983 4 | 0.983 8 | 0.984 2 | 0.984 6 | 0.985 0 | 0.985 4 | 0.985 7 |
| 2.2 | 0.986 1 | 0.986 4 | 0.986 8 | 0.987 1 | 0.987 4 | 0.987 8 | 0.988 1 | 0.988 4 | 0.988 7 | 0.989 0 |
| 2.3 | 0.989 3 | 0.989 6 | 0.989 8 | 0.990 1 | 0.990 4 | 0.990 6 | 0.990 9 | 0.991 1 | 0.991 3 | 0.991 6 |
| 2.4 | 0.991 8 | 0.992 0 | 0.992 2 | 0.992 5 | 0.992 7 | 0.992 9 | 0.993 1 | 0.993 2 | 0.993 4 | 0.993 6 |
| 2.5 | 0.993 8 | 0.994 0 | 0.994 1 | 0.994 3 | 0.994 5 | 0.994 6 | 0.9948 | 0.994 9 | 0.995 1 | 0.995 2 |
| 2.6 | 0.995 3 | 0.995 5 | 0.995 6 | 0.995 7 | 0.995 9 | 0.996 0 | 0.996 1 | 0.996 2 | 0.996 3 | 0.996 4 |
| 2.7 | 0.996 5 | 0.996 6 | 0.996 7 | 0.996 8 | 0.996 9 | 0.997 0 | 0.997 1 | 0.997 2 | 0.997 3 | 0.997 4 |
| 2.8 | 0.997 4 | 0.997 5 | 0.997 6 | 0.997 7 | 0.997 7 | 0.997 8 | 0.997 9 | 0.997 9 | 0.998 0 | 0.998 1 |
| 2.9 | 0.998 1 | 0.998 2 | 0.998 2 | 0.998 3 | 0.998 4 | 0.998 4 | 0.998 5 | 0.998 5 | 0.998 6 | 0.998 6 |
| 3.0 | 0.998 7 | 0.999 0 | 0.999 3 | 0.999 5 | 0.999 7 | 0.999 8 | 0.999 8 | 0.999 9 | 0.999 9 | 1.000 0 |

注：本表最后一行自左至右依次是 $\varphi$(3.0)、…、$\varphi$(3.9) 的值.

# 附表 4 *t* 分布临界值表

（查表时注意：$v$ 是指自由度，并分单侧和双侧两种类型）

（左侧的示意图是单侧检验的情形）

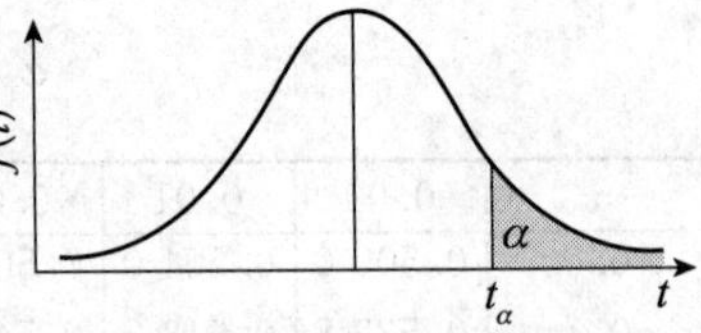


| 单侧<br>双侧 | $\alpha$=0.10<br>$\alpha$=0.20 | 0.05<br>0.10 | 0.025<br>0.05 | 0.01<br>0.02 | 0.005<br>0.01 |
|---|---|---|---|---|---|
| $v$=1 | 3.078 | 6.314 | 12.706 | 31.821 | 63.657 |
| 2 | 1.886 | 2.920 | 4.303 | 6.965 | 9.925 |
| 3 | 1.638 | 2.353 | 3.182 | 4.541 | 5.841 |
| 4 | 1.533 | 2.132 | 2.776 | 3.747 | 4.604 |
| 5 | 1.476 | 2.015 | 2.571 | 3.365 | 4.032 |
| 6 | 1.440 | 1.943 | 2.447 | 3.143 | 3.707 |
| 7 | 1.415 | 1.895 | 2.365 | 2.998 | 3.499 |
| 8 | 1.397 | 1.860 | 2.306 | 2.896 | 2.355 |
| 9 | 1.383 | 1.833 | 2.262 | 2.821 | 3.250 |
| 10 | 1.372 | 1.812 | 2.228 | 2.764 | 3.169 |
| 11 | 1.363 | 1.796 | 2.201 | 2.718 | 3.106 |
| 12 | 1.356 | 1.782 | 2.179 | 2.681 | 3.055 |
| 13 | 1.350 | 1.771 | 2.160 | 2.650 | 3.012 |
| 14 | 1.345 | 1.761 | 2.145 | 2.624 | 2.977 |
| 15 | 1.341 | 1.753 | 2.131 | 2.602 | 2.947 |
| 16 | 1.337 | 1.746 | 2.120 | 2.583 | 2.921 |
| 17 | 1.333 | 1.740 | 2.110 | 2.567 | 2.898 |
| 18 | 1.330 | 1.734 | 2.101 | 2.552 | 2.878 |
| 19 | 1.328 | 1.729 | 2.093 | 2.539 | 2.861 |
| 20 | 1.325 | 1.725 | 2.086 | 2.528 | 2.845 |
| 21 | 1.323 | 1.721 | 2.080 | 2.518 | 2.831 |
| 22 | 1.321 | 1.717 | 2.074 | 2.508 | 2.819 |
| 23 | 1.319 | 1.714 | 2.069 | 2.500 | 2.807 |
| 24 | 1.318 | 1.711 | 2.064 | 2.492 | 2.797 |
| 25 | 1.316 | 1.708 | 2.060 | 2.485 | 2.787 |
| 26 | 1.315 | 1.706 | 2.056 | 2.479 | 2.779 |
| 27 | 1.314 | 1.703 | 2.052 | 2.473 | 2.771 |
| 28 | 1.313 | 1.701 | 2.048 | 2.467 | 2.763 |
| 29 | 1.311 | 1.699 | 2.045 | 2.462 | 2.756 |

续前表

| 单侧<br>双侧 | $\alpha$=0.10<br>$\alpha$=0.20 | 0.05<br>0.10 | 0.025<br>0.05 | 0.01<br>0.02 | 0.005<br>0.01 |
|---|---|---|---|---|---|
| 30 | 1.310 | 1.697 | 2.042 | 2.457 | 2.750 |
| 40 | 1.303 | 1.684 | 2.021 | 2.423 | 2.704 |
| 50 | 1.299 | 1.676 | 2.009 | 2.403 | 2.678 |
| 60 | 1.296 | 1.671 | 2.000 | 2.390 | 2.660 |
| 70 | 1.294 | 1.667 | 1.994 | 2.381 | 2.648 |
| 80 | 1.292 | 1.664 | 1.990 | 2.374 | 2.639 |
| 90 | 1.291 | 1.662 | 1.987 | 2.368 | 2.632 |
| 100 | 1.290 | 1.660 | 1.984 | 2.364 | 2.626 |
| 125 | 1.288 | 1.657 | 1.979 | 2.357 | 2.616 |
| 150 | 1.287 | 1.655 | 1.976 | 2.351 | 2.609 |
| 200 | 1.286 | 1.653 | 1.972 | 2.345 | 2.601 |
| $\infty$ | 1.282 | 1.645 | 1.960 | 2.326 | 2.576 |

# 附表 5　*F* 分布临界值表

——$\alpha$（0.005－0.10）

$\alpha$=0.005

| $n_2$ \ $n_1$ | 1 | 2 | 3 | 4 | 5 | 6 | 8 | 12 | 24 | ∞ |
|---|---|---|---|---|---|---|---|---|---|---|
| 1 | 16 211 | 20 000 | 21 615 | 22 500 | 23 056 | 23 437 | 23 925 | 24 426 | 24 940 | 25 465 |
| 2 | 198.5 | 199 | 199.2 | 199.2 | 199.3 | 199.3 | 199.4 | 199.4 | 199.5 | 199.5 |
| 3 | 55.55 | 49.8 | 47.47 | 46.19 | 45.39 | 44.84 | 44.13 | 43.39 | 42.62 | 41.83 |
| 4 | 31.33 | 26.28 | 24.26 | 23.15 | 22.46 | 21.97 | 21.35 | 20.7 | 20.03 | 19.32 |
| 5 | 22.78 | 18.31 | 16.53 | 15.56 | 14.94 | 14.51 | 13.96 | 13.38 | 12.78 | 12.14 |
| 6 | 18.63 | 14.45 | 12.92 | 12.03 | 11.46 | 11.07 | 10.57 | 10.03 | 9.47 | 8.88 |
| 7 | 16.24 | 12.4 | 10.88 | 10.05 | 9.52 | 9.16 | 8.68 | 8.18 | 7.65 | 7.08 |
| 8 | 14.69 | 11.04 | 9.60 | 8.81 | 8.30 | 7.95 | 7.50 | 7.01 | 6.50 | 5.95 |
| 9 | 13.61 | 10.11 | 8.72 | 7.96 | 7.47 | 7.13 | 6.69 | 6.23 | 5.73 | 5.19 |
| 10 | 12.83 | 9.43 | 8.08 | 7.34 | 6.87 | 6.54 | 6.12 | 5.66 | 5.17 | 4.64 |
| 11 | 12.23 | 8.91 | 7.60 | 6.88 | 6.42 | 6.1 | 5.68 | 5.24 | 4.76 | 4.23 |
| 12 | 11.75 | 8.51 | 7.23 | 6.52 | 6.07 | 5.76 | 5.35 | 4.91 | 4.43 | 3.90 |
| 13 | 11.37 | 8.19 | 6.93 | 6.23 | 5.79 | 5.48 | 5.08 | 4.64 | 4.17 | 3.65 |
| 14 | 11.06 | 7.92 | 6.68 | 6.00 | 5.56 | 5.26 | 4.86 | 4.43 | 3.96 | 3.44 |
| 15 | 10.80 | 7.70 | 6.48 | 5.80 | 5.37 | 5.07 | 4.67 | 4.25 | 3.79 | 3.26 |
| 16 | 10.58 | 7.51 | 6.30 | 5.64 | 5.21 | 4.91 | 4.52 | 4.10 | 3.64 | 3.11 |
| 17 | 10.38 | 7.35 | 6.16 | 5.50 | 5.07 | 4.78 | 4.39 | 3.97 | 3.51 | 2.98 |
| 18 | 10.22 | 7.21 | 6.03 | 5.37 | 4.96 | 4.66 | 4.28 | 3.86 | 3.40 | 2.87 |
| 19 | 10.07 | 7.09 | 5.92 | 5.27 | 4.85 | 4.56 | 4.18 | 3.76 | 3.31 | 2.78 |
| 20 | 9.94 | 6.99 | 5.82 | 5.17 | 4.76 | 4.47 | 4.09 | 3.68 | 3.22 | 2.69 |
| 21 | 9.83 | 6.89 | 5.73 | 5.09 | 4.68 | 4.39 | 4.01 | 3.60 | 3.15 | 2.61 |
| 22 | 9.73 | 6.81 | 5.65 | 5.02 | 4.61 | 4.32 | 3.94 | 3.54 | 3.08 | 2.55 |
| 23 | 9.63 | 6.73 | 5.58 | 4.95 | 4.54 | 4.26 | 3.88 | 3.47 | 3.02 | 2.48 |
| 24 | 9.55 | 6.66 | 5.52 | 4.89 | 4.49 | 4.20 | 3.83 | 3.42 | 2.97 | 2.43 |
| 25 | 9.48 | 6.60 | 5.46 | 4.84 | 4.43 | 4.15 | 3.78 | 3.37 | 2.92 | 2.38 |
| 26 | 9.41 | 6.54 | 5.41 | 4.79 | 4.38 | 4.10 | 3.73 | 3.33 | 2.87 | 2.33 |
| 27 | 9.34 | 6.49 | 5.36 | 4.74 | 4.34 | 4.06 | 3.69 | 3.28 | 2.83 | 2.29 |
| 28 | 9.28 | 6.44 | 5.32 | 4.70 | 4.30 | 4.02 | 3.65 | 3.25 | 2.79 | 2.25 |

续前表

| $n_2$ \ $n_1$ | 1 | 2 | 3 | 4 | 5 | 6 | 8 | 12 | 24 | ∞ |
|---|---|---|---|---|---|---|---|---|---|---|
| 29 | 9.23 | 6.40 | 5.28 | 4.66 | 4.26 | 3.98 | 3.61 | 3.21 | 2.76 | 2.21 |
| 30 | 9.18 | 6.35 | 5.24 | 4.62 | 4.23 | 3.95 | 3.58 | 3.18 | 2.73 | 2.18 |
| 40 | 8.83 | 6.07 | 4.98 | 4.37 | 3.99 | 3.71 | 3.35 | 2.95 | 2.50 | 1.93 |
| 60 | 8.49 | 5.79 | 4.73 | 4.14 | 3.76 | 3.49 | 3.13 | 2.74 | 2.29 | 1.69 |
| 120 | 8.18 | 5.54 | 4.50 | 3.92 | 3.55 | 3.28 | 2.93 | 2.54 | 2.09 | 1.43 |

$\alpha=0.01$

| $n_2$ \ $n_1$ | 1 | 2 | 3 | 4 | 5 | 6 | 8 | 12 | 24 | ∞ |
|---|---|---|---|---|---|---|---|---|---|---|
| 1 | 4 052 | 4 999 | 5 403 | 5 625 | 5 764 | 5 859 | 5 981 | 6 106 | 6 234 | 6 366 |
| 2 | 98.49 | 99.01 | 99.17 | 99.25 | 99.3 | 99.33 | 99.36 | 99.42 | 99.46 | 99.5 |
| 3 | 34.12 | 30.81 | 29.46 | 28.71 | 28.24 | 27.91 | 27.49 | 27.05 | 26.6 | 26.12 |
| 4 | 21.20 | 18.00 | 16.69 | 15.98 | 15.52 | 15.21 | 14.80 | 14.37 | 13.93 | 13.46 |
| 5 | 16.26 | 13.27 | 12.06 | 11.39 | 10.97 | 10.67 | 10.29 | 9.89 | 9.47 | 9.02 |
| 6 | 13.74 | 10.92 | 9.78 | 9.15 | 8.75 | 8.47 | 8.10 | 7.72 | 7.31 | 6.88 |
| 7 | 12.25 | 9.55 | 8.45 | 7.85 | 7.46 | 7.19 | 6.84 | 6.47 | 6.07 | 5.65 |
| 8 | 11.26 | 8.65 | 7.59 | 7.01 | 6.63 | 6.37 | 6.03 | 5.67 | 5.28 | 4.86 |
| 9 | 10.56 | 8.02 | 6.99 | 6.42 | 6.06 | 5.80 | 5.47 | 5.11 | 4.73 | 4.31 |
| 10 | 10.04 | 7.56 | 6.55 | 5.99 | 5.64 | 5.39 | 5.06 | 4.71 | 4.33 | 3.91 |
| 11 | 9.65 | 7.20 | 6.22 | 5.67 | 5.32 | 5.07 | 4.74 | 4.40 | 4.02 | 3.60 |
| 12 | 9.33 | 6.93 | 5.95 | 5.41 | 5.06 | 4.82 | 4.50 | 4.16 | 3.78 | 3.36 |
| 13 | 9.07 | 6.70 | 5.74 | 5.20 | 4.86 | 4.62 | 4.30 | 3.96 | 3.59 | 3.16 |
| 14 | 8.86 | 6.51 | 5.56 | 5.03 | 4.69 | 4.46 | 4.14 | 3.80 | 3.43 | 3.00 |
| 15 | 8.68 | 6.36 | 5.42 | 4.89 | 4.56 | 4.32 | 4.00 | 3.67 | 3.29 | 2.87 |
| 16 | 8.53 | 6.23 | 5.29 | 4.77 | 4.44 | 4.2 | 3.89 | 3.55 | 3.18 | 2.75 |
| 17 | 8.40 | 6.11 | 5.18 | 4.67 | 4.34 | 4.10 | 3.79 | 3.45 | 3.08 | 2.65 |
| 18 | 8.28 | 6.01 | 5.09 | 4.58 | 4.25 | 4.01 | 3.71 | 3.37 | 3.00 | 2.57 |
| 19 | 8.18 | 5.93 | 5.01 | 4.50 | 4.17 | 3.94 | 3.63 | 3.30 | 2.92 | 2.49 |
| 20 | 8.10 | 5.85 | 4.94 | 4.43 | 4.10 | 3.87 | 3.56 | 3.23 | 2.86 | 2.42 |
| 21 | 8.02 | 5.78 | 4.87 | 4.37 | 4.04 | 3.81 | 3.51 | 3.17 | 2.80 | 2.36 |
| 22 | 7.94 | 5.72 | 4.82 | 4.31 | 3.99 | 3.76 | 3.45 | 3.12 | 2.75 | 2.31 |
| 23 | 7.88 | 5.66 | 4.76 | 4.26 | 3.94 | 3.71 | 3.41 | 3.07 | 2.70 | 2.26 |
| 24 | 7.82 | 5.61 | 4.72 | 4.22 | 3.90 | 3.67 | 3.36 | 3.03 | 2.66 | 2.21 |
| 25 | 7.77 | 5.57 | 4.68 | 4.18 | 3.86 | 3.63 | 3.32 | 2.99 | 2.62 | 2.17 |

续前表

| $n_2$ \ $n_1$ | 1 | 2 | 3 | 4 | 5 | 6 | 8 | 12 | 24 | ∞ |
|---|---|---|---|---|---|---|---|---|---|---|
| 26 | 7.72 | 5.53 | 4.64 | 4.14 | 3.82 | 3.59 | 3.29 | 2.96 | 2.58 | 2.13 |
| 27 | 7.68 | 5.49 | 4.60 | 4.11 | 3.78 | 3.56 | 3.26 | 2.93 | 2.55 | 2.10 |
| 28 | 7.64 | 5.45 | 4.57 | 4.07 | 3.75 | 3.53 | 3.23 | 2.90 | 2.52 | 2.06 |
| 29 | 7.60 | 5.42 | 4.54 | 4.04 | 3.73 | 3.50 | 3.20 | 2.87 | 2.49 | 2.03 |
| 30 | 7.56 | 5.39 | 4.51 | 4.02 | 3.70 | 3.47 | 3.17 | 2.84 | 2.47 | 2.01 |
| 40 | 7.31 | 5.18 | 4.31 | 3.83 | 3.51 | 3.29 | 2.99 | 2.66 | 2.29 | 1.80 |
| 60 | 7.08 | 4.98 | 4.13 | 3.65 | 3.34 | 3.12 | 2.82 | 2.5 | 2.12 | 1.60 |
| 120 | 6.85 | 4.79 | 3.95 | 3.48 | 3.17 | 2.96 | 2.66 | 2.34 | 1.95 | 1.38 |
| ∞ | 6.64 | 4.60 | 3.78 | 3.32 | 3.02 | 2.80 | 2.51 | 2.18 | 1.79 | 1.00 |

$\alpha=0.025$

| $n_2$ \ $n_1$ | 1 | 2 | 3 | 4 | 5 | 6 | 8 | 12 | 24 | ∞ |
|---|---|---|---|---|---|---|---|---|---|---|
| 1 | 647.8 | 799.5 | 864.2 | 899.6 | 921.8 | 937.1 | 956.7 | 976.7 | 997.2 | 1 018 |
| 2 | 38.51 | 39.00 | 39.17 | 39.25 | 39.3 | 39.33 | 39.37 | 39.41 | 39.46 | 39.50 |
| 3 | 17.44 | 16.04 | 15.44 | 15.10 | 14.88 | 14.73 | 14.54 | 14.34 | 14.12 | 13.90 |
| 4 | 12.22 | 10.65 | 9.98 | 9.60 | 9.36 | 9.20 | 8.98 | 8.75 | 8.51 | 8.26 |
| 5 | 10.01 | 8.43 | 7.76 | 7.39 | 7.15 | 6.98 | 6.76 | 6.52 | 6.28 | 6.02 |
| 6 | 8.81 | 7.26 | 6.60 | 6.23 | 5.99 | 5.82 | 5.60 | 5.37 | 5.12 | 4.85 |
| 7 | 8.07 | 6.54 | 5.89 | 5.52 | 5.29 | 5.12 | 4.90 | 4.67 | 4.42 | 4.14 |
| 8 | 7.57 | 6.06 | 5.42 | 5.05 | 4.82 | 4.65 | 4.43 | 4.20 | 3.95 | 3.67 |
| 9 | 7.21 | 5.71 | 5.08 | 4.72 | 4.48 | 4.32 | 4.10 | 3.87 | 3.61 | 3.33 |
| 10 | 6.94 | 5.46 | 4.83 | 4.47 | 4.24 | 4.07 | 3.85 | 3.62 | 3.37 | 3.08 |
| 11 | 6.72 | 5.26 | 4.63 | 4.28 | 4.04 | 3.88 | 3.66 | 3.43 | 3.17 | 2.88 |
| 12 | 6.55 | 5.10 | 4.47 | 4.12 | 3.89 | 3.73 | 3.51 | 3.28 | 3.02 | 2.72 |
| 13 | 6.41 | 4.97 | 4.35 | 4.00 | 3.77 | 3.60 | 3.39 | 3.15 | 2.89 | 2.60 |
| 14 | 6.30 | 4.86 | 4.24 | 3.89 | 3.66 | 3.50 | 3.29 | 3.05 | 2.79 | 2.49 |
| 15 | 6.20 | 4.77 | 4.15 | 3.80 | 3.58 | 3.41 | 3.20 | 2.96 | 2.70 | 2.40 |
| 16 | 6.12 | 4.69 | 4.08 | 3.73 | 3.50 | 3.34 | 3.12 | 2.89 | 2.63 | 2.32 |
| 17 | 6.04 | 4.62 | 4.01 | 3.66 | 3.44 | 3.28 | 3.06 | 2.82 | 2.56 | 2.25 |
| 18 | 5.98 | 4.56 | 3.95 | 3.61 | 3.38 | 3.22 | 3.01 | 2.77 | 2.50 | 2.19 |
| 19 | 5.92 | 4.51 | 3.90 | 3.56 | 3.33 | 3.17 | 2.96 | 2.72 | 2.45 | 2.13 |
| 20 | 5.87 | 4.46 | 3.86 | 3.51 | 3.29 | 3.13 | 2.91 | 2.68 | 2.41 | 2.09 |
| 21 | 5.83 | 4.42 | 3.82 | 3.48 | 3.25 | 3.09 | 2.87 | 2.64 | 2.37 | 2.04 |
| 22 | 5.79 | 4.38 | 3.78 | 3.44 | 3.22 | 3.05 | 2.84 | 2.60 | 2.33 | 2.00 |

续前表

| $n_2$ \ $n_1$ | 1 | 2 | 3 | 4 | 5 | 6 | 8 | 12 | 24 | ∞ |
|---|---|---|---|---|---|---|---|---|---|---|
| 23 | 5.75 | 4.35 | 3.75 | 3.41 | 3.18 | 3.02 | 2.81 | 2.57 | 2.30 | 1.97 |
| 24 | 5.72 | 4.32 | 3.72 | 3.38 | 3.15 | 2.99 | 2.78 | 2.54 | 2.27 | 1.94 |
| 25 | 5.69 | 4.29 | 3.69 | 3.35 | 3.13 | 2.97 | 2.75 | 2.51 | 2.24 | 1.91 |
| 26 | 5.66 | 4.27 | 3.67 | 3.33 | 3.10 | 2.94 | 2.73 | 2.49 | 2.22 | 1.88 |
| 27 | 5.63 | 4.24 | 3.65 | 3.31 | 3.08 | 2.92 | 2.71 | 2.47 | 2.19 | 1.85 |
| 28 | 5.61 | 4.22 | 3.63 | 3.29 | 3.06 | 2.90 | 2.69 | 2.45 | 2.17 | 1.83 |
| 29 | 5.59 | 4.20 | 3.61 | 3.27 | 3.04 | 2.88 | 2.67 | 2.43 | 2.15 | 1.81 |
| 30 | 5.57 | 4.18 | 3.59 | 3.25 | 3.03 | 2.87 | 2.65 | 2.41 | 2.14 | 1.79 |
| 40 | 5.42 | 4.05 | 3.46 | 3.13 | 2.90 | 2.74 | 2.53 | 2.29 | 2.01 | 1.64 |
| 60 | 5.29 | 3.93 | 3.34 | 3.01 | 2.79 | 2.63 | 2.41 | 2.17 | 1.88 | 1.48 |
| 120 | 5.15 | 3.8 | 3.23 | 2.89 | 2.67 | 2.52 | 2.30 | 2.05 | 1.76 | 1.31 |
| ∞ | 5.02 | 3.69 | 3.12 | 2.79 | 2.57 | 2.41 | 2.19 | 1.94 | 1.64 | 1.00 |

$\alpha=0.05$

| $n_2$ \ $n_1$ | 1 | 2 | 3 | 4 | 5 | 6 | 8 | 12 | 24 | ∞ |
|---|---|---|---|---|---|---|---|---|---|---|
| 1 | 161.4 | 199.5 | 215.7 | 224.6 | 230.2 | 234 | 238.9 | 243.9 | 249 | 254.3 |
| 2 | 18.51 | 19.00 | 19.16 | 19.25 | 19.30 | 19.33 | 19.37 | 19.41 | 19.45 | 19.5 |
| 3 | 10.13 | 9.55 | 9.28 | 9.12 | 9.01 | 8.94 | 8.84 | 8.74 | 8.64 | 8.53 |
| 4 | 7.71 | 6.94 | 6.59 | 6.39 | 6.26 | 6.16 | 6.04 | 5.91 | 5.77 | 5.63 |
| 5 | 6.61 | 5.79 | 5.41 | 5.19 | 5.05 | 4.95 | 4.82 | 4.68 | 4.53 | 4.36 |
| 6 | 5.99 | 5.14 | 4.76 | 4.53 | 4.39 | 4.28 | 4.15 | 4.00 | 3.84 | 3.67 |
| 7 | 5.59 | 4.74 | 4.35 | 4.12 | 3.97 | 3.87 | 3.73 | 3.57 | 3.41 | 3.23 |
| 8 | 5.32 | 4.46 | 4.07 | 3.84 | 3.69 | 3.58 | 3.44 | 3.28 | 3.12 | 2.93 |
| 9 | 5.12 | 4.26 | 3.86 | 3.63 | 3.48 | 3.37 | 3.23 | 3.07 | 2.9 | 2.71 |
| 10 | 4.96 | 4.10 | 3.71 | 3.48 | 3.33 | 3.22 | 3.07 | 2.91 | 2.74 | 2.54 |
| 11 | 4.84 | 3.98 | 3.59 | 3.36 | 3.20 | 3.09 | 2.95 | 2.79 | 2.61 | 2.40 |
| 12 | 4.75 | 3.88 | 3.49 | 3.26 | 3.11 | 3.00 | 2.85 | 2.69 | 2.50 | 2.30 |
| 13 | 4.67 | 3.8 | 3.41 | 3.18 | 3.02 | 2.92 | 2.77 | 2.60 | 2.42 | 2.21 |
| 14 | 4.60 | 3.74 | 3.34 | 3.11 | 2.96 | 2.85 | 2.70 | 2.53 | 2.35 | 2.13 |
| 15 | 4.54 | 3.68 | 3.29 | 3.06 | 2.90 | 2.79 | 2.64 | 2.48 | 2.29 | 2.07 |
| 16 | 4.49 | 3.63 | 3.24 | 3.01 | 2.85 | 2.74 | 2.59 | 2.42 | 2.24 | 2.01 |
| 17 | 4.45 | 3.59 | 3.20 | 2.96 | 2.81 | 2.70 | 2.55 | 2.38 | 2.19 | 1.96 |
| 18 | 4.41 | 3.55 | 3.16 | 2.93 | 2.77 | 2.66 | 2.51 | 2.34 | 2.15 | 1.92 |
| 19 | 4.38 | 3.52 | 3.13 | 2.90 | 2.74 | 2.63 | 2.48 | 2.31 | 2.11 | 1.88 |

续前表

| $n_2$ \ $n_1$ | 1 | 2 | 3 | 4 | 5 | 6 | 8 | 12 | 24 | ∞ |
|---|---|---|---|---|---|---|---|---|---|---|
| 20 | 4.35 | 3.49 | 3.10 | 2.87 | 2.71 | 2.60 | 2.45 | 2.28 | 2.08 | 1.84 |
| 21 | 4.32 | 3.47 | 3.07 | 2.84 | 2.68 | 2.57 | 2.42 | 2.25 | 2.05 | 1.81 |
| 22 | 4.30 | 3.44 | 3.05 | 2.82 | 2.66 | 2.55 | 2.40 | 2.23 | 2.03 | 1.78 |
| 23 | 4.28 | 3.42 | 3.03 | 2.80 | 2.64 | 2.53 | 2.38 | 2.2 | 2.00 | 1.76 |
| 24 | 4.26 | 3.40 | 3.01 | 2.78 | 2.62 | 2.51 | 2.36 | 2.18 | 1.98 | 1.73 |
| 25 | 4.24 | 3.38 | 2.99 | 2.76 | 2.60 | 2.49 | 2.34 | 2.16 | 1.96 | 1.71 |
| 26 | 4.22 | 3.37 | 2.98 | 2.74 | 2.59 | 2.47 | 2.32 | 2.15 | 1.95 | 1.69 |
| 27 | 4.21 | 3.35 | 2.96 | 2.73 | 2.57 | 2.46 | 2.30 | 2.13 | 1.93 | 1.67 |
| 28 | 4.20 | 3.34 | 2.95 | 2.71 | 2.56 | 2.44 | 2.29 | 2.12 | 1.91 | 1.65 |
| 29 | 4.18 | 3.33 | 2.93 | 2.7 | 2.54 | 2.43 | 2.28 | 2.1 | 1.9 | 1.64 |
| 30 | 4.17 | 3.32 | 2.92 | 2.69 | 2.53 | 2.42 | 2.27 | 2.09 | 1.89 | 1.62 |
| 40 | 4.08 | 3.23 | 2.84 | 2.61 | 2.45 | 2.34 | 2.18 | 2.00 | 1.79 | 1.51 |
| 60 | 4.00 | 3.15 | 2.76 | 2.52 | 2.37 | 2.25 | 2.10 | 1.92 | 1.70 | 1.39 |
| 120 | 3.92 | 3.07 | 2.68 | 2.45 | 2.29 | 2.17 | 2.02 | 1.83 | 1.61 | 1.25 |
| ∞ | 3.84 | 2.99 | 2.60 | 2.37 | 2.21 | 2.09 | 1.94 | 1.75 | 1.52 | 1.00 |

$\alpha=0.10$

| $n_2$ \ $n_1$ | 1 | 2 | 3 | 4 | 5 | 6 | 8 | 12 | 24 | ∞ |
|---|---|---|---|---|---|---|---|---|---|---|
| 1 | 39.86 | 49.5 | 53.59 | 55.83 | 57.24 | 58.2 | 59.44 | 60.71 | 62 | 63.33 |
| 2 | 8.53 | 9.00 | 9.16 | 9.24 | 9.29 | 9.33 | 9.37 | 9.41 | 9.45 | 9.49 |
| 3 | 5.54 | 5.46 | 5.36 | 5.32 | 5.31 | 5.28 | 5.25 | 5.22 | 5.18 | 5.13 |
| 4 | 4.54 | 4.32 | 4.19 | 4.11 | 4.05 | 4.01 | 3.95 | 3.90 | 3.83 | 3.76 |
| 5 | 4.06 | 3.78 | 3.62 | 3.52 | 3.45 | 3.40 | 3.34 | 3.27 | 3.19 | 3.10 |
| 6 | 3.78 | 3.46 | 3.29 | 3.18 | 3.11 | 3.05 | 2.98 | 2.9 | 2.82 | 2.72 |
| 7 | 3.59 | 3.26 | 3.07 | 2.96 | 2.88 | 2.83 | 2.75 | 2.67 | 2.58 | 2.47 |
| 8 | 3.46 | 3.11 | 2.92 | 2.81 | 2.73 | 2.67 | 2.59 | 2.50 | 2.40 | 2.29 |
| 9 | 3.36 | 3.01 | 2.81 | 2.69 | 2.61 | 2.55 | 2.47 | 2.38 | 2.28 | 2.16 |
| 10 | 3.29 | 2.92 | 2.73 | 2.61 | 2.52 | 2.46 | 2.38 | 2.28 | 2.18 | 2.06 |
| 11 | 3.23 | 2.86 | 2.66 | 2.54 | 2.45 | 2.39 | 2.30 | 2.21 | 2.10 | 1.97 |
| 12 | 3.18 | 2.81 | 2.61 | 2.48 | 2.39 | 2.33 | 2.24 | 2.15 | 2.04 | 1.90 |
| 13 | 3.14 | 2.76 | 2.56 | 2.43 | 2.35 | 2.28 | 2.20 | 2.10 | 1.98 | 1.85 |
| 14 | 3.10 | 2.73 | 2.52 | 2.39 | 2.31 | 2.24 | 2.15 | 2.05 | 1.94 | 1.80 |
| 15 | 3.07 | 2.70 | 2.49 | 2.36 | 2.27 | 2.21 | 2.12 | 2.02 | 1.9 | 1.76 |

续前表

| $n_2$ \ $n_1$ | 1 | 2 | 3 | 4 | 5 | 6 | 8 | 12 | 24 | ∞ |
|---|---|---|---|---|---|---|---|---|---|---|
| 16 | 3.05 | 2.67 | 2.46 | 2.33 | 2.24 | 2.18 | 2.09 | 1.99 | 1.87 | 1.72 |
| 17 | 3.03 | 2.64 | 2.44 | 2.31 | 2.22 | 2.15 | 2.06 | 1.96 | 1.84 | 1.69 |
| 18 | 3.01 | 2.62 | 2.42 | 2.29 | 2.20 | 2.13 | 2.04 | 1.93 | 1.81 | 1.66 |
| 19 | 2.99 | 2.61 | 2.40 | 2.27 | 2.18 | 2.11 | 2.02 | 1.91 | 1.79 | 1.63 |
| 20 | 2.97 | 2.59 | 2.38 | 2.25 | 2.16 | 2.09 | 2.00 | 1.89 | 1.77 | 1.61 |
| 21 | 2.96 | 2.57 | 2.36 | 2.23 | 2.14 | 2.08 | 1.98 | 1.87 | 1.75 | 1.59 |
| 22 | 2.95 | 2.56 | 2.35 | 2.22 | 2.13 | 2.06 | 1.97 | 1.86 | 1.73 | 1.57 |
| 23 | 2.94 | 2.55 | 2.34 | 2.21 | 2.11 | 2.05 | 1.95 | 1.84 | 1.72 | 1.55 |
| 24 | 2.93 | 2.54 | 2.33 | 2.19 | 2.10 | 2.04 | 1.94 | 1.83 | 1.70 | 1.53 |
| 25 | 2.92 | 2.53 | 2.32 | 2.18 | 2.09 | 2.02 | 1.93 | 1.82 | 1.69 | 1.52 |
| 26 | 2.91 | 2.52 | 2.31 | 2.17 | 2.08 | 2.01 | 1.92 | 1.81 | 1.68 | 1.50 |
| 27 | 2.90 | 2.51 | 2.30 | 2.17 | 2.07 | 2.00 | 1.91 | 1.8 | 1.67 | 1.49 |
| 28 | 2.89 | 2.50 | 2.29 | 2.16 | 2.06 | 2.00 | 1.90 | 1.79 | 1.66 | 1.48 |
| 29 | 2.89 | 2.50 | 2.28 | 2.15 | 2.06 | 1.99 | 1.89 | 1.78 | 1.65 | 1.47 |
| 30 | 2.88 | 2.49 | 2.28 | 2.14 | 2.05 | 1.98 | 1.88 | 1.77 | 1.64 | 1.46 |
| 40 | 2.84 | 2.44 | 2.23 | 2.09 | 2.00 | 1.93 | 1.83 | 1.71 | 1.57 | 1.38 |
| 60 | 2.79 | 2.39 | 2.18 | 2.04 | 1.95 | 1.87 | 1.77 | 1.66 | 1.51 | 1.29 |
| 120 | 2.75 | 2.35 | 2.13 | 1.99 | 1.90 | 1.82 | 1.72 | 1.60 | 1.45 | 1.19 |
| ∞ | 2.71 | 2.3 | 2.08 | 1.94 | 1.85 | 1.17 | 1.67 | 1.55 | 1.38 | 1.00 |

# 附表 6　$\chi^2$ 分布临界值表

| $n'$ | P | | | | | | | | | | | | |
|---|---|---|---|---|---|---|---|---|---|---|---|---|---|
| | 0.995 | 0.99 | 0.975 | 0.95 | 0.9 | 0.75 | 0.5 | 0.25 | 0.1 | 0.05 | 0.025 | 0.01 | 0.005 |
| 1 | … | … | … | … | 0.02 | 0.1 | 0.45 | 1.32 | 2.71 | 3.84 | 5.02 | 6.63 | 7.88 |
| 2 | 0.01 | 0.02 | 0.02 | 0.1 | 0.21 | 0.58 | 1.39 | 2.77 | 4.61 | 5.99 | 7.38 | 9.21 | 10.6 |
| 3 | 0.07 | 0.11 | 0.22 | 0.35 | 0.58 | 1.21 | 2.37 | 4.11 | 6.25 | 7.81 | 9.35 | 11.34 | 12.84 |
| 4 | 0.21 | 0.3 | 0.48 | 0.71 | 1.06 | 1.92 | 3.36 | 5.39 | 7.78 | 9.49 | 11.14 | 13.28 | 14.86 |
| 5 | 0.41 | 0.55 | 0.83 | 1.15 | 1.61 | 2.67 | 4.35 | 6.63 | 9.24 | 11.07 | 12.83 | 15.09 | 16.75 |
| 6 | 0.68 | 0.87 | 1.24 | 1.64 | 2.2 | 3.45 | 5.35 | 7.84 | 10.64 | 12.59 | 14.45 | 16.81 | 18.55 |
| 7 | 0.99 | 1.24 | 1.69 | 2.17 | 2.83 | 4.25 | 6.35 | 9.04 | 12.02 | 14.07 | 16.01 | 18.48 | 20.28 |
| 8 | 1.34 | 1.65 | 2.18 | 2.73 | 3.4 | 5.07 | 7.34 | 10.22 | 13.36 | 15.51 | 17.53 | 20.09 | 21.96 |
| 9 | 1.73 | 2.09 | 2.7 | 3.33 | 4.17 | 5.9 | 8.34 | 11.39 | 14.68 | 16.92 | 19.02 | 21.67 | 23.59 |
| 10 | 2.16 | 2.56 | 3.25 | 3.94 | 4.87 | 6.74 | 9.34 | 12.55 | 15.99 | 18.31 | 20.48 | 23.21 | 25.19 |
| 11 | 2.6 | 3.05 | 3.82 | 4.57 | 5.58 | 7.58 | 10.34 | 13.7 | 17.28 | 19.68 | 21.92 | 24.72 | 26.76 |
| 12 | 3.07 | 3.57 | 4.4 | 5.23 | 6.3 | 8.44 | 11.34 | 14.85 | 18.55 | 21.03 | 23.34 | 26.22 | 28.3 |
| 13 | 3.57 | 4.11 | 5.01 | 5.89 | 7.04 | 9.3 | 12.34 | 15.98 | 19.81 | 22.36 | 24.74 | 27.69 | 29.82 |
| 14 | 4.07 | 4.66 | 5.63 | 6.57 | 7.79 | 10.17 | 13.34 | 17.12 | 21.06 | 23.68 | 26.12 | 29.14 | 31.32 |
| 15 | 4.6 | 5.23 | 6.27 | 7.26 | 8.55 | 11.04 | 14.34 | 18.25 | 22.31 | 25 | 27.49 | 30.58 | 32.8 |
| 16 | 5.14 | 5.81 | 6.91 | 7.96 | 9.31 | 11.91 | 15.34 | 19.37 | 23.54 | 26.3 | 28.85 | 32 | 34.27 |
| 17 | 5.7 | 6.41 | 7.56 | 8.67 | 10.09 | 12.79 | 16.34 | 20.49 | 24.77 | 27.59 | 30.19 | 33.41 | 35.72 |
| 18 | 6.26 | 7.01 | 8.23 | 9.39 | 10.86 | 13.68 | 17.34 | 21.6 | 25.99 | 28.87 | 31.53 | 34.81 | 37.16 |
| 19 | 6.84 | 7.63 | 8.91 | 10.12 | 11.65 | 14.56 | 18.34 | 22.72 | 27.2 | 30.14 | 32.85 | 36.19 | 38.58 |
| 20 | 7.43 | 8.26 | 9.59 | 10.85 | 12.44 | 15.45 | 19.34 | 23.83 | 28.41 | 31.41 | 34.17 | 37.57 | 40 |

续前表

| $n'$ | P | | | | | | | | | | | | |
|---|---|---|---|---|---|---|---|---|---|---|---|---|---|
| | 0.995 | 0.99 | 0.975 | 0.95 | 0.9 | 0.75 | 0.5 | 0.25 | 0.1 | 0.05 | 0.025 | 0.01 | 0.005 |
| 21 | 8.03 | 8.9 | 10.28 | 11.59 | 13.24 | 16.34 | 20.34 | 24.93 | 29.62 | 32.67 | 35.48 | 38.93 | 41.4 |
| 22 | 8.64 | 9.54 | 10.98 | 12.34 | 14.04 | 17.24 | 21.34 | 26.04 | 30.81 | 33.92 | 36.78 | 40.29 | 42.8 |
| 23 | 9.26 | 10.2 | 11.69 | 13.09 | 14.85 | 18.14 | 22.34 | 27.14 | 32.01 | 35.17 | 38.08 | 41.64 | 44.18 |
| 24 | 9.89 | 10.86 | 12.4 | 13.85 | 15.66 | 19.04 | 23.34 | 28.24 | 33.2 | 36.42 | 39.36 | 42.98 | 45.56 |
| 25 | 10.52 | 11.52 | 13.12 | 14.61 | 16.47 | 19.94 | 24.34 | 29.34 | 34.38 | 37.65 | 40.65 | 44.31 | 46.93 |
| 26 | 11.16 | 12.2 | 13.84 | 15.38 | 17.29 | 20.84 | 25.34 | 30.43 | 35.56 | 38.89 | 41.92 | 45.64 | 48.29 |
| 27 | 11.81 | 12.88 | 14.57 | 16.15 | 18.11 | 21.75 | 26.34 | 31.53 | 36.74 | 40.11 | 43.19 | 46.96 | 49.64 |
| 28 | 12.46 | 13.56 | 15.31 | 16.93 | 18.94 | 22.66 | 27.34 | 32.62 | 37.92 | 41.34 | 44.46 | 48.28 | 50.99 |
| 29 | 13.12 | 14.26 | 16.05 | 17.71 | 19.77 | 23.57 | 28.34 | 33.71 | 39.09 | 42.56 | 45.72 | 49.59 | 52.34 |
| 30 | 13.79 | 14.95 | 16.79 | 18.49 | 20.6 | 24.48 | 29.34 | 34.8 | 40.26 | 43.77 | 46.98 | 50.89 | 53.67 |
| 40 | 20.71 | 22.16 | 24.43 | 26.51 | 29.05 | 33.66 | 39.34 | 45.62 | 51.8 | 55.76 | 59.34 | 63.69 | 66.77 |
| 50 | 27.99 | 29.71 | 32.36 | 34.76 | 37.69 | 42.94 | 49.33 | 56.33 | 63.17 | 67.5 | 71.42 | 76.15 | 79.49 |
| 60 | 35.53 | 37.48 | 40.48 | 43.19 | 46.46 | 52.29 | 59.33 | 66.98 | 74.4 | 79.08 | 83.3 | 88.38 | 91.95 |
| 70 | 43.28 | 45.44 | 48.76 | 51.74 | 55.33 | 61.7 | 69.33 | 77.58 | 85.53 | 90.53 | 95.02 | 100.42 | 104.22 |
| 80 | 51.17 | 53.54 | 57.15 | 60.39 | 64.28 | 71.14 | 79.33 | 88.13 | 96.58 | 101.88 | 106.63 | 112.33 | 116.32 |
| 90 | 59.2 | 61.75 | 65.65 | 69.13 | 73.29 | 80.62 | 89.33 | 98.64 | 107.56 | 113.14 | 118.14 | 124.12 | 128.3 |
| 100 | 67.33 | 70.06 | 74.22 | 77.93 | 82.36 | 90.13 | 99.33 | 109.14 | 118.5 | 124.34 | 129.56 | 135.81 | 140.17 |

# 参考文献


1. 同济大学数学系．工程数学：线性代数．北京：高等教育出版社，2007.

2. 居余马．线性代数（第二版）．北京：清华大学出版社，2002.

3. 赵树嫄．线性代数（第五版）．北京：中国人民大学出版社，2017.

4. David C. Lay. 线性代数及其应用（原书第 5 版）．刘深泉，等译．北京：机械工业出版社，2018.

5. 卢刚，等．线性代数．北京：高等教育出版社，2009.

6. 李尚志．线性代数．北京：高等教育出版社，2006.

7. 吴传生．线性代数．北京：高等教育出版社，2009.

8. 上海交通大学数学系．线性代数（第二版）．北京：科学出版社，2007.

9. 贾兰香，等．线性代数．北京：高等教育出版社，2008.

10. 杨刚，等．线性代数．北京：高等教育出版社，2012.

11. 张香云．线性规划．杭州：浙江大学出版社，2009.

12. 周誓达．线性代数与线性规划（第四版）．北京：中国人民大学出版社，2018.

13. 卢开橙，等．线性规划．北京：清华大学出版社，2009.

14. 龚友运，等．概率与统计（第二版）．武汉：华中科技大学出版社，2009.

15. 王春珊．高等数学．北京：电子工业出版社，2006.

16. 窦连江．高等数学（第二版）．北京：高等教育出版社，2006.

17. 缪铨生．概率与统计．上海：华东师范大学出版社，2007.

18. 叶子祥，等．经济应用数学．武汉：武汉大学出版社，2008.

19. 吴素敏．经济数学．北京：高等教育出版社，2014.

20. 颜文勇，等．高等应用数学（第二版）．北京：高等教育出版社，2014.

**图书在版编目（CIP）数据**

线性代数与概率统计/伍超林主编.—2版.—北京：中国人民大学出版社，2019.4
ISBN 978-7-300-26692-3

Ⅰ.①线… Ⅱ.①伍… Ⅲ.①线性代数-教材②概率论-教材③数理统计-教材 Ⅳ.①O151.2②O21

中国版本图书馆CIP数据核字（2019）第028544号

**线性代数与概率统计（第二版）**
主　编　伍超林
副主编　徐春平
参　编　潘丽华　赵旭芳　张新文
主　审　龚友运
Xianxing Daishu yu Gailü Tongji

**出版发行**　中国人民大学出版社
**社　　址**　北京中关村大街31号　　**邮政编码**　100080
**电　　话**　010－62511242（总编室）　　010－62511770（质管部）
　　　　　010－82501766（邮购部）　　010－62514148（门市部）
　　　　　010－62515195（发行公司）　　010－62515275（盗版举报）
**网　　址**　http://www.crup.com.cn
**经　　销**　新华书店
**印　　刷**　天津鑫丰华印务有限公司
**开　　本**　787 mm×1092 mm　1/16　　**版　　次**　2014年2月第1版
　　　　　　　　　　　　　　　　　　2019年4月第2版
**印　　张**　17.75　　**印　　次**　2023年8月第2次印刷
**字　　数**　420 000　　**定　　价**　39.00元